線形代数学

—理論・技法・応用—

吉本武史
山崎丈明
共　著

学術図書出版社

はじめに – 線形代数学の位置づけと学ぶ理由 –

人類最大の財産である言語は，数概念とともに有史以前からコミュニケーションの手段としてまた思考の基礎として形成され，思考法の発展に伴って言語も発展し，さまざまな分野で数多くの概念がつくられるようになった．これらの概念は，具体的な事柄に直接結びついて用いられる場合もあれば，理想化されて使われる場合もある．科学的な概念は本来リアリティと密接に結びついてはいるものの，実際には理想化されたものになっている．この理想化は，決定論的な観点において，科学的な概念をすでに理想化された数学的体系へと，その結びつきを容易にした要因でもある．このようにして科学的言語が明確な言葉となって，イリヤ・プリゴジン (1917–2003, 1977 年ノーベル化学賞受賞) の言葉[1]を借りれば，科学は「人間と自然の対話」であり，特に力学的な自然観は人間の思想や，さらには人間の本性の理解にも大きく貢献するようになった．

現代に至っては，科学は揺らぎや系の不安定性，カオスなどの諸問題を含む系の複雑性をも取り込んでいる．これらの諸問題の背景には，時間に関する諸難問があり，個体から集団の研究へと，物理学の基本法則への確率の導入と数学的定式化の難問題がある．古代ギリシャ時代のピタゴラス派は，数学を彼らの宗教の一部分にすることによって，人間の思想の発展において本質的な点に触れることにもなった．ジャコブ・ブロノフスキーの言葉[1]を借りれば，「人間の本性を理解し，自然の中における人間の条件を理解することは，科学にとっての中心テーマの１つである」．自然科学や社会科学を研究する上で，したがって，人間理解と人間の思想を研究する上で必要な言語には，私たちが日常使う言葉はもちろんのこと，数学という言語が必要不可欠になってきた．時代の偉人達がいうように，数学は「自然の言語」であり，また「科学の言語」でもあるというわけである．言い換えれば，数学という言語を知らずして科学研究やその思想を理解することはほぼ無理である．私たちは数学という言語を通して (特に自然) 科学の思想の理解を共有している．

数学は，その基礎付けが形而上学的なものから切り離されて，哲学から独立

---

[1] イリヤ・プリゴジン (安孫子誠也・谷口佳津宏 訳)『確実性の終焉』みすず書房

と自由をも勝ち取り，飛躍的に発展を遂げると同時に，自然を理解する言語として，哲学や人間の思想に直接的にも間接的にも多大な影響を及ぼしている．自然法則の数式化が自然の理解の飛躍的進歩をもたらし，さらには，産業，技術などへの知識の応用にも広く道を開いてきた．

数学は大雑把に分類すると，代数学，幾何学，解析学，(必要があればその他の数学を含めた分野) に分けられよう．代数学は方程式を解く問題にルーツをもち，群や環，体，ベクトル空間のような著しい特色をもつ主題の形式的な体系を理論的に分析研究する数学である．また，線形的幾何やベクトル解析，その他にも解析学への応用をも含めた代数学の重要な応用部門として，行列論，行列式論，連立 1 次方程式論，ベクトル (線形) 空間論，2 次形式論などを研究する部門が線形代数学と呼ばれている．幾何学の研究においても，ユークリッド幾何学のように，線形代数が深く関わっている．

線形代数学は，数学はもとより物理学や工学，経済学など，その他，数理を必要とするあらゆる分野で広く応用されている，数学のもっとも基本的で最重要分野の 1 つである．線形代数の原理は，たとえば，経済学における最適理論の土台の本質をなす原理であり，工学や産業，さらには社会科学におけるさまざまな事象の解析法の原理でもある．線形代数学は，いうまでもなく，微分積分学とともに数学全般の共通の基礎分野でもある．科学の発展に伴って，さまざまな分野への数学的思考法の伝統的役割りは，過去，現在，未来にかけて変わることはない．それゆえに，数学を必要とする読者や，必要とせずとも数学の世界を覗き見してみたい読者は，数学の仕組み上，まずは必然的にこれらの基礎分野に立ち入らざるを得ない．したがって，理系や文系を問わず，大学の初年級においてこれらの基礎数学を学ぶことが通例になっている．

以上の事情を考慮して，本書の構成は，大学の基礎教育科目として，いろいろな分野の読者を想定し，細心の工夫をこらして，親切で丁寧なテキスト・参考書であることを目指し，あえて第 1 章においては，もっともビジュアルな 3 次元までの線形代数の全体像の概略をまとめて述べることにした．しかし，第 1 章だけの勉強では「線形代数の覗き見」に過ぎず，これだけでは現代科学の進歩には追いつけない，つまり，実質的理解なしに高度の現代科学を理解することは困難である．

さて，近代科学の進歩は線形思想 (比例思想の拡張) に基づいてもたらされたといってよい．この思想は，ニュートン (1642–1723, たとえば，万有引力や運動の第 2 法則) 以後フーリエ (1768–1830, たとえば熱伝導方程式) や，後の後継者たちによって発展させられた．「比例」概念は，ベクトルの 1 次独立性に基づく線形結合の概念へと拡張，一般化されて，直線による曲線の近似や，平面による曲面の近似のように，線形代数学の数理構造の根底をなし，これらについての共通の構造的概念がいわゆる線形構造と呼ばれるものである．線形代数学は，まさにこの線形構造の思想に基づいている．

実のところ，科学の多くの問題は「非線形」的である．しかし，非線形的な問題も，局所 (極微) 的には「線形」をなしており，このような問題を数学的に解決するときは，線形の問題で近似することによって解く場合が多い．そのような訳で，現代科学のさまざまな先端研究においてさえも，線形の手法はたいへん重要である．したがって，あらゆる分野で「線形問題」を扱うためには，線形代数の理解が不可欠ということになる．さまざまな自然現象を数学的な時空において表現する，つまり，数概念，関数概念を用いて表現するという思想は，近代科学におけるもっとも重大な思想の 1 つである．

関数を大前提とする微分積分学は「無限・極限」の思想に基づいて，さまざまな数理モデルによるデータ解析を (たとえ有限量であっても) 無限の立場で理解しようとする．これに対して，線形代数学は「線形構造」および「計量 (的) 構造」の思想に基づき，さまざまな (離散的) データを (たとえ無限量であっても) 有限の立場で理解しようとつとめる．必要度に応じては第 1 章で済ますこともできるが，線形代数の手法を実質的に理解するためにも，第 2 章以下において，是非とも「根気と勇気」をもって (これこそ勉学の証！) 個々のテーマの手法を理解し，技術を学んでほしいものである．線形代数学の重要性と汎用性，さらに欲をいえば，理論の美しさをも感じ入ってもらえるならば，著者の望外の喜びである．

最後に，学術図書出版社の発田孝夫氏をはじめとする編集部の方々には多大なご協力をいただいた．ここに記して，深甚の謝意を表する．

2011 年 10 月

著者

Contents

1

平面ベクトルと空間ベクトル（導入と概観）

この章では，本書で扱われるさまざまな抽象的な概念の学習に入る前に，それらの概念を具体的なイメージを通して概観，紹介することを目論んでいる．個々の数から，いくつかの数をひとまとめにして，横組み，または，(通常) 縦組みにしたものが**ベクトル**である．ベクトルについてのこのような考え方の源泉を辿ってみることにする．速度や力はベクトルの典型的な具体例である．近代科学の創始者の一人であるといわれているガリレオ (1564–1642) は，速度の概念はもっていたが，瞬間速度の適切な定義には至っていない．しかも，加速度を排斥したといわれており，力の概念も欠如していた．速度の定義は後にニュートンによって，また，力の概念はケプラー (1571–1630) によってはじめて導入された (しかし，ケプラーによる力の定義も十分なものではなかった．ニュートンに至ってはじめて速度や力の概念 (定義) が確定した)．

ベクトルの概念は，もとは物体にかかわる速度や力を数学的に取り扱う必要性から望まれた概念だったのかも知れない．しかしながら，時代的にはまだベクトルの概念はなかった．整数がもっている性質の一般化の研究のなかで，(整数を実部，虚部にもつガウス整数を含めて) 実数の複素数への拡張・発展は，数概念の一般化だけでなく，複素数のベクトル的側面とさらなる複素関数論への発展をもたらした (ガウス (1777–1855) による代数学の基本定理はその最たる成果といえよう)．実数や複素数は，可環体として，四則演算および極限移行が可能であるばかりでなく，直線や平面運動を記述することができる．さらに，複素数 (の純粋に数概念として) の一般化や，平面の議論を空間の議論に格上げし，空間運動を記述する上で必要な数 (複素数の拡張の試み？) の研究のなかで，乗法の可換性は断念したものの，1843 年についにハミルトン (1805–1865) によって四元数が発見された．ハミルトンは 3 つの特殊な数 i, j, k (特別な高次の虚数単位？) を考え，$i^2 = j^2 = k^2 = -1$, $ij = -ji = k$, $jk = -kj = i$, $ki = -ik = j$ という関係を仮定して，新しい数 $\alpha = a + bi + cj + dk$ $(a, b, c, d$

は実数) を考え，これを四元数と名付け，特に，a を α のスカラー部，$bi+cj+dk$ を α のベクトル部と呼んだ．ここではじめてベクトルの概念が出現することになる．四元数は 4 次元的数ということであるが，ハミルトンは 3 次元空間における物理的量の代数的操作に利用されることを期待していた．四元数は，数学的には多元体論において重要であるが，ベクトルの実用面や複素関数論のように (四元数？) 関数論にまでは発展しなかった．

ところで，物理学者達は実際には 3 次元のベクトル部分しか使わず，ハミルトンが期待していたようにはいかなかった．後に数学ではグラスマン (1809–1877) らによる今日でいう線形空間論や，物理学ではヘビサイド (1850–1925)，ギブス (1839–1903) らによってベクトル代数が体系化され，さらに発展的に一般化・精密化されて現在に至っている．四元数的には，空間内の原点 $\mathrm{O}(0,0,0)$ と点 $\mathrm{P}(x,y,z)$ に対して，有向線分 $\overrightarrow{\mathrm{OP}}$ に四元数のベクトル部 $xi+yj+zk$ を対応させる．いまでは，この空間の基本ベクトルと呼ばれる $\boldsymbol{e}_1, \boldsymbol{e}_2, \boldsymbol{e}_3$ を用いて，上の有向線分は $\overrightarrow{\mathrm{OP}} = x\boldsymbol{e}_1 + y\boldsymbol{e}_2 + z\boldsymbol{e}_3$ と表される．このように，ベクトルは座標平面，さらにはより大きい枠組みの空間でベクトルの扱いが容易にできるようになり，また，そのような空間そのものの構造についても調べることができるようになった．本書ではこれらの事柄を学ぶが，内容が抽象化されていても，努力して内容を理解してしまえば，幅広い分野において応用することができる．

1.1　ベクトルの概念 (矢線ベクトル, 数ベクトル) とベクトルの演算

実数全体の集合を $\mathbf{R}$, 複素数全体の集合を $\mathbf{C}$ で表す．しかも，$\mathbf{R}$ は数直線 $\mathbf{R}^1$ とみなしてよい．また，$\mathbf{R}$ や $\mathbf{C}$ の n 個の直積を

$$\mathbf{R}^n = \mathbf{R} \times \cdots \times \mathbf{R} = \{(x_1, \cdots, x_n) :\ x_i \in \mathbf{R}\ (i = 1, 2, \cdots, n)\}$$

$$\mathbf{C}^n = \mathbf{C} \times \cdots \times \mathbf{C} = \{(z_1, \cdots, z_n) :\ z_i \in \mathbf{C}\ (i = 1, 2, \cdots, n)\}$$

とかく．このとき，$\mathbf{R}^2$ は通常の平面，$\mathbf{R}^3$ は通常の空間を表す．

空間における物体の運動を調べるときは，物体の位置と物体にかかる力を調べる必要がある．力についての大切な量は，力の大きさ，力の向き，力の作用線 (力が作用する点を通って，力の方向に引いた直線) である．しかも，ニュートンの運動方程式から，質量 m の質点に及ぼす力 $\boldsymbol{F}$ と加速度 $\boldsymbol{a}$ の間には $m\boldsymbol{a} = \boldsymbol{F}$ という関係がある (つまり，力と加速度は比例する–線形性の土台–)．

物体の運動を調べる際に，その物体の所在地 (力の作用線) を調べることは，物理学的には (たとえば，心理的影響も含めて) 諸々の影響を考慮すればたいへん重要なことであるが，数学ではそのような影響を完全に無視して単純化し，物体の位置を無視する．これが (物理学と違った) 数学の考え方である!! つまり，数学的に議論するときは，理想化された空間 (純粋に数学的な空間) において力の大きさと力の向きだけ (が本質的である) を調べればよい．そして，力を数学的に扱う方法としてベクトルが非常に有用である．物理学では物体は便宜上質点として扱うが，数学では空間内の点として扱う．空間内に 2 点 A, B があって，A から B に向きづけられた線分を**有向線分**といい，$\overrightarrow{\mathrm{AB}}$ とかく．ただ有向線分というだけではベクトルではないので注意しよう．

定義 1.1 平面または空間ベクトル 平面または空間内に有向線分 $\overrightarrow{\mathrm{AB}}$ が与えられているとき，この有向線分を，その大きさと向きを変えずに，平行移動して得られる有向線分はすべてもとの $\overrightarrow{\mathrm{AB}}$ と同じであるという規約のもとで，有向線分 $\overrightarrow{\mathrm{AB}}$ を**矢線ベクトル**という．本書ではこのような矢線ベクトルも (混乱しない限り) 太文字を用いて $\boldsymbol{a}(=\overrightarrow{\mathrm{AB}})$ のようにかく．

以後，平面 $\mathbf{R}^2$ や空間 $\mathbf{R}^3$ にはそれぞれに Oxy–(直交) 座標系，Oxyz–(直交) 座標系が固定されているとする．Oxyz–座標系をもつ具体的な 3 次元空間 $\mathbf{R}^3$ においてベクトルを調べてみよう．たとえば，場所 $\mathrm{A}(x_1, y_1, z_1)$ に置かれているある物体 (質量だけをもった質点と考える) が，力 $\boldsymbol{F}$ を受けて別の位置 $\mathrm{B}(x_2, y_2, z_2)$ に移されたとする．このときの物体の変位を，$\mathrm{A}(x_1, y_1, z_1)$ を始点，$\mathrm{B}(x_2, y_2, z_2)$ を終点とする矢線ベクトル $\overrightarrow{\mathrm{AB}}$ で表し，これを**変位ベクトル**ともいう．つまり，この (実際の空間ではなく，理想的な数学的) 空間内のあらゆる場所で，等しい力で同程度の移動 (ここでは有向線分 $\overrightarrow{\mathrm{AB}}$ の向きと大きさを変えない平行移動を意味する) をなすというい規約のもとで，変位の表現として有向線分 $\overrightarrow{\mathrm{AB}}$ が矢線ベクトルになる．この場合の力 $\boldsymbol{F}$ について，その矢線ベクトル表示は (普通は物理量として $\boldsymbol{F}$ などの記号で表す)，$\boldsymbol{F}$ の大きさを矢線ベクトルの大きさにとり，$\boldsymbol{F}$ の向きを矢線ベクトルの向きにとれば，この力の作用線上に点 P があって，$\boldsymbol{F} = \overrightarrow{\mathrm{AP}}$ となる．ここで，$\overrightarrow{\mathrm{AP}}$ の向きと $\overrightarrow{\mathrm{AB}}$ の向きは (大きさも含めて)「同じである必要はない！」ことに注意しよう．

さて，すべての矢線ベクトルを始点が座標原点 O になるように平行移動する．すると，ベクトルの区別は終点の座標によってのみ区別すればよいことがわかる．このようにして，原点 O を始点にもつ矢線ベクトルの終点の座標を，ベクトルと同一視することができ，このようなベクトルを (座標で表せる) 終点の**位置ベクトル**という (つまり，いくつかの数をひとまとめにしたものがベクトルであるという感覚が理解できよう)．たとえば，矢線ベクトル $\overrightarrow{\mathrm{AB}}$ に対して，$\overrightarrow{\mathrm{OP}} = \overrightarrow{\mathrm{AB}}$ となる点 P が (空間内に) 一意的に定まる．そして，点 $\mathrm{P}(p_1, p_2, p_3)$ $(p_1, p_2, p_3 \in \mathbf{R})$ の位置ベクトルは矢線ベクトル $\overrightarrow{\mathrm{OP}}$ で表される．このとき，

$$\overrightarrow{\mathrm{OP}} = \begin{pmatrix} p_1 \\ p_2 \\ p_3 \end{pmatrix}$$

と表し，右辺のベクトルを**数ベクトル**という．このような矢線ベクトルを (第 5 章で現れるベクトルと区別して) **幾何ベクトル**ともいう．ベクトルの概念に対して，通常の数を**スカラー**と呼ぶ．

力の作用や変位ベクトル間のさまざまな関係を調べるには，ベクトルの数学的扱いが必要であり，そのためには，まず (数学的) 演算を導入しなければならない．

定義 1.2　ベクトルの和とスカラー倍　空間内の 2 つのベクトル

$$\boldsymbol{a} = \begin{pmatrix} x_1 \\ y_1 \\ z_1 \end{pmatrix}, \quad \boldsymbol{b} = \begin{pmatrix} x_2 \\ y_2 \\ z_2 \end{pmatrix}$$

と実数 (スカラー) α に対して，和とスカラー倍を次のように定義する．

(1) $\boldsymbol{a} + \boldsymbol{b} = \begin{pmatrix} x_1 + x_2 \\ y_1 + y_2 \\ z_1 + z_2 \end{pmatrix}$　　(2) $\alpha\boldsymbol{a} = \begin{pmatrix} \alpha x_1 \\ \alpha y_1 \\ \alpha z_1 \end{pmatrix}$

ベクトル間の演算には和 (+) と差 (−) だけで，四則演算における掛け算 (×) と割り算 (÷) というのはない！(ただし，掛け算に相当する概念で，内積，外積という演算がある．) この定義は，矢線ベクトルによる表示法を用いると，力の合力と同じように，図形的に表現することができる．

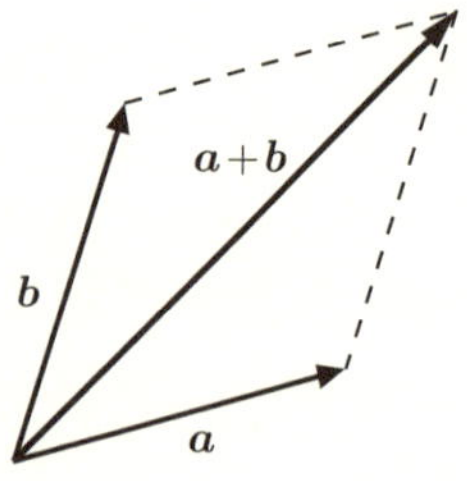

例 1.1 空間内の 2 つのベクトル $\boldsymbol{a} = \begin{pmatrix} x_1 \\ y_1 \\ z_1 \end{pmatrix}, \boldsymbol{b} = \begin{pmatrix} x_2 \\ y_2 \\ z_2 \end{pmatrix}$ に対して,

$$\boldsymbol{a} - \boldsymbol{b} = \begin{pmatrix} x_1 - x_2 \\ y_1 - y_2 \\ z_1 - z_2 \end{pmatrix}$$

となる. これより, $\boldsymbol{a} - \boldsymbol{b}$ を図で表すと右のようになる.

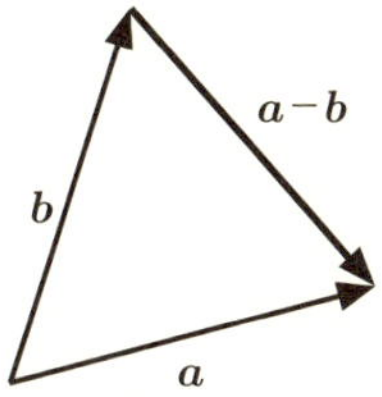

問 1.1 空間内の 3 つのベクトルを

$$\boldsymbol{a} = \begin{pmatrix} 1 \\ 3 \\ 0 \end{pmatrix}, \quad \boldsymbol{b} = \begin{pmatrix} 2 \\ -1 \\ 4 \end{pmatrix}, \quad \boldsymbol{c} = \begin{pmatrix} 0 \\ -3 \\ 7 \end{pmatrix}$$

としたとき, 次のベクトルを求めよ.
(1) $\boldsymbol{a} + 2\boldsymbol{b}$ (2) $\boldsymbol{a} - \boldsymbol{b} + 4\boldsymbol{c}$

さて, すべての自然数 n に対して, たとえば, $\mathbf{R}^n$ は

$$\mathbf{R}^n = \left\{ \begin{pmatrix} x_1 \\ x_2 \\ \vdots \\ x_n \end{pmatrix} ; x_i \in \mathbf{R} \ (i = 1, 2, \cdots, n) \right\}$$

とかける. 同様に, n 個からなる複素数の縦組の全体は $\mathbf{C}^n$ で表す. この場合, 和とスカラー倍の演算 (代数的構造) は, 定義 1.2 と同様に, 自然な方法で定義される. このように代数的構造を備えた集合 $\mathbf{R}^n$ を **(実) 数ベクトル空間**, $\mathbf{C}^n$ を **(複素) 数ベクトル空間**と呼ぶ. このとき, $\mathbf{R}^n$ の元を**実ベクトル**, $\mathbf{C}^n$ の元を**複素ベクトル**と呼ぶ.

1.2 ベクトルの幾何—直線と平面

空間内の 2 つのベクトル $\boldsymbol{a}\,(\neq \boldsymbol{o}), \boldsymbol{b}\,(\neq \boldsymbol{o})$ に対して, ともに同じ向きか, または, 互いに反対の向きのとき, $\boldsymbol{a}$ と $\boldsymbol{b}$ は**平行**であるといい, $\boldsymbol{a}/\!/\boldsymbol{b}$ とかく. このとき,

$$\boldsymbol{a}/\!/\boldsymbol{b} \iff \boldsymbol{a} = \lambda\boldsymbol{b} \text{ となる実数 } \lambda\ (\neq 0) \text{ が存在する.}$$

詳しくは,

$$\begin{cases} \lambda > 0 \iff \boldsymbol{a}, \boldsymbol{b} \text{ はともに同じ向き.} \\ \lambda < 0 \iff \boldsymbol{a}, \boldsymbol{b} \text{ は互いに反対向き.} \end{cases}$$

ここで, $\boldsymbol{a}$ の始点, 終点を通る直線と, $\boldsymbol{b}$ の始点, 終点を通る直線は, 同一直線であってもなくてもよい. また, 上の 2 つのベクトルに対して, 平行移動によって始点をそろえて P とする. そして, $\boldsymbol{a}$ の終点を A, $\boldsymbol{b}$ の終点を B としたとき, ∠APB が直角であるならば, $\boldsymbol{a}$ と $\boldsymbol{b}$ は**直交する**といい, $\boldsymbol{a} \perp \boldsymbol{b}$ とかく. このベクトルの直交性の定義は, もっとも素朴な定義であり, 後に内積を用いて一般的に定義される.

例題 1.1　平面上の 2 つのベクトル $\boldsymbol{a} = \begin{pmatrix} a_1 \\ a_2 \end{pmatrix} (\neq \boldsymbol{o}), \boldsymbol{b} = \begin{pmatrix} b_1 \\ b_2 \end{pmatrix} (\neq \boldsymbol{o})$ に対して,

(1)　$\boldsymbol{a}$ と $\boldsymbol{b}$ が平行であるための条件を求めよ.

(2)　$\boldsymbol{a}$ と $\boldsymbol{b}$ が直交するための条件を求めよ.

解答　(1) $\boldsymbol{a}/\!/\boldsymbol{b}$ であることは, $\boldsymbol{a} = \lambda\boldsymbol{b}$ となる実数 $\lambda\ (\neq 0)$ が存在することと同値である. よって, $\boldsymbol{a} = \lambda\boldsymbol{b}$ において各成分を比較すると,

$$a_1 = \lambda b_1, \quad a_2 = \lambda b_2$$

ここで, $b_1 \neq 0$ ならば, $\lambda = \dfrac{a_1}{b_1}$ より,

$$a_2 = \frac{a_1}{b_1} b_2$$

また, $b_2 \neq 0$ ならば, $\lambda = \dfrac{a_2}{b_2}$ より,

$$a_1 = \frac{a_2}{b_2} b_1$$

いずれにせよ, $a_1 b_2 - a_2 b_1 = 0$ を得る.

(2) ベクトル $\boldsymbol{a}, \boldsymbol{b}$ の始点を O(0,0), $\boldsymbol{a}$ の終点を $\mathrm{A}(a_1, a_2)$, $\boldsymbol{b}$ の終点を $\mathrm{B}(b_1, b_2)$ とする. このとき, $\boldsymbol{a} \perp \boldsymbol{b}$ であることは, △AOB が ∠AOB を直角とする直角三角形となることと同値である. よって, 三平方の定理より $\mathrm{AO}^2 + \mathrm{BO}^2 = \mathrm{AB}^2$ (ここで, AB^2 は辺 AB の長さの 2 乗とする), すなわち,

$${a_1}^2 + {a_2}^2 + {b_1}^2 + {b_2}^2 = (b_1 - a_1)^2 + (b_2 - a_2)^2$$

これより, $a_1 b_1 + a_2 b_2 = 0$ を得る. ∎

例題 1.2　空間内の 2 つのベクトル $\boldsymbol{a} = \begin{pmatrix} a_1 \\ a_2 \\ a_3 \end{pmatrix} (\neq \boldsymbol{o})$, $\boldsymbol{b} = \begin{pmatrix} b_1 \\ b_2 \\ b_3 \end{pmatrix} (\neq \boldsymbol{o})$ が直交するための条件を求めよ．

解答　これらのベクトルの始点を O(0, 0, 0), $\boldsymbol{a}$ の終点を $\mathrm{A}(a_1, a_2, a_3)$, $\boldsymbol{b}$ の終点を $\mathrm{B}(b_1, b_2, b_3)$ とする．このとき，$\boldsymbol{a} \perp \boldsymbol{b}$ であることは，$\angle\mathrm{AOB}$ が直角であることと同値である．$\angle\mathrm{AOB}$ が直角のとき，三平方の定理より，

$$a_1{}^2 + a_2{}^2 + a_3{}^2 + b_1{}^2 + b_2{}^2 + b_3{}^2 = \mathrm{OA}^2 + \mathrm{OB}^2 = \mathrm{AB}^2$$
$$= (b_1 - a_1)^2 + (b_2 - a_2)^2 + (b_3 - a_3)^2.$$

これより，$a_1 b_1 + a_2 b_2 + a_3 b_3 = 0$ を得る．∎

問 1.2　空間内の 3 つのベクトルを

$$\boldsymbol{a} = \begin{pmatrix} 1 \\ 4 \\ -2 \end{pmatrix}, \quad \boldsymbol{b} = \begin{pmatrix} 2 \\ -1 \\ 1 \end{pmatrix}, \quad \boldsymbol{c} = \begin{pmatrix} -3 \\ 6 \\ -4 \end{pmatrix}$$

としたとき，$\alpha\boldsymbol{a} + \beta\boldsymbol{b} = \boldsymbol{c}$ となるような α, β を求めよ．

問 1.3　次の問いに答えよ．

(1)　平面上の 2 つのベクトルを $\boldsymbol{a} = \begin{pmatrix} 1 \\ 4 \end{pmatrix}$, $\boldsymbol{b} = \begin{pmatrix} 2 \\ -1 \end{pmatrix}$ としたとき，$\alpha\boldsymbol{a} + \beta\boldsymbol{b}$ のように表現できない平面上のベクトルは存在するか？

(2)　空間内の 3 つのベクトルを $\boldsymbol{a} = \begin{pmatrix} 1 \\ 1 \\ 1 \end{pmatrix}$, $\boldsymbol{b} = \begin{pmatrix} 0 \\ 2 \\ 1 \end{pmatrix}$, $\boldsymbol{c} = \begin{pmatrix} 3 \\ 1 \\ 2 \end{pmatrix}$ としたとき，$\alpha\boldsymbol{a} + \beta\boldsymbol{b} + \gamma\boldsymbol{c}$ のように表現できない空間内のベクトルは存在するか？存在するのならば，その例を求めよ．

空間内の点が描く図形を空間図形という．位置ベクトルは，定義からも明らかなように，空間内の点と 1 対 1 に対応している．このことは，空間図形がベクトルを用いて調べられることを意味している．以下，代表的な空間 (⊃ 平面) 図形，特に線形構造の思想の根底を支える直線，平面について，それらのベクトル表示法を紹介する．

ベクトルの 1 次独立性と 1 次結合　$\mathrm{O}xyz$–空間内のベクトル $\boldsymbol{a}, \boldsymbol{b}, \boldsymbol{c}$ と実数

α, β, γ に対して

$$\alpha\boldsymbol{a} + \beta\boldsymbol{b} + \gamma\boldsymbol{c}$$

という表現 (和) を $\boldsymbol{a}, \boldsymbol{b}, \boldsymbol{c}$ の **1 次結合** (または**線形結合**) という．これは線形構造をなす重要な概念の 1 つである．

定義 1.3

(1)　空間内の 2 つのベクトル $\boldsymbol{a}$ と $\boldsymbol{b}$ に対して

「$\alpha\boldsymbol{a} + \beta\boldsymbol{b} = \boldsymbol{o}$ となるのは $\alpha = \beta = 0$ の場合に限る」

ならば，$\boldsymbol{a}$ と $\boldsymbol{b}$ は **1 次独立** (または**線形独立**) であるという．

(2)　空間内の 3 つのベクトル $\boldsymbol{a}, \boldsymbol{b}, \boldsymbol{c}$ に対して

「$\alpha\boldsymbol{a} + \beta\boldsymbol{b} + \gamma\boldsymbol{c} = \boldsymbol{o}$ となるのは $\alpha = \beta = \gamma = 0$ の場合に限る」

ならば，$\boldsymbol{a}, \boldsymbol{b}, \boldsymbol{c}$ は **1 次独立** (または**線形独立**) であるという．

図形的には，(1) は $\boldsymbol{a} \neq \boldsymbol{o}, \boldsymbol{b} \neq \boldsymbol{o}$ の場合，$\boldsymbol{a}$ と $\boldsymbol{b}$ の始点をそろえたとき，$\boldsymbol{a}, \boldsymbol{b}$ が右図のように同一直線上には乗らない (つまり平行でない) ことを意味している．

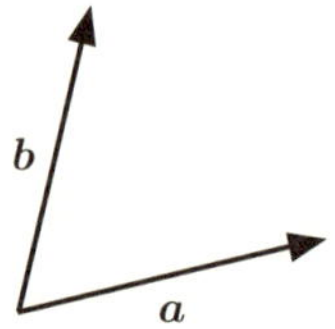

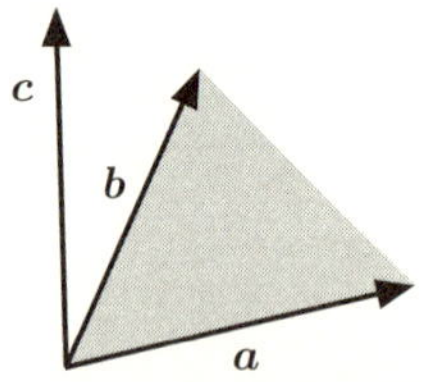

(2) を図形的に解釈すると，$\boldsymbol{a} \neq \boldsymbol{o}, \boldsymbol{b} \neq \boldsymbol{o}, \boldsymbol{c} \neq \boldsymbol{o}$ の場合，$\boldsymbol{a}, \boldsymbol{b}, \boldsymbol{c}$ の始点をそろえたとき，$\boldsymbol{a}, \boldsymbol{b}, \boldsymbol{c}$ が左図のように同一平面上に乗らないことを意味している ($\boldsymbol{a}, \boldsymbol{b}, \boldsymbol{c}$ が 1 次独立ならば，どの 2 つも 1 次独立である)．

例題 1.3　$\{\boldsymbol{a}, \boldsymbol{b}, \boldsymbol{c}\}$ を空間内の 1 次独立なベクトルの組とする．“この組に対して”(この空間内の) ベクトル $\boldsymbol{x}$ が実数 α, β, γ を用いて

$$\boldsymbol{x} = \alpha\boldsymbol{a} + \beta\boldsymbol{b} + \gamma\boldsymbol{c}$$

の形に表されるとき，この表し方は一意的である (つまり，α, β, γ の組が 1 通りに定まる) ことを示せ．

解答　もし，$\boldsymbol{x}$ が 2 通りの方法で

$$\boldsymbol{x} = \alpha\boldsymbol{a} + \beta\boldsymbol{b} + \gamma\boldsymbol{c} = \alpha'\boldsymbol{a} + \beta'\boldsymbol{b} + \gamma'\boldsymbol{c}$$

と表されたとしよう．このとき

$$(\alpha - \alpha')\boldsymbol{a} + (\beta - \beta')\boldsymbol{b} + (\gamma - \gamma')\boldsymbol{c} = \boldsymbol{o}$$

ここで，$\boldsymbol{a}, \boldsymbol{b}, \boldsymbol{c}$ は 1 次独立なので，$\alpha = \alpha', \beta = \beta', \gamma = \gamma'$ となる．∎

$\boldsymbol{x}$ の表現は 1 次独立なベクトルの組のとり方によっていろいろ (実際には無数に) ある.

例 1.2　$Oxyz$–座標系において，無数にある 1 次独立な 3 つのベクトルからなる組のなかで，次の特別な 3 つのベクトル

$$\boldsymbol{e}_1 = \begin{pmatrix} 1 \\ 0 \\ 0 \end{pmatrix}, \quad \boldsymbol{e}_2 = \begin{pmatrix} 0 \\ 1 \\ 0 \end{pmatrix}, \quad \boldsymbol{e}_3 = \begin{pmatrix} 0 \\ 0 \\ 1 \end{pmatrix}$$

を，この座標系における**基本ベクトル** (または**標準ベクトル**) という．したがって，任意のベクトル $\boldsymbol{x} = \begin{pmatrix} x \\ y \\ z \end{pmatrix}$ は

$$\boldsymbol{x} = \begin{pmatrix} x \\ y \\ z \end{pmatrix} = x \begin{pmatrix} 1 \\ 0 \\ 0 \end{pmatrix} + y \begin{pmatrix} 0 \\ 1 \\ 0 \end{pmatrix} + z \begin{pmatrix} 0 \\ 0 \\ 1 \end{pmatrix} = x\boldsymbol{e}_1 + y\boldsymbol{e}_2 + z\boldsymbol{e}_3$$

と表される.

例題 1.4　次を示せ.

(1)　Oxy–座標系には 1 次独立な 2 つのベクトルが必ず存在する.

(2)　Oxy–座標系において 3 個以上のベクトルはもはや 1 次独立ではない.

解答　(1) 平面における基本ベクトル $\boldsymbol{e}_1 = \begin{pmatrix} 1 \\ 0 \end{pmatrix}$, $\boldsymbol{e}_2 = \begin{pmatrix} 0 \\ 1 \end{pmatrix}$ は明らかに 1 次独立なベクトルである.

(2) 平面上の 3 個のベクトルを

$$\boldsymbol{a} = \begin{pmatrix} x_1 \\ y_1 \end{pmatrix}, \quad \boldsymbol{b} = \begin{pmatrix} x_2 \\ y_2 \end{pmatrix}, \quad \boldsymbol{c} = \begin{pmatrix} x_3 \\ y_3 \end{pmatrix}$$

とし，どの 2 つのベクトルも 1 次独立であるとする．このとき，これら 3 個のベクトルが 1 次独立でないことを示せばよい．最初に，$\boldsymbol{a}$ と $\boldsymbol{b}$ は 1 次独立であるから，平行ではなく，例題 1.1, (1) の結果により $x_1y_2 - y_1x_2 \neq 0$. また，$\boldsymbol{b}$ と $\boldsymbol{c}$, $\boldsymbol{c}$ と $\boldsymbol{a}$ がそれぞれ 1 次独立であることより

$$x_2y_3 - y_2x_3 \neq 0, \quad x_3y_1 - y_3x_1 \neq 0$$

となる．さて，

$$\alpha\boldsymbol{a} + \beta\boldsymbol{b} + \gamma\boldsymbol{c} = \boldsymbol{0} \qquad (1.1)$$

とせよ．(1.1) を成分ごとに計算をすると，

$$\begin{cases} \alpha x_1 + \beta x_2 + \gamma x_3 = 0 \\ \alpha y_1 + \beta y_2 + \gamma y_3 = 0 \end{cases}$$

これから β を消去すると $\alpha = \dfrac{x_2y_3 - y_2x_3}{x_1y_2 - y_1x_2}\gamma$．また，$\alpha$ を消去すると $\beta = \dfrac{x_3y_1 - y_3x_1}{x_1y_2 - y_1x_2}\gamma$．よって，たとえば $\gamma = x_1y_2 - y_2x_1\ (\neq 0)$ をとると

$$(\alpha, \beta, \gamma) = (x_2y_3 - y_2x_3, x_3y_1 - y_3x_1, x_1y_2 - y_2x_1) \neq (0, 0, 0)$$

ゆえに，$\boldsymbol{a}$, $\boldsymbol{b}$, $\boldsymbol{c}$ は 1 次独立ではない． ∎

問 1.4　次のベクトルの組が 1 次独立であるか調べなさい．

(1)　$\boldsymbol{a} = \begin{pmatrix} 1 \\ 0 \\ 0 \end{pmatrix}, \boldsymbol{b} = \begin{pmatrix} 1 \\ 1 \\ 0 \end{pmatrix}, \boldsymbol{c} = \begin{pmatrix} 1 \\ 1 \\ 1 \end{pmatrix}$

(2)　$\boldsymbol{a} = \begin{pmatrix} 1 \\ 0 \\ 1 \end{pmatrix}, \boldsymbol{b} = \begin{pmatrix} 0 \\ 1 \\ 2 \end{pmatrix}, \boldsymbol{c} = \begin{pmatrix} 1 \\ -1 \\ 0 \end{pmatrix}$

(3)　$\boldsymbol{a} = \begin{pmatrix} 1 \\ 2 \\ 1 \end{pmatrix}, \boldsymbol{b} = \begin{pmatrix} -1 \\ 1 \\ 2 \end{pmatrix}, \boldsymbol{c} = \begin{pmatrix} 2 \\ -1 \\ 1 \end{pmatrix}$

直線の方程式　$Oxyz$–座標系において，2 点 $\mathrm{A}(x_1, y_1, z_1)$, $\mathrm{B}(x_2, y_2, z_2)$ を通る直線の方程式は，

$$\frac{x - x_1}{x_2 - x_1} = \frac{y - y_1}{y_2 - y_1} = \frac{z - z_1}{z_2 - z_1}$$

で与えられる (ただし，分母 $= 0$ となる場合は，分子 $= 0$ とし，残りの式と分けてかくが，上の式のように記号的に分数等式としてかいてもよい)．この式の各辺を t とおくと，この直線は次のようにパラメータ表示ができる．

$$\begin{pmatrix} x \\ y \\ z \end{pmatrix} = \begin{pmatrix} x_1 \\ y_1 \\ z_1 \end{pmatrix} + t \begin{pmatrix} x_2 - x_1 \\ y_2 - y_1 \\ z_2 - z_1 \end{pmatrix}$$

つまり，空間内の直線は 2 個の位置ベクトル $\boldsymbol{a}$, $\boldsymbol{b}$ $(\boldsymbol{b} \neq \boldsymbol{o})$ を用いて

$$\boldsymbol{x} = \boldsymbol{a} + t\boldsymbol{b} \quad (t \text{ は実数})$$

と表すことができる (空間直線のベクトル方程式)．ここで，$\boldsymbol{x}$ はこの直線上の動点の位置ベクトルを表す．

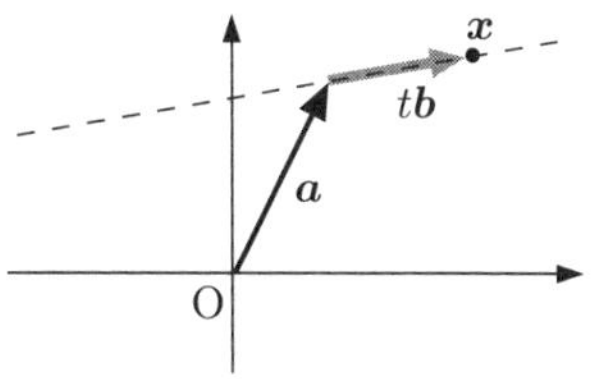

平面の方程式　$Oxyz$–座標系において，平面の方程式は

$$ax + by + cz + d = 0, \quad ((a, b, c) \neq (0, 0, 0))$$

で与えられる．したがって，空間内で同一直線上にない 3 点

$$\mathrm{A}(x_1, y_1, z_1),\ \mathrm{B}(x_2, y_2, z_2),\ \mathrm{C}(x_3, y_3, z_3)$$

を通る平面の方程式は，これらの点の座標を代入して a, b, c を求めればよい．しかし，これは非常に複雑な形になるので，ベクトルによる表記を求めることにする．3 点 A,B,C のうち 2 点を選べば，その 2 点を通る直線を求めることができる．このようにして，3 点が与えられたとき，1 点を共有する 2 つの直線を求めることができる．求める平面は，この 2 直線で張られる平面になっている．この 2 直線のベクトル表示を

$$\boldsymbol{a} + s'\boldsymbol{b}, \quad \boldsymbol{a} + t'\boldsymbol{c} \quad (s', t' \text{ は実数})$$

とする $(\boldsymbol{b} \neq \boldsymbol{o},\ \boldsymbol{c} \neq \boldsymbol{o},\ \boldsymbol{b}$ と $\boldsymbol{c}$ とは 1 次独立)．このとき，求める平面はこの 2 直線上の点の他に 2 直線上の点の内分点，外分点からなることから，平面の方程式のベクトル表示は

$$\alpha(\boldsymbol{a} + s'\boldsymbol{b}) + (1 - \alpha)(\boldsymbol{a} + t'\boldsymbol{c}) = \boldsymbol{a} + (\alpha s')\boldsymbol{b} + ((1 - \alpha)t')\boldsymbol{c} \quad (\alpha \text{ は実数})$$

のようになる．ここで，$s = \alpha s'$, $t = (1 - \alpha)t'$ とすると，結局，2 直線も含めて，3 点を通る平面のベクトル方程式は，3 個の位置ベクトルを用いて

$$\pi :\ \boldsymbol{\pi} = \boldsymbol{a} + s\boldsymbol{b} + t\boldsymbol{c} \quad (s, t \text{ は実数})$$

となる (ここで，π は平面の名前，$\boldsymbol{\pi}$ はこの平面上の動点の位置ベクトルを表す)．

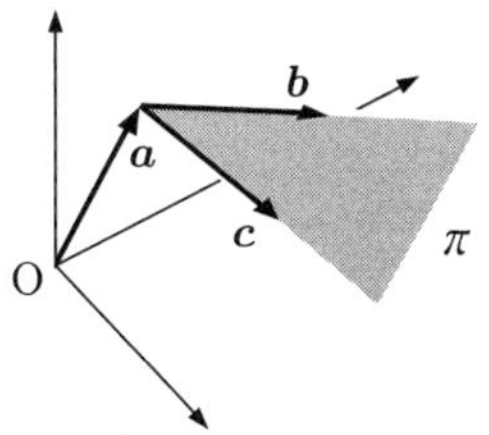

　ベクトルを用いない方法で直線や平面を表す場合，その時々に応じて式の形が変化するが，ベクトルを用いると，統一的な表現ができるというメリットが

ある．この表現法を使えば，形式的に高次元の平面の式を表すことも容易にできよう．

例題 1.5　3 点 A(2, 1, 0), B(0, 1, −1), C(5, 0, −2) を通る平面 π を求めよ．

解答　3 点 A, B, C の位置ベクトルをそれぞれ $\boldsymbol{a}$, $\boldsymbol{b}'$, $\boldsymbol{c}'$ とする．そして，ベクトル $\boldsymbol{b} = \boldsymbol{b}' - \boldsymbol{a}$, $\boldsymbol{c} = \boldsymbol{c}' - \boldsymbol{a}$ とおけば，求める平面の方程式は

$$\boldsymbol{\pi} = \boldsymbol{a} + s\boldsymbol{b} + t\boldsymbol{c} = \begin{pmatrix} 2 \\ 1 \\ 0 \end{pmatrix} + s\begin{pmatrix} 0-2 \\ 1-1 \\ -1-0 \end{pmatrix} + t\begin{pmatrix} 5-2 \\ 0-1 \\ -2-0 \end{pmatrix}$$

$$= \begin{pmatrix} 2 \\ 1 \\ 0 \end{pmatrix} + s\begin{pmatrix} -2 \\ 0 \\ -1 \end{pmatrix} + t\begin{pmatrix} 3 \\ -1 \\ -2 \end{pmatrix}.$$

ただし，s, t は任意の実数値をとる変数 (パラメータ) とする．この式において，$\boldsymbol{\pi} = \begin{pmatrix} x \\ y \\ z \end{pmatrix}$ とおいて，s と t を消去すれば，以下のようにベクトルを用いない平面の方程式を得ることができる．

$$x + 7y - 2z - 9 = 0.$$ ■

問 1.5　次の 3 点を通る平面の方程式を，ベクトルを用いた表示と用いない表示との両方の形式で求めなさい．

(1)　A(1, 0, 0), B(0, 1, 0), C(0, 0, 1)

(2)　A(1, 1, 1), B(0, 0, 1), C(0, 1, 0)

(3)　A(3, 2, 2), B(2, 1, −1), C(−1, 1, 3)

1.3　平面および空間ベクトルのノルムと内積—平面図形

まず，いかなる数値計算もできないベクトルは致命的である (数学的には無意味である)．3 次元 (数ベクトル) 空間 $\mathbf{R}^3$ において，ベクトルについての計量を導入するための基礎になるのが内積の概念である．この内積に基づいて，ベクトルの大きさ (長さ) やベクトル同士のなす角の量 (大きさ) などが導かれる．数値計算ができる空間はたいへん便利で利用価値が高い．内積が定義されている場合，スカラーを実数に制限したときの (ベクトル) 空間は実計量 (ベクトル) 空間と呼ばれ (ベクトル間の角も内積から定義できる)，また，スカラーを複素数に広げたときの (ベクトル) 空間は複素計量 (ベクトル) 空間と呼ばれ

る (ただし，複素計量空間では内積から角は定義しない).

さて，ベクトルには数と同じ積 (掛け算) は存在しないが，この掛け算に対応するもので，内積と外積 (ちょっと特殊な積) という 2 種類の演算がある．$\mathrm{O}xyz$– 座標系における 2 つの空間ベクトル

$$\boldsymbol{a} = \begin{pmatrix} a_1 \\ a_2 \\ a_3 \end{pmatrix} \neq \boldsymbol{o},\ \boldsymbol{b} = \begin{pmatrix} b_1 \\ b_2 \\ b_3 \end{pmatrix} \neq \boldsymbol{o}$$

に対して，ベクトルのなす角 θ は $0 \leqq \theta \leqq \pi$ に制限された角を指すものとする (規約)．また，$\boldsymbol{a}$ の大きさ (長さ) $\|\boldsymbol{a}\|$，$\boldsymbol{b}$ の大きさ (長さ) $\|\boldsymbol{b}\|$ を

$$\|\boldsymbol{a}\| = \sqrt{{a_1}^2 + {a_2}^2 + {a_3}^2}, \quad \|\boldsymbol{b}\| = \sqrt{{b_1}^2 + {b_2}^2 + {b_3}^2} \quad (\|\boldsymbol{o}\| = 0)$$

と定める．特に大きさ (長さ) が 1 のベクトルを**単位ベクトル**という．ここに，$\|\boldsymbol{a}\|$，$\|\boldsymbol{b}\|$ はそれぞれ $\boldsymbol{a}, \boldsymbol{b}$ の**ノルム**と呼ばれる．つまり，$\|\cdot\|$ は次のノルムの公理を満たす．

定理 1.1　ノルムの公理　空間内のベクトル $\boldsymbol{x}, \boldsymbol{y}$ と実数 λ に対して，次の性質が成り立つ．

(1)　$\|\boldsymbol{x}\| \geqq 0$．また，$\|\boldsymbol{x}\| = 0$ となるのは $\boldsymbol{x} = \boldsymbol{o}$ のときに限る．

(2)　$\|\boldsymbol{x} + \boldsymbol{y}\| \leqq \|\boldsymbol{x}\| + \|\boldsymbol{y}\|$　(**三角不等式**)

(3)　$\|\lambda \boldsymbol{x}\| = |\lambda|\,\|\boldsymbol{x}\|$

なお，(2) の等号は $\boldsymbol{x} = s\boldsymbol{y}$ $(s \geqq 0)$，または，$\boldsymbol{y} = t\boldsymbol{x}$ $(t \geqq 0)$ の場合に限って成り立つ．

証明　(1), (3) はベクトルの大きさの定義より明らかである．よって，(2) を示そう．$\boldsymbol{x} = \boldsymbol{o}$, または，$\boldsymbol{y} = \boldsymbol{o}$ ならば自明である．したがって，2 つのベクトル $\boldsymbol{x}, \boldsymbol{y}$ を次のようにしてよい．

$$\boldsymbol{x} = \begin{pmatrix} x_1 \\ x_2 \\ x_3 \end{pmatrix} \neq \boldsymbol{o},\ \boldsymbol{y} = \begin{pmatrix} y_1 \\ y_2 \\ y_3 \end{pmatrix} \neq \boldsymbol{o}$$

最初に不等式 $2xy \leqq x^2 + y^2$ より，

$$\begin{aligned}(x_1y_1 + x_2y_2 + x_3y_3)^2 &= {x_1}^2{y_1}^2 + {x_2}^2{y_2}^2 + {x_3}^2{y_3}^2 \\ &\qquad + 2x_1x_2y_1y_2 + 2x_2x_3y_2y_3 + 2x_3x_1y_3y_1 \\ &\leqq {x_1}^2{y_1}^2 + {x_2}^2{y_2}^2 + {x_3}^2{y_3}^2 + {x_1}^2{y_2}^2 + {x_2}^2{y_1}^2\end{aligned}$$

$$+ {x_2}^2{y_3}^2 + {x_3}^2{y_2}^2 + {x_3}^2{y_1}^2 + {x_1}^2{y_3}^2$$

$$= ({x_1}^2 + {x_2}^2 + {x_3}^2)({y_1}^2 + {y_2}^2 + {y_3}^2)$$

よって,

$$x_1y_1 + x_2y_2 + x_3y_3 \leqq \|\boldsymbol{x}\|\|\boldsymbol{y}\| \tag{1.2}$$

これより,

$$\begin{aligned}\|\boldsymbol{x}+\boldsymbol{y}\|^2 &= (x_1+y_1)^2 + (x_2+y_2)^2 + (x_3+y_3)^2 \\ &= {x_1}^2 + {x_2}^2 + {x_3}^2 + {y_1}^2 + {y_2}^2 + {y_3}^2 + 2x_1y_1 + 2x_2y_2 + 2x_3y_3 \\ &\leqq \|\boldsymbol{x}\|^2 + 2\|\boldsymbol{x}\|\|\boldsymbol{y}\| + \|\boldsymbol{y}\|^2 = (\|\boldsymbol{x}\| + \|\boldsymbol{y}\|)^2\end{aligned}$$

したがって, $\|\boldsymbol{x}+\boldsymbol{y}\| \leqq \|\boldsymbol{x}\| + \|\boldsymbol{y}\|$ が示された. 次に等号が成り立つための条件を示そう. $\boldsymbol{x} = s\boldsymbol{y}$ $(s \geqq 0)$ ならば,

$$\|\boldsymbol{x}+\boldsymbol{y}\| = \|(1+s)\boldsymbol{y}\| = (1+s)\|\boldsymbol{y}\| = \|\boldsymbol{y}\| + s\|\boldsymbol{y}\| = \|\boldsymbol{y}\| + \|\boldsymbol{x}\|$$

$\boldsymbol{y} = t\boldsymbol{x}$ $(t \geqq 0)$ の場合も同様にして, 等号が成り立つことがわかる.

逆に, 等号が成り立っているとする. $\boldsymbol{x} = \boldsymbol{o}$ ならば, $\boldsymbol{x} = 0\boldsymbol{y}$, また, $\boldsymbol{y} = \boldsymbol{o}$ ならば $\boldsymbol{y} = 0\boldsymbol{x}$ とみなせばよい. $\boldsymbol{x} \neq \boldsymbol{o}$, $\boldsymbol{y} \neq \boldsymbol{o}$ のときは, 図形的に考えれば, $\boldsymbol{x}$ と $\boldsymbol{y}$ が平行でなければ三角不等式の等号が成り立たないことはすぐにわかる. よって, $\boldsymbol{x} = s\boldsymbol{y}$ となる実数 s が存在する. そこで, $\|\boldsymbol{x}+\boldsymbol{y}\| = \|\boldsymbol{x}\| + \|\boldsymbol{y}\|$ より,

$$|1+s|\|\boldsymbol{x}\| = \|\boldsymbol{x}+\boldsymbol{y}\| = \|\boldsymbol{x}\| + \|\boldsymbol{y}\| = (1+|s|)\|\boldsymbol{x}\|$$

よって, $|1+s| = 1+|s|$ となることから, $s \geqq 0$ を得る. 同様に, $\boldsymbol{x}$ と $\boldsymbol{y}$ を入れ替えて考えると $\boldsymbol{y} = t\boldsymbol{x}$ $(t \geqq 0)$ も得られる. ■

なお, 三角不等式の等号が成り立つとき, $\boldsymbol{y} = s\boldsymbol{x}$ と表すことができるが, このときの s は具体的に $s = \dfrac{1}{\|\boldsymbol{y}\|^2}(x_1y_1 + x_2y_2 + x_3y_3)$ となっている (定理 1.3 と定理 1.4 の別証明 (一般内積の場合) も参照せよ).

問 1.6 空間ベクトル $\boldsymbol{x} = \begin{pmatrix} 1 \\ 3 \\ 5 \end{pmatrix}$, $\boldsymbol{y} = \begin{pmatrix} 2 \\ -1 \\ 1 \end{pmatrix}$ に対して次の問いに答えよ.

(1) $\boldsymbol{x}$, $\boldsymbol{y}$ の大きさを求めよ.

(2) $\|\boldsymbol{x} + t\boldsymbol{y}\|$ が最小となるような実数 t の値を求めよ.

問 1.7 空間内の 2 つのベクトル $\boldsymbol{a} = \begin{pmatrix} a_1 \\ a_2 \\ a_3 \end{pmatrix}$, $\boldsymbol{b} = \begin{pmatrix} b_1 \\ b_2 \\ b_3 \end{pmatrix}$ に対して, $\|\boldsymbol{a}+\boldsymbol{b}\|^2 = \|\boldsymbol{a}\|^2 + \|\boldsymbol{b}\|^2$ が成り立つための必要十分条件を求めよ.

$\boldsymbol{a} \neq \boldsymbol{o}$ かつ $\boldsymbol{b} \neq \boldsymbol{o}$ のとき，$\boldsymbol{a}$ と $\boldsymbol{b}$ のなす角 θ を用いてつくった量 (数値) $\|\boldsymbol{a}\|\,\|\boldsymbol{b}\|\cos\theta$ を $\boldsymbol{a}$ と $\boldsymbol{b}$ の**内積**といい，記号 $(\boldsymbol{a}, \boldsymbol{b})$ (または，$\boldsymbol{a}\boldsymbol{\cdot}\boldsymbol{b}$) で表す：

$$(\boldsymbol{a}, \boldsymbol{b}) = \|\boldsymbol{a}\|\,\|\boldsymbol{b}\|\cos\theta \quad (0 \leqq \theta \leqq \pi)$$

$$(\boldsymbol{a}, \boldsymbol{a}) = \|\boldsymbol{a}\|^2$$

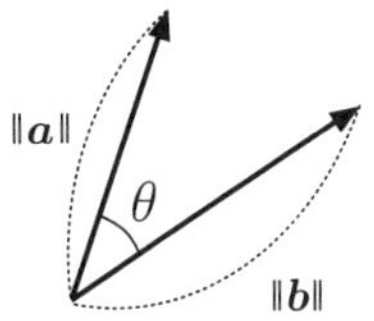

$\boldsymbol{a} = \boldsymbol{o}$，または，$\boldsymbol{b} = \boldsymbol{o}$ のときは，$(\boldsymbol{a}, \boldsymbol{b}) = 0$ とする．特に，$\boldsymbol{a} \neq \boldsymbol{o}$ かつ $\boldsymbol{b} \neq \boldsymbol{o}$ のときは，

$$\cos\theta = \frac{(\boldsymbol{a}, \boldsymbol{b})}{\|\boldsymbol{a}\|\,\|\boldsymbol{b}\|}$$

このようにして定義される演算 $(\cdot, \cdot)$ は，実は次の内積の公理を満たしていることが簡単に確かめられる (これが内積と呼ばれる所以(ゆえん)である)．上のように図形的に定義された内積を，本書では (幾何ベクトルに倣(なら)って) **幾何内積**と呼ぶことにする．空間内の 2 つのベクトル $\boldsymbol{a}$, $\boldsymbol{b}$ が 1 次独立であるとき，幾何内積 $(\boldsymbol{a}, \boldsymbol{b})$ に対して

$$\boldsymbol{a} \text{ と } \boldsymbol{b} \text{ が直交する} \iff (\boldsymbol{a}, \boldsymbol{b}) = 0$$

しかし，$\boldsymbol{a}$ と $\boldsymbol{b}$ のどちらかが $\boldsymbol{o}$ でも，$(\boldsymbol{a}, \boldsymbol{b}) = 0$ であることから，この場合も $\boldsymbol{a}, \boldsymbol{b}$ が直交する場合に含めるのが一般的である．したがって，$\boldsymbol{o}$ は同じ空間のすべてのベクトルと直交すると考える．

例 1.3　基本ベクトル $\boldsymbol{e}_1, \boldsymbol{e}_2, \boldsymbol{e}_3$ の幾何内積について，次の関係式が成り立つ．

$$(\boldsymbol{e}_1, \boldsymbol{e}_1) = (\boldsymbol{e}_2, \boldsymbol{e}_2) = (\boldsymbol{e}_3, \boldsymbol{e}_3) = 1$$

$$(\boldsymbol{e}_1, \boldsymbol{e}_2) = (\boldsymbol{e}_2, \boldsymbol{e}_3) = (\boldsymbol{e}_3, \boldsymbol{e}_1) = 0$$

定理 1.2　内積の公理　空間内のベクトル $\boldsymbol{x}, \boldsymbol{y}, \boldsymbol{z}$ と任意の実数 λ に対して，次の性質が成り立つ．

(1)　$(\boldsymbol{x}, \boldsymbol{y}) = (\boldsymbol{y}, \boldsymbol{x})$

(2)　$(\boldsymbol{x}, \boldsymbol{y} + \boldsymbol{z}) = (\boldsymbol{x}, \boldsymbol{y}) + (\boldsymbol{x}, \boldsymbol{z})$

　　$(\boldsymbol{x} + \boldsymbol{y}, \boldsymbol{z}) = (\boldsymbol{x}, \boldsymbol{z}) + (\boldsymbol{y}, \boldsymbol{z})$

(3)　$(\lambda\boldsymbol{x}, \boldsymbol{y}) = (\boldsymbol{x}, \lambda\boldsymbol{y}) = \lambda(\boldsymbol{x}, \boldsymbol{y})$

(4)　$(\boldsymbol{x}, \boldsymbol{x}) \geqq 0$ で，$(\boldsymbol{x}, \boldsymbol{x}) = 0$ となるのは $\boldsymbol{x} = \boldsymbol{o}$ のときに限る．

定理 1.2 における 4 つの性質をもって定義される内積を，本書では**一般内積**と呼ぶことにする．一般内積は (実は 1 通りではなく，異なるものが) 無数に存在する!!　特に図形的なイメージと無関係な集合 (たとえば，有界閉区間上の連続関数全体の集合) に対しても一般内積が定義でき，線形代数の知識を応用することができる．

ベクトルの幾何内積が内積の公理を満たすことは次の定理から簡単にわかる．

定理 1.3　空間内の 2 つのベクトル $\boldsymbol{a} = \begin{pmatrix} a_1 \\ a_2 \\ a_3 \end{pmatrix}, \boldsymbol{b} = \begin{pmatrix} b_1 \\ b_2 \\ b_3 \end{pmatrix}$ に対して，

$$(\boldsymbol{a}, \boldsymbol{b}) = a_1 b_1 + a_2 b_2 + a_3 b_3$$

が成り立つ．

証明　2 つのベクトル $\boldsymbol{a}$ と $\boldsymbol{b}$ のなす角を θ とすると，余弦定理から

$$\|\boldsymbol{a} - \boldsymbol{b}\|^2 = \|\boldsymbol{a}\|^2 + \|\boldsymbol{b}\|^2 - 2\|\boldsymbol{a}\|\,\|\boldsymbol{b}\| \cos\theta = \|\boldsymbol{a}\|^2 + \|\boldsymbol{b}\|^2 - 2(\boldsymbol{a}, \boldsymbol{b})$$

よって，両辺のノルムをベクトルの成分を用いて表せば，

$$(a_1 - b_1)^2 + (a_2 - b_2)^2 + (a_3 - b_3)^2 = {a_1}^2 + {a_2}^2 + {a_3}^2 + {b_1}^2 + {b_2}^2 + {b_3}^2 - 2(\boldsymbol{a}, \boldsymbol{b})$$

これを整理すれば求める式を得る．　■

ベクトルの成分が与えられているときは，定理 1.3 の計算式で内積を定義することができる．このようにして定義された内積を，一般に**ユークリッド内積**と呼ぶ．さらに，定理 1.3 はベクトルの成分の個数が多くても，ユークリッド内積が一般化できることを示唆している．

例題 1.1, (2) と例題 1.2 の事実は次のように解釈することができる．まず，原点を通る直線で，ベクトル $\boldsymbol{a}$ が乗っている直線の方向ベクトルは $\boldsymbol{a}$ 自身で，ベクトル $\boldsymbol{b}$ が乗っている直線の方向ベクトルは $\boldsymbol{b}$ 自身である．したがって

2 直線が直交する $\iff$ 方向ベクトルの内積 $(\boldsymbol{a}, \boldsymbol{b}) = 0$.

以上より，幾何内積も，ユークリッド内積も，ともに一般内積の特別な形であることがわかった．ちなみに

「幾何内積」・・・・・・・・・・・・・・・・・・ 図形的内積
「ユークリッド内積」・・・・・・・・・・ 算術的内積
「一般内積」・・・・・・・・・・・・・・・・・・ 公理的内積

と理解してよい．逆に，一般内積になんらかの「付帯条件」を付加すると，幾何内積やユークリッド内積が得られるという訳である．たとえば，一般内積とユークリッド内積の整合性については以下のようになる．

$\mathrm{O}xyz$–座標系におけるベクトルを

$$\boldsymbol{x} = \begin{pmatrix} x_1 \\ x_2 \\ x_3 \end{pmatrix} = x_1 \begin{pmatrix} 1 \\ 0 \\ 0 \end{pmatrix} + x_2 \begin{pmatrix} 0 \\ 1 \\ 0 \end{pmatrix} + x_3 \begin{pmatrix} 0 \\ 0 \\ 1 \end{pmatrix} = x_1\boldsymbol{e}_1 + x_2\boldsymbol{e}_2 + x_3\boldsymbol{e}_3$$

$$\boldsymbol{y} = \begin{pmatrix} y_1 \\ y_2 \\ y_3 \end{pmatrix} = y_1 \begin{pmatrix} 1 \\ 0 \\ 0 \end{pmatrix} + y_2 \begin{pmatrix} 0 \\ 1 \\ 0 \end{pmatrix} + y_3 \begin{pmatrix} 0 \\ 0 \\ 1 \end{pmatrix} = y_1\boldsymbol{e}_1 + y_2\boldsymbol{e}_2 + y_3\boldsymbol{e}_3$$

と表す (この表示法は，ベクトル解析ではたいへん重要である)．このとき，一般内積と付帯条件の例 1.3 から，$\boldsymbol{x}$ と $\boldsymbol{y}$ の内積について

$$\begin{aligned} \text{一般内積} \cdots (\boldsymbol{x}, \boldsymbol{y}) &= (x_1\boldsymbol{e}_1 + x_2\boldsymbol{e}_2 + x_3\boldsymbol{e}_3, y_1\boldsymbol{e}_1 + y_2\boldsymbol{e}_2 + y_3\boldsymbol{e}_3) \\ &= x_1y_1(\boldsymbol{e}_1, \boldsymbol{e}_1) + x_1y_2(\boldsymbol{e}_1, \boldsymbol{e}_2) + x_1y_3(\boldsymbol{e}_1, \boldsymbol{e}_3) \\ &\qquad + x_2y_1(\boldsymbol{e}_2, \boldsymbol{e}_1) + x_2y_2(\boldsymbol{e}_2, \boldsymbol{e}_2) + x_2y_3(\boldsymbol{e}_2, \boldsymbol{e}_3) \\ &\qquad + x_3y_1(\boldsymbol{e}_3, \boldsymbol{e}_1) + x_3y_2(\boldsymbol{e}_3, \boldsymbol{e}_2) + x_3y_3(\boldsymbol{e}_3, \boldsymbol{e}_3) \\ &= x_1y_1 + x_2y_2 + x_3y_3 \cdots \text{ユークリッド内積} \end{aligned}$$

よって，定理 1.3 と矛盾しないことがわかった．

ところで，定理 1.2 を内積の定義とした場合，たとえば

$$(\boldsymbol{x}, \boldsymbol{y}) = x_1y_1 + 2x_2y_2 + 3x_3y_3$$

も内積 (一般内積の 1 つ) となる．しかし，この場合は，基本ベクトルの内積に関する性質 (例 1.3) が満たされないため，これまでの内積との整合性は成り立たない．

定理 1.4　シュヴァルツの不等式　$\mathrm{O}xyz$–座標系におけるベクトル $\boldsymbol{x}, \boldsymbol{y}$ に対して

$$|(\boldsymbol{x}, \boldsymbol{y})| \leqq \|\boldsymbol{x}\|\,\|\boldsymbol{y}\|$$

が成り立つ．また，等号が成り立つのは $\boldsymbol{x} = s\boldsymbol{y}$，または，$\boldsymbol{y} = t\boldsymbol{x}$ のときに限る (ただし，s, t は実数)．

証明　(幾何内積の場合) $\boldsymbol{y} = \boldsymbol{o}$ の場合は，両辺ともに 0 で公式が成り立つ．よって，$\boldsymbol{y} \neq \boldsymbol{o}$ である場合を考える．ベクトル $\boldsymbol{x}$ と $\boldsymbol{y}$ のなす角を θ とすると，内積の定義より

$$|(\boldsymbol{x}, \boldsymbol{y})| = |\,\|\boldsymbol{x}\|\,\|\boldsymbol{y}\|\cos\theta\,| \leqq \|\boldsymbol{x}\|\,\|\boldsymbol{y}\|$$

等号が成り立つための条件についての証明は読者に委ねることにする. ∎

なお, 定理 1.3 によれば, ノルムの三角不等式を示した際に得た不等式 (1.2) がそのままシュヴァルツの不等式になっていることがわかる. このことを用いると, 内積からノルムをつくり出すことができる.

定理 1.5　空間ベクトル $\boldsymbol{x}, \boldsymbol{y}$ に対して, $(\boldsymbol{x}, \boldsymbol{y})$ が内積の公理を満たすとする. このとき,

$$\|\boldsymbol{x}\| = \sqrt{(\boldsymbol{x}, \boldsymbol{x})}$$

で定義された $\|\boldsymbol{x}\|$ はノルムの公理を満たす.

この定理の証明は, 実質的にノルムの三角不等式だけを示せばよいが, それを示す前に, シュヴァルツの不等式が成り立つことを示そう. なお, ここでいう内積とは, 一般内積で, 内積の公理を満たすことしか条件がないので, 定理 1.4 で証明したような, 具体的な計算によるシュヴァルツの不等式の証明は適用できない. そこで, 以下のように内積の公理のみを用いた証明をする必要がある.

証明　シュヴァルツの不等式の証明 (一般内積の場合)　$\boldsymbol{y} = \boldsymbol{o}$ の場合は, 両辺ともに 0 で公式が成り立つ. よって, $\boldsymbol{y} \neq \boldsymbol{o}$ である場合を考える.

$$\boldsymbol{z} = \boldsymbol{x} - \frac{(\boldsymbol{x}, \boldsymbol{y})}{\|\boldsymbol{y}\|^2}\boldsymbol{y}$$

とおくと

$$\begin{aligned}
0 \leqq \|\boldsymbol{z}\|^2 = (\boldsymbol{z}, \boldsymbol{z}) &= \left(\boldsymbol{x} - \frac{(\boldsymbol{x}, \boldsymbol{y})}{\|\boldsymbol{y}\|^2}\boldsymbol{y}, \boldsymbol{x} - \frac{(\boldsymbol{x}, \boldsymbol{y})}{\|\boldsymbol{y}\|^2}\boldsymbol{y}\right) \\
&= \|\boldsymbol{x}\|^2 - 2\frac{|(\boldsymbol{x}, \boldsymbol{y})|^2}{\|\boldsymbol{y}\|^2} + \frac{|(\boldsymbol{x}, \boldsymbol{y})|^2}{\|\boldsymbol{y}\|^4}\|\boldsymbol{y}\|^2 \\
&= \frac{\|\boldsymbol{x}\|^2 \|\boldsymbol{y}\|^2 - |(\boldsymbol{x}, \boldsymbol{y})|^2}{\|\boldsymbol{y}\|^2}
\end{aligned}$$

ゆえに, $|(\boldsymbol{x}, \boldsymbol{y})|^2 \leqq \|\boldsymbol{x}\|^2 \|\boldsymbol{y}\|^2$ より $|(\boldsymbol{x}, \boldsymbol{y})| \leqq \|\boldsymbol{x}\| \|\boldsymbol{y}\|$. ∎

証明　シュヴァルツの不等式の別証明　($\boldsymbol{x} \neq \boldsymbol{o}$ の場合) 任意の実数 t に対して

$$0 \leqq \|t\boldsymbol{x} + \boldsymbol{y}\|^2 = (t\boldsymbol{x} + \boldsymbol{y}, t\boldsymbol{x} + \boldsymbol{y}) = t^2 \|\boldsymbol{x}\|^2 + 2t(\boldsymbol{x}, \boldsymbol{y}) + \|\boldsymbol{y}\|^2$$

が成り立つ. 仮定により t^2 の係数 $= \|\boldsymbol{x}\|^2 \neq 0$ であるから, t の 2 次式が常に非負であるための条件より

$$\text{判別式}\quad 4\,|(\boldsymbol{x}, \boldsymbol{y})|^2 - 4\,\|\boldsymbol{x}\|^2 \|\boldsymbol{y}\|^2 \leqq 0$$

したがって, $|(\boldsymbol{x}, \boldsymbol{y})| \leqq \|\boldsymbol{x}\| \|\boldsymbol{y}\|$. ∎

証明 **定理 1.5 の証明** ベクトルの長さを定める式 $\|\cdot\| = \sqrt{(\cdot,\cdot)}$ が，ノルムの公理における三角不等式を満たすことを示せばよい．シュヴァルツの不等式により

$$\begin{aligned}\|\boldsymbol{x}+\boldsymbol{y}\|^2 &= (\boldsymbol{x}+\boldsymbol{y},\boldsymbol{x}+\boldsymbol{y}) = \|\boldsymbol{x}\|^2 + 2(\boldsymbol{x},\boldsymbol{y}) + \|\boldsymbol{y}\|^2 \\ &\leqq \|\boldsymbol{x}\|^2 + 2\,|(\boldsymbol{x},\boldsymbol{y})| + \|\boldsymbol{y}\|^2 \leqq \|\boldsymbol{x}\|^2 + 2\,\|\boldsymbol{x}\|\,\|\boldsymbol{y}\| + \|\boldsymbol{y}\|^2 = (\|\boldsymbol{x}\| + \|\boldsymbol{y}\|)^2.\end{aligned}$$

よって，$\|\boldsymbol{x}+\boldsymbol{y}\| \leqq \|\boldsymbol{x}\| + \|\boldsymbol{y}\|$. ∎

定理 1.6 空間内の 2 つのベクトル $\boldsymbol{a},\boldsymbol{b}$ に対して，次の関係が成り立つ．

(1) $\|\boldsymbol{a}+\boldsymbol{b}\|^2 + \|\boldsymbol{a}-\boldsymbol{b}\|^2 = 2(\|\boldsymbol{a}\|^2 + \|\boldsymbol{b}\|^2)$ （中線定理）

(2) $(\boldsymbol{a},\boldsymbol{b}) = \dfrac{1}{2}(\|\boldsymbol{a}\|^2 + \|\boldsymbol{b}\|^2 - \|\boldsymbol{a}-\boldsymbol{b}\|^2)$ （内積とノルムの関係）

証明 (1) $\|\boldsymbol{a}+\boldsymbol{b}\|^2$ と $\|\boldsymbol{a}-\boldsymbol{b}\|^2$ を直接計算して足せばよい．

(2) $\|\boldsymbol{a}-\boldsymbol{b}\|^2 = (\boldsymbol{a}-\boldsymbol{b},\boldsymbol{a}-\boldsymbol{b}) = \|\boldsymbol{a}\|^2 + \|\boldsymbol{b}\|^2 - 2(\boldsymbol{a},\boldsymbol{b})$. よって，

$$\frac{1}{2}(\|\boldsymbol{a}\|^2 + \|\boldsymbol{b}\|^2 - \|\boldsymbol{a}-\boldsymbol{b}\|^2) = (\boldsymbol{a},\boldsymbol{b}).$$ ∎

特に，$\boldsymbol{a},\boldsymbol{b}$ が始点をそろえたとき，$\boldsymbol{a},\boldsymbol{b}$ の始点，終点の 3 点が三角形をなすならば，求める関係式は三角形の余弦定理からも導かれる．なお，定理 1.6 の (2) は (1) と合わせて

$$(\boldsymbol{a},\boldsymbol{b}) = \frac{1}{4}(\|\boldsymbol{a}+\boldsymbol{b}\|^2 - \|\boldsymbol{a}-\boldsymbol{b}\|^2)$$

として使うこともある．

例題 1.6 Oxyz–空間において，位置ベクトル $\boldsymbol{p}$ の点 P から直線 $\boldsymbol{x} = \boldsymbol{a} + t\boldsymbol{b}$ $(-\infty < t < \infty, \boldsymbol{b} \neq \boldsymbol{o})$ に至る距離 h を内積とノルムを用いた式で求めよ．

解答 点 P からこの直線に下ろした垂線の足を Q とし，その位置ベクトルを $\boldsymbol{q}$ とする．このとき

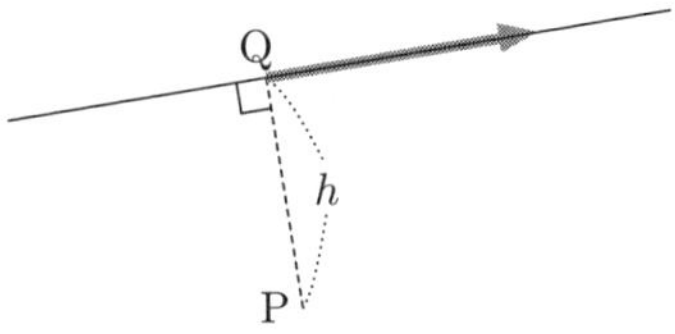

$$\begin{cases} \boldsymbol{q} = \boldsymbol{a} + t_0\boldsymbol{b} & (\exists t_0 \in (-\infty,\infty)) \\ (\boldsymbol{b},\boldsymbol{p}-\boldsymbol{q}) = 0 \end{cases}$$

この 2 つの式から

$$\begin{aligned} t_0(\boldsymbol{b},\boldsymbol{b}) = (\boldsymbol{b},t_0\boldsymbol{b}) = (\boldsymbol{b},\boldsymbol{q}-\boldsymbol{a}) &= (\boldsymbol{b},\boldsymbol{q}-\boldsymbol{p}+\boldsymbol{p}-\boldsymbol{a}) \\ &= (\boldsymbol{b},\boldsymbol{q}-\boldsymbol{p}) + (\boldsymbol{b},\boldsymbol{p}-\boldsymbol{a}) = (\boldsymbol{b},\boldsymbol{p}-\boldsymbol{a}) \end{aligned}$$

よって，$t_0 = \dfrac{(\boldsymbol{b},\boldsymbol{p}-\boldsymbol{a})}{\|\boldsymbol{b}\|^2}$. したがって，$(\boldsymbol{b},\boldsymbol{p}-\boldsymbol{q}) = 0$ に注意して

$$\|\boldsymbol{p}-\boldsymbol{q}\|^2 = (\boldsymbol{p}-\boldsymbol{q},\boldsymbol{p}-\boldsymbol{q}) = (\boldsymbol{p}-\boldsymbol{q},\boldsymbol{p}-\boldsymbol{a}-t_0\boldsymbol{b})$$

$$= (\boldsymbol{p}-\boldsymbol{q}, \boldsymbol{p}-\boldsymbol{a}) = (\boldsymbol{p}-\boldsymbol{a}-t_0\boldsymbol{b}, \boldsymbol{p}-\boldsymbol{a}) = \|\boldsymbol{p}-\boldsymbol{a}\|^2 - t_0(\boldsymbol{b}, \boldsymbol{p}-\boldsymbol{a})$$
$$= \|\boldsymbol{p}-\boldsymbol{a}\|^2 - \frac{(\boldsymbol{b}, \boldsymbol{p}-\boldsymbol{a})^2}{\|\boldsymbol{b}\|^2}$$

ゆえに,

$$h = \frac{1}{\|\boldsymbol{b}\|}\sqrt{\|\boldsymbol{b}\|^2\|\boldsymbol{p}-\boldsymbol{a}\|^2 - (\boldsymbol{b}, \boldsymbol{p}-\boldsymbol{a})^2}.$$ ■

この (最短) 距離の公式は Oxy–平面においても，まったく同じ形式で成り立つ．特に平面の場合，直線式は一般に

$$ax + by + c = 0 \quad ((a,b) \neq (0,0))$$

で与えられる．点 $\mathrm{P}(x_0, y_0)$ からこの平面に下ろした垂線の足を Q とすると，

$$\overline{\mathrm{PQ}}(=h) = \frac{|ax_0 + by_0 + c|}{\sqrt{a^2+b^2}}$$

で与えられる．この式は，たとえば $b \neq 0$ の場合

$$\boldsymbol{a} = \begin{pmatrix} 0 \\ -\dfrac{c}{b} \end{pmatrix}, \quad \boldsymbol{b} = \begin{pmatrix} b \\ -a \end{pmatrix}, \quad \boldsymbol{p} = \begin{pmatrix} x_0 \\ y_0 \end{pmatrix}$$

のようにとることによって，内積，ノルムの式から導くことができる．

例題 1.7 $Oxyz$–空間において，位置ベクトル $\boldsymbol{p}$ の点 P から空間平面 π : $\boldsymbol{\pi} = \boldsymbol{a} + s\boldsymbol{b} + t\boldsymbol{c}$ $(-\infty < s, t < \infty$, $\boldsymbol{b}, \boldsymbol{c}$ は 1 次独立) に至る距離 h を内積，ノルムの式で求めよ．

解答 平面 π に垂直なベクトル $(\neq \boldsymbol{o})$ を π の法線ベクトルという．π の法線ベクトル $\boldsymbol{n} = \begin{pmatrix} \alpha \\ \beta \\ \gamma \end{pmatrix}$ が与えられている場合を考える．

位置ベクトル $\boldsymbol{p}$ の点 P からこの平面に下ろした垂線の足を Q とし，点 Q の位置ベクトルを $\boldsymbol{q}$ とする．$\boldsymbol{a}$ を位置ベクトルとする π 上の点を A とする．このとき

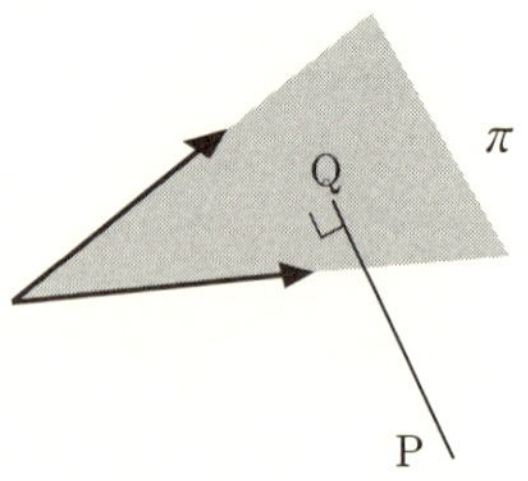

$$\begin{cases} \boldsymbol{p}-\boldsymbol{q} = t_0\boldsymbol{n} & (\exists t_0 \in (-\infty, \infty)) \\ (\boldsymbol{q}-\boldsymbol{a}, \boldsymbol{n}) = 0 \end{cases}$$

この 2 つの式から

$$t_0(\boldsymbol{n}, \boldsymbol{n}) = (t_0\boldsymbol{n}, \boldsymbol{n}) = (\boldsymbol{p}-\boldsymbol{q}, \boldsymbol{n}) = (\boldsymbol{p}-\boldsymbol{a}+\boldsymbol{a}-\boldsymbol{q}, \boldsymbol{n})$$

$$= (\boldsymbol{p}-\boldsymbol{a},\boldsymbol{n}) + (\boldsymbol{a}-\boldsymbol{q},\boldsymbol{n}) = (\boldsymbol{p}-\boldsymbol{a},\boldsymbol{n})$$

よって，$t_0 = \dfrac{(\boldsymbol{p}-\boldsymbol{a},\boldsymbol{n})}{\|\boldsymbol{n}\|^2}$ を得る．これより

$$\begin{aligned}\|\boldsymbol{p}-\boldsymbol{q}\|^2 &= (\boldsymbol{p}-\boldsymbol{q},\boldsymbol{p}-\boldsymbol{q}) = (\boldsymbol{p}-\boldsymbol{a}+\boldsymbol{a}-\boldsymbol{q}, t_0\boldsymbol{n})\\ &= (\boldsymbol{p}-\boldsymbol{a}, t_0\boldsymbol{n}) + (\boldsymbol{a}-\boldsymbol{q}, t_0\boldsymbol{n}) = t_0(\boldsymbol{p}-\boldsymbol{a},\boldsymbol{n}) = \frac{(\boldsymbol{p}-\boldsymbol{a},\boldsymbol{n})^2}{\|\boldsymbol{n}\|^2}\end{aligned}$$

であるので，$h = \|\boldsymbol{p}-\boldsymbol{q}\| = \dfrac{|(\boldsymbol{p},\boldsymbol{n})-(\boldsymbol{a},\boldsymbol{n})|}{\|\boldsymbol{n}\|}$．ここで，$d = \dfrac{(\boldsymbol{a},\boldsymbol{n})}{\|\boldsymbol{n}\|}$ とし，$\boldsymbol{p} = \begin{pmatrix} x_1 \\ y_1 \\ z_1 \end{pmatrix}$ とすると，上の公式から

$$h = \frac{|\alpha x_1 + \beta y_1 + \gamma z_1 - d|}{\sqrt{\alpha^2+\beta^2+\gamma^2}}$$

となる．この場合の平面の方程式は $\alpha x + \beta y + \gamma z = d$ である． ▮

例題 1.8 Oxy–平面における 1 次独立な 2 つのベクトル $\boldsymbol{a}, \boldsymbol{b}$ がつくる平行四辺形の面積 S を求めよ．ちなみに，この平行四辺形は $\boldsymbol{a}$, $\boldsymbol{b}$ で張られる平行四辺形ともいう．

解答

$$\begin{aligned}S^2 &= \|\boldsymbol{a}\|^2\|\boldsymbol{b}\|^2\sin^2\theta\\ &= \|\boldsymbol{a}\|^2\|\boldsymbol{b}\|^2(1-\cos^2\theta)\\ &= \|\boldsymbol{a}\|^2\|\boldsymbol{b}\|^2 - \|\boldsymbol{a}\|^2\|\boldsymbol{b}\|^2\cos^2\theta\\ &= \|\boldsymbol{a}\|^2\|\boldsymbol{b}\|^2 - (\boldsymbol{a},\boldsymbol{b})^2\end{aligned}$$

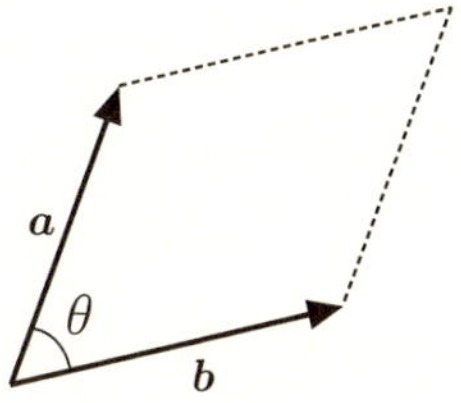

よって，$S = \sqrt{\|\boldsymbol{a}\|^2\|\boldsymbol{b}\|^2 - (\boldsymbol{a},\boldsymbol{b})^2}$． ▮

問 1.8 次の Oxyz–空間のベクトル $\boldsymbol{a}, \boldsymbol{b}$ で張られる平行四辺形の面積を求めよ．

(1) $\boldsymbol{a} = \begin{pmatrix} 3 \\ 1 \\ 2 \end{pmatrix}, \boldsymbol{b} = \begin{pmatrix} -1 \\ 0 \\ 5 \end{pmatrix}$ (2) $\boldsymbol{a} = \begin{pmatrix} 2 \\ 5 \\ 1 \end{pmatrix}, \boldsymbol{b} = \begin{pmatrix} 3 \\ 1 \\ -4 \end{pmatrix}$

問 1.9 Oxyz–空間のベクトル $\boldsymbol{a}$ と $\boldsymbol{b}$ に対して，次の式が成り立つことを示せ．

$$(\boldsymbol{a},\boldsymbol{b}) = \frac{1}{4}\left(\|\boldsymbol{a}+\boldsymbol{b}\|^2 - \|\boldsymbol{a}-\boldsymbol{b}\|^2\right)$$

問 1.10　$\mathrm{O}xyz$–空間のベクトル $\boldsymbol{a}=\begin{pmatrix} a_1 \\ a_2 \\ a_3 \end{pmatrix}$ $\boldsymbol{b}=\begin{pmatrix} b_1 \\ b_2 \\ b_3 \end{pmatrix}$ に対して，次の問いに答えよ．

(1)　$\|\boldsymbol{a}\|_1=|a_1|+|a_2|+|a_3|$ としたとき，$\|a\|_1$ がノルムの公理を満たすことを示せ．

(2)　$\langle \boldsymbol{a},\boldsymbol{b}\rangle=\dfrac{1}{4}\left(\|\boldsymbol{a}+\boldsymbol{b}\|_1{}^2-\|\boldsymbol{a}-\boldsymbol{b}\|_1{}^2\right)$ としたとき，$\langle \boldsymbol{a},\boldsymbol{b}\rangle$ は内積の公理を満たさないことを示せ．

定理 1.5 によれば，内積が定義できればノルムも自動的に定義できることがわかる．しかし，問 1.10 は，ノルムが定義できても，自動的に内積が定義できるとは限らないことを示唆している．

問 1.11　2 つの空間ベクトル $\boldsymbol{a}=\begin{pmatrix} 1 \\ -1 \\ 0 \end{pmatrix}$, $\boldsymbol{b}=\begin{pmatrix} 2 \\ 1 \\ 3 \end{pmatrix}$ と直交して，その大きさが 1 であるようなベクトルを求めよ．

問 1.12　$\mathbf{R}^3$ における 1 次独立なベクトル $\boldsymbol{a},\boldsymbol{b},\boldsymbol{c}$ に対して，次の問いに答えよ．

(1)　$\boldsymbol{e}_1=\dfrac{1}{\|\boldsymbol{a}\|}\boldsymbol{a}$ とすると，$\|\boldsymbol{e}_1\|=1$ となることを示せ．

(2)　$\boldsymbol{b}'=\boldsymbol{b}-(\boldsymbol{b},\boldsymbol{e}_1)\boldsymbol{e}_1$ とすると，$\boldsymbol{e}_1$ と $\boldsymbol{b}'$ は直交することを示せ．

(3)　$\boldsymbol{e}_2=\dfrac{1}{\|\boldsymbol{b}'\|}\boldsymbol{b}'$, $\boldsymbol{c}'=\boldsymbol{c}-(\boldsymbol{c},\boldsymbol{e}_1)\boldsymbol{e}_1-(\boldsymbol{c},\boldsymbol{e}_2)\boldsymbol{e}_2$ とすると，$\boldsymbol{e}_3=\dfrac{\boldsymbol{c}'}{\|\boldsymbol{c}'\|}$ は $\boldsymbol{e}_1$, $\boldsymbol{e}_2$ と直交することを示せ．

問 1.13　次の $\mathbf{R}^3$ のベクトル $\boldsymbol{a},\boldsymbol{b},\boldsymbol{c}$ に対して，前問の手順に従って互いに直交し，大きさが 1 であるようなベクトルの組 $\{\boldsymbol{e}_1,\boldsymbol{e}_2,\boldsymbol{e}_3\}$ を求めよ．

(1)　$\boldsymbol{a}=\begin{pmatrix} 1 \\ 0 \\ 0 \end{pmatrix}$, $\boldsymbol{b}=\begin{pmatrix} 1 \\ 1 \\ 0 \end{pmatrix}$, $\boldsymbol{c}=\begin{pmatrix} 1 \\ 1 \\ 1 \end{pmatrix}$

(2)　$\boldsymbol{a}=\begin{pmatrix} 1 \\ 1 \\ 0 \end{pmatrix}$, $\boldsymbol{b}=\begin{pmatrix} 1 \\ 0 \\ 1 \end{pmatrix}$, $\boldsymbol{c}=\begin{pmatrix} 0 \\ 1 \\ 1 \end{pmatrix}$

1 次独立なベクトルは，すべて直交するとは限らないが (明らか)，逆はどうだろうか？

(1) 直交するベクトルは，零ベクトルを含まなければ，必ず1次独立である．

(2) 一般に直交するベクトルは零ベクトルも含むので1次独立であるとは限らない．

したがって，零ベクトルを含まない直交するベクトルの組は1次独立なベクトルの組のなかでもちょっと特別な性質のものである．ベクトルが直交すれば内積の計算が楽になり扱いやすい．問 1.12 では，1次独立なベクトルの組から直交するベクトルの組をつくり出す方法であり，**グラム・シュミットの直交化法**と呼ばれている．詳しくは第7章で学習する．

1.4　簡単な行列，行列式，連立方程式

$\mathrm{O}xy$–平面から $\mathrm{O}x'y'$–平面への写像 f : $\begin{cases} x' = ax + by \\ y' = cx + dy \end{cases}$ が与えられているとき，点 $\mathrm{P}'(x', y')$ を定めて，写像 f でこの点に写る元の点 $\mathrm{P}(x, y)$ を求めることを考える．これは，連立方程式を可解条件のもとで解けばよい．f を具体的に表現するものとして，行列 $A_f = \begin{pmatrix} a & b \\ c & d \end{pmatrix}$ を導入し，$\boldsymbol{x} = \begin{pmatrix} x \\ y \end{pmatrix}$, $\boldsymbol{x}' = \begin{pmatrix} x' \\ y' \end{pmatrix}$ とすると，f の関係は連立方程式の形式で

$$A_f \boldsymbol{x} = \boldsymbol{x}'$$

とかける．この式は A_f がベクトルを移動させる作用素であるとも読める．また視点を変えて，2つの空間直線が交わるとき，それらの交点の座標を求めることを考えてみよう．これを求めるためには，連立方程式を立ててこれを解けばよい．連立方程式の解法はすでに学習しているが，しかし，一般に変数の数が増えてくると，連立方程式を解くことがだんだん難しくなってくる．解の存在性や一意性など，このような問題を組織的に解決するためには，行列を利用すると便利である．また，行列はベクトルを移動させる (空間内の点運動を表わす) 作用素としての役割も重要である．さて，行列を導入するとしよう．

定義 1.4　行列　数を長方形の形に並べ (もちろん，並べるだけの数があって)，括弧でくくったものを**行列**という．

$$\begin{pmatrix} a & b & c \\ d & e & f \end{pmatrix}$$ (数が 1 個の場合は (a) または a のまま)

定義 1.5　行列 $A = \begin{pmatrix} a & b \\ c & d \end{pmatrix}$ に対して，数値 $ad - bc$ を行列 A の**行列式**といい，記号 $\det A$，または $\begin{vmatrix} a & b \\ c & d \end{vmatrix}$ で表す，すなわち

$$\det A = |A| = \begin{vmatrix} a & b \\ c & d \end{vmatrix} = ad - bc.$$

平面ベクトル $\begin{pmatrix} x \\ y \end{pmatrix}$ に，この左からの行列 $A = \begin{pmatrix} a & b \\ c & d \end{pmatrix}$ の作用を次のように定義する．

$$A\begin{pmatrix} x \\ y \end{pmatrix} = \begin{pmatrix} a & b \\ c & d \end{pmatrix}\begin{pmatrix} x \\ y \end{pmatrix} = \begin{pmatrix} ax + by \\ cx + dy \end{pmatrix}$$

例 1.4　Oxy–座標系において，x 軸，y 軸，原点に関して対称移動を表す行列は，それぞれ

$$\begin{pmatrix} 1 & 0 \\ 0 & -1 \end{pmatrix}, \quad \begin{pmatrix} -1 & 0 \\ 0 & 1 \end{pmatrix}, \quad \begin{pmatrix} -1 & 0 \\ 0 & -1 \end{pmatrix}$$

また，原点のまわりを θ だけ回転移動を表す行列は

$$R(\theta) = \begin{pmatrix} \cos\theta & -\sin\theta \\ \sin\theta & \cos\theta \end{pmatrix}$$

で表される．ところで，一般に行列 $B = \begin{pmatrix} b_1 & b_2 \\ b_3 & b_4 \end{pmatrix}$ は，列ベクトル

$\boldsymbol{p} = \begin{pmatrix} b_1 \\ b_3 \end{pmatrix}$, $\boldsymbol{q} = \begin{pmatrix} b_2 \\ b_4 \end{pmatrix}$ によって

$$B = (\boldsymbol{p}\ \boldsymbol{q})$$

とかくこともできる．次の行列の演算を定義しよう．

定義 1.6　行列の演算　行列 A, B を $A = \begin{pmatrix} a_1 & a_2 \\ a_3 & a_4 \end{pmatrix}$, $B = \begin{pmatrix} b_1 & b_2 \\ b_3 & b_4 \end{pmatrix}$ とする．このとき，

(1) $A + B = \begin{pmatrix} a_1 + b_1 & a_2 + b_2 \\ a_3 + b_3 & a_4 + b_4 \end{pmatrix}$

(2) $\lambda A = \begin{pmatrix} \lambda a_1 & \lambda a_2 \\ \lambda a_3 & \lambda a_4 \end{pmatrix} \quad (\lambda \in \mathbf{C})$

(3) $AB = \left(A \begin{pmatrix} b_1 \\ b_3 \end{pmatrix}\ A \begin{pmatrix} b_2 \\ b_4 \end{pmatrix}\right) = \begin{pmatrix} a_1b_1 + a_2b_3 & a_1b_2 + a_2b_4 \\ a_3b_1 + a_4b_3 & a_3b_2 + a_4b_4 \end{pmatrix}$

例 1.5　行列 A, B を $A = \begin{pmatrix} 1 & -1 \\ 2 & 3 \end{pmatrix}$, $B = \begin{pmatrix} 0 & 1 \\ 3 & 2 \end{pmatrix}$ とする．

(1) $A + 2B = \begin{pmatrix} 1 & -1 \\ 2 & 3 \end{pmatrix} + \begin{pmatrix} 0 & 2 \\ 6 & 4 \end{pmatrix} = \begin{pmatrix} 1 & 1 \\ 8 & 7 \end{pmatrix}$

(2) $AB = \begin{pmatrix} 1 & -1 \\ 2 & 3 \end{pmatrix}\begin{pmatrix} 0 & 1 \\ 3 & 2 \end{pmatrix}$

$$= \begin{pmatrix} 1 \cdot 0 + (-1) \cdot 3 & 1 \cdot 1 + (-1) \cdot 2 \\ 2 \cdot 0 + 3 \cdot 3 & 2 \cdot 1 + 3 \cdot 2 \end{pmatrix} = \begin{pmatrix} -3 & -1 \\ 9 & 8 \end{pmatrix}$$

(3) ベクトル $\boldsymbol{x} = \begin{pmatrix} x \\ y \end{pmatrix}$ としたとき，$A\boldsymbol{x} = \begin{pmatrix} 2 \\ -1 \end{pmatrix}$ となるベクトル $\boldsymbol{x}$ を求めてみよう．

$$A\boldsymbol{x} = \begin{pmatrix} 1 & -1 \\ 2 & 3 \end{pmatrix}\begin{pmatrix} x \\ y \end{pmatrix} = \begin{pmatrix} x - y \\ 2x + 3y \end{pmatrix}$$

であるので，求めるベクトル $\boldsymbol{x}$ の各成分は連立方程式

$$\begin{cases} x - \ y = \ \ 2 \\ 2x + 3y = -1 \end{cases}$$

を満たす．これを解くと $x = 1, y = -1$．よって求めるベクトルは $\boldsymbol{x} = \begin{pmatrix} 1 \\ -1 \end{pmatrix}$．

問 1.14　行列 A, B を $A = \begin{pmatrix} 3 & 2 \\ 0 & -1 \end{pmatrix}$, $B = \begin{pmatrix} 1 & 2 \\ -2 & 4 \end{pmatrix}$ とする．以下の問いに答えなさい．

(1)　$2A - B$ を計算しなさい．

(2)　AB と BA を計算しなさい．

(3)　$AC = B$ となる行列 C を求めなさい．

特に，$E = \begin{pmatrix} 1 & 0 \\ 0 & 1 \end{pmatrix}$ とかく．このとき，どんな行列 $A = \begin{pmatrix} a & b \\ c & d \end{pmatrix}$ に対しても，$AE = EA = A$ が成り立つことがすぐわかる．この E を**単位行列**という．また，行列 A に対して，$AX = XA = E$ を満たすような行列 X が存在するならば，A は**正則 (行列)** であるという．このとき，この X を A の**逆行列**と呼び，$A^{-1}(= X)$ とかく．与えられた行列に対して，逆行列がいつでも存在するとは限らない！　たとえば，行列 $A = \begin{pmatrix} 1 & 2 \\ 3 & 6 \end{pmatrix}$ には逆行列 A^{-1} が存在しない．$O = \begin{pmatrix} 0 & 0 \\ 0 & 0 \end{pmatrix}$ を**零行列**という．

問 1.15　行列 $A = \begin{pmatrix} 1 & 2 \\ 3 & 6 \end{pmatrix}$ には逆行列 A^{-1} が存在しないことを示せ．

例題 1.9　$A = \begin{pmatrix} a & b \\ c & d \end{pmatrix}$ $(ad - bc \neq 0)$ の逆行列を求めよ．

解答　A の逆行列があると仮定して，それを $X = \begin{pmatrix} x_1 & x_2 \\ x_3 & x_4 \end{pmatrix}$ とすると，$AX = E$

が成り立つ．したがって

$$AX = \begin{pmatrix} a & b \\ c & d \end{pmatrix}\begin{pmatrix} x_1 & x_2 \\ x_3 & x_4 \end{pmatrix} = \begin{pmatrix} ax_1 + bx_3 & ax_2 + bx_4 \\ cx_1 + dx_3 & cx_2 + dx_4 \end{pmatrix} = \begin{pmatrix} 1 & 0 \\ 0 & 1 \end{pmatrix}$$

これを，各成分ごとに比較をすると

$$\begin{cases} ax_1 + bx_3 = 1 \\ cx_1 + dx_3 = 0 \end{cases}, \qquad \begin{cases} ax_2 + bx_4 = 0 \\ cx_2 + dx_4 = 1 \end{cases}$$

これらの連立方程式を解くと，$ad - bc \neq 0$ を仮定しているので，

$$x_1 = \frac{1}{ad - bc}d, \quad x_2 = \frac{1}{ad - bc}(-b), \quad x_3 = \frac{1}{ad - bc}(-c), \quad x_4 = \frac{1}{ad - bc}a$$

すなわち，$ad - bc \neq 0$ のもとで，A の逆行列が存在して

$$A^{-1} = \frac{1}{ad - bc}\begin{pmatrix} d & -b \\ -c & a \end{pmatrix}\left(= \frac{1}{\det A}\begin{pmatrix} d & -b \\ -c & a \end{pmatrix}, \quad \det A = |A|\right).$$ ■

問 1.16 次の行列に逆行列が存在するかを調べ，存在するならば逆行列を求めなさい．

(1) $\begin{pmatrix} 1 & -3 \\ 2 & 0 \end{pmatrix}$ (2) $\begin{pmatrix} 3 & 1 \\ -2 & 4 \end{pmatrix}$ (3) $\begin{pmatrix} -3 & 2 \\ -6 & 4 \end{pmatrix}$ (4) $\begin{pmatrix} 3 & 5 \\ 1 & 2 \end{pmatrix}$

問 1.17 行列 A, B がともに O でなく $AB = O$ を満たすとする．このとき，A も B も逆行列をもたないことを示せ．

問 1.18 行列 $A = \begin{pmatrix} 1 & 1 \\ 1 & 1 \end{pmatrix}$ に対して，$AB = O$ となる行列 $B (\neq O)$ を求めよ．

例題 1.10 Oxy–平面において 2 つの直線 $a_1x + a_2y = b_1$, $a_3x + a_4y = b_2$ の交点を求めよ．

解答 2 つの直線 $a_1x + a_2y = b_1$, $a_3x + a_4y = b_2$ の交点を求めるには，連立方程式

$$\begin{cases} a_1x + a_2y = b_1 \\ a_3x + a_4y = b_2 \end{cases}$$

を解けばよい．この連立方程式は行列とベクトルを用いて表現すると

$$\begin{pmatrix} a_1 & a_2 \\ a_3 & a_4 \end{pmatrix}\begin{pmatrix} x \\ y \end{pmatrix} = \begin{pmatrix} b_1 \\ b_2 \end{pmatrix}$$

となる．行列 $\begin{pmatrix} a_1 & a_2 \\ a_3 & a_4 \end{pmatrix}$ に逆行列が存在すれば，上記の連立方程式はただ 1 組の解

$$\begin{pmatrix} x \\ y \end{pmatrix} = \begin{pmatrix} a_1 & a_2 \\ a_3 & a_4 \end{pmatrix}^{-1}\begin{pmatrix} b_1 \\ b_2 \end{pmatrix} = \frac{1}{a_1a_4 - a_2a_3}\begin{pmatrix} a_4b_1 - a_2b_2 \\ a_1b_2 - a_3b_1 \end{pmatrix}$$

をもつ．上の連立方程式は，表現を変えると

$$x = \frac{\begin{vmatrix} b_1 & a_2 \\ b_2 & a_4 \end{vmatrix}}{\begin{vmatrix} a_1 & a_2 \\ a_3 & a_4 \end{vmatrix}}, \quad y = \frac{\begin{vmatrix} a_1 & b_1 \\ a_3 & b_2 \end{vmatrix}}{\begin{vmatrix} a_1 & a_2 \\ a_3 & a_4 \end{vmatrix}}$$

となる (ただし，$\begin{vmatrix} a_1 & a_2 \\ a_3 & a_4 \end{vmatrix} \neq 0$ のとき)．これを**クラメルの公式**という．解の一意性を示すために，(ほとんど明らかであるが) 上の解の他に別の解 x', y' があると仮定する．このとき，

$$\begin{cases} a_1 x' + a_2 y' = b_1 \\ a_3 x' + a_4 y' = b_2 \end{cases}$$

となることから，次の式を得る．

$$\begin{cases} a_1(x - x') + a_2(y - y') = 0 \\ a_3(x - x') + a_4(y - y') = 0 \end{cases}$$

となり，クラメルの公式から $x - x' = 0$, $y - y' = 0$ を得る．すなわち $x = x'$, $y = y'$. ■

> **例題 1.11** $\mathbf{R}^2$ の相異なる 2 点 $\mathrm{A}(a_1, a_2)$, $\mathrm{B}(b_1, b_2)$ (ただし, $a_1 b_2 - a_2 b_1 \neq 0$) を通る平面直線の方程式を求めよ．

解答 一般に平面直線の方程式は

$$ax + by + c = 0 \quad ((a, b) \neq (0, 0))$$

とかける．上の直線が与えられた 2 点を通ることから

$$\begin{cases} aa_1 + ba_2 + c = 0 \\ ab_1 + bb_2 + c = 0 \end{cases} \quad \text{すなわち} \quad \begin{pmatrix} a_1 & a_2 \\ b_1 & b_2 \end{pmatrix} \begin{pmatrix} a \\ b \end{pmatrix} = \begin{pmatrix} -c \\ -c \end{pmatrix}$$

これを a, b について解くと，$a_1 b_2 - a_2 b_1 \neq 0$ より

$$\begin{pmatrix} a \\ b \end{pmatrix} = \frac{1}{a_1 b_2 - a_2 b_1} \begin{pmatrix} b_2 & -a_2 \\ -b_1 & a_1 \end{pmatrix} \begin{pmatrix} -c \\ -c \end{pmatrix} = \frac{c}{a_1 b_2 - a_2 b_1} \begin{pmatrix} a_2 - b_2 \\ b_1 - a_1 \end{pmatrix}$$

よって，$c = 0$ であれば $a = b = 0$ となり，$(a, b) \neq (0, 0)$ であることに矛盾するので，$c \neq 0$ である．ゆえに，直線の方程式は

$$(a_2 - b_2)x + (b_1 - a_1)y + (a_1 b_2 - a_2 b_1) = 0.$$

■

さて，空間内の平面に話をもどそう．$\mathbf{R}^3$ において，同一直線上にない 3 点 $\mathrm{A}(x_1, y_1, z_1)$, $\mathrm{B}(x_2, y_2, z_2)$, $\mathrm{C}(x_3, y_3, z_3)$ を通る平面方程式を直接求めることが複雑であると述べた理由をみよう．これらの 3 点を平面方程式

$ax+by+cz+1=0$ に代入すると，とりあえず，平面の場合の考え方の自然な拡張として

$$\begin{cases} x_1a+y_1b+z_1c=-1 \\ x_2a+y_2b+z_2c=-1 \\ x_3a+y_3b+z_3c=-1 \end{cases}, \text{すなわち,} \begin{pmatrix} x_1 & y_1 & z_1 \\ x_2 & y_2 & z_2 \\ x_3 & y_3 & z_3 \end{pmatrix}\begin{pmatrix} a \\ b \\ c \end{pmatrix} = \begin{pmatrix} -1 \\ -1 \\ -1 \end{pmatrix}$$

となる．このとき，仮定により係数行列は逆行列をもつ (理由の詳細は後の章で述べる)．したがって

$$\begin{pmatrix} a \\ b \\ c \end{pmatrix} = \begin{pmatrix} x_1 & y_1 & z_1 \\ x_2 & y_2 & z_2 \\ x_3 & y_3 & z_3 \end{pmatrix}^{-1}\begin{pmatrix} -1 \\ -1 \\ -1 \end{pmatrix} = \begin{pmatrix} a^* \\ b^* \\ c^* \end{pmatrix}$$

とすると，求める平面方程式は $a^*x+b^*y+c^*z+1=0$ となるが，逆行列や a^*, b^*, c^* の形が非常に複雑であるということである．しかし，座標が具体的な数字で与えられていれば，少々計算が面倒であっても平面の方程式は求められる．さて，図形的に考えて，もし空間内の 2 つの平面が交わるとすれば，その交わりは直線になる．また，3 つの平面がぴったりと重ならずに交わるとすれば，その交わりは直線か，またはただ 1 点のみとなる．このことは，つぎの連立方程式

$$\begin{cases} a_{11}x+a_{12}y+a_{13}z=b_1 \\ a_{21}x+a_{22}y+a_{23}z=b_2 \\ a_{31}x+a_{32}y+a_{33}z=b_3 \end{cases}$$

の解の様子とも密接に関係している．この連立方程式に解があるとすれば，上の 3 平面の議論は次の 3 通りの場合が可能である．

(1) $\boldsymbol{a}+s\boldsymbol{b}+t\boldsymbol{c}$ (s,t は任意の実数)
(3 平面がぴったりと重なる場合，3 平面の交わりが 1 つの平面)

(2) $\boldsymbol{a}+s\boldsymbol{b}$ (s は任意の実数) (3 平面の交わりが 1 つの直線)

(3) $\boldsymbol{a}$ (3 平面の交わりがただ 1 点)

もちろん，3 つの平面が互いに平行になる場合もある．この場合は (1), (2), (3) のいずれの場合にも当たらない．言い換えれば，上の連立方程式は解をもたない．

問 1.19 平面上の 2 直線 $a_1x+a_2y=b_1$, $a_3x+a_4y=b_2$ が交点をもたないため

の必要十分条件を求めよ.

問 1.20　平面上の 2 つのベクトル $\boldsymbol{a} = \begin{pmatrix} a_1 \\ a_2 \end{pmatrix}$, $\boldsymbol{b} = \begin{pmatrix} b_1 \\ b_2 \end{pmatrix}$ が $a_1b_2 - a_2b_1 \neq 0$ を満たすとき, 2 つのベクトル $\boldsymbol{a}, \boldsymbol{b}$ は 1 次独立であることを示せ.

ところで, 高等学校までは, 未知数の数と式の数が一致して, 答えが 1 組だけ存在するような連立方程式だけを扱ってきたが, 上のように図形的に考えると, それ以外の場合がいろいろあることが理解できよう. 連立方程式は, 未知数の数や式の数が増えてくると, やはり行列を用いて扱う方がわかりやすい. それは行列のサイズを大きくすることによって解決できる. これについては後に学習する.

1.5　空間ベクトルの外積—空間図形

ベクトルの演算には和とスカラー倍は定義されるが, 数と同様な積は定義されない. その代りに内積を定義したが, これは数の場合に定義された積とは異なる (ベクトルの内積は数であって, ベクトルではない). ここでは, 内積とは別に, 外積という演算を紹介しよう. 外積は本来 (3 次元) 空間ベクトルにおける幾何学的な概念で, 図形的に定義される. 外積の応用は電磁気学などにおいて重要であるが, 空間図形の数学においても有力な手法として重要である.

定義 1.7　ベクトルの外積　空間ベクトル $\boldsymbol{a}, \boldsymbol{b}$ が 1 次独立であるとき, 次の性質をもつベクトル $\boldsymbol{c}$ がただ 1 つ存在する.

(1)　$\boldsymbol{c}$ は $\boldsymbol{a}, \boldsymbol{b}$ 両方と直交する.

(2)　$\boldsymbol{c}$ は $\boldsymbol{a}, \boldsymbol{b}$ が定める平面に垂直で, 向きは $\boldsymbol{a}$ から $\boldsymbol{b}$ の方に右ねじを回したとき, ねじの進む方向を向く.

(3)　$\boldsymbol{c}$ の大きさ (長さ) $\|\boldsymbol{c}\|$ は $\boldsymbol{a}, \boldsymbol{b}$ が定める平行四辺形の面積に等しい.

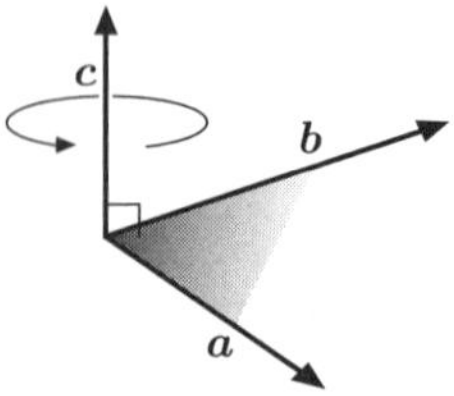

このベクトル $\boldsymbol{c}$ を $\boldsymbol{a}$ と $\boldsymbol{b}$ の**外積** (あるいは, **ベクトル積**) といい, $\boldsymbol{c} = \boldsymbol{a} \times \boldsymbol{b}$ で表す. ただし, $\boldsymbol{a} = \boldsymbol{o}$ または $\boldsymbol{b} = \boldsymbol{o}$, あるいは, $\boldsymbol{a}, \boldsymbol{b}$ が平行ならば, $\boldsymbol{c} = \boldsymbol{o}$ とする.

✎　この外積の演算は「3 次元空間のベクトルに対してのみ定義される」という, ちょっと特殊な演算である. つまり, 3 次元の 1 次独立なベクトル $\boldsymbol{a}$ と $\boldsymbol{b}$ に対して $\boldsymbol{a} \times \boldsymbol{b}$

の向きがただ一方向に定まる．これは 3 次元の数ベクトル空間の特性である．

例 1.6　基本ベクトル $\boldsymbol{e}_1, \boldsymbol{e}_2, \boldsymbol{e}_3$ の外積関係について次の式が成り立つ．

$$\boldsymbol{e}_1 \times \boldsymbol{e}_2 = \boldsymbol{e}_3, \quad \boldsymbol{e}_2 \times \boldsymbol{e}_3 = \boldsymbol{e}_1, \quad \boldsymbol{e}_3 \times \boldsymbol{e}_1 = \boldsymbol{e}_2$$

$$\boldsymbol{e}_2 \times \boldsymbol{e}_1 = -\boldsymbol{e}_3, \quad \boldsymbol{e}_3 \times \boldsymbol{e}_2 = -\boldsymbol{e}_1, \quad \boldsymbol{e}_1 \times \boldsymbol{e}_3 = -\boldsymbol{e}_2$$

$$\boldsymbol{e}_1 \times \boldsymbol{e}_1 = \boldsymbol{e}_2 \times \boldsymbol{e}_2 = \boldsymbol{e}_3 \times \boldsymbol{e}_3 = \boldsymbol{o}$$

定義 1.8　座標による外積の定義　Oxyz–座標系における 2 つの空間ベクトル $\boldsymbol{a} = \begin{pmatrix} a_1 \\ a_2 \\ a_3 \end{pmatrix}, \boldsymbol{b} = \begin{pmatrix} b_1 \\ b_2 \\ b_3 \end{pmatrix}$ に対して，

$$\boldsymbol{c} = \boldsymbol{a} \times \boldsymbol{b} = \begin{pmatrix} a_2b_3 - a_3b_2 \\ a_3b_1 - a_1b_3 \\ a_1b_2 - a_2b_1 \end{pmatrix} = \begin{pmatrix} \begin{vmatrix} a_2 & b_2 \\ a_3 & b_3 \end{vmatrix} \\ \begin{vmatrix} a_3 & b_3 \\ a_1 & b_1 \end{vmatrix} \\ \begin{vmatrix} a_1 & b_1 \\ a_2 & b_2 \end{vmatrix} \end{pmatrix}$$

とおき，このベクトル $\boldsymbol{c}$ を $\boldsymbol{a}$ と $\boldsymbol{b}$ の**外積**という．

空間の向き付け

$\det(\boldsymbol{a}\ \boldsymbol{b}\ \boldsymbol{c}) > 0$ のとき，ベクトルの組 $(\boldsymbol{a}, \boldsymbol{b}, \boldsymbol{c})$ は右手系，

$\det(\boldsymbol{a}\ \boldsymbol{b}\ \boldsymbol{c}) < 0$ のとき，ベクトルの組 $(\boldsymbol{a}, \boldsymbol{b}, \boldsymbol{c})$ は左手系

であるという．これは空間に向き付けを定めるものである．$\boldsymbol{a} \times \boldsymbol{b}$ の向きはベクトルの順序組 $(\boldsymbol{a}, \boldsymbol{b}, \boldsymbol{a} \times \boldsymbol{b})$ が右手系になるようにとられる．

上記の 2 通りの外積の定義について，定義 1.7 (幾何的定義) と定義 1.8 (代数的定義) は同等である．実際，このことを示すために，まず

$$\boldsymbol{a} = \begin{pmatrix} a_1 \\ a_2 \\ a_3 \end{pmatrix}, \ \boldsymbol{b} = \begin{pmatrix} b_1 \\ b_2 \\ b_3 \end{pmatrix}, \ \boldsymbol{a} \times \boldsymbol{b} = \begin{pmatrix} x \\ y \\ z \end{pmatrix}$$

とおく．はじめに，定義 1.7 が定義 1.8 を意味することを確認しよう．定義

1.7 により $(\boldsymbol{a}, \boldsymbol{a}\times\boldsymbol{b}) = 0$, $(\boldsymbol{b}, \boldsymbol{a}\times\boldsymbol{b}) = 0$ から

$$\begin{cases} a_1x + a_2y + a_3z = 0 \\ b_1x + b_2y + b_3z = 0 \end{cases}$$

ここで, $z = s(a_1b_2 - a_2b_1)$ とおき, x, y を求めると, $\boldsymbol{a}\times\boldsymbol{b} = s\begin{pmatrix} a_2b_3 - a_3b_2 \\ a_3b_1 - a_1b_3 \\ a_1b_2 - a_2b_1 \end{pmatrix}$.

次に, $\boldsymbol{a}\times\boldsymbol{b}$ の大きさは $\boldsymbol{a}$ と $\boldsymbol{b}$ で張られる平行四辺形の面積に等しいから, 例題 1.8 より, $\|\boldsymbol{a}\times\boldsymbol{b}\|^2 = \|\boldsymbol{a}\|^2\,\|\boldsymbol{b}\|^2 - (\boldsymbol{a}, \boldsymbol{b})^2$. この等式を成分を用いて計算すると, $s^2 = 1$, すなわち, $s = \pm 1$ を得る. ここで, $\boldsymbol{a}$, $\boldsymbol{b}$, $\boldsymbol{a}\times\boldsymbol{b}$ は ($\boldsymbol{a}$, $\boldsymbol{b}$ のなす角が直角になるように変形して) この順にそれぞれ $\boldsymbol{e}_1$, $\boldsymbol{e}_2$, $\boldsymbol{e}_3$ まで連続的に変形できる. この場合も s の値は同じである. ゆえに, この順序組 $\{\boldsymbol{a}, \boldsymbol{b}, \boldsymbol{a}\times\boldsymbol{b}\}$ は順序組 $\{\boldsymbol{e}_1, \boldsymbol{e}_2, \boldsymbol{e}_3\}$ と同じ右手系になっており, したがって, $s = +1$ となる. このことは定義 1.8 の正当性を意味する.

定義 1.8 が定義 1.7 を意味することを確認しよう. $\boldsymbol{a}$, $\boldsymbol{b}$ を 1 次独立なベクトルとする. 簡単な計算から, $(\boldsymbol{a}, \boldsymbol{a}\times\boldsymbol{b}) = 0$, $(\boldsymbol{b}, \boldsymbol{a}\times\boldsymbol{b}) = 0$ がわかる. また, 例題 1.8 より

$$\begin{aligned}
\|\boldsymbol{a}\times\boldsymbol{b}\|^2 &= (a_2b_3 - a_3b_2)^2 + (a_3b_1 - a_1b_3)^2 + (a_1b_2 - a_2b_1)^2 \\
&= {a_1}^2{b_2}^2 + {a_1}^2{b_3}^2 + {a_2}^2{b_1}^2 + {a_2}^2{b_3}^2 + {a_3}^2{b_1}^2 + {a_3}^2{b_2}^2 \\
&\qquad - 2a_1a_2b_1b_2 - 2a_2a_3b_2b_3 - 2a_3a_1b_3b_1 \\
&= ({a_1}^2 + {a_2}^2 + {a_3}^2)({b_1}^2 + {b_2}^2 + {b_3}^2) - (a_1b_1 + a_2b_2 + a_3b_3)^2 \\
&= \|\boldsymbol{a}\|^2\,\|\boldsymbol{b}\|^2 - (\boldsymbol{a}, \boldsymbol{b})^2 \ (\boldsymbol{a} \text{ と } \boldsymbol{b} \text{ で張られる平行四辺形の面積の 2 乗}) \\
&= \|\boldsymbol{a}\|^2\,\|\boldsymbol{b}\|^2(1 - \cos^2\theta) \\
&= (\|\boldsymbol{a}\|\,\|\boldsymbol{b}\|\sin\theta)^2 \ (\theta \text{ は } \boldsymbol{a} \text{ と } \boldsymbol{b} \text{ のなす角})
\end{aligned}$$

ゆえに,

$$\|\boldsymbol{a}\times\boldsymbol{b}\| = (\boldsymbol{a} \text{ と } \boldsymbol{b} \text{ で張られる平行四辺形の面積})$$

最後に, 行列式の計算により

$$\det(\boldsymbol{a}\ \boldsymbol{b}\ \boldsymbol{a}\times\boldsymbol{b}) > 0$$

であることがわかる．したがって，順序組 $\{\boldsymbol{a}, \boldsymbol{b}, \boldsymbol{a}\times\boldsymbol{b}\}$ は右手系をなすことがわかる．これは定義 1.7 の正当性を意味している．

定理 1.7　外積の基本性質　$\mathrm{O}xyz$–座標系におけるベクトル $\boldsymbol{a}, \boldsymbol{b}, \boldsymbol{c}$ と実数 λ に対して，次の関係が成り立つ．

(1)　$\boldsymbol{b}\times\boldsymbol{a} = -(\boldsymbol{a}\times\boldsymbol{b}), \quad \boldsymbol{a}\times\boldsymbol{a} = \boldsymbol{o}$

(2)　$(\boldsymbol{a}+\boldsymbol{b})\times\boldsymbol{c} = (\boldsymbol{a}\times\boldsymbol{c}) + (\boldsymbol{b}\times\boldsymbol{c})$

(3)　$\boldsymbol{a}\times(\boldsymbol{b}+\boldsymbol{c}) = (\boldsymbol{a}\times\boldsymbol{b}) + (\boldsymbol{a}\times\boldsymbol{c})$

(4)　$\lambda(\boldsymbol{a}\times\boldsymbol{b}) = (\lambda\boldsymbol{a})\times\boldsymbol{b} = \boldsymbol{a}\times(\lambda\boldsymbol{b})$

証明　(1) と (4) は外積の定義より明らかなので，(2) と (3) を示せばよい．また，(1) より (2) がわかれば (3) もいえるので，(2) だけを示せばよい．(2) は定義 1.8 を用いればすぐに示される．■

内積の箇所でも同様なことを述べたが，外積においても定理 1.7 と例 1.6 を先に認めてしまえば，外積の成分表示は次のように理解できる．

2 つの空間ベクトル $\boldsymbol{a}$, $\boldsymbol{b}$ は

$$\boldsymbol{a} = \begin{pmatrix} a_1 \\ a_2 \\ a_3 \end{pmatrix} = a_1\begin{pmatrix} 1 \\ 0 \\ 0 \end{pmatrix} + a_2\begin{pmatrix} 0 \\ 1 \\ 0 \end{pmatrix} + a_3\begin{pmatrix} 0 \\ 0 \\ 1 \end{pmatrix} = a_1\boldsymbol{e}_1 + a_2\boldsymbol{e}_2 + a_3\boldsymbol{e}_3$$

$$\boldsymbol{b} = \begin{pmatrix} b_1 \\ b_2 \\ b_3 \end{pmatrix} = b_1\begin{pmatrix} 1 \\ 0 \\ 0 \end{pmatrix} + b_2\begin{pmatrix} 0 \\ 1 \\ 0 \end{pmatrix} + b_3\begin{pmatrix} 0 \\ 0 \\ 1 \end{pmatrix} = b_1\boldsymbol{e}_1 + b_2\boldsymbol{e}_2 + b_3\boldsymbol{e}_3$$

と表せるから，定理 1.7 と例 1.6 を利用して計算すると，

$$\begin{aligned}\boldsymbol{a}\times\boldsymbol{b} &= (a_1\boldsymbol{e}_1 + a_2\boldsymbol{e}_2 + a_3\boldsymbol{e}_3)\times(b_1\boldsymbol{e}_2 + b_2\boldsymbol{e}_2 + b_3\boldsymbol{e}_3) \\ &= a_1b_1(\boldsymbol{e}_1\times\boldsymbol{e}_1) + a_1b_2(\boldsymbol{e}_1\times\boldsymbol{e}_2) + a_1b_3(\boldsymbol{e}_1\times\boldsymbol{e}_3) \\ &\qquad + a_2b_1(\boldsymbol{e}_2\times\boldsymbol{e}_1) + a_2b_2(\boldsymbol{e}_2\times\boldsymbol{e}_2) + a_2b_3(\boldsymbol{e}_2\times\boldsymbol{e}_3) \\ &\qquad + a_3b_1(\boldsymbol{e}_3\times\boldsymbol{e}_1) + a_3b_2(\boldsymbol{e}_3\times\boldsymbol{e}_2) + a_3b_3(\boldsymbol{e}_3\times\boldsymbol{e}_3) \\ &= (a_2b_3 - a_3b_2)\boldsymbol{e}_1 + (a_3b_1 - a_1b_3)\boldsymbol{e}_2 + (a_1b_2 - a_2b_1)\boldsymbol{e}_3\end{aligned}$$

$$= \begin{pmatrix} a_2b_3 - a_3b_2 \\ a_3b_1 - a_1b_3 \\ a_1b_2 - a_2b_1 \end{pmatrix}.$$

例題 1.12 空間ベクトル $\boldsymbol{a} = \begin{pmatrix} 3 \\ 2 \\ 1 \end{pmatrix}, \boldsymbol{b} = \begin{pmatrix} 1 \\ 0 \\ -1 \end{pmatrix}$ に対して，$\boldsymbol{a} \times \boldsymbol{b}$ を計算せよ．

解答 定義 1.8 より

$$\boldsymbol{a} \times \boldsymbol{b} = \begin{pmatrix} \begin{vmatrix} 2 & 0 \\ 1 & -1 \end{vmatrix} \\ \begin{vmatrix} 1 & -1 \\ 3 & 1 \end{vmatrix} \\ \begin{vmatrix} 3 & 1 \\ 2 & 0 \end{vmatrix} \end{pmatrix} = \begin{pmatrix} -2 \\ 4 \\ -2 \end{pmatrix}$$

実際，$\boldsymbol{a} \times \boldsymbol{b} = \begin{pmatrix} -2 \\ 4 \\ -2 \end{pmatrix}$ は確かに $\boldsymbol{a}, \boldsymbol{b}$ と直交することがわかる．さらに，$\boldsymbol{a}$ と $\boldsymbol{b}$ でつくられる平行四辺形の面積は，例題 1.8 によれば，

$$\sqrt{\|\boldsymbol{a}\|^2\|\boldsymbol{b}\|^2 - (\boldsymbol{a}, \boldsymbol{b})^2} = \sqrt{24}$$

である．一方，$\|\boldsymbol{a} \times \boldsymbol{b}\| = \sqrt{24}$ となるので，$\boldsymbol{a} \times \boldsymbol{b}$ の大きさは確かに $\boldsymbol{a}$ と $\boldsymbol{b}$ で張られる平行四辺形の面積と一致することが確かめられた． ▮

問 1.21 次の空間ベクトル $\boldsymbol{a}, \boldsymbol{b}$ に対して $\boldsymbol{a} \times \boldsymbol{b}$ を求めよ．

(1) $\boldsymbol{a} = \begin{pmatrix} 1 \\ 0 \\ -2 \end{pmatrix}, \boldsymbol{b} = \begin{pmatrix} 2 \\ -1 \\ 4 \end{pmatrix}$　　(2) $\boldsymbol{a} = \begin{pmatrix} 3 \\ 1 \\ 0 \end{pmatrix}, \boldsymbol{b} = \begin{pmatrix} -1 \\ 1 \\ 2 \end{pmatrix}$

定義 1.9 3 つの空間ベクトル $\boldsymbol{a}, \boldsymbol{b}, \boldsymbol{c}$ に対して，スカラー三重積，ベクトル三重積は次のように定義される．

スカラー三重積：$[\boldsymbol{a}, \boldsymbol{b}, \boldsymbol{c}] = (\boldsymbol{a}, \boldsymbol{b} \times \boldsymbol{c})$

　　($[\boldsymbol{a}, \boldsymbol{b}, \boldsymbol{c}]$ をグラスマンの記号という)，

ベクトル三重積：$\boldsymbol{a} \times (\boldsymbol{b} \times \boldsymbol{c})$

三重積については，つぎの関係式が成り立つ．

定理 1.8　3 つの空間ベクトル $\boldsymbol{a}, \boldsymbol{b}, \boldsymbol{c}$ に対して次が成り立つ．

(1)　$[\boldsymbol{a}, \boldsymbol{b}, \boldsymbol{c}] = [\boldsymbol{b}, \boldsymbol{c}, \boldsymbol{a}] = [\boldsymbol{c}, \boldsymbol{a}, \boldsymbol{b}]$

(2)　$\boldsymbol{a} \times (\boldsymbol{b} \times \boldsymbol{c}) = (\boldsymbol{a}, \boldsymbol{c})\boldsymbol{b} - (\boldsymbol{a}, \boldsymbol{b})\boldsymbol{c}$

(3)　$\{\boldsymbol{a} \times (\boldsymbol{b} \times \boldsymbol{c})\} + \{\boldsymbol{b} \times (\boldsymbol{c} \times \boldsymbol{a})\} + \{\boldsymbol{c} \times (\boldsymbol{a} \times \boldsymbol{b})\} = \boldsymbol{o}$

証明　ここでは，Oxyz–座標系において (2) を示そう．(1), (3) は各自計算してみよ．基本ベクトルを用いて

$$\boldsymbol{a} = a_1\boldsymbol{e}_1 + a_2\boldsymbol{e}_2 + a_3\boldsymbol{e}_3$$

$$\boldsymbol{b} = b_1\boldsymbol{e}_1 + b_2\boldsymbol{e}_2 + b_3\boldsymbol{e}_3$$

$$\boldsymbol{c} = c_1\boldsymbol{e}_1 + c_2\boldsymbol{e}_2 + c_3\boldsymbol{e}_3$$

とする．このとき

$$\boldsymbol{b} \times \boldsymbol{c} = \begin{pmatrix} b_2c_3 - b_3c_2 \\ b_3c_1 - b_1c_3 \\ b_1c_2 - b_2c_1 \end{pmatrix}$$

$$\boldsymbol{a} \times (\boldsymbol{b} \times \boldsymbol{c}) = \begin{pmatrix} a_2(b_1c_2 - b_2c_1) - a_3(b_3c_1 - b_1c_3) \\ a_3(b_2c_3 - b_3c_2) - a_1(b_1c_2 - b_2c_1) \\ a_1(b_3c_1 - b_1c_3) - a_2(b_2c_3 - b_3c_2) \end{pmatrix}$$

$$(\boldsymbol{a}, \boldsymbol{c})\boldsymbol{b} - (\boldsymbol{a}, \boldsymbol{b})\boldsymbol{c} = \begin{pmatrix} (a_1c_1 + a_2c_2 + a_3c_3)b_1 - (a_1b_1 + a_2b_2 + a_3b_3)c_1 \\ (a_1c_1 + a_2c_2 + a_3c_3)b_2 - (a_1b_1 + a_2b_2 + a_3b_3)c_2 \\ (a_1c_1 + a_2c_2 + a_3c_3)b_3 - (a_1b_1 + a_2b_2 + a_3b_3)c_3 \end{pmatrix}$$

したがって，(2) の両辺で x 成分，y 成分，z 成分がそれぞれ相等しいことが確かめられよう．∎

例 1.7　平行六面体の体積　Oxyz–座標系における 1 次独立な 3 つのベクトル $\boldsymbol{a}, \boldsymbol{b}, \boldsymbol{c}$ がつくる (= 張る) 平行六面体の体積 V は，これらのベクトルの 3 重積の絶対値で与えられる，すなわち

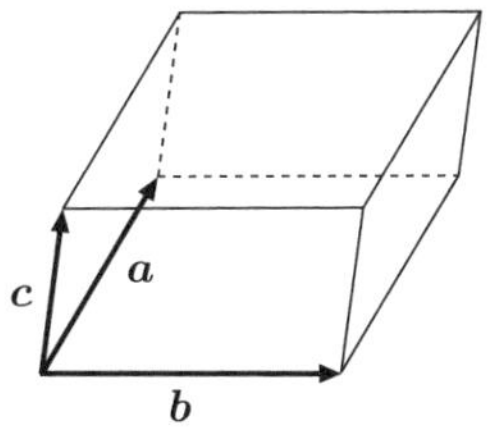

$$V = |[\boldsymbol{a}, \boldsymbol{b}, \boldsymbol{c}]|$$

実際，$\boldsymbol{a} \times \boldsymbol{b}$ と $\boldsymbol{c}$ のなす角を θ とする．$\boldsymbol{a}$ と $\boldsymbol{b}$ の張る平行四辺形の面積は $\|\boldsymbol{a} \times \boldsymbol{b}\|$ で，平行六面体はこの平行四辺形を底面とし，高さが $\|\boldsymbol{c}\|\,|\cos\theta| = \dfrac{|(\boldsymbol{a} \times \boldsymbol{b}, \boldsymbol{c})|}{\|\boldsymbol{a} \times \boldsymbol{b}\|}$ であるから

$$V = \|\boldsymbol{a} \times \boldsymbol{b}\| \cdot \|\boldsymbol{c}\| \cdot |\cos\theta| = \|\boldsymbol{a} \times \boldsymbol{b}\| \cdot \frac{|(\boldsymbol{a} \times \boldsymbol{b}, \boldsymbol{c})|}{\|\boldsymbol{a} \times \boldsymbol{b}\|}$$

$$= |(\boldsymbol{a} \times \boldsymbol{b}, \boldsymbol{c})| = |[\boldsymbol{a}, \boldsymbol{b}, \boldsymbol{c}]|.$$

例題 1.13 内積によるベクトル方程式 Oxyz–座標系において，$(\boldsymbol{a}, \boldsymbol{x}) = c$ $(\boldsymbol{a} \neq \boldsymbol{o})$ の一般解を求めよ．

解答 $\boldsymbol{u} = \dfrac{c}{\|\boldsymbol{a}\|^2}\boldsymbol{a}$ とおくと，$(\boldsymbol{a}, \boldsymbol{u}) = c$ となるから，$\boldsymbol{u}$ は解の 1 つである．いま，求める一般解を $\boldsymbol{x}$ とすると

$$(\boldsymbol{a}, \boldsymbol{x} - \boldsymbol{u}) = (\boldsymbol{a}, \boldsymbol{x}) - (\boldsymbol{a}, \boldsymbol{u}) = c - c = 0$$

すなわち，$\boldsymbol{a}$ と $\boldsymbol{x} - \boldsymbol{u}$ は直交している．したがって，任意ベクトル $\boldsymbol{c}$ を用いて $\boldsymbol{x} - \boldsymbol{u} = \boldsymbol{c} \times \boldsymbol{a}$ とかける．よって，

$$\boldsymbol{x} = \frac{c}{\|\boldsymbol{a}\|^2}\boldsymbol{a} + (\boldsymbol{c} \times \boldsymbol{a}) \quad (\boldsymbol{c} \text{ は任意ベクトル}).$$

▮

例題 1.14 外積によるベクトル方程式 Oxyz–座標系において，$\boldsymbol{a} \times \boldsymbol{x} = \boldsymbol{b}$ $(\boldsymbol{a} \neq \boldsymbol{o})$ の一般解を求めよ．

解答 この方程式が解をもつための必要十分条件は $(\boldsymbol{a}, \boldsymbol{b}) = 0$ である．まずこのことを示そう．

[解をもつ] $\Longrightarrow$ $\boldsymbol{a}$ と $\boldsymbol{a} \times \boldsymbol{x}$ は直交するから，$(\boldsymbol{a}, \boldsymbol{b}) = (\boldsymbol{a}, \boldsymbol{a} \times \boldsymbol{x}) = 0$.

[$(\boldsymbol{a}, \boldsymbol{b}) = 0$] $\Longrightarrow$ ベクトル三重積の性質により，

$$\boldsymbol{a} \times (\boldsymbol{b} \times \boldsymbol{a}) = (\boldsymbol{a}, \boldsymbol{a})\boldsymbol{b} - (\boldsymbol{a}, \boldsymbol{b})\boldsymbol{a} = \|\boldsymbol{a}\|^2 \boldsymbol{b}$$

よって，$\boldsymbol{a} \times \left(\dfrac{1}{\|\boldsymbol{a}\|^2}\boldsymbol{b} \times \boldsymbol{a}\right) = \boldsymbol{b}$ $\left(\dfrac{1}{\|\boldsymbol{a}\|^2}\boldsymbol{b} \times \boldsymbol{a} \text{ が解として存在する}\right)$.

以上より，$(\boldsymbol{a}, \boldsymbol{b}) \neq 0$ ならば解なし．$(\boldsymbol{a}, \boldsymbol{b}) = 0$ ならば，$\boldsymbol{u} = \dfrac{1}{\|\boldsymbol{a}\|^2}\boldsymbol{b} \times \boldsymbol{a}$ とし，求める一般解を $\boldsymbol{x}$ とすると

$$\boldsymbol{a} \times (\boldsymbol{x} - \boldsymbol{u}) = (\boldsymbol{a} \times \boldsymbol{x}) - (\boldsymbol{a} \times \boldsymbol{u}) = \boldsymbol{b} - \boldsymbol{b} = \boldsymbol{o}$$

すなわち，$\boldsymbol{a}$ と $\boldsymbol{x} - \boldsymbol{u}$ は平行になっている．したがって，任意定数 c を用いて $\boldsymbol{x} - \boldsymbol{u} = c\boldsymbol{a}$ とかける．したがって，

$$\boldsymbol{x} = \frac{1}{\|\boldsymbol{a}\|^2}(\boldsymbol{b} \times \boldsymbol{a}) + c\boldsymbol{a} \quad (c \text{ は任意定数}).$$

▮

問 1.22 ベクトル 3 重積を用いて，次のベクトルで張られる平六行面体の体積を求めよ．

(1) $\boldsymbol{a} = \begin{pmatrix} 1 \\ 0 \\ 0 \end{pmatrix}, \boldsymbol{b} = \begin{pmatrix} 1 \\ 1 \\ 0 \end{pmatrix}, \boldsymbol{c} = \begin{pmatrix} 1 \\ 1 \\ 1 \end{pmatrix}$

(2)　$\boldsymbol{a} = \begin{pmatrix} 1 \\ 1 \\ 0 \end{pmatrix}, \boldsymbol{b} = \begin{pmatrix} 1 \\ 0 \\ 1 \end{pmatrix}, \boldsymbol{c} = \begin{pmatrix} 0 \\ 1 \\ 1 \end{pmatrix}$

(3)　$\boldsymbol{a} = \begin{pmatrix} 2 \\ 1 \\ -1 \end{pmatrix}, \boldsymbol{b} = \begin{pmatrix} 3 \\ 2 \\ 0 \end{pmatrix}, \boldsymbol{c} = \begin{pmatrix} -1 \\ 1 \\ 0 \end{pmatrix}$

NOTE　ハミルトンによって四元数の発見と同時にスカラーやベクトルの概念が導入されたが，今日の内積，外積の記号法はギブスによるものとされている．四元数は数学的には重要であるが，物理的 (動的) な概念を記述するのにはベクトルの概念がはるかに重要であることが明らかになり，その数理解析として，数学ではベクトル解析の分野にまで発展してきた．また，ベクトルの概念はその考え方ゆえに，哲学や人間の思考においても，方向性を示す思想的概念としても使われるようになった．ベクトルの外積の概念は，電磁気学において有名なフレミング (1849–1945) の法則にも応用されている．

1.6　簡単な行列の固有値と固有ベクトル

「行列の固有値」という語感は「行列に付随した行列固有の (実数や虚数を含めた) 数値」といったところである．ここでは簡単な 2 次の正方行列について，行列特有の数値の意味 (どのような数値であるか) と，その重要性の一端を説明する．実は固有値はたいへん重要な概念であるので，詳細は新たに第 6 章で述べる．行列の積は，数の積と同じようには計算できない．特に行列のベキ乗の計算は，数のベキ乗の計算のようにはいかず，決して容易ではない．

例題 1.15　行列 $A = \begin{pmatrix} 1 & 1 \\ 0 & 1 \end{pmatrix}$ とする．このとき，A^n を求めよ．

解答　$N = \begin{pmatrix} 0 & 1 \\ 0 & 0 \end{pmatrix}$ とすると，$A = E + N$ かつ $EN = NE$. 二項定理より

$$A^n = (E+N)^n = \sum_{k=0}^{n} {}_n\mathrm{C}_k E^{n-k} N^k$$

したがって，$N^2 = O$ であることに注意して，

$$A^n = \sum_{k=0}^{n} {}_n\mathrm{C}_k E^{n-k} N^k = E + nN = \begin{pmatrix} 1 & n \\ 0 & 1 \end{pmatrix}.$$

■

例題 1.16 行列 $A = \begin{pmatrix} 2 & 1 \\ 0 & 1 \end{pmatrix}$ とする．このとき，A^n を求めよ．

解答 $A^2 = \begin{pmatrix} 2 & 1 \\ 0 & 1 \end{pmatrix}\begin{pmatrix} 2 & 1 \\ 0 & 1 \end{pmatrix} = \begin{pmatrix} 2^2 & 2+1 \\ 0 & 1 \end{pmatrix}$

$$A^3 = \begin{pmatrix} 2^2 & 2+1 \\ 0 & 1 \end{pmatrix}\begin{pmatrix} 2 & 1 \\ 0 & 1 \end{pmatrix} = \begin{pmatrix} 2^3 & 2^2+2+1 \\ 0 & 1 \end{pmatrix}$$

$$A^4 = \begin{pmatrix} 2^3 & 2^2+2+1 \\ 0 & 1 \end{pmatrix}\begin{pmatrix} 2 & 1 \\ 0 & 1 \end{pmatrix} = \begin{pmatrix} 2^4 & 2^3+2^2+2+1 \\ 0 & 1 \end{pmatrix}$$

であることから，A のベキ乗は

$$A^n = \begin{pmatrix} 2^n & 2^{n-1}+\cdots+2+1 \\ 0 & 1 \end{pmatrix} = \begin{pmatrix} 2^n & 2^n-1 \\ 0 & 1 \end{pmatrix}$$

であることが予想できる．実際に $n=1$ のときは正しい．n のときに正しいと仮定して，$n+1$ のときに正しいことを示す．

$$A^{n+1} = \begin{pmatrix} 2^n & 2^n-1 \\ 0 & 1 \end{pmatrix}\begin{pmatrix} 2 & 1 \\ 0 & 1 \end{pmatrix} = \begin{pmatrix} 2^{n+1} & 2^n+2^n-1 \\ 0 & 1 \end{pmatrix}$$
$$= \begin{pmatrix} 2^{n+1} & 2^{n+1}-1 \\ 0 & 1 \end{pmatrix}$$

ゆえに，数学的帰納法によりすべての自然数 n に対して $A^n = \begin{pmatrix} 2^n & 2^n-1 \\ 0 & 1 \end{pmatrix}$． ▮

このように簡単な 2 次正方行列でさえもベキ乗の計算はやさしくない．しかしながら，E や $\begin{pmatrix} a & 0 \\ 0 & b \end{pmatrix}$ のように対角成分以外は 0 であるような特別な行列であれば，ベキ乗を計算することは簡単である．そこで，本節では行列のベキ乗を計算するために**行列を対角化**する方法について簡単に説明をしよう．

問 1.23 次の行列のベキ乗を求めなさい．

(1) $\begin{pmatrix} 2 & 0 \\ 0 & 1 \end{pmatrix}$ (2) $\begin{pmatrix} 1 & 2 \\ 0 & 1 \end{pmatrix}$ (3) $\begin{pmatrix} 3 & 1 \\ 0 & 1 \end{pmatrix}$ (4) $\begin{pmatrix} 0 & 1 \\ 1 & 0 \end{pmatrix}$ (5) $\begin{pmatrix} a & 1 \\ 0 & b \end{pmatrix}$

行列の対角化のための準備をしていこう．

定義 1.10 固有値と固有ベクトル 2 次正方行列 A に対して，

$$A\boldsymbol{x} = \lambda\boldsymbol{x}$$

を満たすようなベクトル $\boldsymbol{x}\,(\neq \mathbf{0})$ が存在するとき，λ を A の**固有値**と呼び，$\boldsymbol{x}$ を行列 A の λ に対する**固有ベクトル**と呼ぶ．

✎ (1) 固有値は 0 も許されるが，零ベクトル $\boldsymbol{o}$ は固有ベクトルになりえない (固有ベクトルの定義！).

(2) 行列のいくつかの固有値が求められたとき，それぞれの固有値に対応する固有ベクトルは無数にある．したがって，固有ベクトルを表示するときは無数にあることを暗示する表示法を用いる．しかし，実際 (対角化の場合など) に応用するときには，もっとも基本的と思われるベクトル (たとえば，成分が簡単な整数のもの) を選んで用いる．

定理 1.9　2 次正方行列 $A = \begin{pmatrix} a & b \\ c & d \end{pmatrix}$ に対して，λ が A の固有値であるための必要十分条件は $|A - \lambda E| = (a-\lambda)(d-\lambda) - bc = 0$ となることである．

証明　λ が A の固有値であるとすれば，定義より

$$A\boldsymbol{x} = \lambda \boldsymbol{x}$$

を満たすベクトル $\boldsymbol{x}\,(\neq \boldsymbol{o})$ が存在する．この式を変形すれば，$(A - \lambda E)\boldsymbol{x} = \boldsymbol{o}$．ここで $\boldsymbol{x} \neq \boldsymbol{o}$ であるので，$A - \lambda E$ は逆行列をもたない (なぜなら，もし逆行列をもてば $\boldsymbol{o} = (A - \lambda E)^{-1}(A - \lambda E)\boldsymbol{x} = \boldsymbol{x}$ となるから)．よって，例題 1.9 によって $|A - \lambda E| = 0$． ∎

例題 1.17　行列 $A = \begin{pmatrix} 2 & 1 \\ 1 & 2 \end{pmatrix}$ の固有値と固有ベクトルを求めよ．

解答　最初に固有値を求める．

$$\begin{aligned} |A - \lambda E| &= (2-\lambda)(2-\lambda) - 1 \\ &= \lambda^2 - 4\lambda + 3 = (\lambda - 3)(\lambda - 1) \end{aligned}$$

よって，固有値は $\lambda = 1, 3$ である．A の固有値 1 に対する固有ベクトルを求めよう．求める固有ベクトルを $\boldsymbol{x} = \begin{pmatrix} x \\ y \end{pmatrix}$ とおくと，固有ベクトルの定義から

$$\begin{pmatrix} 2 & 1 \\ 1 & 2 \end{pmatrix}\begin{pmatrix} x \\ y \end{pmatrix} = \begin{pmatrix} x \\ y \end{pmatrix}$$

これを成分ごとに両辺を比較すると

$$x + y = 0$$

よって，求める固有ベクトルは $c\begin{pmatrix} 1 \\ -1 \end{pmatrix}$ (c は 0 でない任意定数)．(応用時には $\begin{pmatrix} 1 \\ -1 \end{pmatrix}$ を用いればよい．) 次に A の固有値 3 に対する固有ベクトルを求めよう．求める固有ベクトルを $\boldsymbol{x} = \begin{pmatrix} x \\ y \end{pmatrix}$ とおくと，固有ベクトルの定義から

$$\begin{pmatrix} 2 & 1 \\ 1 & 2 \end{pmatrix}\begin{pmatrix} x \\ y \end{pmatrix} = 3\begin{pmatrix} x \\ y \end{pmatrix}$$

これを成分ごとに両辺を比較すると次の式を得る．

$$-x + y = 0$$

よって，求める固有ベクトルは $c\begin{pmatrix} 1 \\ 1 \end{pmatrix}$ (c は 0 でない任意定数)．(応用時には $\begin{pmatrix} 1 \\ 1 \end{pmatrix}$ を用いればよい．) ∎

定理 1.10　2 次正方行列 A に対して，$\boldsymbol{x}, \boldsymbol{y}$ を A の λ に対する固有ベクトルとする．このとき，$\alpha\boldsymbol{x} + \beta\boldsymbol{y} \neq \boldsymbol{o}$ となる任意のスカラー α, β に対して，$\alpha\boldsymbol{x} + \beta\boldsymbol{y}$ も A の λ に対する固有ベクトルとなる．

証明　$\boldsymbol{x}, \boldsymbol{y}$ が A の λ に対する固有ベクトルであることから，

$$A(\alpha\boldsymbol{x} + \beta\boldsymbol{y}) = \alpha A\boldsymbol{x} + \beta A\boldsymbol{y} = \alpha\lambda\boldsymbol{x} + \beta\lambda\boldsymbol{y} = \lambda(\alpha\boldsymbol{x} + \beta\boldsymbol{y}).$$

よって，$\alpha\boldsymbol{x} + \beta\boldsymbol{y} \neq \boldsymbol{o}$ から $\alpha\boldsymbol{x} + \beta\boldsymbol{y}$ も固有値 λ に対する固有ベクトルとなる． ∎

問 1.24　次の行列の固有値と固有ベクトルを求めよ．

(1) $\begin{pmatrix} 1 & 2 \\ 0 & 3 \end{pmatrix}$　(2) $\begin{pmatrix} 3 & 1 \\ 2 & 0 \end{pmatrix}$　(3) $\begin{pmatrix} 2 & -3 \\ -2 & 1 \end{pmatrix}$　(4) $\begin{pmatrix} 3 & 2 \\ 1 & 4 \end{pmatrix}$

例題 1.18　ケイリー・ハミルトンの定理　2 次正方行列 $A = \begin{pmatrix} a & b \\ c & d \end{pmatrix}$ に対して，

(1.3)
$$A^2 - (a+d)A + (ad-bc)E_2 = O$$

が成り立つことを示せ．

証明　行列の各成分ごとに計算をすればよい．

$$A^2 - (a+d)A + (ad-bc)E_2$$

$$= \begin{pmatrix} a^2+bc & ab+bd \\ ac+cd & bc+d^2 \end{pmatrix} - \begin{pmatrix} a(a+d) & b(a+d) \\ c(a+d) & d(a+d) \end{pmatrix} + \begin{pmatrix} ad-bc & 0 \\ 0 & ad-bc \end{pmatrix}$$

$$= \begin{pmatrix} 0 & 0 \\ 0 & 0 \end{pmatrix} = O.$$ ■

ケイリー・ハミルトンの定理は，(1.3) の形で見るかわりに，行列式を用いて定義された関数 $f_A(\lambda) = |\lambda E - A|$ (これを A の**固有多項式**と呼ぶ，定理 1.9 も合わせて参照のこと) において，

(1.4) $$f_A(A) = O$$

が成り立つことを示している．現時点では基本的な事柄しか学習をしていないので，2 次正方行列の場合しか証明できないが，(1.4) 式は一般の n 次正方行列についても成立すること (一般のケイリー・ハミルトンの定理) を後で学習をする．

例題 1.19 行列 $A = \begin{pmatrix} 2 & 1 \\ -1 & 1 \end{pmatrix}$ において，A^3, A^4 を計算しなさい．

解答 ケイリー・ハミルトンの定理より，

$$A^2 - 3A + 3E = O$$

が成り立つので，$A^2 = 3A - 3E$. よって，

$$A^3 = 3A^2 - 3A = 3(3A - 3E) - 3A = 6A - 9E = \begin{pmatrix} 3 & 6 \\ -6 & -3 \end{pmatrix}$$

$$A^4 = 3A^3 - 3A^2 = 3(6A - 9E) - 3(3A - 3E) = 9A - 18E = \begin{pmatrix} 0 & 9 \\ -9 & -9 \end{pmatrix}.$$ ■

問 1.25 次の行列 A に対して，A^3, A^4 を求めなさい．

(1) $A = \begin{pmatrix} 1 & 2 \\ -2 & 1 \end{pmatrix}$ (2) $A = \begin{pmatrix} 3 & -1 \\ 2 & 0 \end{pmatrix}$ (3) $A = \begin{pmatrix} 2 & 0 \\ -1 & -1 \end{pmatrix}$

2 次正方行列の固有値と固有ベクトルを求めることができたら，次の手順に従って行列の対角化をすることができる．

定理 1.11 2 次正方行列 A の固有値を α, β とし，対応する固有ベクトルを $\boldsymbol{p}_1 = \begin{pmatrix} x_1 \\ x_2 \end{pmatrix}$, $\boldsymbol{p}_2 = \begin{pmatrix} y_1 \\ y_2 \end{pmatrix}$ とする．$P = (\boldsymbol{p}_1\ \boldsymbol{p}_2) = \begin{pmatrix} x_1 & y_1 \\ x_2 & y_2 \end{pmatrix}$ としたときに，P が正則であれば

(1.5) $$P^{-1}AP = \begin{pmatrix} \alpha & 0 \\ 0 & \beta \end{pmatrix}.$$

証明　$\boldsymbol{p}_1, \boldsymbol{p}_2$ は A の固有ベクトルであったから,

$$AP = (A\boldsymbol{p}_1\ A\boldsymbol{p}_2) = \begin{pmatrix} \alpha x_1 & \beta y_1 \\ \alpha x_2 & \beta y_2 \end{pmatrix} = P\begin{pmatrix} \alpha & 0 \\ 0 & \beta \end{pmatrix}$$

よって, P が正則であれば

$$P^{-1}AP = \begin{pmatrix} \alpha & 0 \\ 0 & \beta \end{pmatrix}.$$

∎

行列の対角化を使えば, 行列のベキ乗は簡単に計算できる. 実際に 2 次正方行列 A が (1.5) のように対角化できたとすれば,

$$\begin{aligned} A^n &= \left\{P\begin{pmatrix} \alpha & 0 \\ 0 & \beta \end{pmatrix}P^{-1}\right\}^n \\ &= P\begin{pmatrix} \alpha & 0 \\ 0 & \beta \end{pmatrix}P^{-1} \cdot P\begin{pmatrix} \alpha & 0 \\ 0 & \beta \end{pmatrix}P^{-1} \cdots P\begin{pmatrix} \alpha & 0 \\ 0 & \beta \end{pmatrix}P^{-1} \\ &= P\begin{pmatrix} \alpha & 0 \\ 0 & \beta \end{pmatrix}^n P^{-1}. \end{aligned}$$

例題 1.20　行列 $A = \begin{pmatrix} 2 & 1 \\ 1 & 2 \end{pmatrix}$ を対角化して, そのベキ乗を求めよ.

解答　例題 1.17 において, A の固有値は 1, 3 であり, それぞれに対応する固有ベクトルは $\boldsymbol{p}_1 = \begin{pmatrix} 1 \\ -1 \end{pmatrix}$, $\boldsymbol{p}_2 = \begin{pmatrix} 1 \\ 1 \end{pmatrix}$. ここで, $P = (\boldsymbol{p}_1\ \boldsymbol{p}_2) = \begin{pmatrix} 1 & 1 \\ -1 & 1 \end{pmatrix}$ とすれば, $P^{-1} = \dfrac{1}{2}\begin{pmatrix} 1 & -1 \\ 1 & 1 \end{pmatrix}$. よって, 定理 1.11 より,

$$P^{-1}AP = \begin{pmatrix} 1 & 0 \\ 0 & 3 \end{pmatrix}$$

ゆえに,

$$\begin{aligned} A^n &= P\begin{pmatrix} 1 & 0 \\ 0 & 3 \end{pmatrix}^n P^{-1} \\ &= \begin{pmatrix} 1 & 1 \\ -1 & 1 \end{pmatrix}\begin{pmatrix} 1 & 0 \\ 0 & 3^n \end{pmatrix}\begin{pmatrix} 1 & 1 \\ -1 & 1 \end{pmatrix}^{-1} \\ &= \begin{pmatrix} 1 & 1 \\ -1 & 1 \end{pmatrix}\begin{pmatrix} 1 & 0 \\ 0 & 3^n \end{pmatrix}\frac{1}{2}\begin{pmatrix} 1 & -1 \\ 1 & 1 \end{pmatrix} = \frac{1}{2}\begin{pmatrix} 3^n+1 & 3^n-1 \\ 3^n-1 & 3^n+1 \end{pmatrix}. \end{aligned}$$

∎

例題 1.21　行列 $A = \begin{pmatrix} 2 & 1 \\ 1 & 2 \end{pmatrix}$ の固有値は 1, 3 である．任意の 2 次関数，たとえば $f(x) = 3x^2 - 2x + 1$ に対して，

$$f(A) = 3A^2 - 2A + E_2$$

の固有値を求めよ．

解答　例題 1.20 によれば，A は

$$A = P\begin{pmatrix} 1 & 0 \\ 0 & 3 \end{pmatrix}P^{-1}, \quad A^2 = P\begin{pmatrix} 1 & 0 \\ 0 & 9 \end{pmatrix}P^{-1}, \quad P = \begin{pmatrix} 1 & 1 \\ -1 & 1 \end{pmatrix}$$

と表すことができる．これは例題 1.20 の結果により，

$$f(A) = 3A^2 - 2A + E_2 = \begin{pmatrix} 12 & 10 \\ 10 & 12 \end{pmatrix}$$

$$\det(f(A) - 2E_2) = \begin{vmatrix} 10 & 10 \\ 10 & 10 \end{vmatrix} = 0$$

$$\det(f(A) - 22E_2) = \begin{vmatrix} -10 & 10 \\ 10 & -10 \end{vmatrix} = 0$$

よって，$f(1) = 2, f(3) = 22$ が $f(A)$ の固有値である．■

この例を一般的にいうと，α が A の固有値であるとき，$f(\alpha)$ は $f(A)$ の固有値になる．この事実を**フロベニウスの定理**という．一般の場合のフロベニウスの定理については第 6 章で学ぶことにする．

問 1.26　次の行列を対角化し，ベキ乗を求めよ．

(1) $\begin{pmatrix} 1 & 2 \\ 2 & 1 \end{pmatrix}$　(2) $\begin{pmatrix} 3 & 1 \\ 1 & 3 \end{pmatrix}$　(3) $\begin{pmatrix} 1 & \sqrt{6} \\ \sqrt{6} & 2 \end{pmatrix}$　(4) $\begin{pmatrix} 3 & 2 \\ 0 & 1 \end{pmatrix}$

2

行列の一般的概念とその演算

人類の数ある財産のなかでも，言語と数概念は人類にとってもっとも重要な文化的財産である．数概念に直接あずかる数学の分野においては，この数概念を数ベクトルの概念 (それから一般ベクトルの概念への拡張)，さらには行列の概念に広げることによって，数学的思考の多様性とともに，数学の世界 (や力学の世界) が飛躍的に広がり，その数理解析法は特に自然科学や社会科学における構造解析や数理計画においてたいへん重要な役割を果たしている．

行列の概念は，もともと「行列」という言葉がない時代に遡ると，連立 1 次方程式の係数を並べるのに用いられたともいわれているが，ガウスに至って 2 次形式の理論のなかで変換として用いられるようになった．行列という言葉は後に「変換の理論」の展開の中でシルベスター (1814–1897) によって命名された (が，彼自身はこの時点ではこの用語を使うことはなかったと言われている)．行列は (その用語とも) 変換の理論に関してケイリー (1821–1895) によって書かれた論文の中で使われ出したといわれており，行列の理論はケイリーの論文から発展したものであるといわれている[1]．この理論は後にジョルダン (1838–1922)，フロベニウス (1849–1917) を経て現代化へと進んだ．(ケイリーによって述べられた) ケイリー・ハミルトンの定理は非常に有名である．

科学は人間と自然の対話であるといわれており，数学は科学の言語であるともいわれている．微分積分学とともに，(現代) 数学全般の礎の一端を担う線形代数学はもっとも基本的な言語をなすものである．線形代数学において，その表看板の主役である行列の考え方は，たとえば，さまざまな事象の多変量データの統計処理や，多次元解析，連立 1 次方程式の理論の飛躍的な発展をもたらした．また，行列の，線形空間における力学系を生成する作用素 (線形構造や不変性質を調べるための道具) としての働きも重要である．第 1 章における数学の図形的思考法の他に，この章では，純数理思考において非常に重要な役割を

---

[1] カッツ (上野健爾・三浦伸夫監訳)『数学の歴史』共立出版．

果たす行列の概念について解説し，行列の基本的性質および演算法を紹介する．

2.1　行列の一般的概念と列ベクトル

前章では，まず3次元空間において，具体的な図形的な視点から，(幾何) ベクトルの定義を紹介した．しかし，同様の方法で，より高次元空間でのベクトルを定義するのは，可視的でもなく難しい．そこで，次に，終点の座標を用いた位置ベクトルの定義を紹介した．この節では，後者の考え方を発展させて，高次元の数ベクトルを定義する．このようにして数ベクトルを定義することの根拠は，高次の数ベクトルが，数の自然な拡張であると同時に，図形的なイメージをベースにしているものの，単なる形式的な拡張ではなく，事象の多様性への対応にも数概念を生かせる，自然で合理的な一般化だからである．また，数ベクトルのもう1つの見方を紹介する．まず，図形的な視点から離れて，天下り的に任意のサイズの行列の概念を導入する．そして，数ベクトルを行列の特別な場合として解釈する (この解釈には図形的視点よりもメリットが多い)．

定義 2.1　行列とベクトル　m, n を自然数とする．スカラーを次のように長方形の形に並べ括弧でくくったものを**行列**と呼ぶ．

$$A = \begin{pmatrix} a_{11} & a_{12} & \cdots & a_{1n} \\ a_{21} & a_{22} & \cdots & a_{2n} \\ \vdots & \vdots & \ddots & \vdots \\ a_{m1} & a_{n2} & \cdots & a_{mn} \end{pmatrix}$$

このとき A を **m 行 n 列の行列** (または，$m \times n$ 型行列，$m \times n$ 型行列，(m, n) 行列など) と呼ぶ．特に，$\begin{pmatrix} a_1 \\ a_2 \\ \vdots \\ a_m \end{pmatrix}$ の形で表現される行列を **m 次元列ベクトル**と呼ぶ．

上の定義によれば，1行1列の行列は (a_{11}) という形で表現することになるが，行列は数の拡張という視点から見れば1行1列の行列 (a_{11}) は数 a_{11} と同一視することが自然であろう．すなわち，$(a_{11}) = a_{11}$．しかし，ベクトル表示をするときは (向きを考慮して) (a_{11}) とかいて数 a_{11} と区別する．

NOTE　配置

$$
\begin{matrix}
a_{11} & a_{12} & \cdots & a_{1n} \\
a_{21} & a_{22} & \cdots & a_{21} \\
\vdots & \vdots & & \vdots \\
a_{m1} & a_{m2} & \cdots & a_{mn}
\end{matrix}
$$

は言葉通りに行列になっている．しかし，何かの拍子に形が崩れたりして (行または列がずれたりして) 不安定であろう．しかし，成分が1つからなる場合，たとえば a_{11} だけならば，そのような心配はなさそうである．このように，行列の本来の意味は必要な数を長方形 (正方形を含む) の形に配置したものになっている．しかしながら，複数の数を配置するときは (心理的安心のため？)，配置したものを括弧 (の種類もいろいろある) でくくるのが一般的 (歴史的な慣習) である．しかし，1 行 1 列の行列はその配置に心理的な不安がないのであろう．つまり，括弧でくくらなくてもよい，数そのもの．このような考え方は，ベクトルの内積を行列の積とみなす (この場合好都合) ところでも見られる．

ここで，行列の各部の名称と表記について説明をしておこう．行列 A が以下のように与えられているとする．

$$
A = \overset{\text{第 } j \text{ 列}}{\begin{pmatrix}
a_{11} & a_{12} & \cdots & a_{1j} & \cdots & a_{1n} \\
a_{21} & a_{22} & \cdots & a_{2j} & \cdots & a_{2n} \\
\vdots & \vdots & & \vdots & & \vdots \\
a_{i1} & a_{i2} & \cdots & a_{ij} & \cdots & a_{in} \\
\vdots & \vdots & & \vdots & & \vdots \\
a_{m1} & a_{n2} & \cdots & a_{mj} & \cdots & a_{mn}
\end{pmatrix}} \text{第 } i \text{ 行}
$$

(1)　上から i 番目の横の並び $\begin{pmatrix} a_{i1} & a_{i2} & \cdots & a_{in} \end{pmatrix}$ を A の**第 i 行**と呼び，単に行の並びだけを指す場合は**行**と呼ぶ．

(2)　左から j 番目の縦の並び $\begin{pmatrix} a_{1j} \\ a_{2j} \\ \vdots \\ a_{mj} \end{pmatrix}$ を A の**第 j 列**と呼び，単に縦の並びだけを指す場合は**列**と呼ぶ．

(3)　A は m 行 n 列の行列であるが，今後 **$m \times n$ 行列**と呼ぶことにするたとえば，2×3 行列というとき，行列が長方形の形に配置されているので，演算ではなく単に表記法として 2×3 としている．意味がわかれば混乱することはない．したがって，2×3 行列 $= 6$ 行列としてはいけない！ 特に $n \times n$ 行列を n 次**正方行列**と呼ぶ．

(4) 行列 A の第 i 行と第 j 列の交差する部分のスカラー a_{ij} を A の (i,j) **成分**という．また，行列を構成している各スカラーを，単に**成分**と呼ぶ．特に (i,i) 成分を総称して**対角成分**と呼ぶ．

特に，すべての成分が実数である行列を実行列といい，複素数の成分を含んでいる行列を複素行列という．本書では Chapter 6 までは実行列のみを扱う．

通常，行列を文字で表す場合には，アルファベットの大文字を用いて

$$A, B, C, \cdots, X, Y, Z, \cdots$$

などと表すのが一般的である．しかしながら，E と O は以下に 紹介する特別な行列を表すので，通常の行列を表すためには用いない．

n 次正方行列において，対角成分がすべて 1 でそれ以外の成分がすべて 0 である行列を**単位行列**と呼び，E または E_n で表す．つまり，

$$E = \begin{pmatrix} 1 & 0 & \cdots & 0 \\ 0 & 1 & \cdots & 0 \\ \vdots & \vdots & \ddots & \vdots \\ 0 & 0 & \cdots & 1 \end{pmatrix}$$

また，すべての成分が 0 である行列を**零行列**と呼び，O で表す ($m \times n$ 零行列を強調したいときには $O_{m,n}$)．特に，n 次の正方零行列を単に n 次の零行列といい，これを強調するときは O_n とかく．

行列 A の (i,j) 成分が a_{ij} で表現されるとき, 行列 A を単に

$$A = (a_{ij})$$

と表すこともある．この表記に従えば，零行列 O と，単位行列 (これは必ず正方行列) E は

$$O = (0), \quad E = (\delta_{ij}), \quad \delta_{ij} = \begin{cases} 1 & (i = j) \\ 0 & (i \neq j) \end{cases}$$

と表すことができる (この δ_{ij} を**クロネッカーのデルタ**と呼ぶ)．

ところで，定義 2.1 において，数ベクトルは行列の特別な場合として定義したが，通常ベクトルはアルファベットの小文字を用いて表し，行列と 区別す

るのが一般的である．ただし，数と区別するために以下のように太文字を使用する．

$$\boldsymbol{a}, \boldsymbol{b}, \boldsymbol{c}, \cdots, \boldsymbol{x}, \boldsymbol{y}, \boldsymbol{z}, \cdots$$

行列の演算に入る前に，行列の相等性について注意しておこう．型が異なる 2 つの行列は，当然のことながら，等しくない．2 つの $m \times n$ 行列 $A = (a_{ij})$, $B = (b_{ij})$ は，たとえ型が同じであっても等しくなるとは限らない．

行列の相等性　2 つの行列 A, B が等しくなるためには

(1)　A, B がともに同じ型の $m \times n$ 行列であること，かつ，

(2)　対応する成分同士がそれぞれ等しい，すなわち

$$a_{ij} = b_{ij} \quad (i = 1, 2, \cdots, m \,;\, j = 1, 2, \cdots, n)$$

であるときに限る．

問 2.1　次の 3×3 行列 $A = (a_{ij})$ を具体的に書き下しなさい．

(1) $A = \left(\dfrac{1}{i+j}\right)$　　(2) $A = (i^j)$　　(3) $A = (a_{ij}),\quad a_{ij} = \begin{cases} 1 & (i \geqq j) \\ 0 & (i < j) \end{cases}$

2.2　行列の演算

定義 2.1 の意味からすると，行列は数 (とベクトル) の自然な拡張になっている．数の演算のもとで行列を扱うとき，行列に何らかの演算法を導入することが必要である．演算法がない行列は数学では無用というわけである．さらに，数の演算法と連動する演算法が望ましい．したがって，行列の演算も可能な限り数の演算の (自然な) 拡張であることが求められる．また，数ベクトルも行列の一部であることから，数ベクトルの演算も含まれていなければならない．しかし，1 行 1 列の場合を除けば，この行列は数の拡張ではあっても，もはや数ではないので，数の演算全部が行列の演算に採用されるわけではない．そこで，行列の演算は，必然的に制限されるが，その演算方法はいくつか考えられ，応用上有用であることを考慮して，ここでは以下の演算方法を 行列の演算として定義する．

定義 2.2　行列の和とスカラー倍　2 つの $m \times n$ 行列 $A = (a_{ij})$, $B = (b_{ij})$ に対して，A と B の和，スカラー倍を次のように定義する．

(1)　$A + B = (a_{ij} + b_{ij})$ (成分ごとの和)

(2)　$\alpha A = (\alpha a_{ij})$ (成分ごとのスカラー倍)

型が異なる (サイズが異なるともいう) 行列の間では，和と差を定義しない (思考外)．特に，$(-1)A = -A$ とかく．よって，$m \times n$ 行列 A, B に対して

$$A + (-1)B = A - B$$

となる．型が同じ (サイズが同じ) 行列 A, B, C とスカラー α, β に対して，次の和とスカラー倍の演算法則が成り立つことはすぐにわかる．

(I) 和について

(1)　$A + B = B + A$　(交換法則–可換性)

(2)　$(A + B) + C = A + (B + C)$　(結合法則)

(3)　$A + O = A$　(同じ型の零元 O の存在)

(4)　$A + (-A) = O$　(逆元 $(-A)$ の存在性)

(II) スカラー倍について

(5)　$\alpha(A + B) = \alpha A + \alpha B$　(分配法則)

(6)　$(\alpha + \beta)A = \alpha A + \beta A$　(分配法則)

(7)　$(\alpha\beta)A = \alpha(\beta A)$　(結合法則)

(8)　$1A = A,\ 0A = O$

さて，行列の和とスカラー倍は自然で合理的な演算だが，積の定義はやや難しい．$m \times p$ 行列 $A = (a_{ij})$ と $q \times l$ 行列 $B = (b_{ij})$ の積 AB は $p = q (= n)$ のときに限って，次のようにこの順番で定義される．

定義 2.3　行列の積　$m \times n$ 行列 $A = (a_{ij})$ と，$n \times l$ 行列 $B = (b_{ij})$ の積 AB を次のように定義する．

$$AB = \left(\sum_{k=1}^{n} a_{ik} b_{kj} \right)$$

このとき，AB は $m \times l$ 行列となる．

たとえ積 AB が定義されていても，$l \neq m$ ならば積 BA は定義されない (要注意！)．行列の積は，次のように見れば覚えやすい．A を $m \times n$ 行列，B を $p \times l$ 行列とすれば，$n = p$ のとき積が定義できて

$$\begin{array}{ccccc} A & \cdot & B & = & C \\ m \times n \text{ 型} & & n \times l \text{ 型} & & m \times l \text{ 型} \end{array}$$

そして，各成分の具体的な計算は次のように覚えればよい．

$$\begin{pmatrix} a_{11} & a_{12} & \cdots & a_{1n} \\ a_{21} & a_{22} & \cdots & a_{2n} \\ \vdots & \vdots & & \vdots \\ a_{m1} & a_{m2} & \cdots & a_{mn} \end{pmatrix} \begin{pmatrix} b_{11} & b_{12} & \cdots & b_{1l} \\ b_{21} & b_{22} & \cdots & b_{2l} \\ \vdots & \vdots & & \vdots \\ b_{n1} & b_{n2} & \cdots & b_{nl} \end{pmatrix}$$

$$= \begin{pmatrix} a_{11}b_{11} + a_{12}b_{21} + \cdots + a_{1n}b_{n1} & \cdots & a_{11}b_{1l} + a_{12}b_{2l} + \cdots + a_{1n}b_{nl} \\ \vdots & & \vdots \\ a_{m1}b_{11} + a_{m2}b_{21} + \cdots + a_{mn}b_{n1} & \cdots & a_{m1}b_{1l} + a_{m2}b_{2l} + \cdots + a_{mn}b_{nl} \end{pmatrix}$$

(I) 和と積が定義できるような行列 A, B, C とスカラー λ に対して，次の積の演算法則が成り立つ．

(1) $(AB)C = A(BC)$ (結合法則)

(2) $(A+B)C = AC + BC$ (分配法則)

$A(B+C) = AB + AC$

(3) $\lambda(AB) = (\lambda A)B = A(\lambda B)$

(II) 単位行列や零行列との積は次のようになる．

(4) $m \times n$ 行列 A と，単位行列 E_m, E_n に対して，

$$AE_n = A, \quad E_m A = A$$

特に，A が n 次正方行列であれば，$AE_n = E_n A = A$.

(5) $m \times n$ 行列 A と，$n \times l$ 零行列 $O_{n,l}$, $l \times m$ 零行列 $O_{l,m}$ に対して

$$AO_{n,l} = O_{m,l}, \quad O_{l,m}A = O_{l,n}$$

定義 2.3 によれば，AB と BA は，たとえともに定義できるときでも，一般には必ずしも一致するとは限らない．特に，$AB \neq BA$ のとき，A と B の積は非可換であるという．したがって，行列の積は，可換の場合もあるが，非可換な場合もある．このことを「行列の積は一般に非可換である」ともいう．2 つの行列 A, B がともに同じサイズの正方行列であれば，和や積が自由に計算できることに注意しよう．

例 2.1　n 次正方行列 A, B で (この場合 AB, BA がともに定義できる)，$AB \neq BA$ となる場合がある．たとえば，

$A = \begin{pmatrix} 0 & 1 \\ 1 & 0 \end{pmatrix}$, $B = \begin{pmatrix} 1 & 2 \\ 3 & 4 \end{pmatrix}$ とすれば，$AB = \begin{pmatrix} 3 & 4 \\ 1 & 2 \end{pmatrix}$, $BA =$

$\begin{pmatrix} 2 & 1 \\ 4 & 3 \end{pmatrix}$. よって，$AB \neq BA$.

例 2.2　n 次正方行列 A, B で，$A \neq O_n, B \neq O_n$ であっても，$BA = O$ となる場合がある．たとえば，

$$A = \begin{pmatrix} 1 & 0 \\ 0 & 0 \end{pmatrix} \neq O_2,\ B = \begin{pmatrix} 0 & 1 \\ 0 & 0 \end{pmatrix} \neq O_2 \text{ とすれば，} AB = \begin{pmatrix} 0 & 1 \\ 0 & 0 \end{pmatrix},$$

$BA = \begin{pmatrix} 0 & 0 \\ 0 & 0 \end{pmatrix} = O_2$. よって，$AB \neq BA = O_2$.

問 2.2　行列 A, B, C を次のように定める．

$$A = \begin{pmatrix} 1 & 0 & 2 \\ -1 & 3 & 2 \end{pmatrix},\quad B = \begin{pmatrix} 2 & -1 \\ 3 & 0 \\ 1 & 1 \end{pmatrix},\quad C = \begin{pmatrix} 4 & 2 \\ 1 & -3 \end{pmatrix}$$

このとき，以下の行列の積が定義できるならば計算しなさい．

(1) AB　(2) BA　(3) AC　(4)CA　(5) BC　(6) CB

NOTE　行列の積が一般に非可換であるということは，数学的には，行列の式が数式のように因数分解が自由にできないという (克服のできない) 不便さを常にもっていることを意味している．この不便さゆえに，物理学ではハイゼンベルクの不確定性原理をもとに，量子論という新しい分野が開拓された．つまり，現代物理学において行列の積の非可換性はたいへん重要な性質である．話をちょっと膨らませると，非可換性は不確定性と密接に関係しているということである．それゆえ，微視的 (たとえ巨視的であっても) 事柄の個々の運動 (または変動) の場合はたいへん不安定でもある．したがって，運動は，事象の集まりを都合のよい条件に合う集団として捕らえて，そこに確率を導入し，確率的集団の運動として扱う．「確率的」という意味は決して「決定的，必然的」という意味ではない．そこには確率がどんなに小さくても，正である限り (たとえ 0 であっても)，現代の科学は常に (排除不可能な) 不安定要素 (場合によっては危険を伴う要素) を含んでいる可能性を否定できない．

定義 2.3 における定義はやや複雑であるが, 実は行列の積は他にも以下の定義が知られている．$A = (a_{ij}), B = (b_{ij})$ とする．このとき，

(1)　$A \circ B = (a_{ij}b_{ij})$　(アダマール積)

(2)　$A \otimes B = (a_{ij}B)$　(シューア積)

ここで，シューア積において $a_{ij}B$ とは，A の (i, j) 成分に B を掛けることを意味する．つまり，行列の各成分が行列になる．上記 2 つの積は本書では

使用せず，一般的には定義 2.3 による積を用いることが多い．いくつかの例を紹介しながら，その理由を考えてみよう．

最初に，1 次正方行列と 1 次元列ベクトルの積 $\boldsymbol{Ax}$ は単なる数の積となり，$\boldsymbol{x}$ (ここでは単なる数 x) の 1 次式になる．これより $n \times m$ 行列と m 次列ベクトルの積はベクトル $\boldsymbol{x}$ の成分を用いた 1 次式であることが自然な拡張であろう．つまり，

$$A\boldsymbol{x} = \begin{pmatrix} a_{11} & \cdots & a_{1m} \\ \vdots & \ddots & \vdots \\ a_{n1} & \cdots & a_{nm} \end{pmatrix} \begin{pmatrix} x_1 \\ \vdots \\ x_m \end{pmatrix} = \begin{pmatrix} c_{11}a_{11}x_1 + \cdots + c_{1m}a_{1m}x_m \\ \vdots \\ c_{n1}a_{n1}x_1 + \cdots + c_{nm}a_{nm}x_m \end{pmatrix}.$$

ここで各 c_{ij} は，$c_{ij} = 1$ となればもっとも簡単である．これを行列とベクトルの積と定義するのである．ちなみに，c_{ij} を $c_{ij} \neq 1$ (ただし $c_{ij} \neq 0$) としても具体的な計算結果が異なるだけで，行列の積としても問題はない．たとえば，

$$\begin{pmatrix} a_{11} & a_{12} \\ a_{21} & a_{22} \end{pmatrix} \begin{pmatrix} x_1 \\ x_2 \end{pmatrix} = \begin{pmatrix} a_{11}x_1 - a_{12}x_2 \\ a_{21}x_1 - a_{22}x_2 \end{pmatrix}$$

と定義をしても，その後の議論をこの定義に合わせれば問題ない．

定義 2.3 における行列の積の最大のメリットは，行列をあるベクトルから他のベクトルへの写像とみなすことができることである．実際，次の行列 A とベクトル $\boldsymbol{x}$ を，

$$A = \begin{pmatrix} a_{11} & a_{12} & a_{13} \\ a_{21} & a_{22} & a_{23} \\ a_{31} & a_{32} & a_{33} \end{pmatrix}, \quad \boldsymbol{x} = \begin{pmatrix} x_1 \\ x_2 \\ x_3 \end{pmatrix}$$

としたとき，

$$A\boldsymbol{x} = \begin{pmatrix} a_{11} & a_{12} & a_{13} \\ a_{21} & a_{22} & a_{23} \\ a_{31} & a_{32} & a_{33} \end{pmatrix} \begin{pmatrix} x_1 \\ x_2 \\ x_3 \end{pmatrix} = \begin{pmatrix} a_{11}x_1 + a_{12}x_2 + a_{13}x_3 \\ a_{21}x_1 + a_{22}x_2 + a_{23}x_3 \\ a_{31}x_1 + a_{32}x_2 + a_{33}x_3 \end{pmatrix}$$

よって，行列はベクトルから他のベクトルへの写像であることがわかる (このことは，後に重要な意味をもつことになる)．

2 つの実数 x, y に対して，$z = x + iy = x + yi$ を複素数という (このような複素数全体の集合が $\mathbf{C}$ である)．複素数は数とベクトルという 2 面性をもっている．数の側面は四則演算が可能なことである．また，ベクトルの側面は計量の基礎になる内積が定義できることである．しかし，この 2 面性はまったく異な

る性質のものである．たとえば，$z_1 = x_1 + y_1 i$, $\boldsymbol{z}_1 = \begin{pmatrix} x_1 \\ y_1 \end{pmatrix}$, $z_2 = x_2 + y_2 i$,

$\boldsymbol{z}_2 = \begin{pmatrix} x_2 \\ y_2 \end{pmatrix}$ に対して

$$z_1 z_2 = (x_1 x_2 - y_1 y_2) + (x_1 y_2 + x_2 y_1) i$$

$$(\boldsymbol{z}_1, \boldsymbol{z}_2) = x_1 x_2 + y_1 y_2.$$

例 2.3　複素数の行列表現　複素数 z は 2 つの実数 a, b を用いて $z = a + bi$ ($= a + ib$) と表される．複素数の積は，実数の場合と同様に可換である．つまり，$z_1 z_2 = z_2 z_1$, $ib = bi$ である．次のように複素数を 2 次正方行列に対応させることを考えよう．

$$z = a + bi \longleftrightarrow A = \begin{pmatrix} a & -b \\ b & a \end{pmatrix}$$

このとき，複素数の加法，乗法，スカラー倍は，行列の加法，乗法，スカラー倍と完全に対応する．除法に関しては，$a + bi$ の形になおして対応させればよい．実際，

$$z_1 = a_1 + b_1 i \longleftrightarrow B = \begin{pmatrix} a_1 & -b_1 \\ b_1 & a_1 \end{pmatrix}$$

としたとき，α, β を実数とすると，

$$\alpha z + \beta z_1 = (\alpha a + \beta a_1) + (\alpha b + \beta b_1) i$$

$$\alpha A + \beta B = \begin{pmatrix} \alpha a + \beta a_1 & -(\alpha b + \beta b_1) \\ \alpha b + \beta b_1 & \alpha a + \beta a_1 \end{pmatrix}$$

となり，和や実数倍の場合は完全に対応していることがわかる．また，積については，

$$z \cdot z_1 = (a a_1 - b b_1) + (a b_1 + a_1 b) i,$$

$$AB = \begin{pmatrix} a a_1 - b b_1 & -(a b_1 + a_1 b) \\ a b_1 + a_1 b & a a_1 - b b_1 \end{pmatrix}$$

となり，積の場合にも完全に対応している．したがって，

$$a = a + 0i \longleftrightarrow \begin{pmatrix} a & 0 \\ 0 & a \end{pmatrix}, \quad b = 0 + bi \longleftrightarrow \begin{pmatrix} 0 & -b \\ b & 0 \end{pmatrix}$$

から，$b=1$ として $i \longleftrightarrow E_0 = \begin{pmatrix} 0 & -1 \\ 1 & 0 \end{pmatrix}$ の対応を得る．実際，${E_0}^2 = -E$ (2 次の単位行列) となり，$i^2 = -1$ を考えれば，E_0 は虚数単位 i に対応していることがわかる．以上の意味において，上の行列 A を複素数 z の行列表現という．

複素数の行列表現は虚数単位 i を用いずに，実数だけを用いて複素数を表現する手段の 1 つである．参考までに，もう 1 つの手段 (複素数の導入の仕方) も紹介しよう．2 つの実数 x, y の順序対 (x, y) に対して，次の条件 (1) – (3) を満たすべく相等性，加法，乗法を定義する．この対 (x, y) を複素数といい，$z = (x, y)$ で表す．

条件. 2 つの順序対 (x_1, y_1), (x_2, y_2) に対して，

(1)　$(x_1, y_1) = (x_2, y_2) \Longleftrightarrow x_1 = x_2$ かつ $y_1 = y_2$　(相等性)

(2)　$(x_1, y_1) + (x_2, y_2) = (x_1 + x_2, y_1 + y_2)$　(加法)

(3)　$(x_1, y_1)(x_2, y_2) = (x_1x_2 - y_1y_2, x_1y_2 + x_2y_1)$　(乗法)

このとき，複素数 $(0, 1)$ を記号 i で表し，実数 x を複素数 $(x, 0)$ とみなす．すなわち，$x = (x, 0)$, $i = (0, 1)$ とする．このとき，簡単な計算から

$$z = x + yi = (x, 0) + (y, 0)(0, 1) = (x, y)$$

となることがわかる (複素数のベクトルとしての成分表示)．

ところで，虚数は方程式論との関連で，ルネッサンス期後半にカルダノ (1501–1576) によって発見されたといわれている．後に，一方ではド・モアブル (1667–1754) によって三角関数に応用され，ド・モアブルの公式が得られ，他方ではオイラー (1707–1783) によって指数関数に応用され，オイラーの公式が得られた．なお，虚数単位 i $(=\sqrt{-1})$ はオイラーによってはじめて使われたといわれており，実部と虚部からなる複素数はガウスによって命名されたといわれている．さらに，次の例のように，4 個の行列で 2 次元の複素数を対応させることができる．

例 2.4　4 個の 2 次正方行列 E_2, I_2, J_2, K_2 を

$$E_2 = \begin{pmatrix} 1 & 0 \\ 0 & 1 \end{pmatrix},\quad I_2 = \begin{pmatrix} i & 0 \\ 0 & -i \end{pmatrix},\quad J_2 = \begin{pmatrix} 0 & 1 \\ -1 & 0 \end{pmatrix},\quad K_2 = \begin{pmatrix} 0 & i \\ i & 0 \end{pmatrix}$$

とおくと，次のように 2 次の複素行列 Λ_2 の表現を得る．

$$\Lambda_2 = \begin{pmatrix} a+bi & c+di \\ -c+di & a-bi \end{pmatrix} = aE_2 + bI_2 + cJ_2 + dK_2 \quad (a,b,c,d \text{ は実数}).$$

これらの行列どうしの演算は以下のようになる．

$$E_2{}^2 = E_2, \quad I_2E_2 = I_2, \quad J_2E_2 = J_2, \quad K_2E_2 = K_2$$

$$(2.1) \qquad I_2J_2 = -J_2I_2 = K_2,\ J_2K_2 = -K_2J_2 = I_2,\ K_2I_2 = -I_2K_2 = J_2$$

$$I_2{}^2 = J_2{}^2 = K_2{}^2 = -E_2$$

この Λ_2 を (ハミルトンの) 四元数という (第 1 章をみよ)．もちろん普通の意味での数ではない．4 次元的数と呼ばれるものである．

例 2.3 では実数だけを用いて複素数 (2 次元の数) を表した．さらに，例 2.4 では 2 次元の複素数を 2 次正方行列で表した．例 2.3 のように考えれば，2 次元の複素数は 4 次正方行列で表現できると考えるのが自然であろう．

例 2.5 次のような 4 次元正方行列を考えよう．

$$I_4 = \begin{pmatrix} 0 & -1 & 0 & 0 \\ 1 & 0 & 0 & 0 \\ 0 & 0 & 0 & -1 \\ 0 & 0 & 1 & 0 \end{pmatrix},\ J_4 = \begin{pmatrix} 0 & 0 & -1 & 0 \\ 0 & 0 & 0 & 1 \\ 1 & 0 & 0 & 0 \\ 0 & -1 & 0 & 0 \end{pmatrix},\ K_4 = \begin{pmatrix} 0 & 0 & 0 & -1 \\ 0 & 0 & -1 & 0 \\ 0 & 1 & 0 & 0 \\ 1 & 0 & 0 & 0 \end{pmatrix}$$

これらと，4 次の単位行列 E_4 を用いると，次のような (ハミルトンの) 四元数が得られる．

$$\Lambda_4 = \begin{pmatrix} a & -b & -c & -d \\ b & a & -d & c \\ c & d & a & -b \\ d & -c & b & a \end{pmatrix} = aE_4 + bI_4 + cJ_4 + dK_4 \quad (a,b,c,d \text{ は実数}).$$

ハミルトンの四元数に関する演算は当然 (2.1) と同様になる．ハミルトンの四元数全体

$$\mathbf{H}_4 = \{\Lambda_4 = aE_4 + bI_4 + cJ_4 + dK_4 : a,b,c,d \in \mathbf{R}\}$$

は $\mathbf{R}$ 上の多元体 (四元数体) をつくる．実際に，$\mathbf{R}$ 上の有限次元多元体は，実

数体 (一元数体？)，複素数体 (二元数体？)，四元数体の 3 種類しかないことが知られている．つまり，三元数体も，五元以上の数体もないというわけである．

たとえば，

実数体 $\mathbf{R}$(直線上の運動の表現)

$$\longleftrightarrow \mathbf{H}_1 = \{\Lambda_1 = (a) = aE_1 : a \in \mathbf{R}\} \quad (\text{一元数体})$$

複素数体 $\mathbf{C}$(平面上の運動の表現)

$$\longleftrightarrow \mathbf{H}_2 = \left\{\Lambda_2 = \begin{pmatrix} a & -b \\ b & a \end{pmatrix} = aE_2 + bA_2 : a, b \in \mathbf{R}\right\} \quad (\text{二元数体})$$

このように，直線上の運動は実数で表現でき，平面上の運動は複素数で表現できた．それでは，空間の運動はどのような数で表現できるか？　それを可能にするような，複素数より次元の高い (複複素数？) はどんな数であろうか？

たとえば，独立な 2 つの虚部をもった数 $a + bi + cj$ で上の問題を解決するようなすっきりした数学的体系がつくれるだろうか？　この問題は，ガウス以来の問題であったが，ことごとく失敗におわり，ハミルトンによる四元数 $a + bi + cj + dk$ の発見に至ってようやく解決された．しかしながら，空間における運動の表現法となると，Oxyz–座標系において，点 $\mathrm{P}(b, c, d)$ に対して ($a = 0$ として) ハミルトンの四元数 Λ_2(または Λ_4) を利用するのは複雑である．四元数に代わって，$\mathbf{R}^3$ の基本ベクトル

$$\boldsymbol{i}(= \boldsymbol{e}_1) = \begin{pmatrix} 1 \\ 0 \\ 0 \end{pmatrix}, \quad \boldsymbol{j}(= \boldsymbol{e}_2) = \begin{pmatrix} 0 \\ 1 \\ 0 \end{pmatrix}, \quad \boldsymbol{k}(= \boldsymbol{e}_3) = \begin{pmatrix} 0 \\ 0 \\ 1 \end{pmatrix}$$

を用いた表現法 $\boldsymbol{x} = \overrightarrow{\mathrm{OP}} = b\boldsymbol{i} + c\boldsymbol{j} + d\boldsymbol{k}$ が，その簡明さと便利さゆえに，絶対的な支持のもとで，使われるようになった．

問 2.3　例 2.5 のハミルトン四元数 I_4, J_4, K_4, E_4 が (2.1) と同じ関係式を満たすことを示せ．

さて，行列はあるベクトルから他のベクトルへの写像だとみなすことができることから，行列の写像としての性質を考えることができる．特に，一部の行列は以下のような特別な図形的な性質をもっている．

例 2.6 回転を表す行列とその応用例 次の行列の性質を調べよう．

$$A = \begin{pmatrix} \cos\theta & -\sin\theta \\ \sin\theta & \cos\theta \end{pmatrix}$$

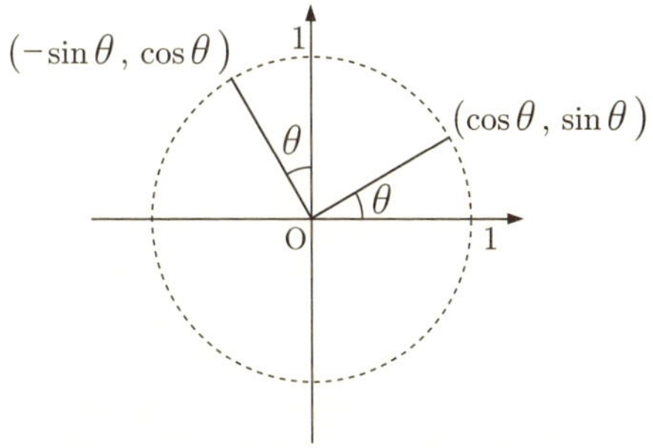

この行列がベクトル $\boldsymbol{x} = \begin{pmatrix} x \\ y \end{pmatrix}$ をどのようなベクトルに移すのかを調べてみる．実際に計算すると

$$A\boldsymbol{x} = \begin{pmatrix} \cos\theta & -\sin\theta \\ \sin\theta & \cos\theta \end{pmatrix}\begin{pmatrix} x \\ y \end{pmatrix}$$

$$= \begin{pmatrix} \cos\theta & -\sin\theta \\ \sin\theta & \cos\theta \end{pmatrix}\left\{x\begin{pmatrix} 1 \\ 0 \end{pmatrix} + y\begin{pmatrix} 0 \\ 1 \end{pmatrix}\right\} = x\begin{pmatrix} \cos\theta \\ \sin\theta \end{pmatrix} + y\begin{pmatrix} -\sin\theta \\ \cos\theta \end{pmatrix}$$

このことから容易にわかるように，$\|A\boldsymbol{x}\|$ ($A\boldsymbol{x}$ の大きさ)$=\|\boldsymbol{x}\|$ ($\boldsymbol{x}$ の大きさ)．つまり，行列 A はベクトル $\boldsymbol{x}$ の大きさ (長さ) を変えずに，原点のまわりを θ だけ回転させる「回転の写像」の行列表示 (表現行列) であることがわかる．さて，行列 A_1, A_2 を次のように定義する．

$$A_1 = \begin{pmatrix} \cos\alpha & -\sin\alpha \\ \sin\alpha & \cos\alpha \end{pmatrix}, \quad A_2 = \begin{pmatrix} \cos\beta & -\sin\beta \\ \sin\beta & \cos\beta \end{pmatrix}$$

このとき，A_1 はベクトルを反時計回りに α だけ回転，A_2 はベクトルを反時計回りに β だけ回転させることができる．結果的に A_2A_1 はベクトルを反時計回りに $\alpha+\beta$ だけ回転することができる．つまり，

$$A_2A_1 = \begin{pmatrix} \cos(\alpha+\beta) & -\sin(\alpha+\beta) \\ \sin(\alpha+\beta) & \cos(\alpha+\beta) \end{pmatrix}$$

一方，具体的な計算から

$$A_2A_1 = \begin{pmatrix} \cos\beta & -\sin\beta \\ \sin\beta & \cos\beta \end{pmatrix}\begin{pmatrix} \cos\alpha & -\sin\alpha \\ \sin\alpha & \cos\alpha \end{pmatrix}$$

$$= \begin{pmatrix} \cos\alpha\cos\beta - \sin\alpha\sin\beta & -(\sin\alpha\cos\beta + \cos\alpha\sin\beta) \\ \sin\alpha\cos\beta + \cos\alpha\sin\beta & \cos\alpha\cos\beta - \sin\alpha\sin\beta \end{pmatrix}$$

となるので，行列 A_2A_1 の各成分を比較することによって三角関数の加法定理が証明できた．

この例から，行列の積を定義 2.3 に従って定めることによって，行列に図形的な意味をもたせることができることがわかった．

問 2.4　次の問いに答えよ．

(1)　2 次正方行列 $A = \begin{pmatrix} 0 & 1 \\ 1 & 0 \end{pmatrix}$ はベクトルを直線 $y = x$ に線対称の位置へ変換する写像の行列表現であることを示せ．

(2)　ベクトルを直線 $y = -x$ の線対称の位置へ変換する写像の行列表現を求めよ．

(3)　2 次正方行列 $B = \dfrac{1}{2}\begin{pmatrix} 1 & 1 \\ 1 & 1 \end{pmatrix}$ が $B^2 = B$ を満たすことを確かめよ．また，$B\boldsymbol{x} = \boldsymbol{x}$ となるベクトルを求めよ．

(4)　(3) における行列 B は図形的にどのような写像の行列表現になっているのか調べよ．

単位行列や零行列以外にも，以下の行列は扱いが便利であることから特別に名前を付けて呼んでいる．

定義 2.4　n 次正方行列 A を $A = (a_{ij})$ $(i, j = 1, 2, \cdots, n)$ とする．

(1)　$a_{ij} = 0$ $(i > j)$ のとき，A を**上三角行列**という．

(2)　$a_{ij} = 0$ $(i < j)$ のとき，A を**下三角行列**という．

(3)　$a_{ij} = 0$ $(i \neq j)$ のとき A を**対角行列**という．

(4)　$a_{ij} = a_{ji}$ のとき，A を**対称行列**という．

(5)　$a_{ji} = -a_{ij}$　のとき，A を**交代行列**という．

(1)　上三角行列　$$A = \begin{pmatrix} a_{11} & a_{12} & \cdots & a_{1n} \\ 0 & a_{22} & \cdots & a_{2n} \\ \vdots & \ddots & \ddots & \vdots \\ 0 & \cdots & 0 & a_{nn} \end{pmatrix}$$

(2)　下三角行列　$$A = \begin{pmatrix} a_{11} & 0 & \cdots & 0 \\ \vdots & \ddots & \ddots & \vdots \\ \vdots & & \ddots & 0 \\ a_{n1} & \cdots & \cdots & a_{nn} \end{pmatrix}$$

(3)　対角行列　$A = \begin{pmatrix} a_{11} & 0 & \cdots & \cdots & 0 \\ 0 & a_{22} & 0 & & \vdots \\ \vdots & 0 & \ddots & \ddots & \vdots \\ \vdots & & \ddots & \ddots & 0 \\ 0 & \cdots & \cdots & 0 & a_{nn} \end{pmatrix}$

(4)　対称行列　$A = \begin{pmatrix} a_{11} & a_{12} & \cdots & a_{1n} \\ a_{12} & a_{22} & \cdots & a_{2n} \\ \vdots & \vdots & \ddots & \vdots \\ a_{1n} & a_{2n} & \cdots & a_{nn} \end{pmatrix}$

(5)　交代行列　$A = \begin{pmatrix} 0 & a_{12} & \cdots & a_{1n} \\ -a_{12} & 0 & \cdots & a_{2n} \\ \vdots & \vdots & \ddots & \vdots \\ -a_{1n} & -a_{2n} & \cdots & 0 \end{pmatrix}$

この定義からもわかるように，対角行列は三角行列の特別な場合であり，単位行列は対角行列の特別な場合になっている．

変換を表す作用素としての正方行列 A の役割は非常に重要である．この場合，(正方) 行列 A の繰り返し作用による運動 (力学系) は $\{A^n; n = 0, 1, 2, \cdots\}$ で与えられる．したがって，A のベキ乗 A^n を求めることはたいへん重要である．A が対角行列ならば，A^n は意外と簡単に求められる．また，三角行列のベキ乗も特徴的な形になることが以下のようにしてわかる．

> **例題 2.1**　n 次正方行列 $A = (a_{ij})$ を上三角行列とする．このとき，A^n は再び上三角行列になり，その対角成分 ((i,i)-成分) は ${a_{ii}}^n$ となることを示せ．

解答　数学的帰納法で証明をしよう．$n = 2$ のときは，

$$A^2 = \left(\sum_{k=1}^{n} a_{ik} a_{kj} \right)$$

となる．ここで，A は上三角行列なので，$i > j$ のときは $a_{ij} = 0$ となる．よって，$i > j$ のときには，$\displaystyle\sum_{k=1}^{n} a_{ik} a_{kj} = 0$ となり，A^2 は再び上三角行列になる．また，同様に計算をすれば，A^2 の対角成分 ((i,i)-成分) は $\displaystyle\sum_{k=1}^{n} a_{ik} a_{ki} = {a_{ii}}^2$ となる．

n のときにこの命題が成り立つとして，$n+1$ の場合を示す．

$A^n = ({a_{ij}}^{(n)})$ とする．このとき，帰納法の仮定より A^n も上三角行列であるので，$i > j$

のときには $a_{ij}^{(n)} = 0$ である．また，対角成分においては $a_{ii}^{(n)} = a_{ii}^{\ n}$ である．このとき，

$$A^{n+1} = AA^n = \left(\sum_{k=1}^{n} a_{ik} a_{kj}^{(n)}\right)$$

であるので，$n = 2$ の場合と同様な考察から A^n も上三角行列であり，対角成分成分は $a_{ii}^{\ n+1}$ となる． ∎

問 2.5　n 次正方行列 $A = (a_{ij})$ を下三角行列とする．このとき A^n も下三角行列になり，対角成分 $((i,i)$-成分) は $a_{ii}^{\ n}$ となることを示せ．

対角行列は上三角行列でもあり，かつ，下三角行列でもあるので，そのベキ乗を求めることは容易である．しかし，対角行列でない場合に A^n を求めることは第 1 章でも述べたように，ほとんど不可能に近いくらいたいへんである．そこで，A を対角化することが重要となる．そのための方法として，A の固有値と固有ベクトルを利用する方法がとられる．

問 2.6　正方行列 A を次のように定める．

$$A = \begin{pmatrix} 0 & 1 & 0 & 0 \\ 0 & 0 & 1 & 0 \\ 0 & 0 & 0 & 1 \\ 0 & 0 & 0 & 0 \end{pmatrix}$$

このとき，A^2, A^3, A^4 を計算しなさい．

問 2.7　n 次正方行列 A を次のように定める．

$$A = (a_{ij}), \quad a_{ij} = \begin{cases} 1 & (j = i+1) \\ 0 & (j \neq i+1) \end{cases}$$

このとき，A^{n-1} と A^n を計算しなさい．

与えられた $m \times n$ 行列 $A = (a_{ij})$ に対して，行と列の役割を入れ替えて，A の (j,i) 成分 a_{ji} を (i,j) 成分にしてできる $n \times m$ 行列を A の転置行列といい，${}^tA$ で表す．つまり

$$A = \begin{pmatrix} a_{11} & \cdots & a_{1n} \\ \vdots & & \vdots \\ a_{m1} & \cdots & a_{mn} \end{pmatrix} \text{ ならば } {}^tA = \begin{pmatrix} a_{11} & \cdots & a_{m1} \\ \vdots & & \vdots \\ a_{1n} & \cdots & a_{mn} \end{pmatrix}.$$

例 2.7　$P = \begin{pmatrix} 1 \\ 2 \\ 3 \end{pmatrix}$, $Q = \begin{pmatrix} 1 & 2 & 3 \\ 4 & 5 & 6 \end{pmatrix}$ とすれば，${}^tP = \begin{pmatrix} 1 & 2 & 3 \end{pmatrix}$,

$$
{}^tQ = \begin{pmatrix} 1 & 4 \\ 2 & 5 \\ 3 & 6 \end{pmatrix}.
$$

問 2.8 行列 $A = \begin{pmatrix} 1 & 3 & 2 \\ 0 & -1 & 4 \\ 2 & 7 & 3 \end{pmatrix}$, $B = \begin{pmatrix} 2 & 0 & -2 \\ 1 & -2 & 4 \\ 3 & 1 & 1 \end{pmatrix}$ に対して，以下の計算をしなさい．

(1) ${}^tA + {}^tB$ と ${}^t(A+B)$　　(2) ${}^tA\,{}^tB$ と ${}^t(AB)$　　(3) ${}^t(BA)$

上の問からもわかるが，一般に次の演算が成り立つ．

定理 2.1　和と積が定義できる行列 A, B とスカラー λ に対して，次が成り立つ．

(1) ${}^t({}^tA) = A$

(2) ${}^t(A+B) = {}^tA + {}^tB$

(3) ${}^t(AB) = {}^tB\,{}^tA$, 特に ${}^t(\lambda A) = \lambda\,{}^tA$ である．

証明　(1), (2) は転置行列の定義から明らかである．(3) を証明しよう．積が定義できるという仮定により，A を $l \times m$ 行列，B を $m \times n$ 行列であるとし，

$$
\begin{aligned}
A &= (a_{ij}) \quad (i = 1, 2, \cdots, l\,;\, j = 1, 2, \cdots, m) \\
B &= (b_{jk}) \quad (j = 1, 2, \cdots, m\,;\, k = 1, 2, \cdots, n)
\end{aligned}
$$

としてよい．行列の相等性により (3) の両辺において，対応する各成分同士が等しくなることを示せばよい．まず，AB は $l \times n$ 型であるから，${}^t(AB)$ は $n \times l$ 型である．また，${}^tB$ は $n \times m$ 型で，${}^tA$ は $m \times l$ 型であるから，${}^tB{}^tA$ は $n \times l$ 型となり，(3) の両辺は同じ $n \times l$ 型行列である．

$$
\begin{aligned}
{}^t(AB) \text{ の } (k,i) \text{ 成分} &= AB \text{ の } (i,k) \text{ 成分} \\
&= \sum_{j=1}^{m} a_{ij} b_{jk} = a_{i1}b_{1k} + a_{i2}b_{2k} + \cdots + a_{im}b_{mk}
\end{aligned}
$$

次に ${}^tB$ の (k,j) 成分は b_{jk} で，${}^tA$ の (j,i) 成分は a_{ij} であるから

$$
{}^tB\,{}^tA \text{ の } (k,i) \text{ 成分} = \sum_{j=1}^{m} b_{jk} a_{ij} = b_{1k}a_{i1} + b_{2k}a_{i2} + \cdots + b_{mk}a_{im}
$$

よって，対応する各成分同士が等しいことから，(3) が成り立つ．■

問 2.9　任意の正方行列は対称行列と交代行列の和で一意的に表されることを示せ．

定義 2.5　n 次正方行列 $A=(a_{ij})$ に対して，対角成分の和 $\sum_{i=1}^{n} a_{ii}$ を A の**トレース** (trace) と呼んで，$\mathrm{tr}\,(A)$ (または，$\mathrm{trace}\,(A)$) とかく：

$$\mathrm{tr}\,(A)=\sum_{i=1}^{n} a_{ii}$$

例 2.8　行列 $A=\begin{pmatrix} 2 & 1 & 0 \\ -1 & 2 & 7 \\ 1 & 4 & -3 \end{pmatrix}$，$B=\begin{pmatrix} 0 & 2 & -3 \\ 2 & 3 & 1 \\ 5 & 2 & -1 \end{pmatrix}$ とする．

このとき，$\mathrm{tr}\,(A)=1, \mathrm{tr}\,(B)=2$ である．また，

$$A+B=\begin{pmatrix} 2 & 1 & 0 \\ -1 & 2 & 7 \\ 1 & 4 & -3 \end{pmatrix}+\begin{pmatrix} 0 & 2 & -3 \\ 2 & 3 & 1 \\ 5 & 2 & -1 \end{pmatrix}=\begin{pmatrix} 2 & 3 & -3 \\ 1 & 5 & 8 \\ 6 & 6 & -4 \end{pmatrix}$$

であるので，$\mathrm{tr}\,(A+B)=\mathrm{tr}\,(A)+\mathrm{tr}\,(B)=3$.

一方，

$$AB=\begin{pmatrix} 2 & 1 & 0 \\ -1 & 2 & 7 \\ 1 & 4 & -3 \end{pmatrix}\begin{pmatrix} 0 & 2 & -3 \\ 2 & 3 & 1 \\ 5 & 2 & -1 \end{pmatrix}=\begin{pmatrix} 2 & 7 & -5 \\ 39 & 18 & -2 \\ -7 & 8 & 4 \end{pmatrix}$$

$$BA=\begin{pmatrix} 0 & 2 & -3 \\ 2 & 3 & 1 \\ 5 & 2 & -1 \end{pmatrix}\begin{pmatrix} 2 & 1 & 0 \\ -1 & 2 & 7 \\ 1 & 4 & -3 \end{pmatrix}=\begin{pmatrix} -5 & -8 & 23 \\ 2 & 12 & 18 \\ 7 & 5 & 17 \end{pmatrix}$$

よって，$\mathrm{tr}\,(AB)=\mathrm{tr}\,(BA)=24$. しかしながら，$\mathrm{tr}\,(A)\,\mathrm{tr}\,(B)=2\neq\mathrm{tr}\,(AB)$ である．

行列は積に関して一般には非可換であるが，この例においては，トレースの計算は AB と BA が一致し可換であるかのように見える．この性質は一般にどんな行列に対しても成り立つことが次の定理で示される．

定理 2.2　2 つの n 次正方行列 A, B と，スカラー λ に対して，次が成り立つ．

(1)　$\mathrm{tr}\,({}^tA)=\mathrm{tr}\,(A)$

(2)　$\mathrm{tr}\,(\lambda A)=\lambda\,\mathrm{tr}\,(A)$

(3) $\mathrm{tr}(A+B) = \mathrm{tr}(A) + \mathrm{tr}(B)$

(4) $\mathrm{tr}(AB) = \mathrm{tr}(BA)$

証明 (1) ~ (3) の証明はトレースの定義から明らかである. (4) を示そう. 行列 A, B において, AB と BA が定義できる. $A=(a_{ij})$, $B=(b_{ij})$ とすれば,

$$AB = \left(\sum_{k=1}^{n} a_{ik}b_{kj}\right), \qquad BA = \left(\sum_{k=1}^{n} b_{ik}a_{kj}\right)$$

よって,

$$\mathrm{tr}(AB) = \sum_{i=1}^{n}\sum_{k=1}^{n} a_{ik}b_{ki} = \sum_{k=1}^{n}\sum_{i=1}^{n} b_{ki}a_{ik} = \mathrm{tr}(BA).$$

■

問 2.10 次の行列 A に対して, $\mathrm{tr}(A^2)$ と $(\mathrm{tr}(A))^2$ を計算せよ.

(1) $A = \begin{pmatrix} 1 & 2 \\ 0 & 2 \end{pmatrix}$ (2) $A = \begin{pmatrix} 2 & 3 \\ -1 & 2 \end{pmatrix}$ (3) $A = \begin{pmatrix} 0 & 1 & 3 \\ 2 & -1 & 1 \\ 0 & 2 & 1 \end{pmatrix}$

問 2.11 2次正方行列 A の2つの異なる固有値を α, β とする. このとき, $\mathrm{tr}(A) = \alpha + \beta$ であることを示せ. また, n を自然数としたとき, $\mathrm{tr}(A^n)$ を求めよ.

例題 2.2 行列の内積 2つの n 次正方行列 A, B に対して,

$$\langle A, B\rangle = \mathrm{tr}({}^tBA)$$

とする. このとき $\langle A, B\rangle$ が内積の公理 (第1章を参照) を満たすことを示せ.

解答 定理 2.2, (1) によれば,

$$\langle A, B\rangle = \mathrm{tr}({}^tBA) = \mathrm{tr}\left({}^t({}^tBA)\right) = \mathrm{tr}({}^tAB) = \langle B, A\rangle.$$

よって, 内積の公理 (1) を満たすことが確かめられた.

$\langle A, B\rangle$ が内積の公理 (2), (3) を満たすことは定理 2.2, (2) と (3) からすぐにわかる.

内積の公理 (4) を示そう. n 次正方行列 A を $A=(a_{ij})$ とする. このとき,

$${}^tAA = \left(\sum_{k=1}^{n} a_{ki}a_{kj}\right)$$

よって,

$$\langle A, A\rangle = \mathrm{tr}({}^tAA) = \sum_{i=1}^{n}\sum_{k=1}^{n} a_{ki}a_{ki} = \sum_{i=1}^{n}\sum_{k=1}^{n} {a_{ki}}^2 \geqq 0$$

また, $\langle A, A\rangle = 0$ となるのは, すべての $i, j = 1, 2, \cdots, n$ に対して $a_{ij}=0$, つまり $A=O$ でなければならない. よって内積の公理 (4) を満たすことが確かめられた. ■

例 2.9 行列の 1 次結合 任意の n 次正方行列 $A_1, A_2, \cdots, A_p$ と実数 $x_1, x_2, \cdots, x_p$ に対して，「$x_1A_1 + x_2A_2 + \cdots + x_pA_p = O$ となるのは，$x_1 = x_2 = \cdots = x_p = 0$ のときに限る」ならば，$A_1, A_2, \cdots, A_p$ は **1 次独立** (**線形独立**) であるという．もし，1 次独立でないならば，**1 次従属**であるという．$A_i = (a_{jk}^{(i)})$ であるならば，上の行列方程式は

$$\begin{pmatrix} x_1a_{11}^{(1)} + \cdots + x_pa_{11}^{(p)} & \cdots & x_1a_{1n}^{(1)} + \cdots + x_pa_{1n}^{(p)} \\ x_1a_{21}^{(1)} + \cdots + x_pa_{21}^{(p)} & \cdots & x_1a_{2n}^{(1)} + \cdots + x_pa_{2n}^{(p)} \\ \vdots & & \vdots \\ x_1a_{n1}^{(1)} + \cdots + x_pa_{n1}^{(p)} & \cdots & x_1a_{nn}^{(1)} + \cdots + x_pa_{nn}^{(p)} \end{pmatrix} = \begin{pmatrix} 0 & \cdots & 0 \\ 0 & \cdots & 0 \\ \vdots & & \vdots \\ 0 & \cdots & 0 \end{pmatrix}$$

を意味し，連立方程式の問題に帰着される．

例題 2.2 によって，行列の内積が定義できた．第 1 章において，内積をベクトルに対して定義をして，いくつかの図形的な性質を導いてきた．これと例 2.9 などを踏まえることによって，行列の集合においても同様な図形的な性質を導くことができると考えられる．

例題 2.3 関数行列 $m \times n$ 行列 $F = (f_{ij})$ の各成分 f_{ij} を t の一価連続関数とし，t について微分可能であるとき，$\dfrac{df_{ij}(t)}{dt}$ を成分とする行列を $\dfrac{dF}{dt}$ で表し，F の微分係数という．このとき，次の性質が成り立つことを示せ．

(1) F, G がともに $m \times n$ 行列ならば，$\dfrac{d}{dt}(F+G) = \dfrac{dF}{dt} + \dfrac{dG}{dt}$.

(2) F が $m \times n$ 行列，G が $n \times p$ 行列ならば，$\dfrac{d}{dt}(FG) = \dfrac{dF}{dt}G + F\dfrac{dG}{dt}$

(注意：$\dfrac{dF}{dt}G = G\dfrac{dF}{dt}$ は必ずしも成立しない)．

解答 $F = (f_{ij}(t)), G = (g_{ij}(t))$ とする．

(1) $F + G = (f_{ij}(t) + g_{ij}(t))$ であり，

$$\frac{d}{dt}(f_{ij}(t) + g_{ij}(t)) = \frac{d}{dt}f_{ij}(t) + \frac{d}{dt}g_{ij}(t)$$

よって，

$$\frac{d}{dt}(F+G) = \left(\frac{d}{dt}f_{ij}(t) + \frac{d}{dt}g_{ij}(t)\right) = \frac{dF}{dt} + \frac{dG}{dt}$$

(2) $FG = \left(\displaystyle\sum_{k=1}^{n} f_{ik}(t)g_{kj}(t)\right)$ であり，

$$\frac{d}{dt}(f_{ik}(t)g_{kj}(t)) = \left(\frac{d}{dt}f_{ik}(t)\right)g_{kj}(t) + f_{ik}(t)\left(\frac{d}{dt}g_{kj}(t)\right)$$

よって，

$$\frac{d}{dt}(FG) = \left(\sum_{k=1}^{n}\left(\frac{d}{dt}f_{ik}(t)\right)g_{kj}(t)\right) + \left(\sum_{k=1}^{n}f_{ik}(t)\left(\frac{d}{dt}g_{kj}(t)\right)\right)$$

$$= \frac{dF}{dt}G + F\frac{dG}{dt}. \quad ▮$$

問 2.12 次の 3 次正方行列 $A = (a_{ij})$, $B = (b_{ij})$ に対して，次の式を計算しなさい．

$$\left(\sum_{i,j=1}^{3} {a_{ij}}^2\right)\left(\sum_{i,j=1}^{3} {b_{ij}}^2\right) - |\langle A, B\rangle|^2$$

(1) $A = \begin{pmatrix} 3 & 2 & -1 \\ 2 & 5 & 1 \\ 1 & 0 & 2 \end{pmatrix}$, $B = \begin{pmatrix} 0 & -3 & 1 \\ 1 & 0 & 2 \\ -1 & 3 & -2 \end{pmatrix}$

(2) $A = \begin{pmatrix} 1 & 1 & 3 \\ 2 & 1 & 0 \\ 0 & -3 & 1 \end{pmatrix}$, $B = \begin{pmatrix} 2 & 1 & 3 \\ -1 & -2 & 0 \\ 1 & -1 & 2 \end{pmatrix}$

問 2.13 例題 2.2 の結果を踏まえて，次の問いに答えよ．

(1) n 次正方行列 $A = (a_{ij})$ に対して，

$$\|A\|_2 = \sqrt{\sum_{i,j=1}^{n} {a_{ij}}^2}$$

とする．このとき，$\|A\|_2$ がノルムの公理を満たすことを示せ．

(2) n 次正方行列の集合におけるシュヴァルツの不等式を導け．

2.3 行列の区分け

行列の表記については，$A = (a_{ij})$ のように成分の一般形をかくか，行列のすべての成分を書き下すかの方法だけを用いてきた．前者は証明など理論的な展開において簡潔な表記法である一方，イメージがつかみにくいという欠点がある．後者は具体的であり，イメージもつかみやすい表記法であるが，煩雑すぎて一般論を論じる場合には不向きである．また，すでに行列の積のところでも述べたが，n 次列ベクトル $\boldsymbol{p}_1, \cdots, \boldsymbol{p}_m$ に対して，これらを並べてつくった行列を $P = (\boldsymbol{p}_1 \ \cdots \ \boldsymbol{p}_m)$ とおくと，P は $n \times m$ 行列になる．これらを踏まえて，大きいサイズの行列を小さな行列を用いて簡潔に表現する方法が考えられる．これを**行列の区分け**という．

例題 2.4　行列 $A = \begin{pmatrix} 1 & 0 & 3 & 2 \\ 2 & 1 & -3 & 0 \\ 3 & 1 & -2 & 4 \end{pmatrix}$ に対して区分けせよ.

解答　たとえば，実線を用いて次のように区分けをする.

$$A = \left(\begin{array}{ccc|c} 1 & 0 & 3 & 2 \\ 2 & 1 & -3 & 0 \\ \hline 3 & 1 & -2 & 4 \end{array}\right)$$

この区分けにおいて，

$$A_{11} = \begin{pmatrix} 1 & 0 & 3 \\ 2 & 1 & -3 \end{pmatrix},\ A_{12} = \begin{pmatrix} 2 \\ 0 \end{pmatrix},\ A_{21} = \begin{pmatrix} 3 & 1 & -2 \end{pmatrix},\ A_{22} = 4$$

とおくと，

$$A = \begin{pmatrix} A_{11} & A_{12} \\ A_{21} & A_{22} \end{pmatrix}.$$

■

前後の文脈から誤解を与えないような場合，次のように大きな文字を使って一部の成分を表してもよい.

例 2.10

(1)　上三角行列　$A = \begin{pmatrix} a_{11} & a_{12} & \cdots & a_{1n} \\ 0 & a_{22} & \cdots & a_{2n} \\ \vdots & \ddots & \ddots & \vdots \\ 0 & \cdots & 0 & a_{nn} \end{pmatrix} = \begin{pmatrix} a_{11} & & * \\ & \ddots & \\ O & & a_{nn} \end{pmatrix}$

(2)　下三角行列　$A = \begin{pmatrix} a_{11} & 0 & \cdots & 0 \\ \vdots & \ddots & \ddots & \vdots \\ \vdots & & \ddots & 0 \\ a_{n1} & \cdots & \cdots & a_{nn} \end{pmatrix} = \begin{pmatrix} a_{11} & & O \\ & \ddots & \\ * & & a_{nn} \end{pmatrix}$

(3)　対角行列　$A = \begin{pmatrix} a_{11} & 0 & \cdots & \cdots & 0 \\ 0 & a_{22} & 0 & & \vdots \\ \vdots & 0 & \ddots & \ddots & \vdots \\ \vdots & & \ddots & \ddots & 0 \\ 0 & \cdots & \cdots & 0 & a_{nn} \end{pmatrix} = \begin{pmatrix} a_{11} & & O \\ & \ddots & \\ O & & a_{nn} \end{pmatrix}$

さて，高次 (大きいサイズ) の行列の演算については，まず区分けをすることによって，行列をより小さいサイズの行列としてみることができるが，それだけではなく，区分けをすることによって，行列の演算も円滑に進めることができるようになる．

定理 2.3 行列 A, B において積 AB が定義されていると仮定する．また，それぞれの行列は次のように区分けされているとする．

$$A = \begin{pmatrix} A_{11} & A_{12} & \cdots & A_{1n} \\ A_{21} & A_{22} & \cdots & A_{2n} \\ \vdots & \vdots & & \vdots \\ A_{m1} & A_{m2} & \cdots & A_{mn} \end{pmatrix}, \quad B = \begin{pmatrix} B_{11} & B_{12} & \cdots & B_{1l} \\ B_{21} & B_{22} & \cdots & B_{2l} \\ \vdots & \vdots & & \vdots \\ B_{n1} & B_{n2} & \cdots & B_{nl} \end{pmatrix}$$

このとき，全ての i, j, k に対して積 $A_{ik}B_{kj}$ が定義できれば，行列の積 AB は

$$AB = \left(\sum_{k=1}^{n} A_{ik}B_{kj} \right)$$

となる．

証明 定理 2.3 は，行列の積の表現がもとの成分による表現よりもシンプルであり，行列の計算時に便利な場合があることを示している．しかし，行列の積である以上，サイズをそろえる必要があり (積の演算の大前提)，その作業は面倒であるが，サイズがそろわなければ計算ができない．したがって，簡単のために，行列の区分けとサイズを具体的にし，(それで定理の本質が弱められることはないので) サイズが小さい場合を示す．たとえば，

$$A = \begin{pmatrix} a_{11} & a_{12} & a_{13} \\ a_{21} & a_{22} & a_{23} \\ a_{31} & a_{32} & a_{33} \end{pmatrix}, \quad B = \begin{pmatrix} b_{11} & b_{12} \\ b_{21} & b_{22} \\ b_{31} & b_{32} \end{pmatrix}$$

とする．そして，A, B の区分けを以下のようにする．

$$A = \left(\begin{array}{cc|c} a_{11} & a_{12} & a_{13} \\ a_{21} & a_{22} & a_{23} \\ \hline a_{31} & a_{32} & a_{33} \end{array} \right) = \begin{pmatrix} A_{11} & A_{12} \\ A_{21} & A_{22} \end{pmatrix}$$

$$B = \left(\begin{array}{c|c} b_{11} & b_{12} \\ b_{21} & b_{22} \\ \hline b_{31} & b_{32} \end{array} \right) = \begin{pmatrix} B_{11} & B_{12} \\ B_{21} & B_{22} \end{pmatrix}$$

すると，

$$AB = \begin{pmatrix} A_{11}B_{11} + A_{12}B_{21} & A_{11}B_{12} + A_{12}B_{22} \\ A_{21}B_{11} + A_{22}B_{21} & A_{21}B_{12} + A_{22}B_{22} \end{pmatrix}$$

また，AB を直接計算すると，

$$AB = \begin{pmatrix} a_{11}b_{11}+a_{12}b_{21}+a_{13}b_{31} & a_{11}b_{12}+a_{12}b_{22}+a_{13}b_{32} \\ a_{21}b_{11}+a_{22}b_{21}+a_{23}b_{31} & a_{21}b_{12}+a_{22}b_{22}+a_{23}b_{32} \\ a_{31}b_{11}+a_{32}b_{21}+a_{33}b_{31} & a_{31}b_{12}+a_{32}b_{22}+a_{33}b_{32} \end{pmatrix}$$

となり，これらが一致するので定理が示された． ∎

例題 2.5　行列 $A = \begin{pmatrix} 1 & 2 & 4 & 1 \\ -2 & 1 & 2 & -1 \\ 0 & 0 & 1 & 3 \\ 0 & 0 & 2 & -1 \end{pmatrix}$, $B = \begin{pmatrix} 0 & 1 & 0 & 0 \\ -1 & 3 & 0 & 0 \\ 0 & 0 & 2 & 5 \\ 0 & 0 & 1 & 1 \end{pmatrix}$ としたとき，積 AB を計算せよ．

解答　$A_1 = \begin{pmatrix} 1 & 2 \\ -2 & 1 \end{pmatrix}$, $A_2 = \begin{pmatrix} 4 & 1 \\ 2 & -1 \end{pmatrix}$, $A_3 = \begin{pmatrix} 1 & 3 \\ 2 & -1 \end{pmatrix}$, $B_1 = \begin{pmatrix} 0 & 1 \\ -1 & 3 \end{pmatrix}$, $B_2 = \begin{pmatrix} 2 & 5 \\ 1 & 1 \end{pmatrix}$ とすれば，

$$A = \begin{pmatrix} A_1 & A_2 \\ O & A_3 \end{pmatrix}, \quad B = \begin{pmatrix} B_1 & O \\ O & B_2 \end{pmatrix}$$

よって，

$$AB = \begin{pmatrix} A_1B_1 & A_2B_2 \\ O & A_3B_2 \end{pmatrix} = \begin{pmatrix} -2 & 7 & 9 & 21 \\ -1 & 1 & 3 & 9 \\ 0 & 0 & 5 & 8 \\ 0 & 0 & 3 & 9 \end{pmatrix}.$$ ∎

問 2.14　行列 A, B, C がそれぞれ次のように与えられている．

$$A = \begin{pmatrix} 2 & 3 & 0 & 0 \\ 0 & -1 & 0 & 0 \\ 0 & 0 & 2 & 4 \\ 0 & 0 & 1 & -2 \end{pmatrix}, \quad B = \begin{pmatrix} 3 & 1 & 1 & 0 \\ 5 & 2 & 0 & 1 \\ 0 & 0 & 2 & -2 \\ 0 & 0 & 5 & 1 \end{pmatrix}, \quad C = \begin{pmatrix} 1 & 2 & 4 & 2 \\ 3 & 4 & 0 & -1 \\ 1 & 0 & -1 & 2 \\ 0 & 1 & 1 & 0 \end{pmatrix}$$

このとき，次の行列を求めなさい．
(1) AB　　(2) AC　　(3) BC　　(4) B^2

2.4　正則行列と逆行列

さて，正方行列の議論において，逆行列の概念は非常に重要である．逆行列は，写像の言葉でいうと「逆写像」ということになる．ところで，逆行列は，言葉の響きからすると，数でいう逆数の行列版のような感があるが，行列には

数のような割り算がないために，行列版ではない少し変わった特徴をもっている．たとえば，O でない正方行列ですら逆行列をもつとは限らないということである．2 次以上の正方行列は数ではないので，実際に逆行列を求めるときは，行列の演算の仕組み上の問題から，正方行列に制約条件がつき，計算そのものも面倒である．したがって，実際の計算は行列の次数に相応の忍耐を伴う．しかし，逆行列の定義の仕方だけならば単純ではあるが，逆数よりは若干面倒である．その理由は与えられた正方行列に課せられる制約条件にある．

定義 2.6 逆行列 n 次正方行列 A に対して，

$$AX = XA = E$$

を満たす行列 X が存在するとき，A は**正則**であるといい，X を A の**逆行列**と呼ぶ．このとき X を A^{-1} と表す．

もちろん A が 1 次正方行列であるとき，その逆行列は単に A の逆数と一致する．さて，逆行列に関する性質をいくつか紹介しよう．まず，定理 2.2 の (4) によると，任意の正則行列 P に対して

$$\mathrm{tr}\,(A) = \mathrm{tr}\,(P^{-1}AP)$$

が成り立つことがわかる．

定理 2.4 n 次正方行列 A が正則のとき，その逆行列は一意的に定まる．

証明 X, Y がともに A の逆行列であったとき，$X = Y$ となることを示せばよい．X, Y は A の逆行列であるので，

$$XA = AX = E, \quad YA = AY = E$$

が成り立つ．よって，

$$X = EX = YAX = YE = Y.$$

■

定理 2.5 n 次正方行列 A, B が正則のとき，任意のスカラー $\lambda\ (\neq 0)$ に対して次が成り立つ．

(1) $(A^{-1})^{-1} = A$

(2) $(\lambda A)^{-1} = \lambda^{-1}A^{-1}$

(3) $(AB)^{-1} = B^{-1}A^{-1}$

(4) ${}^tA$ も正則で，$({}^tA)^{-1} = {}^t(A^{-1})$

証明 (1) A^{-1} は A の逆行列なので，$A^{-1}A = AA^{-1} = E$ を満たす．よって，A は A^{-1} の逆行列となり，$(A^{-1})^{-1} = A$.

(2) $\frac{1}{\lambda}A^{-1}(\lambda A) = (\lambda A)\frac{1}{\lambda}A^{-1} = E$ より，$(\lambda A)^{-1} = \lambda^{-1}A^{-1}$.

(3) $B^{-1}A^{-1}(AB) = B^{-1}EB = E$, $(AB)B^{-1}A^{-1} = AEA^{-1} = E$ であるので，$(AB)^{-1} = B^{-1}A^{-1}$.

(4) A が正則であることから，$A^{-1}A = AA^{-1} = E$. ここで，両辺の転置行列をとると，

$$ {}^tA\,{}^t(A^{-1}) = {}^t(A^{-1})\,{}^tA = E $$

よって，$({}^tA)^{-1} = {}^t(A^{-1})$, すなわち ${}^tA$ は正則. ∎

定理 2.6 n 次正方行列 A が正則であり，行列 X が $AX = O$ (または $XA = O$) を満たすとき，$X = O$ である.

証明 $AX = O$ の両辺の左側から A^{-1} を掛けると $X = O$ を得る ($XA = O$ の場合も同様に示すことができる). ∎

NOTE 行列の正則性を考慮しなければ，$A \neq O$, $X \neq O$ であっても，その積が $AX = O$ となる A, X が存在する．実際

$$ A = \begin{pmatrix} 1 & 0 \\ 0 & 0 \end{pmatrix}, \quad X = \begin{pmatrix} 0 & 0 \\ 0 & 1 \end{pmatrix} $$

とすればよい．これは行列の特異性の 1 つである．数値計算では，$xy = 0$ ならば $x = 0$ または $y = 0$ となるところである.

例 2.11 2 次正方行列 $A = \begin{pmatrix} a & b \\ c & d \end{pmatrix}$ において，A が正則であるための必要十分条件は $ad - bc \neq 0$ である．このとき A の逆行列 A^{-1} は

$$ A^{-1} = \frac{1}{ad - bc}\begin{pmatrix} d & -b \\ -c & a \end{pmatrix} $$

となる．実際，まず A が正則であると仮定する．定義により A の逆行列 A^{-1} が存在するので，

$$ A^{-1} = \begin{pmatrix} p & q \\ r & s \end{pmatrix} $$

とおける．$AA^{-1} = E$ を成分に置き換えて計算すると，簡単に $ad - bc \neq 0$ が検証でき，

$$ p = \frac{d}{ad - bc},\ q = -\frac{b}{ad - bc},\ r = -\frac{c}{ad - bc},\ s = \frac{a}{ad - bc} $$

を得る．逆に，$ad - bc \neq 0$ を仮定すると，上の A^{-1} の表現を用いれば

$$AA^{-1} = A^{-1}A = E$$

が単純な計算で検証できる．すなわち，A は正則となる．

例題 2.6 次の 3 次正方行列 A の逆行列を求めよ．

(1) $A = \begin{pmatrix} 1 & 2 & 3 \\ 0 & 2 & -1 \\ 0 & 0 & -1 \end{pmatrix}$ (2) $A = \begin{pmatrix} 2 & 1 & -1 \\ 0 & 0 & 2 \\ 0 & 0 & 3 \end{pmatrix}$

解答 (1) 求める逆行列を $X = \begin{pmatrix} x_{11} & x_{12} & x_{13} \\ x_{21} & x_{22} & x_{23} \\ x_{31} & x_{32} & x_{33} \end{pmatrix}$ とすると，

$$AX = \begin{pmatrix} x_{11} + 2x_{21} + 3x_{31} & x_{12} + 2x_{22} + 3x_{32} & x_{13} + 2x_{23} + 3x_{33} \\ 2x_{21} - x_{31} & 2x_{22} - x_{32} & 2x_{23} - x_{33} \\ -x_{31} & -x_{32} & -x_{33} \end{pmatrix} = E$$

$$XA = \begin{pmatrix} x_{11} & 2x_{11} + 2x_{12} & 3x_{11} - x_{12} - x_{13} \\ x_{21} & 2x_{21} + 2x_{22} & 3x_{21} - x_{22} - x_{23} \\ x_{31} & 2x_{31} + 2x_{32} & 3x_{31} - x_{32} - x_{33} \end{pmatrix} = E$$

ゆえに，各成分を比較することによって，

$$A^{-1} = X = \begin{pmatrix} 1 & -1 & 4 \\ 0 & \frac{1}{2} & -\frac{1}{2} \\ 0 & 0 & -1 \end{pmatrix}$$

(2) 求める逆行列を $X = \begin{pmatrix} x_{11} & x_{12} & x_{13} \\ x_{21} & x_{22} & x_{23} \\ x_{31} & x_{32} & x_{33} \end{pmatrix}$ とすると，

$$AX = \begin{pmatrix} 2x_{11} + x_{21} - x_{31} & 2x_{12} + x_{22} - x_{32} & 2x_{13} + x_{23} - x_{33} \\ 2x_{31} & 2x_{32} & 2x_{33} \\ 3x_{31} & 3x_{32} & 3x_{33} \end{pmatrix} = E$$

よって，AX の $(2, 3)$ 成分の比較から $x_{33} = 0$ でなければならないが，$(3, 3)$ 成分の比較から $3x_{33} = 1$ となることから矛盾．ゆえに，A は正則でない． ■

問 2.15 次の行列が正則であるならば，その逆行列を求めなさい．

(1) $\begin{pmatrix} 1 & 3 \\ 2 & 0 \end{pmatrix}$ (2) $\begin{pmatrix} 2 & -3 \\ -4 & 6 \end{pmatrix}$ (3) $\begin{pmatrix} 2 & 0 & 1 \\ 0 & -1 & 2 \\ 0 & 0 & 3 \end{pmatrix}$ (4) $\begin{pmatrix} 0 & 1 & 0 \\ 0 & 0 & 1 \\ 0 & 0 & 0 \end{pmatrix}$

問 2.16 正方行列 A が，ある自然数 n $(n \geqq 2)$ に対して $A^n = O$ を満たすならば

A は正則でないことを示せ (そのような行列を**ベキ零行列**という).

問 2.17　上三角行列，下三角行列，対角行列の逆行列は，それぞれ上三角行列，下三角行列，対角行列になることを示せ.

ところで，行列は積の計算が複雑であるために，一般に 3 次以上の正方行列に対して逆行列やベキ乗を求める計算はたいへん複雑である．しかし，上の例題で示したように，三角行列ならば逆行列を求めることは比較的やさしく，特に対角行列であればベキ乗の計算も容易である．次の例は，三角行列を用いて対称行列を対角行列に変換する具体的な方法を示している.

例 2.12　シューアの対角化　行列 A を $A = \begin{pmatrix} A_1 & A_2 \\ {}^tA_2 & A_3 \end{pmatrix}$ と区分けをできたとする．このとき，$X = -A_1^{-1}A_2$ とすれば，

$$\begin{pmatrix} E & O \\ {}^tX & E \end{pmatrix}\begin{pmatrix} A_1 & A_2 \\ {}^tA_2 & A_3 \end{pmatrix}\begin{pmatrix} E & X \\ O & E \end{pmatrix} = \begin{pmatrix} A_1 & O \\ O & A_3 - {}^tA_2A_1^{-1}A_2 \end{pmatrix}$$

左辺を具体的に計算をすればよい.

$$\begin{aligned} &\begin{pmatrix} E & O \\ {}^tX & E \end{pmatrix}\begin{pmatrix} A_1 & A_2 \\ {}^tA_2 & A_3 \end{pmatrix}\begin{pmatrix} E & X \\ O & E \end{pmatrix} \\ &= \begin{pmatrix} A_1 & A_2 \\ {}^tXA_1 + {}^tA_2 & {}^tXA_2 + A_3 \end{pmatrix}\begin{pmatrix} E & X \\ O & E \end{pmatrix} \\ &= \begin{pmatrix} A_1 & A_1X + A_2 \\ {}^tXA_1 + {}^tA_2 & {}^tXA_1X + {}^tA_2X + {}^tXA_2 + A_3 \end{pmatrix} \end{aligned}$$

ここで，$X = -A_1^{-1}A_2$ であることより $A_1X + A_2 = O$．また，上の区分けにおける $(2,2)$ 成分は

$$\begin{aligned} {}^tXA_1X + {}^tA_2X + {}^tXA_2 + A_3 &= {}^tX(A_1X + A_2) + {}^tA_2X + A_3 \\ &= A_3 - {}^tA_2A_1^{-1}A_2 \end{aligned}$$

よって，

$$\begin{pmatrix} E & O \\ {}^tX & E \end{pmatrix}\begin{pmatrix} A_1 & A_2 \\ {}^tA_2 & A_3 \end{pmatrix}\begin{pmatrix} E & X \\ O & E \end{pmatrix} = \begin{pmatrix} A_1 & O \\ O & A_3 - {}^tA_2A_1^{-1}A_2 \end{pmatrix}.$$

一般に，3 次以上の正方行列の逆行列を求める公式を得ることはそうやさし

くない．後に一般の行列における 逆行列を求める公式や簡単な手続きで逆行列を求める方法を紹介する．ここでは，逆行列の定義に関する注意をしておこう．定義 2.6 より，行列 X が行列 A の逆行列であることを確かめるためには $AX = E$ と $XA = E$ の両方を満たすことを確かめなければならない．しかしながら，行列のサイズが有限であった場合はどちらか一方だけを調べればよいことが次章で示される．しかし，行列のサイズが無限であった場合は，そうはならない．実際に次の例が存在する．

例 2.13 サイズが無限大の行列 A, X を次のように定義する．

$$A = \begin{pmatrix} 0 & & & & \\ 1 & 0 & & & \\ 0 & 1 & 0 & & \\ & 0 & 1 & 0 & \\ & & \ddots & \ddots & \ddots \end{pmatrix}, \quad X = \begin{pmatrix} 0 & 1 & 0 & & & \\ & 0 & 1 & 0 & & \\ & & 0 & 1 & 0 & \\ & & & 0 & 1 & 0 \\ & & & & \ddots & \ddots & \ddots \end{pmatrix}$$

XA と AX を丁寧に計算をすることによって

$$XA = \begin{pmatrix} 1 & & & & \\ & 1 & & & \\ & & 1 & & \\ & & & 1 & \\ & & & & \ddots \end{pmatrix} = E, \quad AX = \begin{pmatrix} 0 & & & & \\ & 1 & & & \\ & & 1 & & \\ & & & 1 & \\ & & & & \ddots \end{pmatrix} \neq E$$

よって X は逆行列の条件の 1 つ $XA = E$ を満たすが $AX \neq E$ であるので X は A の逆行列ではない．これは 行列のサイズが無限であるときのみ起こる現象である．

NOTE (有限) 行列の相等性，加法，減法，スカラー倍は無限行列に対してもまったく同様に定義できる．無限行列の積については，収束性が問題になってくるので，有限行列の場合のようにはいかない．

例 2.14 すべての成分が 1 である無限 (正方) 行列 A に対して A^2 は存在しない．

収束性がうまくいけば有限行列の場合の議論が当てはまる．零行列や単位行列，対角行列や，対称行列，交代行列などは，有限行列の場合と同様に定義される．しかし，無限行列の逆行列については，有限行列の場合とは異なり，事情が複雑である．A が無限行列の場合，$AX = E$ を満たす X が存在すれば，X を A の右逆行列といい，また，$YA = E$ を満たす Y が存在すれば，Y を A の左逆行列という．そして，$X = Y$ が成り立つならば，この共通の行列を A の逆行列といって，A^{-1} で表す．この論法は有限行列の場合と同じであるが，無限行列の場合は，A の右逆行列が存在しても (必ずしも 1 つとは限らない)，左逆行列が存在しないことがある．また，A の左逆行列が存在しても (必ずしも 1 つとは限らない)，右逆行列が存在しないこともある．このように，事情は単純ではないのである．たとえば，上の例の他に

$$A = \begin{pmatrix} 0 & 1 & 0 & 0 & \cdots \\ 0 & 0 & 1 & 0 & \cdots \\ 0 & 0 & 0 & 1 & \cdots \\ \vdots & \vdots & \vdots & \vdots & \end{pmatrix}, \quad X = \begin{pmatrix} x_1 & x_2 & x_3 & x_4 & \cdots \\ 1 & 0 & 0 & 0 & \cdots \\ 0 & 1 & 0 & 0 & \cdots \\ 0 & 0 & 1 & 0 & \cdots \\ \vdots & \vdots & \vdots & \vdots & \end{pmatrix}$$

とすると

$$AX = E$$

となる．ここで，$x_1, x_2, \cdots$ は任意であるから，A の右逆行列 X は無数に存在することになる．本書では有限行列の場合だけを扱う (無限の世界は実に不思議な，面白い，奥が深い世界である！).

2.5　行列の基本変形

行列は，与えられた形式のままでは応用上不便であることが多い．行列の本来の「精神?!」に基づけば (方向性として) 応用上便利でなければならない．そのためには行列そのものに「自在の変身術」を備えておくことが肝要である．実際，行列を利用するときは，この変身術を利用して，まず単純な形に変形し，それによって演算がより便利で効果的になってほしいという期待がある．この節ではそのような変身術こと行列の基本変形について解説する．行列の基本変形は，連立 1 次方程式の解法や逆行列を求めるときに，その効用が特に顕著であり，行列の大変重要な技法でもある．そこで，次の 3 種類の行列を調べてみ

ることにする．ただし，c は 0 でない数で，$i \neq j$ とする．

$$F(i\,;c) = \begin{pmatrix} 1 & & & & & & O \\ & \ddots & & & & & \\ & & 1 & & & & \\ & & & c & & & \\ & & & & 1 & & \\ & & & & & \ddots & \\ O & & & & & & 1 \end{pmatrix}, \ (i,i) \text{ 成分が } c$$

$$G(i,j) = \begin{pmatrix} 1 & & & & & & & & & O \\ & \ddots & & & & & & & & \\ & & 1 & & & & & & & \\ & & & 0 & & \cdots & & 1 & & \\ & & & & 1 & & & & & \\ & & & \vdots & & \ddots & & \vdots & & \\ & & & & & & 1 & & & \\ & & & 1 & & \cdots & & 0 & & \\ & & & & & & & & 1 & \\ & & & & & & & & & \ddots \\ O & & & & & & & & & & 1 \end{pmatrix}, \ \begin{matrix} i < j \text{ として} \\ (i,j) \text{ 成分と} \\ (j,i) \text{ 成分を } 1 \end{matrix}$$

$$H(i,j\,;c) = \begin{pmatrix} 1 & & & & & & O \\ & \ddots & & & & & \\ & & 1 & \cdots & c & & \\ & & & \ddots & \vdots & & \\ & & & & 1 & & \\ & & & & & \ddots & \\ O & & & & & & 1 \end{pmatrix}, \ (i,j) \text{ 成分が } c$$

これらの行列を掛けることによって，行列がどのように変化するのかを 3×3

行列でみてみよう．3 次正方行列 $A = \begin{pmatrix} a_{11} & a_{12} & a_{13} \\ a_{21} & a_{22} & a_{23} \\ a_{31} & a_{32} & a_{33} \end{pmatrix}$ とする．

(1)　$F(2\,;c)$ を A に左側から掛ける．

$$F(2\,;c)A = \begin{pmatrix} 1 & 0 & 0 \\ 0 & c & 0 \\ 0 & 0 & 1 \end{pmatrix}\begin{pmatrix} a_{11} & a_{12} & a_{13} \\ a_{21} & a_{22} & a_{23} \\ a_{31} & a_{32} & a_{33} \end{pmatrix} = \begin{pmatrix} a_{11} & a_{12} & a_{13} \\ ca_{21} & ca_{22} & ca_{23} \\ a_{31} & a_{32} & a_{33} \end{pmatrix}$$

(2)　$G(1,3)$ を A の左側から掛ける．

$$G(1,3)A = \begin{pmatrix} 0 & 0 & 1 \\ 0 & 1 & 0 \\ 1 & 0 & 0 \end{pmatrix}\begin{pmatrix} a_{11} & a_{12} & a_{13} \\ a_{21} & a_{22} & a_{23} \\ a_{31} & a_{32} & a_{33} \end{pmatrix} = \begin{pmatrix} a_{31} & a_{32} & a_{33} \\ a_{21} & a_{22} & a_{23} \\ a_{11} & a_{12} & a_{13} \end{pmatrix}$$

(3)　$H(1,3\,;c)$ を A の左側から掛ける．

$$H(1,3\,;c)A = \begin{pmatrix} 1 & 0 & c \\ 0 & 1 & 0 \\ 0 & 0 & 1 \end{pmatrix}\begin{pmatrix} a_{11} & a_{12} & a_{13} \\ a_{21} & a_{22} & a_{23} \\ a_{31} & a_{32} & a_{33} \end{pmatrix}$$

$$= \begin{pmatrix} a_{11}+ca_{31} & a_{12}+ca_{32} & a_{13}+ca_{33} \\ a_{21} & a_{22} & a_{23} \\ a_{31} & a_{32} & a_{33} \end{pmatrix}$$

これらの計算から次のことがわかる．

(1)　$F(i\,;c)$ を A の左側から掛けると，A の第 i 行が $c\,(\neq 0)$ 倍される．

(2)　$G(i,j)$ を A の左側から掛けると，A の第 i 行と他の第 j 行が入れ替わる．

(3)　$H(i,j\,;c)$ を A の左側から掛けると，A の第 i 行に他の第 j 行の $c\,(\neq 0)$ 倍が加えられる．

同様に，次のこともわかる．

(4)　$F(i\,;c)$ を A の右側から掛けると，A の第 i 列が $c\,(\neq 0)$ 倍される．

(5)　$G(i,j)$ を A の右側から掛けると，A の第 i 列と他の第 j 列が入れ替わる．

(6)　$H(i,j\,;c)$ を A の右側から掛けると，A の第 j 列に他の第 i 列の $c\,(\neq 0)$ 倍が加えられる．

規則 (1)，(2)，(3) による行列の変形を**行基本変形**または**左基本変形**といい，規則 (4)，(5)，(6) による行列の変形を**列基本変形**または**右基本変形**という．

そして，行 (左) 基本変形と列 (右) 基本変形を総称して，単に**基本変形**という．

定義 2.7 基本行列 上で定義した行列 $F(i;c)$, $G(i,j)$, $H(i,j;c)$ を**基本行列**と呼ぶ．

定理 2.7 基本行列は正則である．

証明 (1) 行列の左側から $F(i;c)$ を掛けることによって，第 i 行が c 倍される．よって，

$$F(i;c)F(i;\frac{1}{c}) = F(i;\frac{1}{c})F(i;c) = E$$

ゆえに，$F(i;c)$ は正則で，その逆行列は $F(i;\dfrac{1}{c})$ である．

(2) 行列の左側から $G(i;j)$ を掛けることによって，第 i 行と第 j 行 が交換される．よって，

$$G(i;j)G(i;j) = E$$

ゆえに，$G(i;j)$ は正則で，その逆行列は $G(i;j)$ 自身である．

(3) 行列の左側から $H(i,j;c)$ を掛けることによって，第 i 行に第 j 行の c 倍が加えられる．よって，

$$H(i,j;c)H(i,j;-c) = H(i,j;-c)H(i,j;c) = E$$

ゆえに，$H(i,j;c)$ は正則で，その逆行列は $H(i,j;-c)$ である．■

例題 2.7 行列 $A = \begin{pmatrix} 2 & 3 & 1 \\ 1 & -2 & 0 \\ 0 & 3 & 2 \end{pmatrix}$ を行基本変形のみを用いて上三角行列に変形せよ．

解答

$$\begin{pmatrix} 2 & 3 & 1 \\ 1 & -2 & 0 \\ 0 & 3 & 2 \end{pmatrix} \xrightarrow{[1]\leftrightarrow[2]} \begin{pmatrix} 1 & -2 & 0 \\ 2 & 3 & 1 \\ 0 & 3 & 2 \end{pmatrix} \xrightarrow{[2]+(-2)\times[1]} \begin{pmatrix} 1 & -2 & 0 \\ 0 & 7 & 1 \\ 0 & 3 & 2 \end{pmatrix}$$

$$\xrightarrow{[2]+(-2)\times[3]} \begin{pmatrix} 1 & -2 & 0 \\ 0 & 1 & -3 \\ 0 & 3 & 2 \end{pmatrix} \xrightarrow{[3]+(-3)\times[2]} \begin{pmatrix} 1 & -2 & 0 \\ 0 & 1 & -3 \\ 0 & 0 & 11 \end{pmatrix}$$

ここで，$\longrightarrow$ の上に記されている式は次の基本変形を意味する．

$[x] \leftrightarrow [y]$ は第 x 行と第 y 行を入れ替える．

$[x] + a \times [y]$ は第 x 行に第 y 行の a 倍を加える．

たとえば "$[1] \leftrightarrow [2]$" は第 1 行と第 2 行を入れ替える，"$[2] + (-2) \times [1]$" は第 2 行に第 1 行の -2 倍を加えるということを意味している．それぞれの基本変形で用いた基

本行列は $G(1,2)$, $H(2,1\,;-2)$, $H(2,3\,;-2)$, $H(3,2\,;-3)$ であるので，次の関係が成り立つことがわかる．

$$
H(3,2\,;-3)H(2,3\,;-2)H(2,1\,;-2)G(1,2)A = \begin{pmatrix} 1 & -2 & 0 \\ 0 & 1 & -3 \\ 0 & 0 & 11 \end{pmatrix} \tag{2.2}
$$

なお，基本変形による変形の仕方は1通りではない． ■

問 2.18 次の行列 A を行基本変形のみを用いて上三角行列にしなさい．また，対応する基本行列を用いて (2.2) のような等式をつくりなさい．

(1) $A = \begin{pmatrix} 1 & 2 & 3 \\ -1 & 1 & 0 \\ 0 & 3 & -2 \end{pmatrix}$　(2) $A = \begin{pmatrix} 2 & -1 & 1 \\ 1 & -2 & 3 \\ 0 & 0 & 2 \end{pmatrix}$

(3) $A = \begin{pmatrix} 3 & 1 & 4 \\ 2 & -1 & 2 \\ -2 & 5 & 0 \end{pmatrix}$　(4) $A = \begin{pmatrix} 1 & 3 & 0 & 2 \\ 2 & 1 & -3 & 0 \\ -1 & 2 & -1 & 5 \\ 0 & 2 & 3 & -4 \end{pmatrix}$

3

連立 1 次方程式

連立 1 次方程式の解法については，近・現代に近いところで，クラメル (1704–1752)，オイラー，ガウス，フロベニウスが挙げられる．クラメルの公式は非常に有名であり，未知数の数が 2 個，3 個と少ない場合においては解を求めるときにたいへん便利である．しかし，未知数の数が多くなるとほとんど絶望的である．この公式は，理論的な面においては重要であるが，連立 1 次方程式の解法の一般的な手順を示すものではなかった．オイラーは，たとえば，1 つの未知数を他の未知数を用いて解き，少ない数の未知数の連立 1 次方程式に帰着させていくという手順のアイディアを示唆している．

このオイラーのアイディアに示唆された，線形性に依存した**ガウスの消去法**は，理論的にもたいへん優れており，実際に連立 1 次方程式を解く上でも非常に有力で効果的，実用的な手法である．実際，ガウスの消去法は，連立 1 次方程式を行列の基本変形を施すことによって，係数行列を上三角行列に変形して解く方法であり，**掃き出し法**ともいう．「行列」という言葉はシルヴェスターによってつくられたが，この言葉が実際に使われ出したのはケーリーの論文であったといわれている．行列代数の発展もケーリーに帰するところ大である．フロベニウスにいたって，行列の階数の概念が導入され，連立 1 次方程式の解の一般論とともに，行列の理論の体系化が成就されることとなった．

この章では，行列の基本変形を用いた連立 1 次方程式の解法と，関連して得られる逆行列の求め方を紹介しよう．

3.1　連立 1 次方程式と行列

第 1 章第 4 節ですでに簡単な 2 元連立 1 次方程式と行列についての関わりの様子を見てきた．この節では一般的な n 元連立 1 次方程式と行列との関係を学ぶ．第 2 章においては行列の定義と演算方法を紹介した．そこでは，行列の積の定義が若干複雑であったが，この演算方法によって連立 1 次方程式を行列を用いて解くことができる．この節では，行列を用いて連立 1 次方程式を解くためのおおまかな流れを紹介する．

定義 3.1　$\boldsymbol{n}$ 元連立 1 次方程式　m, n を自然数とする．以下のような n 個の未知数を含む m 個の 1 次方程式を **$\boldsymbol{n}$ 元連立 1 次方程式**という．

$$\begin{cases} a_{11}x_1 + a_{12}x_2 + \cdots + a_{1n}x_n = b_1 \\ a_{21}x_1 + a_{22}x_2 + \cdots + a_{2n}x_n = b_2 \\ \cdots \\ a_{m1}x_1 + a_{m2}x_2 + \cdots + a_{mn}x_n = b_m \end{cases}$$

さて，定義 3.1 の連立 1 次方程式は行列とベクトルを用いて次のように表現できることに注意しよう．

$$\begin{pmatrix} a_{11} & a_{12} & \cdots & a_{1n} \\ a_{21} & a_{22} & \cdots & a_{2n} \\ \vdots & \vdots & & \vdots \\ a_{m1} & a_{m2} & \cdots & a_{mn} \end{pmatrix} \begin{pmatrix} x_1 \\ x_2 \\ \vdots \\ x_n \end{pmatrix} = \begin{pmatrix} b_1 \\ b_2 \\ \vdots \\ b_m \end{pmatrix}$$

ここで，係数を並べてつくった行列

$$A = \begin{pmatrix} a_{11} & a_{12} & \cdots & a_{1n} \\ a_{21} & a_{22} & \cdots & a_{2n} \\ \vdots & \vdots & & \vdots \\ a_{m1} & a_{m2} & \cdots & a_{mn} \end{pmatrix}$$

をこの連立 1 次方程式の**係数行列**という．そこで

$$\boldsymbol{x} = \begin{pmatrix} x_1 \\ x_2 \\ \vdots \\ x_n \end{pmatrix}, \quad \boldsymbol{b} = \begin{pmatrix} b_1 \\ b_2 \\ \vdots \\ b_m \end{pmatrix}$$

とすると，この連立 1 次方程式は，$A\boldsymbol{x} = \boldsymbol{b}$ という形で表現できる．もし A が正則で A^{-1} を求めることができれば，この連立 1 次方程式の解は $\boldsymbol{x} = A^{-1}\boldsymbol{b}$ となる．つまり，**逆行列を求めることができれば連立 1 次方程式が解けることになる．**

例題 3.1　次の連立 1 次方程式を解け．

(1) $\begin{cases} 2x + \ \ y = 3 \\ \ \ x - 2y = 1 \end{cases}$　　(2) $\begin{cases} x - 2y - \ \ z = \ \ 1 \\ \qquad\ \ y + 2z = -1 \\ -x \qquad\ \ - 2z = \ \ 2 \end{cases}$

解答　(1) 連立 1 次方程式を

$$\begin{pmatrix} 2 & 1 \\ 1 & -2 \end{pmatrix}\begin{pmatrix} x \\ y \end{pmatrix} = \begin{pmatrix} 3 \\ 1 \end{pmatrix}$$

と表す．ここで，$A = \begin{pmatrix} 2 & 1 \\ 1 & -2 \end{pmatrix}$ とおけば，2×2 行列の逆行列の公式から $A^{-1} = \dfrac{1}{5}\begin{pmatrix} 2 & 1 \\ 1 & -2 \end{pmatrix}$．このとき，

$$\begin{pmatrix} x \\ y \end{pmatrix} = A^{-1}\begin{pmatrix} 3 \\ 1 \end{pmatrix} = \frac{1}{5}\begin{pmatrix} 2 & 1 \\ 1 & -2 \end{pmatrix}\begin{pmatrix} 3 \\ 1 \end{pmatrix} = \frac{1}{5}\begin{pmatrix} 7 \\ 1 \end{pmatrix}$$

ゆえに，求める解は $x = \dfrac{7}{5}$，$y = \dfrac{1}{5}$．

(2) 連立 1 次方程式を

$$\begin{pmatrix} 1 & -2 & -1 \\ 0 & 1 & 2 \\ -1 & 0 & -2 \end{pmatrix}\begin{pmatrix} x \\ y \\ z \end{pmatrix} = \begin{pmatrix} 1 \\ -1 \\ 2 \end{pmatrix}$$

と表す．ここで，$A = \begin{pmatrix} 1 & -2 & -1 \\ 0 & 1 & 2 \\ -1 & 0 & -2 \end{pmatrix}$ とおいて，A の逆行列を求めよう．正方行列 $X = \begin{pmatrix} x_{11} & x_{12} & x_{13} \\ x_{21} & x_{22} & x_{23} \\ x_{31} & x_{32} & x_{33} \end{pmatrix}$ に対して，$AX = XA = E$ が成り立つとする．このとき，

$$E = AX = \begin{pmatrix} 1 & -2 & -1 \\ 0 & 1 & 2 \\ -1 & 0 & -2 \end{pmatrix}\begin{pmatrix} x_{11} & x_{12} & x_{13} \\ x_{21} & x_{22} & x_{23} \\ x_{31} & x_{32} & x_{33} \end{pmatrix}$$

$$= \begin{pmatrix} x_{11} - 2x_{21} - x_{31} & x_{12} - 2x_{22} - x_{32} & x_{13} - 2x_{23} - x_{33} \\ x_{21} + 2x_{31} & x_{22} + 2x_{32} & x_{23} + 2x_{33} \\ -x_{11} - 2x_{31} & -x_{12} - 2x_{32} & -x_{13} - 2x_{33} \end{pmatrix}$$

各成分を比較して (各自で計算してみるとよい)，

$$X = \begin{pmatrix} -2 & -4 & -3 \\ -2 & -3 & -2 \\ 1 & 2 & 1 \end{pmatrix}$$

このとき，$XA = E$ も成り立つから A は正則で，$A^{-1} = X$．ゆえに，

$$\begin{pmatrix} x \\ y \\ z \end{pmatrix} = A^{-1}\begin{pmatrix} 1 \\ -1 \\ 2 \end{pmatrix} = \begin{pmatrix} -2 & -4 & -3 \\ -2 & -3 & -2 \\ 1 & 2 & 1 \end{pmatrix}\begin{pmatrix} 1 \\ -1 \\ 2 \end{pmatrix} = \begin{pmatrix} -4 \\ -3 \\ 1 \end{pmatrix}$$

より，求める解は $x=-4,\ y=-3,\ z=1$. ■

問 3.1　次の連立 1 次方程式を解きなさい.

(1) $\begin{cases} 3x+2y=2 \\ 2x-3y=1 \end{cases}$　　(2) $\begin{cases} \sqrt{2}x+y=3 \\ x-\sqrt{2}y=2\sqrt{2} \end{cases}$

(3) $\begin{cases} x+z=0 \\ 2x+y-2z=2 \\ y+z=-1 \end{cases}$　　(4) $\begin{cases} 2x+y=-1 \\ -y+z=1 \\ 3x+z=3 \end{cases}$

このように，連立 1 次方程式を行列で表示した際に，係数行列 A が正則であれば連立 1 次方程式を解くことができる．しかしながら，例題 3.1 ,(2) のように，逆行列を求めるために連立 1 次方程式を解く必要があることから，この方法はあまりよい方法でないようにも思われる．また，A が正則でない場合は逆行列が存在しないので，この方法で連立 1 次方程式を解くことはできない．それでは A が正則でない場合はどうすればよいだろうか？　連立 1 次方程式 $A\boldsymbol{x}=\boldsymbol{b}$ が与えられているとき，係数行列 A が正則でなくても，正則行列 P をえらんで

$$A\boldsymbol{x}=\boldsymbol{b}\ \rightarrow\ PA\boldsymbol{x}=P\boldsymbol{b}\ \rightarrow\ P^{-1}\cdot PA\boldsymbol{x}=P^{-1}\cdot P\boldsymbol{b}\ \leftrightarrow\ A\boldsymbol{x}=\boldsymbol{b}$$

とできる．つまり，連立 1 次方程式 $A\boldsymbol{x}=\boldsymbol{b}$ に代わって新たに得られた連立 1 次方程式 $PA\boldsymbol{x}=P\boldsymbol{b}$ も $A\boldsymbol{x}=\boldsymbol{b}$ と同じ解をもつことがわかる．よって，$PA\boldsymbol{x}=P\boldsymbol{b}$ の解法を考えてもよい (PA が簡単な形の行列になれば，連立 1 次方程式も簡単な形になることに注意しよう).

さて，連立 1 次方程式 $A\boldsymbol{x}=\boldsymbol{b}$ は $A\boldsymbol{x}-\boldsymbol{b}=\boldsymbol{o}$ のように移行してから，行列を用いて表すと，次のようになる.

$$(3.1)\qquad \left(\begin{array}{cccc|c} a_{11} & a_{12} & \cdots & a_{1n} & b_1 \\ a_{21} & a_{22} & \cdots & a_{2n} & b_2 \\ \vdots & \vdots & & \vdots & \vdots \\ a_{m1} & a_{m2} & \cdots & a_{mn} & b_m \end{array}\right)\begin{pmatrix} x_1 \\ x_2 \\ \vdots \\ x_n \\ -1 \end{pmatrix} = \begin{pmatrix} 0 \\ 0 \\ \vdots \\ 0 \end{pmatrix}$$

そこで，連立 1 次方程式の係数行列 A に，$\boldsymbol{b}$ を追加してつくった行列 $(A|\boldsymbol{b})$

とベクトル $\begin{pmatrix} \boldsymbol{x} \\ -1 \end{pmatrix}$ をそれぞれ,

$$\widetilde{A} = (A|\boldsymbol{b}) = \left(\begin{array}{cccc|c} a_{11} & a_{12} & \cdots & a_{1n} & b_1 \\ a_{21} & a_{22} & \cdots & a_{2n} & b_2 \\ \vdots & \vdots & & \vdots & \vdots \\ a_{m1} & a_{m2} & \cdots & a_{mn} & b_m \end{array}\right), \quad \widetilde{\boldsymbol{x}} = \begin{pmatrix} \boldsymbol{x} \\ -1 \end{pmatrix} = \begin{pmatrix} x_1 \\ x_2 \\ \vdots \\ x_n \\ -1 \end{pmatrix}$$

とすると $\widetilde{A}\widetilde{\boldsymbol{x}} = \boldsymbol{o}$. このとき, $\widetilde{A}$ を連立 1 次方程式の**拡大係数行列**という. 連立 1 次方程式を解くときは, この拡大係数行列 $\widetilde{A}$ を用いた連立 1 次方程式の行列表現 (3.1) において, $P\widetilde{A}$ が簡単な形になるように適切な正則行列を求めて, 連立 1 次方程式を簡単な形にしてから解けばよい. このような方法に**ガウスの消去法**がある. 以下, ガウスの消去法について詳しく紹介していこう.

3.2　連立 1 次方程式の解法 1

この節では, 未知数の数と方程式の数が一致し, 特に係数行列が正則であるような連立方程式の解法を扱う. ちなみに, 高等学校までの数学で,「いくつかの未知数の値を求めたいときには, 問題の文意から条件をそろえて, 未知数と同じ数だけの方程式をつくり, 連立方程式を解けばよい」というちょっと標語めいたこの言葉は, まさに連立方程式の係数行列が正則である場合に当たる.

さて, 第 1 節でも説明したが, 連立 1 次方程式を行列を用いて $\widetilde{A}\widetilde{\boldsymbol{x}} = \boldsymbol{o}$ と表す. このとき, どんな正則行列 P に対しても,

$$\widetilde{A}\widetilde{\boldsymbol{x}} = \boldsymbol{o} \iff P\widetilde{A}\widetilde{\boldsymbol{x}} = \boldsymbol{o}$$

である. そして, $P\widetilde{A}$ を簡単な形の行列に変形できれば, それに付随する連立 1 次方程式も簡単に解くことができる. 特に, 基本行列は正則であるので, P を基本行列としてよい. すなわち, $\widetilde{A}$ **を左基本変形をして簡単な形の行列に変形すればよい**ことがわかる.

その手順を説明しよう. 一般に, $m \times n$ 行列 $A = (a_{ij})$ に対して, $a_{pq} \neq 0$ であるとき, 必要な基本変形を施して行列 A の第 q 列を次の形に変形できる (具体的な方法は, 以下の例題を参照のこと).

$$A' = \begin{pmatrix} & 0 & \\ * & \vdots & * \\ & 0 & \\ * & 1 & * \\ & 0 & \\ * & \vdots & * \\ & 0 & \end{pmatrix}$$

第 q 列

これを，成分 a_{pq} をかなめ (**pivot**) として，第 q 列を**掃き出す**という．以上の準備のもとで，**ガウスの消去法** (別名**掃き出し法**ともいう) とは，係数行列に行基本変形を施して上三角行列に変形をして連立 1 次方程式を解く方法である．具体的に次の 4 つのステップを経て連立 1 次方程式を解いていく：

step 1： まず，連立 1 次方程式の拡大係数行列をつくる (このとき，行を入れ替えたり，変数の番号を付け直したりして，常に $a_{11} \neq 0$ であるようにしておく).

step 2： 拡大係数行列に行基本変形を施す (第 1 列から順に掃き出し作業で上三角行列に変形する).

step 3： step 2 の結果として得られた拡大係数行列に付随した連立 1 次方程式をかく．

step 4： step 3 の連立 1 次方程式を解く．

例題 3.2 次の連立 1 次方程式を解け．

(1) $\begin{cases} x - 3y = 5 \\ 4x + 5y = 11 \end{cases}$ (2) $\begin{cases} 2x - 2y + 3z = 5 \\ 4x + y - 2z = 3 \\ -2x + 2y + 5z = 16 \end{cases}$

解答 (1) 連立 1 次方程式の拡大係数行列は $\begin{pmatrix} 1 & -3 & | & 5 \\ 4 & 5 & | & 11 \end{pmatrix}$. この行列に行基本変形を施して上三角行列にすればよい．

$\begin{pmatrix} 1 & -3 & | & 5 \\ 4 & 5 & | & 11 \end{pmatrix} \xrightarrow{[2]+(-4)\times[1]} \begin{pmatrix} 1 & -3 & | & 5 \\ 0 & 17 & | & -9 \end{pmatrix} \xrightarrow{[1]+\frac{3}{17}\times[2]} \begin{pmatrix} 1 & 0 & | & \frac{58}{17} \\ 0 & 17 & | & -9 \end{pmatrix}$

行基本変形を施した拡大係数行列に付随した連立 1 次方程式をかくと,

$$\begin{cases} x \qquad = \dfrac{58}{17} \\ \quad 17y = -9 \end{cases}$$

ゆえに，求める解は $x = \dfrac{58}{17}$, $y = -\dfrac{9}{17}$.

(2) 連立 1 次方程式の拡大係数行列は $\left(\begin{array}{ccc|c} 2 & -2 & 3 & 5 \\ 4 & 1 & -2 & 3 \\ -2 & 2 & 5 & 16 \end{array}\right)$. この行列に行基本変形を施して上三角行列にすればよい.

$$\left(\begin{array}{ccc|c} 2 & -2 & 3 & 5 \\ 4 & 1 & -2 & 3 \\ -2 & 2 & 5 & 16 \end{array}\right) \xrightarrow[{[3]+1\times[1]}]{[2]+(-2)\times[1]} \left(\begin{array}{ccc|c} 2 & -2 & 3 & 5 \\ 0 & 5 & -8 & -7 \\ 0 & 0 & 8 & 21 \end{array}\right)$$

$$\xrightarrow[{[3]\times\frac{1}{8}}]{[2]\times\frac{1}{5}} \left(\begin{array}{ccc|c} 2 & -2 & 3 & 5 \\ 0 & 1 & -\frac{8}{5} & -\frac{7}{5} \\ 0 & 0 & 1 & \frac{21}{8} \end{array}\right) \xrightarrow{[1]+2\times[2]} \left(\begin{array}{ccc|c} 2 & 0 & -\frac{1}{5} & \frac{11}{5} \\ 0 & 1 & -\frac{8}{5} & -\frac{7}{5} \\ 0 & 0 & 1 & \frac{21}{8} \end{array}\right)$$

$$\xrightarrow[{[2]+\frac{8}{5}\times[3]}]{[1]+\frac{1}{5}\times[3]} \left(\begin{array}{ccc|c} 2 & 0 & 0 & \frac{109}{40} \\ 0 & 1 & 0 & \frac{14}{5} \\ 0 & 0 & 1 & \frac{21}{8} \end{array}\right)$$

よって，行基本変形を施した拡大係数行列に付随した連立 1 次方程式をかくと,

$$\begin{cases} 2x \qquad = \dfrac{109}{40} \\ \qquad y \quad = \dfrac{14}{5} \\ \qquad\quad z = \dfrac{21}{8} \end{cases}$$

ゆえに，求める解は $x = \dfrac{109}{80}$, $y = \dfrac{14}{5}$, $z = \dfrac{21}{8}$. ▮

問 3.2 行列の行基本変形を用いて次の連立 1 次方程式を解け.

(1) $\begin{cases} x + 3y = 5 \\ 2x + 7y = -3 \end{cases}$　　(2) $\begin{cases} 3x + 4y = 10 \\ 2x + 3y = 1 \end{cases}$

(3) $\begin{cases} x \qquad - z = 2 \\ -2x + y + 4z = 1 \\ -3x - 2y \qquad = 0 \end{cases}$　　(4) $\begin{cases} x + 2y + z = 5 \\ \qquad y + z = -2 \\ 2x + 3y \qquad = 3 \end{cases}$

(5) $\begin{cases} x+2y \qquad\quad - w = 1 \\ -3x-5y+z+2w=2 \\ x+3y+2z-2w=-1 \\ 2y+z-w=3 \end{cases}$ (6) $\begin{cases} x+y+z+w=1 \\ 2x+5y-4z+5w=5 \\ 4x-y+7z-5w=0 \\ 3x+y+z-2w=-2 \end{cases}$

係数行列が正則でない場合の連立 1 次方程式の解法 (第 4 節) は，係数行列が正則の場合とは様子が一変するゆえ，初学者にとっては一見難しそうな感じを受けるかもしれない．それは，この場合の解法に事前の準備 (第 3 節) が必要だからである．

3.3 行列の階数

連立 1 次方程式の一般論において，未知数と方程式の数が必ずしも一致しない場合や，連立方程式の係数行列が必ずしも正則でない場合の連立方程式の解法を論じる上で，行列の階数の概念は非常に重要である．本節では，階数の概念を導入するのが目的であるが，用いられる手法は行列の基本変形である．つまり，議論は実質的には基本変形に集中することになる．そういうことで，以後，基本変形に焦点を当てて，その性質および役どころを見ていくことにする．特に，基本変形によって次の形の行列に変形をすることが重要となってくる．

$$\begin{pmatrix} 0 \cdots 0 & \underline{|1 \cdots} & 0 & 0 \cdots & 0 & 0 \cdots & 0 \\ & 0 \cdots & 0 & \underline{|1 \cdots} & 0 & 0 \cdots & \\ & & & 0 \cdots & 0 & \underline{|1 \cdots} & \\ & & & & & 0 \cdots & \\ & & & & & & \\ & O & & & & & 0 \end{pmatrix} = \begin{pmatrix} \boldsymbol{b}_1 \\ \vdots \\ \boldsymbol{b}_r \\ \boldsymbol{o} \\ \vdots \\ \boldsymbol{o} \end{pmatrix} \tag{3.2}$$

右辺は左辺の行ベクトル表示とする．このようにして得られる左辺の上三角行列を**階段行列**と呼ぶ．

例題 3.3 行列の行基本変形または列基本変形のみを利用して，次の行列を階段行列に変形せよ．

$$\begin{pmatrix} 1 & -2 & 0 & 3 \\ 2 & -1 & 1 & 2 \\ 0 & 1 & 2 & 3 \\ -1 & 3 & 2 & 1 \end{pmatrix}$$

解答　最初に行基本変形のみを施して，階段行列に変形しよう．

$$\begin{pmatrix} 1 & -2 & 0 & 3 \\ 2 & -1 & 1 & 2 \\ 0 & 1 & 2 & 3 \\ -1 & 3 & 2 & 1 \end{pmatrix} \xrightarrow[{[4]+1\times[1]}]{[2]+(-2)\times[1]} \begin{pmatrix} 1 & -2 & 0 & 3 \\ 0 & 3 & 1 & -4 \\ 0 & 1 & 2 & 3 \\ 0 & 1 & 2 & 4 \end{pmatrix}$$

$$\xrightarrow[\substack{[2]+(-3)\times[3] \\ [4]+(-1)\times[3]}]{[1]+2\times[3]} \begin{pmatrix} 1 & 0 & 4 & 9 \\ 0 & 0 & -5 & -13 \\ 0 & 1 & 2 & 3 \\ 0 & 0 & 0 & 1 \end{pmatrix} \xrightarrow[\substack{[2]+13\times[4] \\ [3]+(-3)\times[4]}]{[1]+(-9)\times[4]} \begin{pmatrix} 1 & 0 & 4 & 0 \\ 0 & 0 & -5 & 0 \\ 0 & 1 & 2 & 0 \\ 0 & 0 & 0 & 1 \end{pmatrix}$$

$$\xrightarrow{[2]\times\left(-\frac{1}{5}\right)} \begin{pmatrix} 1 & 0 & 4 & 0 \\ 0 & 0 & 1 & 0 \\ 0 & 1 & 2 & 0 \\ 0 & 0 & 0 & 1 \end{pmatrix} \xrightarrow[{[3]+(-2)\times[2]}]{[1]+(-4)\times[2]} \begin{pmatrix} 1 & 0 & 0 & 0 \\ 0 & 0 & 1 & 0 \\ 0 & 1 & 0 & 0 \\ 0 & 0 & 0 & 1 \end{pmatrix}$$

$$\xrightarrow{[2]\leftrightarrow[3]} \begin{pmatrix} 1 & 0 & 0 & 0 \\ 0 & 1 & 0 & 0 \\ 0 & 0 & 1 & 0 \\ 0 & 0 & 0 & 1 \end{pmatrix}$$

次に，列基本変形のみを用いて階段行列に変形しよう (列基本変形においては，第 i 列の表示として $\{i\}$ を用いることにする)．

$$\begin{pmatrix} 1 & -2 & 0 & 3 \\ 2 & -1 & 1 & 2 \\ 0 & 1 & 2 & 3 \\ -1 & 3 & 2 & 1 \end{pmatrix} \xrightarrow[\{4\}+(-3)\times\{1\}]{\{2\}+2\times\{1\}} \begin{pmatrix} 1 & 0 & 0 & 0 \\ 2 & 3 & 1 & -4 \\ 0 & 1 & 2 & 3 \\ -1 & 1 & 2 & 4 \end{pmatrix}$$

$$\xrightarrow[\{4\}+(-3)\times\{2\}]{\{3\}+(-2)\times\{2\}} \begin{pmatrix} 1 & 0 & 0 & 0 \\ 2 & 3 & -5 & -13 \\ 0 & 1 & 0 & 0 \\ -1 & 1 & 0 & 1 \end{pmatrix} \xrightarrow[\{2\}+(-1)\times\{4\}]{\{1\}+1\times\{4\}} \begin{pmatrix} 1 & 0 & 0 & 0 \\ -11 & 16 & -5 & -13 \\ 0 & 1 & 0 & 0 \\ 0 & 0 & 0 & 1 \end{pmatrix}$$

$$\xrightarrow{\{3\}\times\left(-\frac{1}{5}\right)} \begin{pmatrix} 1 & 0 & 0 & 0 \\ -11 & 16 & 1 & -13 \\ 0 & 1 & 0 & 0 \\ 0 & 0 & 0 & 1 \end{pmatrix} \xrightarrow[\substack{\{2\}+(-16)\times\{3\} \\ \{4\}+13\times\{3\}}]{\{1\}+11\times\{3\}} \begin{pmatrix} 1 & 0 & 0 & 0 \\ 0 & 0 & 1 & 0 \\ 0 & 1 & 0 & 0 \\ 0 & 0 & 0 & 1 \end{pmatrix}$$

$$\xrightarrow{\{2\}\leftrightarrow\{3\}} \begin{pmatrix} 1 & 0 & 0 & 0 \\ 0 & 1 & 0 & 0 \\ 0 & 0 & 1 & 0 \\ 0 & 0 & 0 & 1 \end{pmatrix}.$$
∎

同様の方法で，任意の行列は，行または列に関する基本変形のみによって階段行列に変形できることがわかる．以上のことから，任意の行列は，行および列に関する基本変形によって，次の基本的で見やすい形に変形できる．

定理 3.1　任意の $m \times n$ 行列 A に対して，基本変形を繰り返すことによって，次の形の行列に変形できる (これを**標準形**と呼ぶ)．

$$\begin{pmatrix} E_r & O \\ O & O \end{pmatrix} = \left(\begin{array}{ccc|c} 1 & & O & \\ & \ddots & & O \\ O & & 1 & \\ \hline & O & & O \end{array}\right)$$

言い換えると，PAQ が標準形となるような正則行列 P, Q が存在する．

証明　基本変形により明らか．∎

ここで，標準系の対角成分に並ぶ "1" の数に注目しよう．

定義 3.2　行列の階数　$m \times n$ 行列 A が，次の標準形に変形できたとする．

$$\begin{pmatrix} E_r & O \\ O & O \end{pmatrix} = \left(\begin{array}{ccc|c} 1 & & O & \\ & \ddots & & O \\ O & & 1 & \\ \hline & O & & O \end{array}\right)$$

このとき，対角成分に並ぶ "1" の数を行列 A の**階数**と呼び，これを $\mathbf{rank}\, A$ と表す．

Point!　行列の階数の概念は定義 3.2 による導入の他に，同じことではあるが，形式的に行基本変形を用いて階段行列 (3.2) に変形したとき，0 でない成分を含む行の数として導入してもよい．したがって，(3.2) 式の場合の例では，$\operatorname{rank} A = r$ となる．

$m \times n$ 行列 A において，階数の定義から

$$\operatorname{rank} A \leqq \min(m, n) \ (m \text{ と } n \text{ のうち小さい方})$$

であることがわかる．ところで，行列の階数を求めるには，与えられた行列に基本変形を施して標準形にすればよいのだが，具体的に計算をする前に確認しておくことがある．それは，基本変形の仕方によって標準形の形が違ってこないだろうか？　以下，階数の計算の具体例を紹介する前に，この問題について調べてみよう．

定理 3.2 A を n 次正方行列とする．このとき，$XA=E$ を満たす n 次正方行列が存在すれば，A は正則であり，$A^{-1}=X$ となる．また，$AX=E$ を満たす n 次正方行列が存在すれば，同様に A は正則であり，$A^{-1}=X$ となる．

✎ 定義 2.6 では，「$AX=XA=E_n$ を満たす X が存在する」ことが n 次正方行列 A が正則であるための必要十分条件であった．定理 3.2 によって，n 次正方行列 A の逆行列 A^{-1} を求めるには，片方の条件式 $AX=E_n$ だけでよいことがわかる (例 2.13 にあるように，決して ∞ 次でないことに注意しよう).

証明 n に関する数学的帰納法で証明をする．$n=1$ の場合，A は数になるので $XA=1$ ならば明らかに $AX=1$ であり，$A^{-1}=X$ となる．

n について定理が成り立つと仮定して，$n+1$ の場合において定理が成り立つことを示せばよい．A_n を n 次正方行列として，基本変形によって $n+1$ 次正方行列 A_{n+1} を次のように変形する．

$$PA_{n+1}Q=\begin{pmatrix} 1 & \boldsymbol{o_1} \\ \boldsymbol{o_2} & A_n \end{pmatrix} \quad \left(\boldsymbol{o_1}=\begin{pmatrix} 0,\cdots,0 \end{pmatrix},\ \boldsymbol{o_2}=\begin{pmatrix} 0 \\ \vdots \\ 0 \end{pmatrix}\right)$$

(具体的に，$(1,1)$ 成分をかなめとして，第 1 行と第 1 列を掃き出す．) また，$PA_{n+1}Q$ と同じ区分けにおいて

$$X_{n+1}=Q\begin{pmatrix} x_{11} & \boldsymbol{x_2} \\ \boldsymbol{x_3} & X_n \end{pmatrix}P \quad \left(\boldsymbol{x_2}=\begin{pmatrix} x_{12},\cdots,x_{1\,n+1} \end{pmatrix},\ \boldsymbol{x_3}=\begin{pmatrix} x_{21} \\ \vdots \\ x_{n+1\,1} \end{pmatrix}\right)$$

とすれば，$X_{n+1}A_{n+1}=E$ より

$$\begin{aligned} E_{n+1}=X_{n+1}A_{n+1} &= Q\begin{pmatrix} x_{11} & \boldsymbol{x_2} \\ \boldsymbol{x_3} & X_n \end{pmatrix}P\cdot P^{-1}\begin{pmatrix} 1 & \boldsymbol{o_1} \\ \boldsymbol{o_2} & A_n \end{pmatrix}Q^{-1} \\ &= Q\begin{pmatrix} x_{11} & \boldsymbol{x_2}A_n \\ \boldsymbol{x_3} & X_nA_n \end{pmatrix}Q^{-1} \end{aligned}$$

よって，

$$\begin{pmatrix} x_{11} & \boldsymbol{x_2}A_n \\ \boldsymbol{x_3} & X_nA_n \end{pmatrix}=E_{n+1}$$

ゆえに，$x_{11}=1$, $X_nA_n=E_n$, $\boldsymbol{x_2}A_n=\boldsymbol{o_1}$, $\boldsymbol{x_3}=\boldsymbol{o_2}$．ここで，帰納法の仮定により，$A_nX_n=E_n$ がいえるので，A_n は正則であり $A_n\neq O$．これより，定理 2.6 から $\boldsymbol{x_2}=\boldsymbol{o_1}$．よって

$$\begin{aligned} A_{n+1}X_{n+1} &= P^{-1}\begin{pmatrix} 1 & \boldsymbol{o_1} \\ \boldsymbol{o_2} & A_n \end{pmatrix}Q^{-1}\cdot Q\begin{pmatrix} 1 & \boldsymbol{o_1} \\ \boldsymbol{o_2} & X_n \end{pmatrix}P \\ &= P^{-1}\begin{pmatrix} 1 & \boldsymbol{o_1} \\ \boldsymbol{o_2} & A_nX_n \end{pmatrix}P = P^{-1}\begin{pmatrix} 1 & \boldsymbol{o_1} \\ \boldsymbol{o_2} & E_n \end{pmatrix}P = E_{n+1} \end{aligned}$$

ゆえに，数学的帰納法によりすべての n に対して定理が成り立つことが示された． ∎

定理 3.3 行列の階数は基本変形の手順によらず一意的に定まる．

証明 $s < r$ とし，$m \times n$ 行列 A が異なる基本変形によって次の 2 通りの標準形に変形できたと仮定する．

$$A_1 = \begin{pmatrix} E_s & O & O \\ O & E_{r-s} & O \\ O & O & O \end{pmatrix}, \quad A_2 = \begin{pmatrix} E_s & O & O \\ O & O & O \\ O & O & O \end{pmatrix}$$

これは，それぞれ A を基本変形をして得られた行列なので，A_1 を A_2 になるまで基本変形することもできる．すなわち，ある正則行列 P, Q が存在して，

$$PA_1Q = A_2 \iff PA_1 = A_2Q^{-1}.$$

ここで，A_1, A_2 と同じ行列の区分けを用いて P と Q^{-1} を次のように表す．

$$P = \begin{pmatrix} P_{11} & P_{12} & P_{13} \\ P_{21} & P_{22} & P_{23} \\ P_{31} & P_{32} & P_{33} \end{pmatrix}, \quad Q^{-1} = \begin{pmatrix} Q_{11} & Q_{12} & Q_{13} \\ Q_{21} & Q_{22} & Q_{23} \\ Q_{31} & Q_{32} & Q_{33} \end{pmatrix}$$

このとき，PA_1, A_2Q^{-1} は次のようになる．

$$PA_1 = \begin{pmatrix} P_{11}E_s & P_{12}E_{r-s} & O \\ P_{21}E_s & P_{22}E_{r-s} & O \\ P_{31}E_s & P_{32}E_{r-s} & O \end{pmatrix} = \begin{pmatrix} P_{11} & P_{12} & O \\ P_{21} & P_{22} & O \\ P_{31} & P_{32} & O \end{pmatrix}$$

$$A_2Q^{-1} = \begin{pmatrix} E_sQ_{11} & E_sQ_{12} & E_sQ_{13} \\ O & O & O \\ O & O & O \end{pmatrix} = \begin{pmatrix} Q_{11} & Q_{12} & Q_{13} \\ O & O & O \\ O & O & O \end{pmatrix}$$

よって，$PA_1 = A_2Q^{-1}$ より

$$P = \begin{pmatrix} P_{11} & P_{12} & P_{13} \\ O & O & P_{23} \\ O & O & P_{33} \end{pmatrix}$$

ここで，P は正則であるから，ある正則行列 X が存在して $XP = E$ となる．つまり，P と同じ区分けに対して

$$X = \begin{pmatrix} X_{11} & X_{12} & X_{13} \\ X_{21} & X_{22} & X_{23} \\ X_{31} & X_{32} & X_{33} \end{pmatrix}$$

とすると，

$$E = XP = \begin{pmatrix} X_{11} & X_{12} & X_{13} \\ X_{21} & X_{22} & X_{23} \\ X_{31} & X_{32} & X_{33} \end{pmatrix} \begin{pmatrix} P_{11} & P_{12} & P_{13} \\ O & O & P_{23} \\ O & O & P_{33} \end{pmatrix}$$

$$= \begin{pmatrix} X_{11}P_{11} & X_{11}P_{12} & X_{11}P_{13} + X_{12}P_{23} + X_{13}P_{33} \\ X_{21}P_{11} & X_{21}P_{12} & X_{21}P_{13} + X_{22}P_{23} + X_{23}P_{33} \\ X_{31}P_{11} & X_{31}P_{12} & X_{31}P_{13} + X_{32}P_{23} + X_{33}P_{33} \end{pmatrix}$$

ここで，X_{11}, P_{11} はともに s 次正方行列であり，$X_{11}P_{11} = E_s$ とならなければいけないので，定理 3.2 から $X_{11} \neq O$ は正則となる．よって，$X_{11}P_{12} = O$ と 定理 2.6 から $P_{12} = O$ とならなければいけない．すると $s \neq r$ の場合は，XP の，この区分けによる第 2 列がすべて O になるので XP は単位行列になりえない．よって，$s = r$. つまり A の階数が変わらないことがわかった． ■

例題 3.4 次の行列の階数を求めよ．

(1) $A = \begin{pmatrix} 2 & 1 & 0 & 1 \\ 0 & 1 & 3 & 2 \\ 1 & 4 & 2 & 5 \end{pmatrix}$ (2) $B = \begin{pmatrix} 1 & 1 & 2 & 3 \\ 0 & 3 & 3 & 2 \\ 1 & 2 & 3 & 2 \\ 1 & 3 & 4 & 2 \end{pmatrix}$

解答 (1) 最初に行基本変形を施して上三角行列に変形をしてから，列基本変形で標準形になるように形を整える．

$$\begin{pmatrix} 2 & 1 & 0 & 1 \\ 0 & 1 & 3 & 2 \\ 1 & 4 & 2 & 5 \end{pmatrix} \xrightarrow{[1]\leftrightarrow[3]} \begin{pmatrix} 1 & 4 & 2 & 5 \\ 0 & 1 & 3 & 2 \\ 2 & 1 & 0 & 1 \end{pmatrix} \xrightarrow{[3]+(-2)\times[1]} \begin{pmatrix} 1 & 4 & 2 & 5 \\ 0 & 1 & 3 & 2 \\ 0 & -7 & -4 & -9 \end{pmatrix}$$

$$\xrightarrow[{[3]+7\times[2]}]{[1]+(-4)\times[2]} \begin{pmatrix} 1 & 0 & -10 & -3 \\ 0 & 1 & 3 & 2 \\ 0 & 0 & 17 & 5 \end{pmatrix} \xrightarrow{[3]\times\frac{5}{17}} \begin{pmatrix} 1 & 0 & -10 & -3 \\ 0 & 1 & 3 & 2 \\ 0 & 0 & 1 & \dfrac{5}{17} \end{pmatrix}$$

$$\xrightarrow[{[2]+(-3)\times[3]}]{[1]+10\times[3]} \begin{pmatrix} 1 & 0 & 0 & -\dfrac{1}{17} \\ 0 & 1 & 0 & \dfrac{19}{17} \\ 0 & 0 & 1 & \dfrac{5}{17} \end{pmatrix} \xrightarrow[{\{4\}+\left(-\frac{5}{17}\right)\times\{3\}}]{\{4\}+\frac{1}{17}\times\{1\},\ \{4\}+\left(-\frac{19}{17}\right)\times\{2\}} \begin{pmatrix} 1 & 0 & 0 & 0 \\ 0 & 1 & 0 & 0 \\ 0 & 0 & 1 & 0 \end{pmatrix}$$

よって，$\operatorname{rank} A = 3$. なお，最後の基本変形は列基本変形を行った (たとえば $\{4\} + \dfrac{1}{17} \times \{1\}$ は第 4 列に第 1 列の $\dfrac{1}{17}$ 倍を加えた).

(2) (1) と同様に，最初に行基本変形で上三角行列をつくり，列基本変形を用いて標準形に整える．

$$\begin{pmatrix} 1 & 1 & 2 & 3 \\ 0 & 3 & 3 & 2 \\ 1 & 2 & 3 & 2 \\ 1 & 3 & 4 & 2 \end{pmatrix} \xrightarrow[{[4]+(-1)\times[1]}]{[3]+(-1)\times[1]} \begin{pmatrix} 1 & 1 & 2 & 3 \\ 0 & 3 & 3 & 2 \\ 0 & 1 & 1 & -1 \\ 0 & 2 & 2 & -1 \end{pmatrix} \xrightarrow{[2]\leftrightarrow[3]} \begin{pmatrix} 1 & 1 & 2 & 3 \\ 0 & 1 & 1 & -1 \\ 0 & 3 & 3 & 2 \\ 0 & 2 & 2 & -1 \end{pmatrix}$$

$$\xrightarrow[{[4]+(-2)\times[2]}]{\substack{[1]+(-1)\times[2]\\ [3]+(-3)\times[2]}} \begin{pmatrix} 1 & 0 & 1 & 4 \\ 0 & 1 & 1 & -1 \\ 0 & 0 & 0 & 5 \\ 0 & 0 & 0 & 1 \end{pmatrix} \xrightarrow{[3]\leftrightarrow[4]} \begin{pmatrix} 1 & 0 & 1 & 4 \\ 0 & 1 & 1 & -1 \\ 0 & 0 & 0 & 1 \\ 0 & 0 & 0 & 5 \end{pmatrix}$$

$$\xrightarrow[{[4]+(-5)\times[3]}]{\substack{[1]+(-4)\times[3]\\ [2]+1\times[3]}} \begin{pmatrix} 1 & 0 & 1 & 0 \\ 0 & 1 & 1 & 0 \\ 0 & 0 & 0 & 1 \\ 0 & 0 & 0 & 0 \end{pmatrix} \xrightarrow[{\{3\}+(-1)\times\{2\}}]{\{3\}+(-1)\times\{1\}} \begin{pmatrix} 1 & 0 & 0 & 0 \\ 0 & 1 & 0 & 0 \\ 0 & 0 & 0 & 1 \\ 0 & 0 & 0 & 0 \end{pmatrix}$$

$$\xrightarrow{\{3\}\leftrightarrow\{4\}} \begin{pmatrix} 1 & 0 & 0 & 0 \\ 0 & 1 & 0 & 0 \\ 0 & 0 & 1 & 0 \\ 0 & 0 & 0 & 0 \end{pmatrix}$$

よって，$\operatorname{rank} B = 3$. ∎

本書での階数の定義は，与えられた行列に基本変形を施すことによって，標準形に持ち込む手法をとっている．これを標準形に至る前に，変形の本質が確定すれば，そこから標準形までの変形のプロセスが省略できる．上の例を吟味すると，最後に行っている列基本変形は標準形にするために形を整えているだけである．つまり，行列の階数を求めるだけならば，行基本変形だけを用いて階段行列に変形をするだけでよいことになる．

定理 3.4 任意の行列は行基本変形によって階段行列に変形できる．

証明 行基本変形と階段行列の定義から明らか． ∎

定理 3.5 正則行列は行基本変形によって単位行列に変形できる (定理 3.1 参照)．

証明 A を n 次の正方行列でかつ正則であるとしよう．A に何回か行基本変形を施すことによって，A を階段行列 S に変形できる．このときの S は

$$\begin{array}{ccc} & & \text{第 } j \text{ 列 } (\widehat{j}) \\ & & \downarrow \\ \text{第 } i \text{ 行} & \longrightarrow & [0 \cdots 0 \cdots 0 \ 1 \ * \cdots * \cdots *] \end{array}$$

のようになり，第 j 列 ($\widehat{j}$) が (i,j) 成分 1 の上下の成分は (あれば) すべて 0 である．つまり，基本行列 $P_1, \cdots, P_k$ を適切に選んで (いつでも可能)

$$P_k \cdots P_2 P_1 A = S$$

とできる．$P_k \cdots P_2 P_1$ と A はともに正則であるから，S は正則な階段行列となる．よって，S の対角成分はすべて 1 となり，S は単位行列である． ∎

例題 3.5 行列の行基本変形のみを利用して，次の行列の階数を求めよ．

(1) $A = \begin{pmatrix} 1 & 2 & 4 \\ 3 & 1 & 2 \\ 2 & 0 & 2 \end{pmatrix}$ (2) $B = \begin{pmatrix} 0 & 2 & 4 & 2 \\ -1 & 1 & 3 & 2 \\ 1 & 2 & 3 & 1 \\ -2 & 1 & 0 & 1 \end{pmatrix}$

解答 (1) 行列の行基本変形をして，階段行列に変形をする．そうした上で，0 でない成分を含む行の数が階数になる．

$$\begin{pmatrix} 1 & 2 & 4 \\ 3 & 1 & 2 \\ 2 & 0 & 2 \end{pmatrix} \xrightarrow[{[3]+(-2)\times[1]}]{[2]+(-3)\times[1]} \begin{pmatrix} 1 & 2 & 4 \\ 0 & -5 & -10 \\ 0 & -4 & -6 \end{pmatrix}$$

$$\xrightarrow[{[3]\times\left(-\frac{1}{2}\right)}]{[2]\times\left(-\frac{1}{5}\right)} \begin{pmatrix} 1 & 2 & 4 \\ 0 & 1 & 2 \\ 0 & 1 & 3 \end{pmatrix} \xrightarrow{[3]+(-1)\times[2]} \begin{pmatrix} 1 & 2 & 4 \\ 0 & 1 & 2 \\ 0 & 0 & 1 \end{pmatrix}$$

よって，0 でない成分を含む行は 3 個あるので，$\operatorname{rank} A = 3$.

(2) (1) と同様に，行列の行基本変形をして，階段行列に変形をする．0 でない成分を含む行の数が階数になる．

$$\begin{pmatrix} 0 & 2 & 4 & 2 \\ -1 & 1 & 3 & 2 \\ 1 & 2 & 3 & 1 \\ -2 & 1 & 0 & 1 \end{pmatrix} \xrightarrow{[1]\leftrightarrow[3]} \begin{pmatrix} 1 & 2 & 3 & 1 \\ -1 & 1 & 3 & 2 \\ 0 & 2 & 4 & 2 \\ -2 & 1 & 0 & 1 \end{pmatrix} \xrightarrow[{[4]+2\times[1]}]{[2]+1\times[1]} \begin{pmatrix} 1 & 2 & 3 & 1 \\ 0 & 3 & 6 & 3 \\ 0 & 2 & 4 & 2 \\ 0 & 5 & 6 & 3 \end{pmatrix}$$

$$\xrightarrow[{[3]\times\frac{1}{2}}]{[2]\times\frac{1}{3}} \begin{pmatrix} 1 & 2 & 3 & 1 \\ 0 & 1 & 2 & 1 \\ 0 & 1 & 2 & 1 \\ 0 & 5 & 6 & 3 \end{pmatrix} \xrightarrow[{[4]+(-5)\times[2]}]{[3]+(-1)\times[2]} \begin{pmatrix} 1 & 2 & 3 & 1 \\ 0 & 1 & 2 & 1 \\ 0 & 0 & 0 & 0 \\ 0 & 0 & -4 & -2 \end{pmatrix}$$

$$\xrightarrow{[4]\leftrightarrow[3]} \begin{pmatrix} 1 & 2 & 3 & 1 \\ 0 & 1 & 2 & 1 \\ 0 & 0 & -4 & -2 \\ 0 & 0 & 0 & 0 \end{pmatrix}$$

よって，0 でない成分を含む行は 3 個あるので，$\operatorname{rank} B = 3$. ▮

問 3.3 次の行列の階数を求めなさい．

(1) $A = \begin{pmatrix} 1 & 0 & -1 \\ -2 & 1 & 4 \\ -3 & -2 & 0 \end{pmatrix}$ (2) $B = \begin{pmatrix} 1 & 3 & 4 \\ 2 & 7 & 10 \\ 3 & 10 & 14 \end{pmatrix}$

(3) $C = \begin{pmatrix} 1 & 2 & 0 & -1 \\ -3 & -5 & 1 & 2 \\ 1 & 3 & 2 & -2 \\ 0 & 2 & 1 & -1 \end{pmatrix}$　　(4) $D = \begin{pmatrix} 1 & 1 & 3 & -2 \\ 3 & 0 & 3 & 7 \\ 2 & 1 & 4 & -1 \\ 1 & 2 & 5 & -5 \end{pmatrix}$

これまでの行列の階数を求める議論は行基本変形が中心であったが，列基本変形に対しても同様のことがいえる (次の定理を見よ)．実際には，行と列の基本変形を都合よく混ぜて使ってよい．

定理 3.6　転置行列の階数　行列 A とその転置行列 ${}^tA$ に対して次が成り立つ．

$$\operatorname{rank} A = \operatorname{rank} {}^tA$$

証明　$\operatorname{rank} A = r$ としよう．このとき，定理 3.1 によれば，ある正則行列 P, Q がとれて，

$$PAQ = \begin{pmatrix} E_r & O \\ O & O \end{pmatrix}$$

とできる．この両辺の転置行列をとると，

$${}^tQ\,{}^tA\,{}^tP = {}^t(PAQ) = \begin{pmatrix} E_r & O \\ O & O \end{pmatrix}$$

となる．P, Q は正則であるから，定理 2.5, (4) により ${}^tP$, ${}^tQ$ も正則であり，再び定理 3.1 により，

$$\operatorname{rank} {}^tA = r = \operatorname{rank} A.$$ ■

本節の最後に，行列の積の rank に関する便利な関係式を紹介しよう．

定理 3.7

(1) A が $m \times n$ 行列，P が m 次の正則行列，Q が n 次の正則行列であれば，

$$\operatorname{rank} PA = \operatorname{rank} AQ = \operatorname{rank} PAQ = \operatorname{rank} A.$$

(2) $m \times n$ 行列 A と $n \times l$ 行列 B に対して，

$$\operatorname{rank} AB \leqq \min\{\operatorname{rank} A, \operatorname{rank} B\}.$$

証明　(1) $P, Q, {}^tQ$ は正則であるから，$CP = E$ となるような基本変形を表す正則行列 C が存在する．定理 3.3 により，基本変形で行列の階数は変わらないから，定理 3.6 も利用すると

$$\operatorname{rank} PA = \operatorname{rank} CPA = \operatorname{rank} EA = \operatorname{rank} A$$

$$\operatorname{rank} AQ = \operatorname{rank} {}^t(AQ) = \operatorname{rank} ({}^tQ)({}^tA) = \operatorname{rank} {}^tA = \operatorname{rank} A$$

$$\operatorname{rank} PAQ = \operatorname{rank} AQ = \operatorname{rank} A$$

(2) $\operatorname{rank} A = r$ とする．このとき，定理 3.1 より，

$$CAD = \begin{pmatrix} E_r & O \\ O & O \end{pmatrix} = \left(\begin{array}{ccc|c} 1 & & O & \\ & \ddots & & O \\ O & & 1 & \\ \hline & O & & O \end{array}\right)$$

となる正則行列 C, D が存在する．ここで，$D^{-1}B$ を上式と同様の区分けを用いて

$$D^{-1}B = \begin{pmatrix} B_1 & B_2 \\ B_3 & B_4 \end{pmatrix}$$

とすると，C は正則であることから

$$\operatorname{rank} AB = \operatorname{rank} CADD^{-1}B = \operatorname{rank} \begin{pmatrix} E_r & O \\ O & O \end{pmatrix}\begin{pmatrix} B_1 & B_2 \\ B_3 & B_4 \end{pmatrix}$$

$$= \operatorname{rank} \begin{pmatrix} B_1 & B_2 \\ O & O \end{pmatrix} \leqq \operatorname{rank} \begin{pmatrix} B_1 & B_2 \\ B_3 & B_4 \end{pmatrix} = \operatorname{rank} D^{-1}B = \operatorname{rank} B$$

また，定理 3.6 より

$$\operatorname{rank} AB = \operatorname{rank} {}^t(AB) = \operatorname{rank} {}^tB\,{}^tA \leqq \operatorname{rank} {}^tA = \operatorname{rank} A.$$

■

3.4　連立 1 次方程式の解法 2

この節では，行列の階数の概念と一般の連立 1 次方程式の解法との関連を説明する．ここでも，主な役割は行列の基本変形が演ずる．解法の理論的組立における階数の重要性と理論の素晴らしさを感じ，理解するために，簡単な例から始めよう．$ax = b$ という形の 1 次方程式において，「$0x = 1$ は解なし (不能という)，$2x = 6$ はただ 1 つの解 $x = 3$ をもつ，$0x = 0$ の解は $x = c$ (c は任意定数) で無数にある (不定という)」．同じことが連立 1 次方程式の場合にも起こる．たとえば，

$$A = \begin{pmatrix} 1 & 2 \\ 2 & 4 \end{pmatrix}, \quad B = \begin{pmatrix} 3 & 1 \\ 1 & -1 \end{pmatrix}, \quad C = \begin{pmatrix} 3 & 1 \\ 6 & 2 \end{pmatrix}$$

$$\boldsymbol{p} = \begin{pmatrix} 1 \\ -1 \end{pmatrix}, \quad \boldsymbol{q} = \begin{pmatrix} 0 \\ 0 \end{pmatrix}, \quad \boldsymbol{x} = \begin{pmatrix} x \\ y \end{pmatrix}$$

とおくと，連立方程式の場合，「$A\boldsymbol{x}=\boldsymbol{p}$ は解なし，$B\boldsymbol{x}=\boldsymbol{p}$ はただ１つの解 $\boldsymbol{x}=\begin{pmatrix}0\\1\end{pmatrix}$ をもつ，$C\boldsymbol{x}=\boldsymbol{q}$ の解は $\boldsymbol{x}=c\begin{pmatrix}1\\-3\end{pmatrix}$ (c は任意定数) で無数にある」．このような現象は一般の連立１次方程式においても起こる．そのような現象の理論的根拠を明らかにし，解説することが，本節の目的である．最初に，係数行列と拡大係数行列の階数に関する次の定理を紹介しよう．

定理 3.8　n 元連立１次方程式において，係数行列を A, 拡大係数行列を $\widetilde{A}$ とする．このとき，次が成り立つ．

(1)　$\operatorname{rank} A \neq \operatorname{rank} \widetilde{A}$ のとき，この連立１次方程式は解をもたない．

(2)　$\operatorname{rank} A = \operatorname{rank} \widetilde{A}$ のとき，この連立１次方程式は解をもつ．

(3)　$\operatorname{rank} A = \operatorname{rank} \widetilde{A} = r$ とする．このとき，この連立１次方程式の解は $n-r$ 個の任意定数をもつ．特に，$r=n$ ならば解は１組である．

証明　最初に，連立１次方程式の係数行列において，列を交換すると，未知数の順序が入れ替わることに注意しよう．(一般の列基本変形は連立１次方程式の解法には使えないことに注意．)

連立１次方程式の拡大係数行列 $\widetilde{A}$ を行基本変形，係数行列の部分において列の交換を適当にして，次の形に変形できる．

$$\left(\begin{array}{cccccccc|c}
1 & 0 & \cdots & 0 & a_{1r+1} & \cdots & a_{1n} & & b_1 \\
 & 1 & \cdots & 0 & a_{2r+1} & \cdots & a_{2n} & & b_2 \\
 & & \ddots & \vdots & \vdots & & \vdots & & \vdots \\
 & & & 1 & a_{rr+1} & \cdots & a_{rn} & & b_r \\
 & & & 0 & 0 & \cdots & 0 & & b_{r+1} \\
 & & & \vdots & \vdots & & \vdots & & \vdots \\
O & & & 0 & 0 & \cdots & 0 & & b_m
\end{array}\right)$$

これに付随する連立１次方程式をかくと，

$$(3.2)\qquad \begin{cases}
x_1 + a_{1r+1}x_{r+1} + \cdots + a_{1n}x_n = b_1 \\
x_2 + a_{2r+1}x_{r+1} + \cdots + a_{2n}x_n = b_2 \\
\quad\vdots \qquad\qquad \vdots \qquad\qquad\qquad \vdots \quad \vdots \\
x_r + a_{rr+1}x_{r+1} + \cdots + a_{rn}x_n = b_r \\
\qquad\qquad\qquad\qquad\qquad\quad 0 = b_{r+1} \\
\qquad\qquad\qquad\qquad\qquad\quad \vdots \quad \vdots \\
\qquad\qquad\qquad\qquad\qquad\quad 0 = b_m
\end{cases}$$

(1) $\mathrm{rank}\,A \neq \mathrm{rank}\,\widetilde{A}$ ならば，$b_{r+1}, \cdots, b_m$ のなかで 0 でないものが存在する．これは (3.2) に矛盾するので解なし．

(2) $\mathrm{rank}\,A = \mathrm{rank}\,\widetilde{A} = r$ とする．このとき，$b_{r+1} = \cdots = b_m = 0$ となることから，(3.2) を満たす解は存在する．たとえば，

$$x_i = \begin{cases} b_i & (i = 1, 2, \cdots, r) \\ 0 & (i = r+1, r+2, \cdots, n) \end{cases}$$

は (3.2) を満たすので解の 1 つである．

(3) $\mathrm{rank}\,A = \mathrm{rank}\,\widetilde{A} = r$ とする (つまり，$b_{r+1} = \cdots = b_m = 0$)．このとき (3.2) より

$$\begin{cases} x_1 = b_1 - a_{1r+1}x_{r+1} - \cdots - a_{1n}x_n \\ x_2 = b_2 - a_{2r+1}x_{r+1} - \cdots - a_{2n}x_n \\ \cdots \quad \cdots \\ x_r = b_r - a_{rr+1}x_{r+1} - \cdots - a_{rn}x_n \end{cases}$$

ここで，$x_i = c_i,\ i = r+1, \cdots, n$ とおくと，

$$x_i = b_i - a_{ir+1}c_{r+1} - \cdots - a_{in}c_n$$

まとめると

$$\begin{pmatrix} x_1 \\ \vdots \\ x_r \\ x_{r+1} \\ \vdots \\ x_n \end{pmatrix} = \begin{pmatrix} b_1 \\ \vdots \\ b_r \\ 0 \\ \vdots \\ 0 \end{pmatrix} - c_{r+1} \begin{pmatrix} a_{1r+1} \\ \vdots \\ a_{rr+1} \\ 1 \\ \vdots \\ 0 \end{pmatrix} - \cdots - c_n \begin{pmatrix} a_{1n} \\ \vdots \\ a_{rn} \\ 0 \\ \vdots \\ 1 \end{pmatrix}$$

ただし，$c_i,\ i = r+1, \cdots, n$ は任意の定数．よって，この連立 1 次方程式 (3.2) は $n - r$ 個の任意定数を含む解 (したがって，無数の解) をもつことがわかった．∎

例題 3.6　次の連立 1 次方程式を解け．

(1) $\begin{cases} x + 6y + 4z = 2 \\ 6x + 3y + 2z = 1 \\ -4x + 9y + 6z = 3 \end{cases}$　　(2) $\begin{cases} 2y + 4z + 2w = 2 \\ -x + y + 3z + 2w = 3 \\ x + 2y + 3z + w = 0 \\ -2x - y + 2w = 1 \end{cases}$

(3) $\begin{cases} x - y + 4z - 3w = 4 \\ y + 3z - 2w = 1 \\ 2x - 3y + 5z - 4w = 7 \\ x - 3y - 2y + w = 2 \end{cases}$

解答　(1) 連立 1 次方程式を拡大係数行列を用いて表すと次のようになる.

$$\left(\begin{array}{ccc|c} 1 & 6 & 4 & 2 \\ 6 & 3 & 2 & 1 \\ -4 & 9 & 6 & 3 \end{array}\right)\begin{pmatrix} x \\ y \\ z \\ -1 \end{pmatrix} = \begin{pmatrix} 0 \\ 0 \\ 0 \end{pmatrix}$$

ここで，拡大係数行列に行基本変形を施して上三角行列に変形をする.

$$\left(\begin{array}{ccc|c} 1 & 6 & 4 & 2 \\ 6 & 3 & 2 & 1 \\ -4 & 9 & 6 & 3 \end{array}\right) \xrightarrow[{[3]+4\times[1]}]{[2]+(-6)\times[1]} \left(\begin{array}{ccc|c} 1 & 6 & 4 & 2 \\ 0 & -33 & -22 & -11 \\ 0 & 33 & 22 & 11 \end{array}\right)$$

$$\xrightarrow{[3]+1\times[2]} \left(\begin{array}{ccc|c} 1 & 6 & 4 & 2 \\ 0 & -33 & -22 & -11 \\ 0 & 0 & 0 & 0 \end{array}\right) \xrightarrow{[2]\times\left(-\frac{1}{11}\right)} \left(\begin{array}{ccc|c} 1 & 6 & 4 & 2 \\ 0 & 3 & 2 & 1 \\ 0 & 0 & 0 & 0 \end{array}\right)$$

$$\xrightarrow{[1]+(-2)\times[2]} \left(\begin{array}{ccc|c} 1 & 0 & 0 & 0 \\ 0 & 3 & 2 & 1 \\ 0 & 0 & 0 & 0 \end{array}\right)$$

よって，係数行列と拡大係数行列の階数が一致するので，定理 3.8 よりこの連立 1 次方程式は解をもつ．また，未知数が 3 個，係数行列の階数が 2 であるので，その解は $3-2=1$ 個の任意定数をもつことがわかる．この拡大係数行列に付随する連立 1 次方程式をかくと，

$$\begin{cases} x \qquad\qquad = 0 \\ \quad 3y + 2z = 1 \end{cases}$$

ここで，$z=c$ とおくと，$x=0,\ y=\dfrac{1}{3}-\dfrac{2}{3}c$. これをまとめると，

$$\begin{pmatrix} x \\ y \\ z \end{pmatrix} = \begin{pmatrix} 0 \\ \frac{1}{3} \\ 0 \end{pmatrix} + c\begin{pmatrix} 0 \\ -\frac{2}{3} \\ 1 \end{pmatrix} \quad (c \text{ は任意定数})$$

なお，この解において $z=c$ とおく代わりに $z=3c$ とおいて

$$\begin{pmatrix} x \\ y \\ z \end{pmatrix} = \begin{pmatrix} 0 \\ \frac{1}{3} \\ 0 \end{pmatrix} + c\begin{pmatrix} 0 \\ -2 \\ 3 \end{pmatrix} \quad (c \text{ は任意定数})$$

としてもよい.

(2) 連立 1 次方程式を拡大係数行列を用いて表すと次のようになる.

$$\left(\begin{array}{cccc|c} 0 & 2 & 4 & 2 & 2 \\ -1 & 1 & 3 & 2 & 3 \\ 1 & 2 & 3 & 1 & 0 \\ -2 & -1 & 0 & 2 & 1 \end{array}\right)\begin{pmatrix} x \\ y \\ z \\ w \\ -1 \end{pmatrix} = \begin{pmatrix} 0 \\ 0 \\ 0 \\ 0 \end{pmatrix}$$

ここで，拡大係数行列に行基本変形を施して上三角行列に変形をする．

$$\left(\begin{array}{cccc|c} 0 & 2 & 4 & 2 & 2 \\ -1 & 1 & 3 & 2 & 3 \\ 1 & 2 & 3 & 1 & 0 \\ -2 & -1 & 0 & 2 & 1 \end{array}\right) \xrightarrow{[1]\leftrightarrow[3]} \left(\begin{array}{cccc|c} 1 & 2 & 3 & 1 & 0 \\ -1 & 1 & 3 & 2 & 3 \\ 0 & 2 & 4 & 2 & 2 \\ -2 & -1 & 0 & 2 & 1 \end{array}\right)$$

$$\xrightarrow[{[4]+2\times[1]}]{[2]+1\times[1]} \left(\begin{array}{cccc|c} 1 & 2 & 3 & 1 & 0 \\ 0 & 3 & 6 & 3 & 3 \\ 0 & 2 & 4 & 2 & 2 \\ 0 & 3 & 6 & 4 & 1 \end{array}\right) \xrightarrow[{[3]\times\frac{1}{2}}]{[2]\times\frac{1}{3}} \left(\begin{array}{cccc|c} 1 & 2 & 3 & 1 & 0 \\ 0 & 1 & 2 & 1 & 1 \\ 0 & 1 & 2 & 1 & 1 \\ 0 & 3 & 6 & 4 & 1 \end{array}\right)$$

$$\xrightarrow[{[4]+(-3)\times[2]}]{\substack{[1]+(-2)\times[2] \\ [3]+(-1)\times[2]}} \left(\begin{array}{cccc|c} 1 & 0 & -1 & -1 & -2 \\ 0 & 1 & 2 & 1 & 1 \\ 0 & 0 & 0 & 0 & 0 \\ 0 & 0 & 0 & 1 & -2 \end{array}\right) \xrightarrow[{[2]+(-1)\times[4]}]{[1]+1\times[4]} \left(\begin{array}{cccc|c} 1 & 0 & -1 & 0 & -4 \\ 0 & 1 & 2 & 0 & 3 \\ 0 & 0 & 0 & 0 & 0 \\ 0 & 0 & 0 & 1 & -2 \end{array}\right)$$

$$\xrightarrow{[3]\leftrightarrow[4]} \left(\begin{array}{cccc|c} 1 & 0 & -1 & 0 & -4 \\ 0 & 1 & 2 & 0 & 3 \\ 0 & 0 & 0 & 1 & -2 \\ 0 & 0 & 0 & 0 & 0 \end{array}\right)$$

よって，係数行列と拡大係数行列の階数が一致するので，定理 3.8 よりこの連立 1 次方程式は解をもつ．また，未知数が 4 個，係数行列の階数が 3 であるので，その解は $4-3=1$ 個の任意定数をもつことがわかる．この拡大係数行列に付随する連立 1 次方程式をかくと，

$$\begin{cases} x \quad - z \quad = -4 \\ \quad y + 2z \quad = 3 \\ \qquad\qquad w = -2 \end{cases}$$

ここで，$z=c$ とおくと，$x=-4+c$, $y=3-2c$, $w=-2$. これをまとめると，

$$\begin{pmatrix} x \\ y \\ z \\ w \end{pmatrix} = \begin{pmatrix} -4 \\ 3 \\ 0 \\ -2 \end{pmatrix} + c\begin{pmatrix} 1 \\ -2 \\ 1 \\ 0 \end{pmatrix} \quad (c \text{ は任意定数}).$$

(3) 連立 1 次方程式を拡大係数行列を用いて表すと次のようになる．

$$\left(\begin{array}{cccc|c} 1 & -1 & 4 & -3 & 4 \\ 0 & 1 & 3 & -2 & 1 \\ 2 & -3 & 5 & -4 & 7 \\ 1 & -3 & -2 & 1 & 2 \end{array}\right)\begin{pmatrix} x \\ y \\ z \\ w \\ -1 \end{pmatrix} = \begin{pmatrix} 0 \\ 0 \\ 0 \\ 0 \end{pmatrix}$$

ここで，拡大係数行列に行基本変形を施して上三角行列に変形をする．

$$\left(\begin{array}{cccc|c} 1 & -1 & 4 & -3 & 4 \\ 0 & 1 & 3 & -2 & 1 \\ 2 & -3 & 5 & -4 & 7 \\ 1 & -3 & -2 & 1 & 2 \end{array}\right) \xrightarrow[{[4]+(-1)\times[1]}]{[3]+(-2)\times[1]} \left(\begin{array}{cccc|c} 1 & -1 & 4 & -3 & 4 \\ 0 & 1 & 3 & -2 & 1 \\ 0 & -1 & -3 & 2 & -1 \\ 0 & -2 & -6 & 4 & -2 \end{array}\right)$$

$$\xrightarrow[{[4]+2\times[2]}]{\substack{[1]+1\times[2] \\ [3]+1\times[2]}} \left(\begin{array}{cccc|c} 1 & 0 & 7 & -5 & 5 \\ 0 & 1 & 3 & -2 & 1 \\ 0 & 0 & 0 & 0 & 0 \\ 0 & 0 & 0 & 0 & 0 \end{array}\right)$$

よって，係数行列と拡大係数行列の階数が一致するので，定理 3.8 よりこの連立 1 次方程式は解をもつ．また，未知数が 4 個，係数行列の階数が 2 であるので，その解は $4-2=2$ 個の任意定数をもつことがわかる．この拡大係数行列に付随する連立 1 次方程式をかくと，

$$\begin{cases} x \qquad + 7z - 5w = 5 \\ \qquad y + 3z - 2w = 1 \end{cases}$$

ここで，$z=s, w=t$ とおくと，$x=5-7s+5t$, $y=1-3s+2t$. これをまとめると，

$$\begin{pmatrix} x \\ y \\ z \\ w \end{pmatrix} = \begin{pmatrix} 5 \\ 1 \\ 0 \\ 0 \end{pmatrix} + s\begin{pmatrix} -7 \\ -3 \\ 1 \\ 0 \end{pmatrix} + t\begin{pmatrix} 5 \\ 2 \\ 0 \\ 1 \end{pmatrix} \quad (s, t \text{ は任意定数}).$$ ■

この例題で見たように，連立 1 次方程式によっては解が無数に存在することがわかる．また，次の例題によれば解の存在しない連立 1 次方程式が存在することもわかる．

例題 3.7　次の連立 1 次方程式を解け．

$$\begin{cases} 3x + 6y + 9z = 12 \\ 2x + \ \ y + 3z = \ \ 0 \\ 2x - 3y - \ \ z = -1 \end{cases}$$

解答　連立 1 次方程式を拡大係数行列を用いて表すと次のようになる．

$$\left(\begin{array}{ccc|c} 3 & 6 & 9 & 12 \\ 2 & 1 & 3 & 0 \\ 2 & -3 & -1 & -1 \end{array}\right)\begin{pmatrix} x \\ y \\ z \\ -1 \end{pmatrix} = \begin{pmatrix} 0 \\ 0 \\ 0 \end{pmatrix}$$

ここで，拡大係数行列に行基本変形を施して上三角行列に変形をする．

$$\left(\begin{array}{ccc|c} 3 & 6 & 9 & 12 \\ 2 & 1 & 3 & 0 \\ 2 & -3 & -1 & -1 \end{array}\right) \xrightarrow{[1]\times\frac{1}{3}} \left(\begin{array}{ccc|c} 1 & 2 & 3 & 4 \\ 2 & 1 & 3 & 0 \\ 2 & -3 & -1 & -1 \end{array}\right)$$

$$\xrightarrow[{[3]+(-2)\times[1]}]{[2]+(-2)\times[1]} \left(\begin{array}{ccc|c} 1 & 2 & 3 & 4 \\ 0 & -3 & -3 & -8 \\ 0 & -7 & -7 & -9 \end{array}\right) \xrightarrow[{[3]\times\left(-\frac{1}{7}\right)}]{[2]\times\left(-\frac{1}{3}\right)} \left(\begin{array}{ccc|c} 1 & 2 & 3 & 4 \\ 0 & 1 & 1 & \dfrac{8}{3} \\ 0 & 1 & 1 & \dfrac{9}{7} \end{array}\right)$$

$$\xrightarrow[{[3]+(-1)\times[2]}]{[1]+(-2)\times[2]} \left(\begin{array}{ccc|c} 1 & 0 & 1 & -\dfrac{4}{3} \\ 0 & 1 & 1 & \dfrac{8}{3} \\ 0 & 0 & 0 & -\dfrac{29}{21} \end{array}\right)$$

よって，係数行列と拡大係数行列の階数が一致しないので，定理 3.8 よりこの連立1次方程式は解をもたない． ∎

以上のことから，基本変形を用いることで連立1次方程式を解くことができ，その得られた解は大きく分けて次の3つのタイプがあることがわかった．

(1) 解がただ1組存在する．

(2) 解が無数の組存在する (解に任意の定数が含まれる)．

(3) 解なし．

高等学校までに学習する連立1次方程式においては，解が常に一意的に求まることが普通であったが，上の例題によれば連立1次方程式は常に解が1つとは限らないことがわかる．このような事態は，第1章でも若干の説明をしたが，次のように図形的に理解することができる．連立1次方程式

$$\begin{cases} a_{11}x + a_{12}y + a_{13}z = b_1 \\ a_{21}x + a_{22}y + a_{23}z = b_2 \\ a_{31}x + a_{32}y + a_{33}z = b_3 \end{cases}$$

を解くことは，図形的に3次元空間内の3平面の交点を求めることと同値である．このとき，3平面の交わりは次の4通りが考えられる．

(1) 3平面が1点で交わる． $\Longrightarrow$ 解は1つ．

(2) 3平面の交わりは直線になる．

$\Longrightarrow$ 解は無数にあり，$\boldsymbol{a} + s\boldsymbol{b}$ (s は任意の実数) で表される．

(3) 3平面の交わりが平面になる(3平面が一致する).

$\Longrightarrow$ 解は無数にあり, $\boldsymbol{a}+s\boldsymbol{b}+t\boldsymbol{c}$ (s,t は任意の実数) で表される.

(4) 3平面の交わりがない. $\Longrightarrow$ 解なし.

このような3次元空間における連立1次方程式の解の種類を手本にすれば, 一般の連立1次方程式においても解が無数に存在したり, 解なしであることは少しも異常な事態でないことが理解できよう.

問 3.4 次の連立1次方程式を解きなさい.

(1) $\begin{cases} 2y+z=6 \\ 2x+4y+z=8 \\ 3x+7y+2z=15 \end{cases}$
(2) $\begin{cases} x+y+z=1 \\ x+2y+3z=1 \\ 3x+y-z=3 \end{cases}$

(3) $\begin{cases} y-z+w=-4 \\ x+2y+z+w=-1 \\ 2x+y+5z+6w=3 \\ x+y+2z+2w=1 \end{cases}$
(4) $\begin{cases} 3x+6y+21z+9w=24 \\ 2x+3y+5z+2w=13 \\ 7x+9y+4z+w=41 \end{cases}$

(5) $\begin{cases} 2x+y+2z+3w=1 \\ -x-y+2z+2w=2 \\ 3x+y+2w=1 \\ 4x+2y-z+w=0 \end{cases}$

例題 3.8 次の連立1次方程式が解をもつように a の値を求めよ. また, そのときの解を求めよ.

$$\begin{cases} x+2y+3z=a \\ 2x+3y+5z=2a-1 \\ 3x+5y+8z=2a+4 \end{cases}$$

解答 連立1次方程式を拡大係数行列を用いて表すと次のようになる.

$$\left(\begin{array}{ccc|c} 1 & 2 & 3 & a \\ 2 & 3 & 5 & 2a-1 \\ 3 & 5 & 8 & 2a+4 \end{array}\right)\begin{pmatrix} x \\ y \\ z \\ -1 \end{pmatrix}=\begin{pmatrix} 0 \\ 0 \\ 0 \end{pmatrix}$$

ここで, 拡大係数行列に行基本変形を施して上三角行列に変形をする.

$$\left(\begin{array}{ccc|c} 1 & 2 & 3 & a \\ 2 & 3 & 5 & 2a-1 \\ 3 & 5 & 8 & 2a+4 \end{array}\right) \xrightarrow[{[3]+(-3)\times[1]}]{[2]+(-2)\times[1]} \left(\begin{array}{ccc|c} 1 & 2 & 3 & a \\ 0 & -1 & -1 & -1 \\ 0 & -1 & -1 & -a+4 \end{array}\right)$$

$$\xrightarrow[{[3]+1\times[2]}]{[1]+2\times[2]}\left(\begin{array}{ccc|c}1&0&1&a-2\\0&-1&-1&-1\\0&0&0&-a+5\end{array}\right)\xrightarrow{[2]\times(-1)}\left(\begin{array}{ccc|c}1&0&1&a-2\\0&1&1&1\\0&0&0&-a+5\end{array}\right)$$

この連立 1 次方程式が解をもつための必要十分条件は係数行列と拡大係数行列の階数が一致することである．つまり，$a=5$ である．このとき，この連立 1 次方程式は未知数が 3 個，係数行列の階数が 2 なので，$3-2=1$ 個の未知数を解にもつ．拡大係数行列に付随する連立 1 次方程式を書くと，$a=5$ に注意して

$$\begin{cases}x \quad\ +z=3\\ \quad y+z=1\end{cases}$$

ここで，$z=c$ とおけば連立 1 次方程式の解は $x=3-c$, $y=1-c$, $z=c$. まとめると，

$$\begin{pmatrix}x\\y\\z\end{pmatrix}=\begin{pmatrix}3\\1\\0\end{pmatrix}+c\begin{pmatrix}-1\\-1\\1\end{pmatrix}\quad(c\text{ は任意定数}).$$

▮

問 3.5　次の連立 1 次方程式が解をもつように a の値を求めなさい．また，そのときの解を求めなさい．

(1) $\begin{cases}x-2y+z=a\\2x-3y-z=1\\3x-4y-3z=-1\end{cases}$　　(2) $\begin{cases}x+y-z=3\\2x+y+3z=a\\5x+3y+5z=1\end{cases}$

3.5　同次連立 1 次方程式と基本解

前節において，一般的な連立 1 次方程式の解法を紹介した．この節においては，連立 1 次方程式の解の性質を紹介する．連立 1 次方程式 $A\boldsymbol{x}=\boldsymbol{b}$ に対して，同じ係数行列を用いた連立 1 次方程式 $A\boldsymbol{x}=\boldsymbol{o}$ を**同次連立 1 次方程式**と呼び，その解を $A\boldsymbol{x}=\boldsymbol{b}$ の**基本解**と呼ぶ．

定理 3.9　2 つのベクトル $\boldsymbol{x}_1, \boldsymbol{x}_2$ を同次連立 1 次方程式 $A\boldsymbol{x}=\boldsymbol{o}$ の解とする．このとき，任意のスカラー λ_1, λ_2 に対して，$\lambda_1\boldsymbol{x}_1+\lambda_2\boldsymbol{x}_2$ も $A\boldsymbol{x}=\boldsymbol{o}$ の解となる．

証明　$\boldsymbol{x}_1, \boldsymbol{x}_2$ が同次連立 1 次方程式 $A\boldsymbol{x}=\boldsymbol{o}$ の解であるので，$A\boldsymbol{x}_1=A\boldsymbol{x}_2=\boldsymbol{o}$. よって，

$$A(\lambda_1\boldsymbol{x}_1+\lambda_2\boldsymbol{x}_2)=\lambda_1A\boldsymbol{x}_1+\lambda_2A\boldsymbol{x}_2=\boldsymbol{o}$$

となり，$\lambda_1\boldsymbol{x}_1+\lambda_2\boldsymbol{x}_2$ も $A\boldsymbol{x}=\boldsymbol{o}$ の解となる．　▮

定理 3.10　n 元連立1次方程式 $A\boldsymbol{x}=\boldsymbol{b}$ の1つの解を $\boldsymbol{x}$ とする．このとき，連立1次方程式 $A\boldsymbol{x}=\boldsymbol{b}$ の全ての解は $\boldsymbol{x}+$ (基本解) という形で表すことができる．

証明　最初に，$\boldsymbol{y}$ を $A\boldsymbol{x}=\boldsymbol{b}$ の基本解として，$\boldsymbol{x}+\boldsymbol{y}$ が $A\boldsymbol{x}=\boldsymbol{b}$ の解になっていることを確かめよう．$\boldsymbol{y}$ が基本解であるので，$A\boldsymbol{y}=\boldsymbol{o}$．よって，

$$A(\boldsymbol{x}+\boldsymbol{y})=A\boldsymbol{x}+A\boldsymbol{y}=\boldsymbol{b}$$

次に，すべての解が $\boldsymbol{x}+$(基本解) の形で表されることを示そう．もし，$\boldsymbol{x}_1$ ($\boldsymbol{x}\neq\boldsymbol{x}_1$) も $A\boldsymbol{x}=\boldsymbol{b}$ の解であったとする．すると，

$$A(\boldsymbol{x}_1-\boldsymbol{x})=A\boldsymbol{x}_1-A\boldsymbol{x}=\boldsymbol{b}-\boldsymbol{b}=\boldsymbol{o}$$

となることから $\boldsymbol{x}_1-\boldsymbol{x}$ は基本解である．よって，$\boldsymbol{x}_1=\boldsymbol{x}+(\boldsymbol{x}_1-\boldsymbol{x})$ となり，やはり $\boldsymbol{x}+$ (基本解) の形になる．したがって，すべての解は $\boldsymbol{x}+$ (基本解) という形で表すことができる．■

連立1次方程式における基本解の考え方は非常に重要であり，微分方程式をはじめとする多くの場面で利用されている．

例題 3.9　x の関数 y に対して，微分方程式 $y''+p(x)y'+q(x)y=r(x)$ について，定理 3.9 と定理 3.10 と同様のことがいえることを確かめよ．

解答　最初に，微分方程式 $y''+p(x)y'+q(x)y=0$ の解 (基本解) を y_1, y_2 としよう．すると，$y_1''+p(x)y_1'+q(x)y_1=0, y_2''+p(x)y_2'+q(x)y_2=0$ であることから

$$\begin{aligned}&(\lambda_1y_1+\lambda_2y_2)''+p(x)(\lambda_1y_1+\lambda_2y_2)'+q(x)(\lambda_1y_1+\lambda_2y_2)\\&=\lambda_1y_1''+\lambda_2y_2''+\lambda_1p(x)y_1'+\lambda_2p(x)y_2'+\lambda_1p(x)y_1+\lambda_2p(x)y_2\\&=\lambda_1(y_1''+p(x)y_1'+q(x)y_1)+\lambda_2(y_2''+p(x)y_2'+q(x)y_2)=0\end{aligned}$$

ゆえに，$\lambda_1y_1+\lambda_2y_2$ もこの微分方程式の基本解になることがわかった．
次に定理 3.10 と同様のことがいえることを確認しよう．微分方程式 $y''+p(x)y'+q(x)y=r(x)$ の1つの解を y_1 とし，y_0 を基本解とする．このとき，

$$\begin{aligned}&(y_1+y_0)''+p(x)(y_1+y_0)+q(x)(y_1+y_0)\\&=(y_1''+p(x)y_1'+q(x)y_1)+(y_0''+p(x)y_0'+q(x)y_0)=r(x)\end{aligned}$$

となり，y_1+y_0 は微分方程式 $y''+p(x)y'+q(x)y=r(x)$ の解になっていることがわかる．また，y_2 ($\neq y_1$) を $y''+p(x)y'+q(x)y=r(x)$ の解であるとすれば，

$$\begin{aligned}&(y_2-y_1)''+p(x)(y_2-y_1)'+q(x)(y_2-y_1)\\&=(y_2''+p(x)y_2'+q(x)y_2)-(y_1''+p(x)y_1'+q(x)y_1)=r(x)-r(x)=0\end{aligned}$$

となるので，$y_2 - y_1$ は基本解となる．よって，$y_2 = y_1 + (y_2 - y_1)$ となり，やはり $y_1 +$ (基本解) という形になる．したがって，微分方程式 $y'' + p(x)y' + q(x)y = r(x)$ の全ての解は $y_1 +$ (基本解) の形で表すことができる．■

問 3.6　次の方程式において，定理 3.9 と定理 3.10 と同様のことがいえるか調べなさい．

(1)　4 次方程式 $x^4 + 2x^3 - x^2 - 3x = 1$.

(2)　n 次正方行列 A, B, C が与えられたとき，行列方程式 $AXB = C$.

(3)　n 次正方行列 A, B が与えられたとき，行列方程式 $XAX = B$.

前節において，連立 1 次方程式の解には拡大係数行列の階数によって，(必然的に) いくつかの任意定数が含まれることがわかった．そこで，本節の最後に，そのような任意定数のかかった解について詳しく調べることにする．

定理 3.11　n 元同次連立 1 次方程式において，A を $m \times n$ 係数行列とする．また，$r = \operatorname{rank} A$ とする．このとき，この連立 1 次方程式 $A\boldsymbol{x} = \boldsymbol{o}$ の解は，$n - r$ 個の任意定数と n 次列ベクトルを用いて

$$\lambda_1 \boldsymbol{x}_1 + \lambda_2 \boldsymbol{x}_2 + \cdots + \lambda_{n-r} \boldsymbol{x}_{n-r} \tag{3.3}$$

と表すことができる．

証明　n 元同次連立 1 次方程式を $A\boldsymbol{x} = \boldsymbol{o}$, $\operatorname{rank} A = r$ とする．このとき，この連立 1 次方程式の右辺はすべて 0 であるので，拡大係数行列は $\widetilde{A} = (A|\boldsymbol{o})$ となる．これに行基本変形をしても，必ず $(A_1|\boldsymbol{o})$ という形になるので常に $\operatorname{rank} A = \operatorname{rank} \widetilde{A} = r$ である．よって，定理 3.8 からこの連立 1 次方程式の解は $n - r$ 個の任意定数を含むことがわかる．また，基本変形された拡大係数行列 $(A_1|\boldsymbol{o})$ に対して定理 3.8 の証明を参考にすれば，この連立 1 次方程式の解は $n - r$ 個の任意定数 $\lambda_1, \cdots, \lambda_{n-r}$ を用いて (3.3) となる．■

3.6　逆行列の計算

n 元連立 1 次方程式が係数行列 A を用いて次のように表すことができたと仮定する．

$$A\boldsymbol{x} = \boldsymbol{b}$$

このとき，A が正則であればこの連立 1 次方程式の解は次のように求めることができる．

$$\boldsymbol{x} = A^{-1}A\boldsymbol{x} = A^{-1}\boldsymbol{b}$$

よって，**基本変形を用いて連立 1 次方程式が解けるのであれば，基本変形を用いて逆行列を求めることができると考えることは自然であろう．**実際，正則行列の逆行列を求めるときには，行列の次数が高くなるにつれて，基本変形の効果 (有り難味) の度合いが大きい．本節では，基本変形を用いて正則行列の逆行列を求める方法を紹介しよう．

定理 3.12 A を n 次正方行列とする．A が正則であれば $\operatorname{rank} A = n$ であり，A は基本行列の積で表すことができる．逆に，$\operatorname{rank} A = n$ ならば A は正則となる．

証明 行列 A が正則であると仮定する．このとき，A の逆行列が存在して $AA^{-1} = E$ となる．ここで，基本行列の積 P, Q を用いて A を標準形に変形できる．すなわち

$$PAQ = \left(\begin{array}{c|c} E_r & O \\ \hline O & O \end{array}\right) \tag{3.4}$$

このとき，

$$E = PAA^{-1}P^{-1} = (PAQ)(PAQ)^{-1} = \left(\begin{array}{c|c} E_r & O \\ \hline O & O \end{array}\right)(PAQ)^{-1}$$

となる．しかし，右辺を具体的に計算をすると，すべての $i = r+1, \cdots, n$ に対して右辺の第 i 行はすべて $\boldsymbol{o}$ になってしまうので $r = n$ のとき以外この式は成り立たない．よって，$\operatorname{rank} A = n$．また，このとき (3.4) より $PAQ = E$ であるので $A = P^{-1}Q^{-1}$．定理 2.7 の証明から，基本行列の逆行列は基本行列であることがわかるので，A は基本行列の積で表現できたことになる．

また，$\operatorname{rank} A = n$ とすれば，基本変形によって A を単位行列に変形できる．つまり，$PAQ = E$ となる正則行列 P, Q が存在する．よって，$A = P^{-1}Q^{-1}$ となるので，$A^{-1} = QP$ となり A は正則となる． ∎

定理 3.12 を利用して，逆行列を求めるときの手順の仕組みをまとめておく．

step 1 : A が正則行列であることを確認する．このことは，$XA = E$ となる正則行列が存在することを意味する．

step 2： 定理 3.12 により，正則行列 X はいくつかの基本行列の積で表現できる．つまり，この基本行列の積は，A に行基本変形を必要な回数だけ施して，その結果 E になることを意味する．

step 3： $n \times 2n$ 行列 $(A|E)$ に対して，X を行基本変形の積とみて，

$$X(A|E) = (XA|XE) = (E|X) = (E|A^{-1})$$

が成り立つ．この関係式は，A を E に変形できたとき，E は必然的に $X = A^{-1}$ (A の逆行列) に変わっていることを意味している．

以上の手順による方法は，逆行列を求めるときにたいへん便利であり，実用的である．連立 1 次方程式においても，すでに，係数行列が正則の場合，その解法の手順の仕組みの本質が述べられている．ちなみに，

step 3*： $n \times (n+1)$ 行列 $(A|\boldsymbol{b})$ に対して，X を行基本変形の積とみて，

$$X(A|\boldsymbol{b}) = (XA|X\boldsymbol{b}) = (E|\boldsymbol{b}^*)$$

が成り立つ．つまり，$\boldsymbol{b}^*$ が求める解である．

例題 3.10 次の行列が正則であるか調べ，正則ならば逆行列を求めよ．

(1) $A = \begin{pmatrix} 2 & 1 & -2 \\ 1 & -2 & 1 \\ -1 & 1 & 0 \end{pmatrix}$ (2) $A = \begin{pmatrix} 3 & -1 & 2 \\ 1 & -2 & -1 \\ 2 & 1 & 3 \end{pmatrix}$

解答 (1) $(A|E) = \left(\begin{array}{ccc|ccc} 2 & 1 & -2 & 1 & 0 & 0 \\ 1 & -2 & 1 & 0 & 1 & 0 \\ -1 & 1 & 0 & 0 & 0 & 1 \end{array}\right)$ とおいて，これを行基本変形のみを用いて $(E|X)$ という形に変形できれば，X が A^{-1} となる．

$$\left(\begin{array}{ccc|ccc} 2 & 1 & -2 & 1 & 0 & 0 \\ 1 & -2 & 1 & 0 & 1 & 0 \\ -1 & 1 & 0 & 0 & 0 & 1 \end{array}\right) \xrightarrow[{[3]+1\times[2]}]{[1]+(-2)\times[2]} \left(\begin{array}{ccc|ccc} 0 & 5 & -4 & 1 & -2 & 0 \\ 1 & -2 & 1 & 0 & 1 & 0 \\ 0 & -1 & 1 & 0 & 1 & 1 \end{array}\right)$$

$$\xrightarrow[{[2]+(-2)\times[3]}]{[1]+5\times[3]} \left(\begin{array}{ccc|ccc} 0 & 0 & 1 & 1 & 3 & 5 \\ 1 & 0 & -1 & 0 & -1 & -2 \\ 0 & -1 & 1 & 0 & 1 & 1 \end{array}\right)$$

$$\xrightarrow[{[3]+(-1)\times[1]}]{[2]+1\times[1]} \left(\begin{array}{ccc|ccc} 0 & 0 & 1 & 1 & 3 & 5 \\ 1 & 0 & 0 & 1 & 2 & 3 \\ 0 & -1 & 0 & -1 & -2 & -4 \end{array}\right) \xrightarrow{\text{形を整える}} \left(\begin{array}{ccc|ccc} 1 & 0 & 0 & 1 & 2 & 3 \\ 0 & 1 & 0 & 1 & 2 & 4 \\ 0 & 0 & 1 & 1 & 3 & 5 \end{array}\right)$$

よって，A は正則で $A^{-1} = \begin{pmatrix} 1 & 2 & 3 \\ 1 & 2 & 4 \\ 1 & 3 & 5 \end{pmatrix}$.

(2) $(A|E) = \left(\begin{array}{ccc|ccc} 3 & -1 & 2 & 1 & 0 & 0 \\ 1 & -2 & -1 & 0 & 1 & 0 \\ 2 & 1 & 3 & 0 & 0 & 1 \end{array}\right)$ とおいて，これを行基本変形のみを用いて $(E|X)$ という形に変形できれば，X が A^{-1} となる．

$$\left(\begin{array}{ccc|ccc} 3 & -1 & 2 & 1 & 0 & 0 \\ 1 & -2 & -1 & 0 & 1 & 0 \\ 2 & 1 & 3 & 0 & 0 & 1 \end{array}\right) \xrightarrow[{[3]+(-2)\times[2]}]{[1]+(-3)\times[2]} \left(\begin{array}{ccc|ccc} 0 & 5 & 5 & 1 & -3 & 0 \\ 1 & -2 & 1 & 0 & 1 & 0 \\ 0 & 5 & 5 & 0 & -2 & 1 \end{array}\right)$$

$$\xrightarrow{[3]+(-1)\times[1]} \left(\begin{array}{ccc|ccc} 0 & 5 & 5 & 1 & -3 & 0 \\ 1 & -2 & -1 & 0 & 1 & 0 \\ 0 & 0 & 0 & -1 & 1 & 1 \end{array}\right)$$

$$\xrightarrow{[1]\leftrightarrow[2]} \left(\begin{array}{ccc|ccc} 1 & -2 & -1 & 0 & 1 & 0 \\ 0 & 5 & 5 & 1 & -3 & 0 \\ 0 & 0 & 0 & -1 & 1 & 1 \end{array}\right)$$

よって，$\operatorname{rank} A = 2$ となるので，定理 3.12 により A は正則でない． ∎

問 3.7 次の行列が正則であれば逆行列を求めよ．

(1) $\begin{pmatrix} 2 & -1 & 1 \\ 2 & 1 & -2 \\ 1 & -1 & 1 \end{pmatrix}$ (2) $\begin{pmatrix} 3 & -1 & 2 \\ 1 & 3 & -1 \\ 1 & 1 & 0 \end{pmatrix}$ (3) $\begin{pmatrix} 2 & -2 & 3 \\ 3 & -1 & 3 \\ 5 & 4 & 1 \end{pmatrix}$

(4) $\begin{pmatrix} 2 & 0 & -1 & 3 \\ 0 & 1 & -1 & 2 \\ -1 & 1 & 0 & 2 \\ 3 & -2 & 1 & 1 \end{pmatrix}$ (5) $\begin{pmatrix} 0 & 2 & 1 & 1 \\ -1 & 1 & 0 & 2 \\ 1 & 0 & 1 & -1 \\ 0 & 2 & 1 & 0 \end{pmatrix}$

逆行列を求める方法は，この方法以外にもこの次章で学習する行列式を用いた方法もある．この章で学習した方法は基本的な方法で理解しやすい半面，コンピュータを利用するには適していない (基本変形はコンピュータに適していない)．一方，次章で学習する方法は，コンピュータに計算させるには優れた方法である．

4 行列式

連立1次方程式はたいへん古い歴史 (バビロニア時代) をもっている．行列式という概念は，連立1次方程式論に関連して発生した概念である．行列式の考え方は，歴史的に古くは古代中国においての研究がある．近代においては日本の関孝和 (1642?–1708) の研究が古く，その約10年後にライプニッツ (1646–1716) によるロピタル (1661–1704) への書簡 (1850年にその遺稿が公になった) のなかに行列式の思想が述べられているという．

ライプニッツの思想には，係数行列の成分の二重添数の記法や互換による置換の思想が含まれており，ライプニッツの記法は，微分積分法同様その後の数学の進歩に多大な寄与をした．後にライプニッツの思想とは独立に，クラメルは代数曲線論の研究の過程において行列式の思想に到達し，連立1次方程式の消去法による解法から一般的な法則を発見し，行列式の一般的な定義を与え，連立1次方程式の解に関するかの有名なクラメルの公式を得た．結果的にはライプニッツの思想に基づくものの，クラメルがなしたことは，行列式の理論のはじめての発展の第一歩を踏み出したということで，その功績はたいへん大きい．その後，ファンデルモンド，ラプラス (1749–1827)，コーシー (1789–1857)，ヤコビ (1804–1851) らによって行列式の理論の大綱が建てられた．行列式 (Determinant) という名はコーシーによって命名された．Determinant という語はガウスが2次形式論における判別式につけた語であったが，コーシーが行列式に付け直して以来，一般に用いられるようになったといわれている．ちなみに，判別式には，いまでは Discriminant という語が使われている．[1]

行列と行列式は線形代数の別名ともいわれているように，線形代数学を理解する上で越えなければならない必須のテーマである．

---

[1] 藤原松三郎『行列と行列式 (改訂版)』岩波全書．

4.1 置換と符号

添え字が付けられている有限数列に対する置換の積を扱うときは，添え字の並べ方は個々の置換の積の符号に関係する場合がある．このことに関連して，符号関数と呼ばれる (ちょっと聞き慣れない) 関数を導入する．この関数は行列式の伝統的な定義式において利用される．行列式の定義を説明する前に，必要事項として，置換について簡単に学習する．

定義 4.1 置換 n 個の自然数の集合 $\{1, 2, \cdots, n\}$ に対して，その並びの順番を入れ替える操作のことを**置換**と呼び，σ で表す．つまり，σ は集合 $\{1, 2, \cdots, n\}$ のそれぞれの元を $\{1, 2, \cdots, n\}$ のどれかの元に移し，条件「$i \neq j$ ならば $\sigma(i) \neq \sigma(j)$」を満たすような写像として考えることができ，

$$\sigma = \begin{pmatrix} 1 & 2 & \cdots & n \\ \sigma(1) & \sigma(2) & \cdots & \sigma(n) \end{pmatrix}$$

と表す．特に，並び替えを行わない置換を単位置換，または，恒等置換といい，I で表すことにする．すなわち，

$$I = \begin{pmatrix} 1 & 2 & \cdots & n \\ 1 & 2 & \cdots & n \end{pmatrix}$$

1 から n までの n 個の自然数の置換全体の集合を S_n とかく．

置換の行列風の表現は，単に対応関係の表なので列の順序は気にしなくてもよい．たとえば，

$$\begin{pmatrix} 1 & 2 & 3 & 4 \\ 3 & 4 & 1 & 2 \end{pmatrix} = \begin{pmatrix} 3 & 1 & 4 & 2 \\ 1 & 3 & 2 & 4 \end{pmatrix} = \begin{pmatrix} 3 & 4 & 1 & 2 \\ 1 & 2 & 3 & 4 \end{pmatrix}$$

といった具合に，列の順序を変えても構わない．

定理 4.1 1 から n までの自然数に対する置換は全部で $n!$ 個である．

証明 置換は n 個の数の並べ替えであるので，n 個の数の並べ方の数だけある．よって $n!$ 個. ∎

例 4.1 3 個の自然数 $\{1, 2, 3\}$ に対する置換は

$$\begin{pmatrix} 1 & 2 & 3 \\ 1 & 2 & 3 \end{pmatrix}, \quad \begin{pmatrix} 1 & 2 & 3 \\ 1 & 3 & 2 \end{pmatrix}, \quad \begin{pmatrix} 1 & 2 & 3 \\ 2 & 1 & 3 \end{pmatrix}$$

$$\begin{pmatrix} 1 & 2 & 3 \\ 2 & 3 & 1 \end{pmatrix}, \quad \begin{pmatrix} 1 & 2 & 3 \\ 3 & 1 & 2 \end{pmatrix}, \quad \begin{pmatrix} 1 & 2 & 3 \\ 3 & 2 & 1 \end{pmatrix}$$

の 6 個である．

置換は自然数から自然数への写像であるので，その積は合成写像と考えるのが自然である．2 つの写像 f, g に対して，合成写像 $f \circ g$ は $f \circ g(x) = f(g(x))$ と定義されるので，$\sigma_1 \circ \sigma_2$ を置換 σ_2 と置換 σ_1 の積と定義できる．

例題 4.1　2 つの置換 $\sigma_1 = \begin{pmatrix} 1 & 2 & 3 & 4 \\ 2 & 3 & 4 & 1 \end{pmatrix}$ と $\sigma_2 = \begin{pmatrix} 1 & 2 & 3 & 4 \\ 3 & 1 & 4 & 2 \end{pmatrix}$ の積を求めよ．

解答　$\sigma_1 \circ \sigma_2(i) = \sigma_1(\sigma_2(i))$ であることを考慮すると，

$$\sigma_1 \circ \sigma_2(1) = \sigma_1(\sigma_2(1)) = \sigma_1(3) = 4$$

$$\sigma_1 \circ \sigma_2(2) = \sigma_1(\sigma_2(2)) = \sigma_1(1) = 2$$

$$\sigma_1 \circ \sigma_2(3) = \sigma_1(\sigma_2(3)) = \sigma_1(4) = 1$$

$$\sigma_1 \circ \sigma_2(4) = \sigma_1(\sigma_2(4)) = \sigma_1(2) = 3$$

となる．よって，

$$\sigma_1 \circ \sigma_2 = \begin{pmatrix} 1 & 2 & 3 & 4 \\ 2 & 3 & 4 & 1 \end{pmatrix}\begin{pmatrix} 1 & 2 & 3 & 4 \\ 3 & 1 & 4 & 2 \end{pmatrix} = \begin{pmatrix} 1 & 2 & 3 & 4 \\ 4 & 2 & 1 & 3 \end{pmatrix} \tag{4.1}$$

同様に考えれば，

$$\sigma_2 \circ \sigma_1 = \begin{pmatrix} 1 & 2 & 3 & 4 \\ 3 & 1 & 4 & 2 \end{pmatrix}\begin{pmatrix} 1 & 2 & 3 & 4 \\ 2 & 3 & 4 & 1 \end{pmatrix} = \begin{pmatrix} 1 & 2 & 3 & 4 \\ 1 & 4 & 2 & 3 \end{pmatrix}.$$ ■

✎　(4.1) 式では，置換の積を形式的にかいたが，これは行列の積とはまったく異なることに注意しよう．また，この例からもわかるように，置換の積 $\sigma_1 \circ \sigma_2$ と $\sigma_2 \circ \sigma_1$ は一般的に等しくないことに注意しよう．

同様に逆置換も考えることができる．2 つの置換 σ, τ に対して，

$$\sigma \circ \tau = \tau \circ \sigma = I$$

が成り立つような置換 τ のことを σ の**逆置換**と呼び，$\tau = \sigma^{-1}$ で表す．

例題 4.2　置換 $\sigma = \begin{pmatrix} 1 & 2 & 3 & 4 \\ 1 & 3 & 4 & 2 \end{pmatrix}$ の逆置換 σ^{-1} を求めよう．

解答　σ によって自然数 $1, 2, 3, 4$ がどのように写されるのかを具体的に調べれば，逆置換がすぐにわかる．実際，

$$\sigma(1) = 1,\ \sigma(2) = 3,\ \sigma(3) = 4,\ \sigma(4) = 2$$

であるので，逆置換 σ^{-1} を

$$1 = \sigma^{-1} \circ \sigma(1) = \sigma^{-1}(\sigma(1)) = \sigma^{-1}(1)$$

$$2 = \sigma^{-1} \circ \sigma(2) = \sigma^{-1}(\sigma(2)) = \sigma^{-1}(3)$$

$$3 = \sigma^{-1} \circ \sigma(3) = \sigma^{-1}(\sigma(3)) = \sigma^{-1}(4)$$

$$4 = \sigma^{-1} \circ \sigma(4) = \sigma^{-1}(\sigma(4)) = \sigma^{-1}(2)$$

となるように定めてやればよい．これより逆置換は

$$\sigma^{-1} = \begin{pmatrix} 1 & 2 & 3 & 4 \\ 1 & 4 & 2 & 3 \end{pmatrix}$$

となる．また，$\sigma \circ \sigma^{-1} = I$ となることはすぐにわかる．∎

問 4.1　3 個の置換

$$\sigma_1 = \begin{pmatrix} 1 & 2 & 3 & 4 & 5 \\ 3 & 4 & 1 & 5 & 2 \end{pmatrix},\ \sigma_2 = \begin{pmatrix} 1 & 2 & 3 & 4 & 5 \\ 4 & 1 & 2 & 3 & 5 \end{pmatrix},\ \sigma_3 = \begin{pmatrix} 2 & 5 & 1 & 3 & 4 \\ 1 & 3 & 2 & 4 & 5 \end{pmatrix}$$

に対して，次の置換を求めなさい．

(1) $\sigma_1 \circ \sigma_2$　　(2) $\sigma_2 \circ \sigma_3$　　(3) $\sigma_1 \circ \sigma_2 \circ \sigma_3$　　(4) σ_1^{-1}

例題 4.2 を見てもわかるように，置換 $\sigma = \begin{pmatrix} 1 & 2 & \cdots & n \\ \sigma(1) & \sigma(2) & \cdots & \sigma(n) \end{pmatrix}$ の逆置換 σ^{-1} は，置換 σ の第 1 行と第 2 行を入れ替えたものと等しくなる．すなわち，

$$\sigma^{-1} = \begin{pmatrix} \sigma(1) & \sigma(2) & \cdots & \sigma(n) \\ 1 & 2 & \cdots & n \end{pmatrix}.$$

問 4.2　$T_n = \{\sigma^{-1}; \sigma \in S_n\}$ とすると，$S_n = T_n$ となることを示せ．また，ある $\tau \in S_n$ に対して，$P_n = \{\tau\sigma; \sigma \in S_n\}$ とすると，$P_n = S_n$ となることを示せ．

置換の性質を調べる上で，大小が逆転している位置にあるような数の組に注意しよう．

定義 4.2　1 から n までの n 個の自然数の置換

$$\begin{pmatrix} 1 & \cdots & i & \cdots & j & \cdots & n \\ \sigma(1) & \cdots & \sigma(i) & \cdots & \sigma(j) & \cdots & \sigma(n) \end{pmatrix}$$

に対して,「$i < j$ かつ $\sigma(i) > \sigma(j)$」となっているとき,2つの自然数の組 $(\sigma(i), \sigma(j))$ を**転倒**と呼ぶ.そして,偶数個の転倒を含む置換を**偶置換**,奇数個の転倒を含む置換を**奇置換**と呼ぶ.

例 4.2 次の置換 $\begin{pmatrix} 1 & 2 & 3 & 4 & 5 \\ 3 & 4 & 1 & 2 & 5 \end{pmatrix}$ の転倒をすべて求め,それが偶置換であるか奇置換であるかを調べてみよう.$\begin{pmatrix} 1 & 2 & 3 & 4 & 5 \\ 3 & 4 & 1 & 2 & 5 \end{pmatrix}$ の2行目において,数の大小の順序が入れ替わっている組を抜き出せばよい.これらは

$$(3,1),(3,2),(4,1),(4,2)$$

の4個である.よって,偶数個の転倒が存在するので偶置換である.

n 個の自然数における置換のなかで,2個の数を (他は動かさずに) 入れ替える置換のことを**互換**と呼ぶ.特に p と q を入れ替える互換のことを (p,q) と書くことにする.つまり,

$$\begin{pmatrix} 1 & \cdots & p & \cdots & q & \cdots & n \\ 1 & \cdots & q & \cdots & p & \cdots & n \end{pmatrix} = (p,q)$$

互換を用いることによって,どのような置換も互換の積で表すことができる.

定理 4.2 任意の置換は互換の積で表すことができる.

証明 自然数 k に対して,σ_k を k 個の自然数の集合 $\{1,2,\cdots,k\}$ に対する置換とする.任意の k に対して σ_k が互換の積で表されることを,k に対する数学的帰納法で示す.

$k=2$ のとき.σ_2 は次の2通りの場合が考えられる.

$$\sigma_2 = \begin{pmatrix} 1 & 2 \\ 2 & 1 \end{pmatrix} = (1,2)$$

$$\sigma_2 = \begin{pmatrix} 1 & 2 \\ 1 & 2 \end{pmatrix} = \begin{pmatrix} 1 & 2 \\ 2 & 1 \end{pmatrix}(1,2) = (1,2)(1,2)$$

いずれの場合も σ_2 は互換の積で表すことができる.

$k=n$ のときに,すべての置換 σ_n を互換の積で表すことができると仮定する.

$k=n+1$ のとき.

$$\sigma_{n+1} = \begin{pmatrix} 1 & 2 & \cdots & n+1 \\ \sigma_{n+1}(1) & \sigma_{n+1}(2) & \cdots & \sigma_{n+1}(n+1) \end{pmatrix}$$

とする．このとき，置換の定義より $\sigma_{n+1}(m) = n+1$ となる自然数 m $(1 \leqq m \leqq n+1)$ が存在する．これより，

$$
\begin{aligned}
\sigma_{n+1} &= \begin{pmatrix} 1 & \cdots & m & \cdots & n & n+1 \\ \sigma_{n+1}(1) & \cdots & n+1 & \cdots & \sigma_{n+1}(n) & \sigma_{n+1}(n+1) \end{pmatrix} \\
&= \begin{pmatrix} 1 & \cdots & m & \cdots & n & n+1 \\ \sigma_{n+1}(1) & \cdots & \sigma_{n+1}(n+1) & \cdots & \sigma_{n+1}(n) & n+1 \end{pmatrix} (m, n+1)
\end{aligned} \tag{4.2}
$$

ここで，置換

$$
\begin{pmatrix} 1 & \cdots & m & \cdots & n & n+1 \\ \sigma_{n+1}(1) & \cdots & \sigma_{n+1}(n+1) & \cdots & \sigma_{n+1}(n) & n+1 \end{pmatrix}
$$

は実質的に n 個の自然数の集合 $\{1, 2, \cdots, n\}$ に対する置換なので，数学的帰納法の仮定から互換の積で表すことができる．これと (4.2) から，σ_{n+1} も互換の積で表すことができる．よって，数学的帰納法により，すべての自然数 k に対して，k 個の自然数の集合 $\{1, 2, \cdots, k\}$ に対する置換は互換の積で表すことができる．すなわち，任意の置換は互換の積で表すことができる． ∎

例 4.3 置換 $\sigma = \begin{pmatrix} 1 & 2 & 3 & 4 & 5 \\ 3 & 4 & 5 & 1 & 2 \end{pmatrix}$ を互換の積で表してみよう．

$$
\begin{aligned}
\begin{pmatrix} 1 & 2 & 3 & 4 & 5 \\ 3 & 4 & 5 & 1 & 2 \end{pmatrix} &= \begin{pmatrix} 1 & 2 & 3 & 4 & 5 \\ 1 & 4 & 5 & 3 & 2 \end{pmatrix} (1, 4) \\
&= \begin{pmatrix} 1 & 2 & 3 & 4 & 5 \\ 1 & 2 & 5 & 3 & 4 \end{pmatrix} (2, 5)(1, 4) \\
&= \begin{pmatrix} 1 & 2 & 3 & 4 & 5 \\ 1 & 2 & 3 & 5 & 4 \end{pmatrix} (3, 4)(2, 5)(1, 4) \\
&= (4, 5)(3, 4)(2, 5)(1, 4).
\end{aligned}
$$

なお，置換を互換の積で表す方法は一意的ではない．たとえば，例 4.3 で用いた置換は，次のように互換の積で表すこともできる．

$$
\begin{aligned}
\begin{pmatrix} 1 & 2 & 3 & 4 & 5 \\ 3 & 4 & 5 & 1 & 2 \end{pmatrix} &= \begin{pmatrix} 1 & 2 & 3 & 4 & 5 \\ 3 & 4 & 2 & 1 & 5 \end{pmatrix} (3, 5) \\
&= \begin{pmatrix} 1 & 2 & 3 & 4 & 5 \\ 3 & 1 & 2 & 4 & 5 \end{pmatrix} (2, 4)(3, 5)
\end{aligned}
$$

$$= \begin{pmatrix} 1 & 2 & 3 & 4 & 5 \\ 2 & 1 & 3 & 4 & 5 \end{pmatrix} (1,3)(2,4)(3,5)$$

$$= (1,2)(1,3)(2,4)(3,5).$$

定理 4.3　任意の置換を互換の積で表現したとき，表現の仕方は一意的ではないが，どのような表現の仕方においても，偶置換ならば必要な互換は偶数個で，奇置換ならば必要な互換は奇数個である．

証明　最初に，なにも変化させない置換は転倒を含まない (0 個含む) ので偶置換になる．また，この置換は 0 個の互換の積で表現できることを踏まえて，1 回の互換によって，転倒の数がどのように変化するのかを調べればよい．互換 $(\sigma(i), \sigma(j))$, $(i < j)$ によって，置換が次のように変化すると仮定しよう．

$$(\sigma(i), \sigma(j)) \begin{pmatrix} 1 & \cdots & i & \cdots & j & \cdots & n \\ \sigma(1) & \cdots & \sigma(i) & \cdots & \sigma(j) & \cdots & \sigma(n) \end{pmatrix}$$

$$= \begin{pmatrix} 1 & \cdots & i & \cdots & j & \cdots & n \\ \sigma(1) & \cdots & \sigma(j) & \cdots & \sigma(i) & \cdots & \sigma(n) \end{pmatrix}$$

転倒の数の変化を調べるために，上の置換を 3 つの部分に分けて考えよう．すなわち，

(1)　$\sigma(1)$ から $\sigma(i-1)$ の間，

(2)　$\sigma(i+1)$ から $\sigma(j-1)$ の間，

(3)　$\sigma(j+1)$ から $\sigma(n)$ の間．

この中で，(1) と (3) においては互換によって $\sigma(i)$ と $\sigma(j)$ を入れ替えても，位置関係は変わらないので，実質的には (2) だけを調べればよいことがわかる．また，$\sigma(i) < \sigma(j)$ としてもよい．(2) の部分において，

(i)　$\sigma(i)$ よりも小さい自然数 (○ で表す) の個数を r 個，

(ii)　$\sigma(i)$ と $\sigma(j)$ の間の自然数 (△ で表す) の個数を s 個，

(iii)　$\sigma(j)$ よりも大きい自然数 (× で表す) の個数を t 個，

とする．つまり，置換の 2 行目だけを抜き出して大雑把にかくと，

$$(\sigma(1), \cdots, \sigma(i), \overbrace{\bigcirc\bigcirc\bigcirc}^{r\text{ 個}}\overbrace{\triangle\triangle\triangle}^{s\text{ 個}}\overbrace{\times\times\times}^{t\text{ 個}}, \sigma(j), \cdots, \sigma(n))$$

これは，互換 $(\sigma(i), \sigma(j))$ によって次のように変化する．

$$(\sigma(1), \cdots, \sigma(j), \overbrace{\bigcirc\bigcirc\bigcirc}^{r\text{ 個}}\overbrace{\triangle\triangle\triangle}^{s\text{ 個}}\overbrace{\times\times\times}^{t\text{ 個}}, \sigma(i), \cdots, \sigma(n))$$

これによって転倒の数の変化は次のようになる．

(i)　増加した転倒の数は，$s + t + s + r + 1$ 個，

(ii)　減少した転倒の数は，$r+t$ 個.

よって，全体的に変化する転倒の個数は $(s+t+s+r+1)-(r+t)=2s+1$ 個となり，1 回の互換によって転倒の個数は奇数個変化するので，置換の偶奇が変化する. ∎

定理 4.3 によって偶置換・奇置換は，転倒の数ではなく互換を使って調べることができる.

例題 4.3　置換 $\begin{pmatrix} 1 & 2 & 3 & 4 & 5 \\ 3 & 1 & 5 & 4 & 2 \end{pmatrix}$ は偶置換，奇置換のどちらであるか.

解答

$$\begin{aligned}\begin{pmatrix} 1 & 2 & 3 & 4 & 5 \\ 3 & 1 & 5 & 4 & 2 \end{pmatrix} &= \begin{pmatrix} 1 & 2 & 3 & 4 & 5 \\ 1 & 3 & 5 & 4 & 2 \end{pmatrix}(1,2) \\ &= \begin{pmatrix} 1 & 2 & 3 & 4 & 5 \\ 1 & 2 & 5 & 4 & 3 \end{pmatrix}(2,5)(1,2) \\ &= (3,5)(2,5)(1,2)\end{aligned}$$

よって，奇置換. ∎

定義 4.3　1 から n までの n 個の自然数の置換 σ に対して，その置換を k 個の互換の積で表現できると仮定する．このとき，$(-1)^k$ を置換の**符号**と呼び，

$$\operatorname{sgn}(\sigma) = \operatorname{sgn}\begin{pmatrix} 1 & 2 & \cdots & n \\ \sigma(1) & \sigma(2) & \cdots & \sigma(n) \end{pmatrix} = (-1)^k$$

で表す．なお，定理 4.3 により置換の符号は互換の選び方によらず一意的に定まることがわかる.

定理 4.4　1 から n までの n 個の自然数の置換のなかで，偶置換と奇置換の数はともに $\dfrac{n!}{2}$ 個である.

証明　任意の置換に互換を 1 回施すことによって，置換の符号が変わるので，偶置換と奇置換は同数であることがわかる．また，定理 4.1 によって，n 個の自然数の置換は全部で $n!$ 個存在することから，偶置換と奇置換はともに $\dfrac{n!}{2}$ 個存在することがわかる. ∎

問 4.3 次の置換を互換の積で表し，その符号を求めなさい．

(1) $\begin{pmatrix} 1 & 2 & 3 & 4 \\ 2 & 4 & 1 & 3 \end{pmatrix}$ (2) $\begin{pmatrix} 2 & 4 & 1 & 3 \\ 3 & 2 & 4 & 1 \end{pmatrix}$ (3) $\begin{pmatrix} 1 & 2 & 3 & 4 & 5 \\ 3 & 1 & 5 & 2 & 4 \end{pmatrix}$

4.2 行列式

行列の重要性はすでにこれまでの章において見てきた．しかし，特に正方行列の場合，行列になんらかの方法で数値を対応させることができれば，行列の重要性 (価値) が増し，応用上の働きもさらによくなる．行列式は実際そのような方法で対応させた数値で，逆行列や連立方程式，幾何学とも密接な関係をもつ量としてたいへん重要である．以下で述べる行列式の定義式は，実際の (特に高次の) 計算には不向きであるが，行列式の性質など，理論を展開する上では重要な役割を演ずる．さて，本章の中心的な内容でもある行列式の (伝統的な) 定義を紹介する．

定義 4.4 n 次正方行列 $A = (a_{ij})$ に対して，

$$\sum_{\sigma \in S_n} \operatorname{sgn} \sigma a_{1\sigma(1)} a_{2\sigma(2)} \cdots a_{n\sigma(n)}$$

を行列 A の**行列式**と呼び，$\det A$ とかく．ここで，定義式における $\sum$ は，n 個の自然数の置換全てに対する和とする．

特に，行列 A が具体的に

$$A = \begin{pmatrix} a_{11} & \cdots & a_{1n} \\ \vdots & \ddots & \vdots \\ a_{n1} & \cdots & a_{nn} \end{pmatrix}$$

と与えられているとき，その行列式 $\det A$ は

$$\det A = |A| = \begin{vmatrix} a_{11} & \cdots & a_{1n} \\ \vdots & \ddots & \vdots \\ a_{n1} & \cdots & a_{nn} \end{vmatrix}$$

のようにもかく．行列式は正方行列にのみ定義される量である (実正方行列ならば行列式は実数で，複素正方行列ならば行列式は，実数になる場合もあるが，一般には複素数である)．定義 4.4 はやや複雑な形をしているが，仕組みは難し

くない．行列式の計算において気を付ける点は，各行，各列から 1 個ずつ要素を選んで掛け合わせることである．これに気を付けて行列式を計算すればよい．

例題 4.4 次の A の行列式 $|A|$ を計算せよ．

(1) $A = \begin{pmatrix} a_{11} & a_{12} \\ a_{21} & a_{22} \end{pmatrix}$ (2) $A = \begin{pmatrix} a_{11} & a_{12} & a_{13} \\ a_{21} & a_{22} & a_{23} \\ a_{31} & a_{32} & a_{33} \end{pmatrix}$

解答 (1) 行列式の定義から

$$\begin{vmatrix} a_{11} & a_{12} \\ a_{21} & a_{22} \end{vmatrix} = \mathrm{sgn}\begin{pmatrix} 1 & 2 \\ 1 & 2 \end{pmatrix} a_{11}a_{22} + \mathrm{sgn}\begin{pmatrix} 1 & 2 \\ 2 & 1 \end{pmatrix} a_{12}a_{21}$$

ここで，置換 $\begin{pmatrix} 1 & 2 \\ 2 & 1 \end{pmatrix} = (1,2)$ より奇置換．また，$\begin{pmatrix} 1 & 2 \\ 1 & 2 \end{pmatrix}$ は偶置換であるので，

$$\begin{vmatrix} a_{11} & a_{12} \\ a_{21} & a_{22} \end{vmatrix} = \mathrm{sgn}\begin{pmatrix} 1 & 2 \\ 1 & 2 \end{pmatrix} a_{11}a_{22} + \mathrm{sgn}\begin{pmatrix} 1 & 2 \\ 2 & 1 \end{pmatrix} a_{12}a_{21} = a_{11}a_{22} - a_{12}a_{21}$$

(2) (1) と同様，行列式の定義から，

$$\begin{aligned} \begin{vmatrix} a_{11} & a_{12} & a_{13} \\ a_{21} & a_{22} & a_{23} \\ a_{31} & a_{32} & a_{33} \end{vmatrix} &= \sum_{\sigma \in S_3} \mathrm{sgn}\begin{pmatrix} 1 & 2 & 3 \\ \sigma(1) & \sigma(2) & \sigma(3) \end{pmatrix} a_{1\sigma(1)}a_{2\sigma(2)}a_{1\sigma(3)} \\ &= \mathrm{sgn}\begin{pmatrix} 1 & 2 & 3 \\ 1 & 2 & 3 \end{pmatrix} a_{11}a_{22}a_{33} + \mathrm{sgn}\begin{pmatrix} 1 & 2 & 3 \\ 1 & 3 & 2 \end{pmatrix} a_{11}a_{23}a_{32} \\ &\quad + \mathrm{sgn}\begin{pmatrix} 1 & 2 & 3 \\ 2 & 1 & 3 \end{pmatrix} a_{12}a_{21}a_{33} + \mathrm{sgn}\begin{pmatrix} 1 & 2 & 3 \\ 2 & 3 & 1 \end{pmatrix} a_{12}a_{23}a_{31} \\ &\quad + \mathrm{sgn}\begin{pmatrix} 1 & 2 & 3 \\ 3 & 1 & 2 \end{pmatrix} a_{13}a_{21}a_{32} + \mathrm{sgn}\begin{pmatrix} 1 & 2 & 3 \\ 3 & 2 & 1 \end{pmatrix} a_{13}a_{22}a_{31} \end{aligned}$$

ここで，

$$\begin{pmatrix} 1 & 2 & 3 \\ 1 & 3 & 2 \end{pmatrix} = (2,3),\ \begin{pmatrix} 1 & 2 & 3 \\ 2 & 1 & 3 \end{pmatrix} = (1,2),\ \begin{pmatrix} 1 & 2 & 3 \\ 3 & 2 & 1 \end{pmatrix} = (1,3)$$

は奇置換である．また，定理 4.4 より偶置換と奇置換の個数はともに等しいので，上記以外の 3 つの置換はすべて偶置換となる．よって，

$$\begin{aligned} \begin{vmatrix} a_{11} & a_{12} & a_{13} \\ a_{21} & a_{22} & a_{23} \\ a_{31} & a_{32} & a_{33} \end{vmatrix} &= \sum_{\sigma \in S_3} \mathrm{sgn}\begin{pmatrix} 1 & 2 & 3 \\ \sigma(1) & \sigma(2) & \sigma(3) \end{pmatrix} a_{1\sigma(1)}a_{2\sigma(2)}a_{1\sigma(3)} \\ &= a_{11}a_{22}a_{33} - a_{11}a_{23}a_{32} - a_{12}a_{21}a_{33} \\ &\quad + a_{12}a_{23}a_{31} + a_{13}a_{21}a_{32} - a_{13}a_{22}a_{31}. \end{aligned}$$

■

例題 4.4 で得た 2 次正方行列の行列式の公式は覚えやすい一方，3 次正方行列の行列式は非常に複雑である．しかし，3 次正方行列の行列式は置換の符号が + である場合と − である場合をまとめて並べれば覚えやすい (これを**サラスの方法**と呼ぶ).

$$\begin{vmatrix} a_{11} & a_{12} & a_{13} \\ a_{21} & a_{22} & a_{23} \\ a_{31} & a_{32} & a_{33} \end{vmatrix} = a_{11}a_{22}a_{33} + a_{12}a_{23}a_{31} + a_{13}a_{21}a_{32} - a_{11}a_{23}a_{32} - a_{12}a_{21}a_{33} - a_{13}a_{22}a_{31}$$

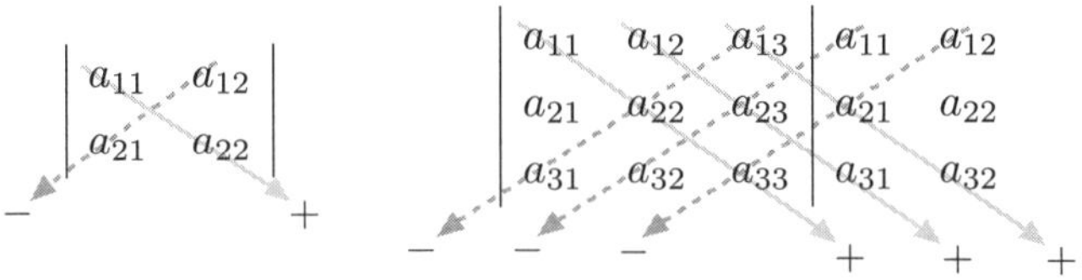

サラスの方法では，右下がりに成分を掛けていく際には + の符号をつけ，右上がりに成分を掛けていく際には − の符号をつけて足し合わせればよいことをいっている．なお，2 次正方行列の場合

$$\begin{vmatrix} a & b \\ c & d \end{vmatrix} = ad - bc$$

もサラスの方法と呼ばれるもので，右下がり，右上がりによって符号が変わっていることがわかる．

問 4.4　行列 A, B, C に対して，(サラスの方法で) 次の行列式を計算しなさい．

$$A = \begin{pmatrix} 3 & 1 \\ 2 & -2 \end{pmatrix}, \quad B = \begin{pmatrix} 1 & 0 & 2 \\ -1 & 4 & 1 \\ 0 & 3 & -1 \end{pmatrix}, \quad C = \begin{pmatrix} 2 & 1 & -1 \\ 0 & 5 & -2 \\ 1 & -2 & 3 \end{pmatrix}$$

(1) $|A|$　(2) $|B|$　(3) $|C|$　(4) $|BC|$　(5) $|CB|$

✎　行列式の計算方法で，サラスの方法は，4 次以上の正方行列に対しては使えない (例 4.4 を見よ)．そのために，4 次以上の正方行列の行列式については定義に従って計算するか，あるいは，展開によって行列の次数を減らして計算するか，のどちらかである．後者の方法に対しては，この後の節でより効果的な方法を紹介する．

例 4.4 次の行列の行列式を定義にもとづいて求めよう.

$$\begin{pmatrix} 2 & 0 & 0 & 0 \\ 0 & 0 & -1 & 0 \\ 1 & 2 & 0 & 0 \\ 3 & 0 & 2 & 1 \end{pmatrix}$$

行列式の計算は行列の各行各列から 1 個だけ成分を取り出して掛け合わせた項に符号をつけて足し合わせればよいことに注意すれば, 次のように行列式の計算ができる.

$$\begin{vmatrix} 2 & 0 & 0 & 0 \\ 0 & 0 & -1 & 0 \\ 1 & 2 & 0 & 0 \\ 3 & 0 & 2 & 1 \end{vmatrix} = \mathrm{sgn}\begin{pmatrix} 1 & 2 & 3 & 4 \\ 1 & 3 & 2 & 4 \end{pmatrix} 2 \cdot (-1) \cdot 2 \cdot 1$$

ここで, $\begin{pmatrix} 1 & 2 & 3 & 4 \\ 1 & 3 & 2 & 4 \end{pmatrix} = (2, 3)$ は奇置換. よって,

$$\begin{vmatrix} 2 & 0 & 0 & 0 \\ 0 & 0 & -1 & 0 \\ 1 & 2 & 0 & 0 \\ 3 & 0 & 2 & 1 \end{vmatrix} = (-1) \cdot 2 \cdot (-1) \cdot 2 \cdot 1 = 4.$$

なお, 以下に計算するように, 例 4.4 を (やってはいけない！) サラスの方法で計算すると, 間違った答になる. 実際

$\begin{vmatrix} 2 & 0 & 0 & 0 \\ 0 & 0 & -1 & 0 \\ 1 & 2 & 0 & 0 \\ 3 & 0 & 2 & 1 \end{vmatrix}$ をサラスの方法で計算すると,

$$\begin{aligned} &2 \cdot 0 \cdot 0 \cdot 1 + 0 \cdot (-1) \cdot 0 \cdot 3 + 0 \cdot 0 \cdot 1 \cdot 0 + 0 \cdot 0 \cdot 2 \cdot 2 \\ &\qquad - 0 \cdot (-1) \cdot 2 \cdot 3 - 0 \cdot 0 \cdot 0 \cdot 2 - 0 \cdot 2 \cdot 0 \cdot 0 - 1 \cdot 0 \cdot 0 \cdot 1 = 0 \ (\text{間違い}). \end{aligned}$$

4.3 行列式の性質

前節においては，行列式の伝統的な定義法を述べた．この伝統的な定義の意義は概念を確定することがメインであって，計算の楽さまで保証するものではない．実際に行列式を求めるときに，定義式を用いると，正方行列の次数が大きいと最早絶望的である．したがって，行列式の実践的で効果的な計算法が望まれる．そのため行列式の定義を計算に即した (後に学ぶであろう) 展開法を用いることもある．本節では，そのような行列式の計算法を紹介する．さらに，そのための基本的な (テクニカルな) 考え方も合わせて紹介する．最初に次の定理を紹介する．

定理 4.5 n 次正方行列 A とその転置行列 ${}^tA$ に対して，$|A| = |{}^tA|$ である．

証明 $A = (a_{ij})$ とする．このとき，行列式の定義から

$$|A| = \sum_{\sigma \in S_n} \operatorname{sgn} \sigma a_{1\sigma(1)} a_{2\sigma(2)} \cdots a_{n\sigma(n)}$$

一方，${}^tA$ の (i, j)-成分は a_{ji} であるので，${}^tA$ の行列式は

$$|{}^tA| = \sum_{\sigma \in S_n} \operatorname{sgn} \sigma a_{\sigma(1)1} a_{\sigma(2)2} \cdots a_{\sigma(n)n}$$

ここで，右辺の積の順序を次のように入れ替える．

$$|{}^tA| = \sum_{\sigma \in S_n} \operatorname{sgn} \sigma a_{\sigma(1)1} a_{\sigma(2)2} \cdots a_{\sigma(n)n} = \sum_{\tau \in S_n} \operatorname{sgn} \sigma a_{1\tau(1)} a_{2\tau(2)} \cdots a_{n\tau(n)}$$

ここで，τ は σ の逆置換とする．問 4.2 によれば $S_n = \{\sigma^{-1}; \sigma \in S_n\}$ であることに注意する．よって，$\operatorname{sgn} \sigma = \operatorname{sgn} \tau$ を示せばよい．さて，置換 σ が k 個の互換 $\sigma_1, \sigma_2, \cdots, \sigma_k$ の積で表すことができたとする．言い換えれば，置換は k 個の互換の合成写像であると考えられる．すなわち，

$$\sigma = \sigma_1 \circ \sigma_2 \circ \cdots \circ \sigma_k$$

ここで，σ の逆置換 τ は

$$\tau = (\sigma_1 \circ \sigma_2 \circ \cdots \circ \sigma_k)^{-1} = \sigma_k^{-1} \circ \cdots \circ \sigma_2^{-1} \circ \sigma_1^{-1}$$

であることはすぐに確認できる．互換の逆置換も同じ互換になることから，τ は k 個の互換の積で表されることがわかる．よって，$\operatorname{sgn} \sigma = \operatorname{sgn} \tau$ となり $|A| = |{}^tA|$． ∎

n 個の列ベクトル $\boldsymbol{a}_1, \boldsymbol{a}_2, \cdots, \boldsymbol{a}_n$ を用いた n 次正方行列 $A = (\boldsymbol{a}_1\ \boldsymbol{a}_2\ \cdots\ \boldsymbol{a}_n)$ に対して，その行列式を次のように表すことにする．

$$|A| = \det (\boldsymbol{a}_1\ \boldsymbol{a}_2\ \cdots\ \boldsymbol{a}_n)$$

定理 4.6　n 次正方行列 $A = (\boldsymbol{a}_1\ \cdots\ \boldsymbol{a}_i\ \cdots\ \boldsymbol{a}_j\ \cdots\ \boldsymbol{a}_n)$ に対して，次が成り立つ．

(1)　$\det(\boldsymbol{a}_1\ \cdots\ c\boldsymbol{a}_i\ \cdots\ \boldsymbol{a}_n) = c|A|$　（c はスカラー）

(2)　$\det(\boldsymbol{a}_1\ \cdots\ \boldsymbol{a}_i + \boldsymbol{a}_i'\ \cdots\ \boldsymbol{a}_n) = |A| + |A'|$

(3)　$\det(\boldsymbol{a}_1\ \cdots\ \boldsymbol{a}_j\ \cdots\ \boldsymbol{a}_i\ \cdots\ \boldsymbol{a}_n) = -|A|$

ただし，(2) においては $A' = (\boldsymbol{a}_1\ \cdots\ \boldsymbol{a_i}'\ \cdots\ \boldsymbol{a}_n)$ とした．

証明　定理 4.5 より $|A| = |{}^tA|$ なので，

$$ {}^tA = {}^t(\boldsymbol{a}_1\ \cdots\ \boldsymbol{a}_i\ \cdots\ \boldsymbol{a}_j\ \cdots\ \boldsymbol{a}_n) = (a_{ij}) $$

に対して行列式を具体的に計算すればよい．

(1)
$$ \begin{aligned} &\det(\boldsymbol{a}_1\ \cdots\ c\boldsymbol{a}_i\ \cdots\ \boldsymbol{a}_n) = \det{}^t(\boldsymbol{a}_1\ \cdots\ c\boldsymbol{a}_i\ \cdots\ \boldsymbol{a}_n) \\ &= \sum_{\sigma \in S_n} \operatorname{sgn}\sigma\, a_{1\sigma(1)} \cdots (c a_{i\sigma(i)}) \cdots a_{n\sigma(n)} \\ &= c \sum_{\sigma \in S_n} \operatorname{sgn}\sigma\, a_{1\sigma(1)} \cdots a_{i\sigma(i)} \cdots a_{n\sigma(n)} = c|{}^tA| = c|A| \end{aligned} $$

(2)
$$ \begin{aligned} &\det(\boldsymbol{a}_1\ \cdots\ \boldsymbol{a}_i + \boldsymbol{a_i}'\ \cdots\ \boldsymbol{a}_n) = \det{}^t(\boldsymbol{a}_1\ \cdots\ \boldsymbol{a}_i + \boldsymbol{a_i}'\ \cdots\ \boldsymbol{a}_n) \\ &= \sum_{\sigma \in S_n} \operatorname{sgn}\sigma\, a_{1\sigma(1)} \cdots (a_{i\sigma(i)} + a'_{i\sigma(i)}) \cdots a_{n\sigma(n)} \\ &= \sum_{\sigma \in S_n} \operatorname{sgn}\sigma\, a_{1\sigma(1)} \cdots a_{i\sigma(i)} \cdots a_{n\sigma(n)} \\ &\qquad + \sum_{\sigma \in S_n} \operatorname{sgn}\sigma\, a_{1\sigma(1)} \cdots a'_{i\sigma(i)} \cdots a_{n\sigma(n)} \\ &= |{}^tA| + |{}^tA'| = |A| + |A'| \end{aligned} $$

(3) 列の交換をした際に，置換の符号が変化することを示せばよい．これは，列の交換をすることは互換を 1 回掛けることを意味する．よって定理 4.3 より示される．∎

✎　定理 4.5 より定理 4.6 は行に対しても同様のことがいえる．

定理 4.6 を用いることによって，さらに便利な次の定理を示すことができる．

定理 4.7　n 次正方行列 $A = (\boldsymbol{a}_1\ \cdots\ \boldsymbol{a}_i\ \cdots\ \boldsymbol{a}_j\ \cdots\ \boldsymbol{a}_n)$ に対して，

$$ \det(\boldsymbol{a}_1\ \cdots\ \boldsymbol{a}_i + c\boldsymbol{a}_j\ \cdots\ \boldsymbol{a}_j\ \cdots\ \boldsymbol{a}_n) = |A| $$

特に，同じ成分の列を含む行列の行列式は 0 となる．すなわち，

$$ \det(\boldsymbol{a}_1\ \cdots\ \boldsymbol{a}_j\ \cdots\ \boldsymbol{a}_j\ \cdots\ \boldsymbol{a}_n) = 0 $$

証明　最初に

$$ \det(\boldsymbol{a}_1\ \cdots\ \boldsymbol{a}_j\ \cdots\ \boldsymbol{a}_j\ \cdots\ \boldsymbol{a}_n) = 0. $$

を示そう．定理 4.6, (3) によれば列の交換をすると行列式の正負が変わるので，

$$\det(\boldsymbol{a}_1 \ \cdots \ \boldsymbol{a}_j \ \cdots \ \boldsymbol{a}_j \ \cdots \ \boldsymbol{a}_n) = -\det(\boldsymbol{a}_1 \ \cdots \ \boldsymbol{a}_j \ \cdots \ \boldsymbol{a}_j \ \cdots \ \boldsymbol{a}_n)$$

よって，

$$\det(\boldsymbol{a}_1 \ \cdots \ \boldsymbol{a}_j \ \cdots \ \boldsymbol{a}_j \ \cdots \ \boldsymbol{a}_n) = 0$$

これを用いると，定理 4.6 より

$$\begin{aligned}
&\det(\boldsymbol{a}_1 \ \cdots \ \boldsymbol{a}_i + c\boldsymbol{a}_j \ \cdots \ \boldsymbol{a}_j \ \cdots \ \boldsymbol{a}_n) \\
&= \det(\boldsymbol{a}_1 \ \cdots \ \boldsymbol{a}_i \ \cdots \ \boldsymbol{a}_j \ \cdots \ \boldsymbol{a}_n) \\
&\qquad + c\det(\boldsymbol{a}_1 \ \cdots \ \boldsymbol{a}_j \ \cdots \ \boldsymbol{a}_j \ \cdots \ \boldsymbol{a}_n) \\
&= \det(\boldsymbol{a}_1 \ \cdots \ \boldsymbol{a}_i \ \cdots \ \boldsymbol{a}_j \ \cdots \ \boldsymbol{a}_n) = |A|.
\end{aligned}$$

■

以上をまとめると，行列式の効果的計算法とは，次のように行列の基本変形に似た変形法であることがわかる．

系 4.1　(I) n 次正方行列 $A = (\boldsymbol{a}_1 \ \cdots \ \boldsymbol{a}_i \ \cdots \ \boldsymbol{a}_j \ \cdots \ \boldsymbol{a}_n)$ に対して，

(I-1)　$\det(\boldsymbol{a}_1 \ \cdots \ \boldsymbol{a}_j \ \cdots \ \boldsymbol{a}_i \ \cdots \ \boldsymbol{a}_n) = -|A|$
　(1 回だけ i 列と j 列を入れ替える．)

(I-2)　$\det(\boldsymbol{a}_1 \ \cdots \ c\boldsymbol{a}_i \ \cdots \ \boldsymbol{a}_n) = c|A|$
　(i 列を c 倍する，c はスカラー．)

(I-3)　$\det(\boldsymbol{a}_1 \ \cdots \ \boldsymbol{a}_i + c\boldsymbol{a}_j \ \cdots \ \boldsymbol{a}_j \ \cdots \ \boldsymbol{a}_n) = |A|$
　(j 列を c 倍して，それを i 列に加える．)

(II) n 次正方行列 B に対して (${}^tB$ を (I) の行列 A に見立てると)，

(II-1)　1 回だけ i 行と j 行を入れ替えた行列の行列式 $= -\det B$.

(II-2)　i 行を c 倍した行列の行列式 $= c\det B$.

(II-3)　j 行を c 倍して，それを i 行に加えた行列の行列式 $= \det B$.

✎　(1) 系 4.1 における変形法は行と列について，そのつど都合よく混ぜて使ってよい(効果的).

(2) n 次正方行列 A とスカラー c に対して，系 4.1, (I-2), (II-2) より

$$|cA| = c^n|A|$$

となることに注意しよう．

n 次正方行列の行列式の計算は一般にやさしくはないが，特に対角行列や上三角行列，下三角行列の場合は定義に従うことによって次のように簡単に計算できる．

(1) 対角行列 $\begin{vmatrix} a_{11} & & & O \\ & a_{22} & & \\ & & \ddots & \\ O & & & a_{nn} \end{vmatrix} = a_{11}a_{22}\cdots a_{nn}$

(2) 上三角行列 $\begin{vmatrix} a_{11} & a_{12} & \cdots & a_{nn} \\ & a_{22} & \cdots & a_{2n} \\ & & \ddots & \vdots \\ O & & & a_{nn} \end{vmatrix} = a_{11}a_{22}\cdots a_{nn}$

(3) 下三角行列 $\begin{vmatrix} a_{11} & & & O \\ a_{21} & a_{22} & & \\ \vdots & & \ddots & \\ a_{n1} & a_{n2} & \cdots & a_{nn} \end{vmatrix} = a_{11}a_{22}\cdots a_{nn}$

例 4.5 行列式の性質 (系 4.1) を生かして，与えられた行列式を如何(いか)に単純な形に変形するかが計算のポイントである．この例では上三角行列の形に変わっていく過程を鑑賞しよう．

(1) $$\begin{vmatrix} 1 & 3 & 2 \\ -2 & 0 & 4 \\ 0 & 1 & 2 \end{vmatrix} = 2\begin{vmatrix} 1 & 3 & 2 \\ -1 & 0 & 2 \\ 0 & 1 & 2 \end{vmatrix} = 2\begin{vmatrix} 1 & 3 & 2 \\ 0 & 3 & 4 \\ 0 & 1 & 2 \end{vmatrix} = 2\begin{vmatrix} 1 & 3 & 2 \\ 0 & 1 & 0 \\ 0 & 1 & 2 \end{vmatrix}$$

$$= 2\begin{vmatrix} 1 & 3 & 2 \\ 0 & 1 & 0 \\ 0 & 0 & 2 \end{vmatrix} = 2 \cdot 2 = 4$$

(2) $$\begin{vmatrix} 1 & 3 & 2 \\ -2+x & x & 4+x \\ 0 & 1 & 2 \end{vmatrix} = \begin{vmatrix} 1 & 3 & 2 \\ -2 & 0 & 4 \\ 0 & 1 & 2 \end{vmatrix} + \begin{vmatrix} 1 & 3 & 2 \\ x & x & x \\ 0 & 1 & 2 \end{vmatrix}$$

$$= 4 + x\begin{vmatrix} 1 & 3 & 2 \\ 1 & 1 & 1 \\ 0 & 1 & 2 \end{vmatrix} = 4 + x\begin{vmatrix} 1 & 3 & 2 \\ 0 & -2 & -1 \\ 0 & 1 & 2 \end{vmatrix}$$

$$= 4 + x \begin{vmatrix} 1 & 3 & 2 \\ 0 & 0 & 3 \\ 0 & 1 & 2 \end{vmatrix} = 4 - x \begin{vmatrix} 1 & 3 & 2 \\ 0 & 1 & 2 \\ 0 & 0 & 3 \end{vmatrix}$$

$$= 4 - x \cdot 3 = -3x + 4$$

(3) $$\begin{vmatrix} 0 & 2 & 0 & -1 \\ 1 & 1 & 0 & 0 \\ 0 & 0 & -3 & 9 \\ 0 & 0 & 1 & 2 \end{vmatrix} = -3 \begin{vmatrix} 1 & 1 & 0 & 0 \\ 0 & 2 & 0 & -1 \\ 0 & 0 & -1 & 3 \\ 0 & 0 & 1 & 2 \end{vmatrix} = -3 \begin{vmatrix} 1 & 1 & 0 & 0 \\ 0 & 2 & 0 & -1 \\ 0 & 0 & -1 & 3 \\ 0 & 0 & 0 & 5 \end{vmatrix}$$

$$= (-3) \cdot (-10) = 30.$$

問 4.5 次の行列式を計算しなさい.

(1) $\begin{vmatrix} 2 & 3 & 1 & 0 \\ -1 & 2 & 1 & 1 \\ 3 & 1 & 0 & 2 \\ 0 & 3 & 5 & 4 \end{vmatrix}$ (2) $\begin{vmatrix} 3 & 4 & 1 & 1 \\ 2 & 1 & 3 & 8 \\ 0 & 7 & 0 & -2 \\ -1 & 2 & 2 & 1 \end{vmatrix}$ (3) $\begin{vmatrix} 4 & 2 & -1 & 3 \\ 3 & 0 & 2 & 3 \\ 1 & -1 & 1 & 2 \\ 1 & 5 & 0 & 1 \end{vmatrix}$

(4) $\begin{vmatrix} 2 & 0 & 0 & 1 & 1 \\ 0 & 0 & 3 & 0 & 0 \\ 0 & 0 & -1 & 0 & 1 \\ 0 & 0 & 0 & 2 & 1 \\ 0 & 1 & 0 & 1 & 0 \end{vmatrix}$

次に，行列式の乗法に関する重要で役に立ついくつかの性質を紹介する.

定理 4.8 n 次正方行列 A, B に対して,

$$|AB| = |A| \cdot |B|$$

が成り立つ.

証明 証明は具体的な計算による．たとえば，簡単のため 2 次正方行列の場合で計算する.

$$A = \begin{pmatrix} a_{11} & a_{12} \\ a_{21} & a_{22} \end{pmatrix}, \quad B = \begin{pmatrix} b_{11} & b_{12} \\ b_{21} & b_{22} \end{pmatrix} = \begin{pmatrix} \boldsymbol{b}_1 \\ \boldsymbol{b}_2 \end{pmatrix}$$

$$AB = \begin{pmatrix} a_{11} & a_{12} \\ a_{21} & a_{22} \end{pmatrix} \begin{pmatrix} b_{11} & b_{12} \\ b_{21} & b_{22} \end{pmatrix} = \begin{pmatrix} a_{11}b_{11} + a_{12}b_{21} & a_{11}b_{12} + a_{12}b_{22} \\ a_{21}b_{11} + a_{22}b_{21} & a_{21}b_{12} + a_{22}b_{22} \end{pmatrix}$$

$$= \begin{pmatrix} a_{11}(b_{11} \quad b_{12}) + a_{12}(b_{21} \quad b_{22}) \\ a_{21}(b_{11} \quad b_{12}) + a_{22}(b_{21} \quad b_{22}) \end{pmatrix} = \begin{pmatrix} a_{11}\boldsymbol{b}_1 + a_{12}\boldsymbol{b}_2 \\ a_{21}\boldsymbol{b}_1 + a_{22}\boldsymbol{b}_2 \end{pmatrix}$$

よって，系 4.1 より，

$$|AB| = \begin{vmatrix} a_{11}\boldsymbol{b}_1 + a_{12}\boldsymbol{b}_2 \\ a_{21}\boldsymbol{b}_1 + a_{22}\boldsymbol{b}_2 \end{vmatrix} = a_{11}\begin{vmatrix} \boldsymbol{b}_1 \\ a_{21}\boldsymbol{b}_1 + a_{22}\boldsymbol{b}_2 \end{vmatrix} + a_{12}\begin{vmatrix} \boldsymbol{b}_2 \\ a_{21}\boldsymbol{b}_1 + a_{22}\boldsymbol{b}_2 \end{vmatrix}$$

$$= a_{11}a_{21}\begin{vmatrix} \boldsymbol{b}_1 \\ \boldsymbol{b}_1 \end{vmatrix} + a_{11}a_{22}\begin{vmatrix} \boldsymbol{b}_1 \\ \boldsymbol{b}_2 \end{vmatrix} + a_{12}a_{21}\begin{vmatrix} \boldsymbol{b}_2 \\ \boldsymbol{b}_1 \end{vmatrix} + a_{12}a_{22}\begin{vmatrix} \boldsymbol{b}_2 \\ \boldsymbol{b}_2 \end{vmatrix}$$

$$= (a_{11}a_{22} - a_{12}a_{21})\begin{vmatrix} \boldsymbol{b}_1 \\ \boldsymbol{b}_2 \end{vmatrix} = |A| \cdot |B|.$$ ∎

行列は一般に $AB = BA$ とはならないが，定理 4.8 によれば，

$$|AB| = |A||B| = |BA|$$

となることに注意しよう．定理 4.8 を使うことによって，次のように正則行列と行列式との関係がわかる．

定理 4.9 n 次正方行列 A に対して，次が成り立つ．

(1) A が正則ならば $|A| \neq 0$, 特に $|A^{-1}| = |A|^{-1}$,

(2) A の成分が全て整数であるとする．もし，A が正則で A^{-1} の成分も全て整数であれば，$|A| = 1$ または -1.

証明 (1) A が正則ならば，$AA^{-1} = E$. よって，定理 4.8 により

$$1 = |E| = |AA^{-1}| = |A| \cdot |A^{-1}|$$

よって，$|A^{-1}| \neq 0$. また，$|A^{-1}| = |A|^{-1}$ もすぐにわかる．

(2) $A = (a_{ij})$ の成分がすべて整数であるとすれば，その行列式

$$|A| = \sum_{\sigma \in S_n} \operatorname{sgn} \sigma a_{1\sigma(1)} \cdots a_{n\sigma(n)}$$

も整数となる．同様に A^{-1} の成分がすべて整数であれば (1) から $|A^{-1}| = \dfrac{1}{|A|}$ も整数となる．よって，$|A| = 1$ または -1. ∎

例 4.6 n 次正方行列 A が ${}^tAA = E$ を満たすとき，A は**直交行列**と呼ばれる．A が直交行列ならば，

$$1 = |E| = |{}^tAA| = |{}^tA||A| = |A|^2$$

となることから，$|A|=1$ または -1．直交行列の例として，

$A=\begin{pmatrix}\cos\alpha & -\sin\alpha\\ \sin\alpha & \cos\alpha\end{pmatrix}$ が代表的である．これは回転を表す行列として，すでに第 2 章で紹介されている．

例 4.7 n 次正方行列 A が ${}^tA=-A$ を満たすとき，A を**交代行列**と呼ぶ．A が交代行列ならば，

$$|A|=|{}^tA|=|-A|=(-1)^n|A|$$

よって，n が奇数ならば $|A|=0$．交代行列の例としては，

$$\begin{pmatrix}0 & 1\\ -1 & 0\end{pmatrix},\quad \begin{pmatrix}0 & 1 & 0\\ -1 & 0 & 1\\ 0 & -1 & 0\end{pmatrix}$$

などが挙げられる．

次の定理は，区分けされた行列の行列式が，あたかも 2 次正方行列のように求められることを示している．

定理 4.10 n 次正方行列 A が正方行列 A_{11}，A_{22} を用いて $A=\begin{pmatrix}A_{11} & O\\ A_{21} & A_{22}\end{pmatrix}$ または $A=\begin{pmatrix}A_{11} & A_{12}\\ O & A_{22}\end{pmatrix}$ と区分けされているとき，次が成り立つ．

$$|A|=|A_{11}|\cdot|A_{22}|$$

証明 $A=\begin{pmatrix}A_{11} & O\\ A_{21} & A_{22}\end{pmatrix}$ と区分けされる場合のみ示せば十分である．最初に，A_{11} を m 次正方行列として，$A=\begin{pmatrix}A_{11} & O\\ A_{21} & E\end{pmatrix}=(a_{ij})$ のとき，$|A|=|A_{11}|$ が成り立つことを示そう．行列式の定義から

$$\begin{vmatrix}A_{11} & O\\ A_{21} & E\end{vmatrix}=\sum_{\sigma\in S_n}\operatorname{sgn}\sigma a_{1\,\sigma(1)}\cdots a_{m\,\sigma(m)}\cdot a_{m+1\,\sigma(m+1)}\cdots a_{n\,\sigma(n)}$$

ここで，A のつくりから実際には次のようになる．

$$\begin{vmatrix}A_{11} & O\\ A_{21} & E\end{vmatrix}=\sum_{\sigma\in S_n}\operatorname{sgn}\begin{pmatrix}1 & \cdots & m & m+1 & \cdots & n\\ \sigma(1) & \cdots & \sigma(m) & m+1 & \cdots & n\end{pmatrix}a_{1\,\sigma(1)}\cdots a_{m\,\sigma(m)}$$

n 個の自然数の置換 $\begin{pmatrix} 1 & \cdots & m & m+1 & \cdots & n \\ \sigma(1) & \cdots & \sigma(m) & m+1 & \cdots & n \end{pmatrix}$ は m 個の自然数の置換と見ることができるので，実際の行列式の計算は

$$\begin{vmatrix} A_{11} & O \\ A_{21} & E \end{vmatrix} = \sum_{\sigma \in S_m} \operatorname{sgn} \sigma a_{1\,\sigma(1)} \cdots a_{m\,\sigma(m)} = |A_{11}|$$

次に，$A = \begin{pmatrix} A_{11} & O \\ A_{21} & A_{22} \end{pmatrix}$ の場合を示そう．前半の議論により，

$$\begin{vmatrix} A_{11} & O \\ A_{21} & E \end{vmatrix} = |A_{11}|, \quad \begin{vmatrix} E & O \\ O & A_{22} \end{vmatrix} = |A_{22}|$$

となることすぐにわかる．よって，定理 4.8 より

$$\begin{aligned} |A| = \begin{vmatrix} A_{11} & O \\ A_{21} & A_{22} \end{vmatrix} &= \left| \begin{pmatrix} A_{11} & O \\ A_{21} & E \end{pmatrix} \begin{pmatrix} E & O \\ O & A_{22} \end{pmatrix} \right| \\ &= \begin{vmatrix} A_{11} & O \\ A_{21} & E \end{vmatrix} \begin{vmatrix} E & O \\ O & A_{22} \end{vmatrix} = |A_{11}| \cdot |A_{22}|. \end{aligned}$$ ∎

例 4.8　n 次正方行列 A を正方行列 A_1, A_3 を用いて $A = \begin{pmatrix} A_1 & A_2 \\ {}^tA_2 & A_3 \end{pmatrix}$ と区分けしたとする．もし，A_1 が正則であれば，

$$|A| = |A_1| \cdot |A_3 - {}^tA_2 A_1^{-1} A_2|$$

となることを示そう．そのためには，第 2 章で紹介したシューアの対角化 (例 2.12) を用いればよい．まず，$X = A_1^{-1} A_2$ とすれば，

$$\begin{pmatrix} E & O \\ {}^tX & E \end{pmatrix} \begin{pmatrix} A_1 & A_2 \\ {}^tA_2 & A_3 \end{pmatrix} \begin{pmatrix} E & X \\ O & E \end{pmatrix} = \begin{pmatrix} A_1 & O \\ O & A_3 - {}^tA_2 A_1^{-1} A_2 \end{pmatrix}$$

一方，定理 4.8 と定理 4.10 より

$$\begin{aligned} \left| \begin{pmatrix} E & O \\ {}^tX & E \end{pmatrix} \begin{pmatrix} A_1 & A_2 \\ {}^tA_2 & A_3 \end{pmatrix} \begin{pmatrix} E & X \\ O & E \end{pmatrix} \right| &= \begin{vmatrix} E & O \\ {}^tX & E \end{vmatrix} \begin{vmatrix} A_1 & A_2 \\ {}^tA_2 & A_3 \end{vmatrix} \begin{vmatrix} E & X \\ O & E \end{vmatrix} \\ &= |A|, \end{aligned}$$

$$\begin{vmatrix} A_1 & O \\ O & A_3 - {}^tA_2 A_1^{-1} A_2 \end{vmatrix} = |A_1| \cdot |A_3 - {}^tA_2 A_1^{-1} A_2|$$

よって，$|A| = |A_1| \cdot |A_3 - {}^tA_2 A_1^{-1} A_2|$.

例題 4.5 次の行列式を求めよ.

$$(1)\ \begin{vmatrix} 1 & 3 & 0 & 0 \\ 2 & 5 & 0 & 0 \\ -1 & 7 & 2 & 1 \\ 3 & 0 & -3 & 5 \end{vmatrix} \qquad (2)\ \begin{vmatrix} 2 & 5 & 1 & 1 \\ 3 & 1 & 1 & 2 \\ 1 & 1 & 2 & 1 \\ 1 & 2 & -3 & 5 \end{vmatrix}$$

解答 (1) 定理 4.10 より,

$$\begin{vmatrix} 1 & 3 & 0 & 0 \\ 2 & 5 & 0 & 0 \\ -1 & 7 & 2 & 1 \\ 3 & 0 & -3 & 5 \end{vmatrix} = \begin{vmatrix} 1 & 3 \\ 2 & 5 \end{vmatrix} \cdot \begin{vmatrix} 2 & 1 \\ -3 & 5 \end{vmatrix} = -13$$

(2) 例 4.8 より,

$$\begin{vmatrix} 2 & 5 & 1 & 1 \\ 3 & 1 & 1 & 2 \\ 1 & 1 & 2 & 1 \\ 1 & 2 & -3 & 5 \end{vmatrix} = \begin{vmatrix} 2 & 5 \\ 3 & 1 \end{vmatrix} \cdot \left| \begin{pmatrix} 2 & 1 \\ -3 & 5 \end{pmatrix} + \frac{1}{13} \begin{pmatrix} 1 & 1 \\ 1 & 2 \end{pmatrix} \begin{pmatrix} 1 & -5 \\ -3 & 2 \end{pmatrix} \begin{pmatrix} 1 & 1 \\ 1 & 2 \end{pmatrix} \right|$$

$$= (-13) \cdot \left| \frac{1}{13} \begin{pmatrix} 21 & 5 \\ -45 & 58 \end{pmatrix} \right| = -111.$$

4.4 行列式の展開

本節で紹介する行列式の性質は, 行列式の計算技術として重要なだけでなく, 理論面においても重要である. 最初に次の定義を紹介しよう.

定義 4.5 n 次正方行列 A に対して, A から第 i 行と第 j 列を取り除いた $n-1$ 次正方行列を A_{ij} とする. このとき, $|A_{ij}|$ を A の (i,j) **小行列式**と呼ぶ. また,

$$\widetilde{a}_{ij} = (-1)^{i+j}|A_{ij}|$$

を A の (i,j) **余因子**と呼ぶ.

✎ 定義 4.5 において, 符号 $(-1)^{i+j}$ は, A の (i,j) 成分 a_{ij} を $(1,1)$ 成分のところに移動させるのに, 隣り合う行や列どうしを合計 $i+j$ 回入れ替えることを意味している. a_{ij} を $(1,1)$ 成分に移動したときの行列の行列式で, $(1,1)$ 小行列式は $(-1)^{i+j}a_{ij}|A_{ij}|$ となる. この式で a_{ij} を除くと $(-1)^{i+j}|A_{ij}|$ が余る, すなわち,

$$a_{ij}\text{の余因子} = (i,j)\text{ 余因子} = (-1)^{i+j}|A_{ij}|$$

という訳である.

例題 4.6　行列 $A = \begin{pmatrix} 2 & 1 & 0 & 4 \\ -1 & 2 & 5 & 3 \\ 5 & 1 & 2 & -1 \\ 0 & 2 & -1 & 3 \end{pmatrix}$ の $(2,1)$ 小行列式 $|A_{21}|$ と $(2,1)$ 余因子を求めよ．

解答　行列 A の $(2,1)$ 小行列式は以下の通りである．

$$|A_{21}| = \begin{vmatrix} 1 & 0 & 4 \\ 1 & 2 & -1 \\ 2 & -1 & 3 \end{vmatrix} = \begin{vmatrix} 1 & 0 & 0 \\ 1 & 2 & -5 \\ 2 & -1 & -5 \end{vmatrix} = -15$$

また，$(2,1)$ 余因子は $\widetilde{a}_{21} = (-1)^{2+1}|A_{21}| = 15.$ ∎

これまでに紹介した行列式の計算法は，行列の基本変形に類似した変形法による計算法と，2 次，3 次の正方行列の場合にのみ使えるサラスの方法だけであった．これらの計算法は，非常に使い勝手のよい方法ではあるが，行列のサイズが大きくなるにつれて計算が困難になることには変わりがない．そこで，次の方法として，余因子を用いた行列式の計算法 (公式) について説明する．この計算法は余因子の計算，つまり，n 次正方行列の行列式を，(サイズの小さい) $n-1$ 次正方行列の行列式を用いて計算しようというものである．これは，実際に行列式を計算する際に大きな手助けになると同時に，n 次正則行列の逆行列を求めるときにも，重要な役割を演じる．

定理 4.11　行列式の展開　n 次正方行列 $A = (a_{ij})$ に対して次が成り立つ．

(1)　$|A| = a_{i1}\widetilde{a}_{i1} + a_{i2}\widetilde{a}_{i2} + \cdots + a_{in}\widetilde{a}_{in} \quad (i = 1, 2, \cdots, n)$

(2)　$|A| = a_{1j}\widetilde{a}_{1j} + a_{2j}\widetilde{a}_{2j} + \cdots + a_{nj}\widetilde{a}_{nj} \quad (j = 1, 2, \cdots, n)$

(1) を第 i 行に関する**余因子展開**といい，(2) を第 j 列に関する余因子展開という．

証明　最初に (2) の $j = 1$ の場合を示す．3 段階に分けて示そう．

step 1：$|A| = \begin{vmatrix} a_{11} & 0 & \cdots & 0 \\ a_{21} & a_{22} & \cdots & a_{2n} \\ \vdots & \vdots & \ddots & \vdots \\ a_{n1} & a_{n2} & \cdots & a_{nn} \end{vmatrix} = a_{11} \begin{vmatrix} a_{22} & \cdots & a_{2n} \\ \vdots & \ddots & \vdots \\ a_{n2} & \cdots & a_{nn} \end{vmatrix}$ を示す．

これはすでに定理 4.10 で示されている．

step 2： 第 1 行において，第 i 成分のみ 0 でない行列の場合について示す．すなわち，次の式が成り立つことを示す．

$$\begin{vmatrix} 0 & \cdots & 0 & a_{1i} & 0 & \cdots & 0 \\ a_{21} & \cdots & a_{2\,i-1} & a_{2i} & a_{2\,i+1} & \cdots & a_{2n} \\ \vdots & \cdots & \vdots & \vdots & \vdots & \cdots & \vdots \\ a_{n1} & \cdots & a_{n\,i-1} & a_{ni} & a_{n\,i+1} & \cdots & a_{nn} \end{vmatrix}$$

$$= (-1)^{1+i} a_{1i} \begin{vmatrix} a_{21} & \cdots & a_{2\,i-1} & a_{2\,i+1} & \cdots & a_{2n} \\ \vdots & \cdots & \vdots & \vdots & \cdots & \vdots \\ a_{n1} & \cdots & a_{n\,i-1} & a_{n\,i+1} & \cdots & a_{nn} \end{vmatrix}$$

この場合，左辺の第 i 列を 1 列ずつ左の列と交換をしながら第 1 列に移動して ($i-1$ 回の列の交換が必要となる)，step 1 を適用すればよい．すなわち

$$\begin{vmatrix} 0 & \cdots & 0 & a_{1i} & 0 & \cdots & 0 \\ a_{21} & \cdots & a_{2\,i-1} & a_{2i} & a_{2\,i+1} & \cdots & a_{2n} \\ \vdots & \cdots & \vdots & \vdots & \vdots & \cdots & \vdots \\ a_{n1} & \cdots & a_{n\,i-1} & a_{ni} & a_{n\,i+1} & \cdots & a_{nn} \end{vmatrix}$$

$$= (-1)^{i-1} \begin{vmatrix} a_{1i} & 0 & \cdots & 0 & 0 & \cdots & 0 \\ a_{2\,i-1} & a_{21} & \cdots & a_{2i} & a_{2\,i+1} & \cdots & a_{2n} \\ \vdots & \vdots & \cdots & \vdots & \vdots & \cdots & \vdots \\ a_{n\,i-1} & a_{n1} & \cdots & a_{ni} & a_{n\,i+1} & \cdots & a_{nn} \end{vmatrix}$$

$$= (-1)^{1+i} a_{1i} \begin{vmatrix} a_{21} & \cdots & a_{2\,i-1} & a_{2\,i+1} & \cdots & a_{2n} \\ \vdots & \cdots & \vdots & \vdots & \cdots & \vdots \\ a_{n1} & \cdots & a_{n\,i-1} & a_{n\,i+1} & \cdots & a_{nn} \end{vmatrix}.$$

step 3： 一般の行列に対して示す．

$$\begin{vmatrix} a_{11} & a_{12} & \cdots & a_{1n} \\ a_{21} & a_{22} & \cdots & a_{2n} \\ \vdots & \vdots & \ddots & \vdots \\ a_{n1} & a_{n2} & \cdots & a_{nn} \end{vmatrix}$$

$$= \begin{vmatrix} a_{11} & 0 & \cdots & 0 \\ a_{21} & a_{22} & \cdots & a_{2n} \\ \vdots & \vdots & \ddots & \vdots \\ a_{n1} & a_{n2} & \cdots & a_{nn} \end{vmatrix} + \cdots + \begin{vmatrix} 0 & 0 & \cdots & a_{1n} \\ a_{21} & a_{22} & \cdots & a_{2n} \\ \vdots & \vdots & \ddots & \vdots \\ a_{n1} & a_{n2} & \cdots & a_{nn} \end{vmatrix}$$

これと step 2 を適用することによって定理が証明できた．

ここで，第 1 行に関する余因子展開の証明を行ったが，他の行に関する余因子展開をするには，step 2 と同様に行の交換を行い，第 1 行に関する余因子展開に帰着でき

る．また，列に関する余因子展開は，定理 4.8 によって $|A| = |{}^tA|$ が示されているので，やはり行に関する余因子展開に帰着できる．よって，定理が証明できた． ∎

余因子展開は，一見して複雑な形をしているが，具体的に行列式を計算する際には，1 つの列もしくは 1 つの行に注目して行列式の展開を行う．

例題 4.7　次の行列式を求めよ．

(1) $\begin{vmatrix} 1 & 3 & -1 \\ 0 & 2 & 7 \\ 2 & 5 & 0 \end{vmatrix}$　　(2) $\begin{vmatrix} 0 & 2 & 1 & -2 \\ -1 & 3 & 0 & 2 \\ 2 & 1 & 3 & -1 \\ 1 & 2 & 1 & 0 \end{vmatrix}$

解答　(1) 第 1 列に注目をして余因子展開を行う．(2, 1) 成分が 0 なので，

$$\begin{vmatrix} 1 & 3 & -1 \\ 0 & 2 & 7 \\ 2 & 5 & 0 \end{vmatrix} = a_{11}\widetilde{a}_{11} + a_{21}\widetilde{a}_{21} + a_{31}\widetilde{a}_{31}$$

$$= 1 \cdot (-1)^{1+1} \begin{vmatrix} 2 & 7 \\ 5 & 0 \end{vmatrix} + 2 \cdot (-1)^{3+1} \begin{vmatrix} 3 & -1 \\ 2 & 7 \end{vmatrix}$$

$$= -35 + 2 \cdot 23 = 11$$

(2) 余因子展開を行う前に，これまで学習してきた変形を利用すると，より計算が楽になる．

$$\begin{vmatrix} 0 & 2 & 1 & -2 \\ -1 & 3 & 0 & 2 \\ 2 & 1 & 3 & -1 \\ 1 & 2 & 1 & 0 \end{vmatrix} = \begin{vmatrix} 0 & 2 & 1 & -2 \\ 0 & 5 & 1 & 2 \\ 0 & -3 & 1 & -1 \\ 1 & 2 & 1 & 0 \end{vmatrix} = \begin{vmatrix} 0 & 2 & 1 & -2 \\ 0 & 3 & 0 & 4 \\ 0 & -5 & 0 & 1 \\ 1 & 2 & 1 & 0 \end{vmatrix}$$

$$= 1 \cdot (-1)^{4+1} \begin{vmatrix} 2 & 1 & -2 \\ 3 & 0 & 4 \\ -5 & 0 & 1 \end{vmatrix} = -1 \cdot (-1)^{1+2} \begin{vmatrix} 3 & 4 \\ -5 & 1 \end{vmatrix} = 23$$

この計算では，最初に第 1 列，次に第 2 列に注目をして余因子展開を行った． ∎

問 4.6 次の行列式を計算しなさい.

(1) $\begin{vmatrix} 3 & 6 & 2 & -5 \\ 4 & 3 & 1 & 3 \\ 2 & 1 & 0 & 4 \\ 5 & 1 & 3 & -2 \end{vmatrix}$ (2) $\begin{vmatrix} -3 & 5 & 2 & 7 \\ 2 & 0 & 1 & -3 \\ 2 & 3 & 2 & 3 \\ 5 & -3 & -3 & 2 \end{vmatrix}$

(3) $\begin{vmatrix} 3 & 0 & -3 & 1 & -3 \\ 5 & 1 & 2 & -3 & 2 \\ -3 & 1 & -1 & 4 & -3 \\ 1 & 2 & -1 & 3 & 2 \\ -2 & 3 & 4 & 2 & 4 \end{vmatrix}$ (4) $\begin{vmatrix} 4 & 2 & 3 & 0 & 1 \\ 2 & 4 & 0 & 2 & -5 \\ 1 & 3 & 1 & -3 & 2 \\ -2 & 1 & -2 & 1 & -3 \\ 3 & 1 & 5 & 3 & 2 \end{vmatrix}$

4.5 いくつかの行列式の計算

前節において余因子展開を学習し，行列式の計算も比較的容易にできるようになった．ここでは，これまでに扱ってこなかったいくつかの行列式について，その計算例を紹介することにする．

例題 4.8 次の行列式を因数分解しなさい.

(1) $\begin{vmatrix} 1 & 1 & 1 & 1 \\ a & d & d & d \\ a & b & e & e \\ a & b & c & f \end{vmatrix}$ (2) $\begin{vmatrix} a & a & a & x \\ a & a & x & a \\ a & x & a & a \\ x & a & a & a \end{vmatrix}$

解答 (1)

$$\begin{vmatrix} 1 & 1 & 1 & 1 \\ a & d & d & d \\ a & b & e & e \\ a & b & c & f \end{vmatrix} = \begin{vmatrix} 1 & 1 & 1 & 1 \\ 0 & d-a & d-a & d-a \\ 0 & b-a & e-a & e-a \\ 0 & b-a & c-a & f-a \end{vmatrix}$$

$$= (d-a)\begin{vmatrix} 1 & 1 & 1 \\ b-a & e-a & e-a \\ b-a & c-a & f-a \end{vmatrix}$$

$$= (d-a)\begin{vmatrix} 1 & 1 & 1 \\ 0 & e-b & e-b \\ 0 & c-b & f-b \end{vmatrix}$$

$$= (d-a)(e-b)\begin{vmatrix} 1 & 1 \\ c-b & f-b \end{vmatrix}$$

$$= (d-a)(e-b)(f-c)$$

$$(2)\ \begin{vmatrix} a & a & a & x \\ a & a & x & a \\ a & x & a & a \\ x & a & a & a \end{vmatrix} = \begin{vmatrix} x+3a & a & a & x \\ x+3a & a & x & a \\ x+3a & x & a & a \\ x+3a & a & a & a \end{vmatrix} = (x+3a)\begin{vmatrix} 1 & a & a & x \\ 1 & a & x & a \\ 1 & x & a & a \\ 1 & a & a & a \end{vmatrix}$$

$$= (x+3a)\begin{vmatrix} 1 & a & a & x \\ 0 & 0 & x-a & a-x \\ 0 & x-a & 0 & a-x \\ 0 & 0 & 0 & a-x \end{vmatrix}$$

$$= (x+3a)\begin{vmatrix} 0 & x-a & a-x \\ x-a & 0 & a-x \\ 0 & 0 & a-x \end{vmatrix}$$

$$= (x+3a)(x-a)^2(a-x)\begin{vmatrix} 0 & 1 & 1 \\ 1 & 0 & 1 \\ 0 & 0 & 1 \end{vmatrix}$$

$$= (x+3a)(x-a)^3$$ ∎

例題 4.9　次の行列式の計算をせよ．

$$(1)\ \begin{vmatrix} x & -1 & 0 & \cdots & 0 & 0 \\ 0 & x & -1 & \cdots & 0 & 0 \\ 0 & 0 & x & \ddots & \vdots & \vdots \\ \vdots & \vdots & \vdots & \ddots & -1 & 0 \\ 0 & 0 & 0 & \cdots & x & -1 \\ a_n & a_{n-1} & a_{n-2} & \cdots & a_1 & a_0 \end{vmatrix}$$

$$(2)\ \begin{vmatrix} 1 & 1 & \cdots & 1 \\ x_1 & x_2 & \cdots & x_n \\ {x_1}^2 & {x_2}^2 & \cdots & {x_n}^2 \\ \vdots & \vdots & \cdots & \vdots \\ {x_1}^{n-1} & {x_2}^{n-1} & \cdots & {x_n}^{n-1} \end{vmatrix}$$

解答　(1) 最初に問題の行列式を D_n とおく．D_n の第 1 列に注目して余因子展開

を行うと，

$$
\begin{vmatrix}
x & -1 & 0 & \cdots & 0 & 0 \\
0 & x & -1 & \cdots & 0 & 0 \\
0 & 0 & x & \ddots & \vdots & \vdots \\
\vdots & \vdots & \vdots & \ddots & -1 & 0 \\
0 & 0 & 0 & \cdots & x & -1 \\
a_n & a_{n-1} & a_{n-2} & \cdots & a_1 & a_0
\end{vmatrix}
$$

$$
= x\begin{vmatrix}
x & -1 & 0 & \cdots & 0 & 0 \\
0 & x & -1 & \cdots & 0 & 0 \\
0 & 0 & x & \ddots & \vdots & \vdots \\
\vdots & \vdots & \vdots & \ddots & -1 & 0 \\
0 & 0 & 0 & \cdots & x & -1 \\
a_{n-1} & a_{n-2} & a_{n-3} & \cdots & a_1 & a_0
\end{vmatrix}
+ (-1)^{n+1+1}a_n
\begin{vmatrix}
-1 & 0 & \cdots & 0 & 0 \\
x & -1 & \cdots & 0 & 0 \\
0 & x & \ddots & \vdots & \vdots \\
\vdots & \vdots & \ddots & -1 & 0 \\
0 & 0 & \cdots & x & -1
\end{vmatrix}
$$

$$
= xD_{n-1} + (-1)^{2n+2}a_n
$$

よって，$D_n = xD_{n-1} + a_n$ が成り立つ．ここで，

$$
D_1 = \begin{vmatrix} x & -1 \\ a_1 & a_0 \end{vmatrix} = a_0x + a_1, \quad D_2 = \begin{vmatrix} x & -1 & 0 \\ 0 & x & -1 \\ a_2 & a_1 & a_0 \end{vmatrix} = a_0x^2 + a_1x + a_2
$$

であることを踏まえると，

$$
D_n = a_0x^n + a_1x^{n-1} + \cdots + a_{n-1}x + a_n
$$

であると考えられる．これを数学的帰納法を用いて確かめよう．$n = 1, 2$ の場合はすでに成り立つことがわかっている．$1, 2, \cdots, n-1$ の場合に成り立っていると仮定する．このとき，

$$
\begin{aligned}
D_n = xD_{n-1} + a_n &= x(a_0x^{n-1} + a_1x^{n-2} + \cdots + a_{n-2}x + a_{n-1}) + a_n \\
&= a_0x^n + a_1x^{n-1} + \cdots + a_{n-2}x^2 + a_{n-1}x + a_n
\end{aligned}
$$

となり，n の場合も成り立つことがわかった．

(2) 問題の行列式は，具体的に計算をすると n 変数多項式となる．ここで，x_i を x_j $(i \neq j)$ に置き換えると，この行列式は同じ列を 2 つ以上含むので 0 となる．よって，この行列式 (多項式) は

$$
\prod_{1 \leqq i < j \leqq n} (x_j - x_i) \tag{4.3}
$$

を因数に含む．特に，(4.3) の積を変数 $x_1, \cdots, x_n$ の**差積**という．ところで，行列式の定義から，この行列式の次数は $\dfrac{n(n-1)}{2}$ であることがわかる．これは (4.3) の次

数とも一致している．よって，求める行列式は $c \prod_{1 \leqq i<j \leqq n} (x_j - x_i)$ という形になる．最後に，$x_2 {x_3}^2 \cdots {x_n}^{n-1}$ の係数を比較することによって $c = 1$ であることがわかる．よって，求める行列式は

$$\prod_{1 \leqq i<j \leqq n} (x_j - x_i)$$

この行列式をファンデルモンドの行列式と呼ぶ．■

例 4.9　n 次正方行列 $F(t) = (f_{ij}(t))$ の各成分 $f_{ij}(t)$ は t の一価連続関数で，t について微分可能であるとする．このとき

$$\frac{dF(t)}{dt} = \frac{d}{dt}\begin{vmatrix} f_{11}(t) & f_{12}(t) & \cdots & f_{1n}(t) \\ f_{21}(t) & f_{22}(t) & \cdots & f_{2n}(t) \\ \vdots & \vdots & \ddots & \vdots \\ f_{n1}(t) & f_{n2}(t) & \cdots & f_{nn}(t) \end{vmatrix} = \sum_{j=1}^{n} \det \frac{dF_j(t)}{dt}$$

が成り立つ．ただし，各 j に対して，$\dfrac{dF_j(t)}{dt}$ は行列 $F(t)$ において，第 j 列だけ導関数で置き換えた行列を表す．実際，行列式の定義式より

$$\begin{aligned} \frac{dF(t)}{dt} &= \frac{d}{dt}\left[\sum_{\sigma \in S_n} \operatorname{sgn}\sigma \cdot f_{1\sigma(1)}(t) f_{2\sigma(2)}(t) \cdots f_{n\sigma(n)}(t)\right] \\ &= \sum_{\sigma \in S_n} \operatorname{sgn}\sigma \cdot \frac{d}{dt}\left[f_{1\sigma(1)}(t) f_{2\sigma(2)}(t) \cdots f_{n\sigma(n)}(t)\right] \\ &= \sum_{j=1}^{n}\left[\sum_{\sigma \in S_n} \operatorname{sgn}\sigma \cdot f_{1\sigma(1)}(t) f_{2\sigma(2)}(t) \cdots \left\{\frac{d}{dt} f_{j\sigma(j)}(t)\right\} \cdots f_{n\sigma(n)}(t)\right] \\ &= \sum_{j=1}^{n} \det \frac{dF_j(t)}{dt}. \end{aligned}$$

問 4.7　次の行列式を因数分解しなさい．

(1) $\begin{vmatrix} a & b & c & d \\ d & a & b & c \\ c & d & a & b \\ b & c & d & a \end{vmatrix}$　　(2) $\begin{vmatrix} 0 & a^2 & b^2 & 1 \\ a^2 & 0 & c^2 & 1 \\ b^2 & c^2 & 0 & 1 \\ 1 & 1 & 1 & 0 \end{vmatrix}$　　(3) $\begin{vmatrix} 0 & a & b & c \\ -a & 0 & d & e \\ -b & -d & 0 & f \\ -c & -e & -f & 0 \end{vmatrix}$

問 4.8　次の行列式の計算をしなさい．

(1) $\begin{vmatrix} O & & & a_1 \\ & & a_2 & \\ & \cdot^{\cdot^{\cdot}} & & \\ a_n & & & O \end{vmatrix}$　　(2) $\begin{vmatrix} x & a_1 & a_2 & \cdots & a_n \\ a_1 & x & a_2 & \cdots & a_n \\ a_1 & a_2 & x & \cdots & a_n \\ \vdots & \vdots & \vdots & \ddots & \vdots \\ a_1 & a_2 & a_3 & \cdots & x \end{vmatrix}$

4.6　行列式の応用―逆行列，クラメルの公式，座標幾何

行列式は，行列に付随した数値であることから，必然的に行列が関係する問題に直接的に関係してくる．また，行列式の計算における余因子の手法の重要性もすでに確認済みである．したがって，余因子の手法は，高次の逆行列を求めるための重要なテクニックを提供するとともに，それゆえに，連立 1 次方程式の解とも密接に関係している．

定理 4.12　n 次正方行列 $A=(a_{ij})$ とする．$k, l = 1, 2, \cdots, n$ に対して，次が成り立つ．

(1)　$a_{k1}\widetilde{a}_{l1} + a_{k2}\widetilde{a}_{l2} + \cdots + a_{kn}\widetilde{a}_{ln} = \delta_{kl}|A|$

(2)　$a_{1k}\widetilde{a}_{1l} + a_{2k}\widetilde{a}_{2l} + \cdots + a_{nk}\widetilde{a}_{nl} = \delta_{kl}|A|$

ただし，$\delta_{kl} = \begin{cases} 1 & (k=l) \\ 0 & (k \neq l) \end{cases}$ とする．

証明　行列 A の第 i 列に注目して余因子展開をする．

$$\begin{vmatrix} a_{11} & \cdots & a_{1i} & \cdots & a_{1j} & \cdots & a_{1n} \\ \vdots & & \vdots & & \vdots & & \vdots \\ a_{n1} & \cdots & a_{ni} & \cdots & a_{nj} & \cdots & a_{nn} \end{vmatrix} = a_{1i}\widetilde{a}_{1i} + \cdots + a_{ni}\widetilde{a}_{ni}$$

ここで，第 i 列の各成分を $a_{ki} = b_k$ に置き換えると，

$$\begin{vmatrix} a_{11} & \cdots & b_1 & \cdots & a_{1j} & \cdots & a_{1n} \\ \vdots & & \vdots & & \vdots & & \vdots \\ a_{n1} & \cdots & b_n & \cdots & a_{nj} & \cdots & a_{nn} \end{vmatrix} = b_1\widetilde{a}_{1i} + \cdots + b_n\widetilde{a}_{ni}$$

特に，$b_k = a_{kj}$ とすれば，第 i 列と第 j 列が一致するので，

$$0 = \begin{vmatrix} a_{11} & \cdots & a_{1j} & \cdots & a_{1j} & \cdots & a_{1n} \\ \vdots & & \vdots & & \vdots & & \vdots \\ a_{n1} & \cdots & a_{nj} & \cdots & a_{nj} & \cdots & a_{nn} \end{vmatrix} = a_{1j}\widetilde{a}_{1i} + \cdots + a_{nj}\widetilde{a}_{ni}$$

よって証明ができた． ▮

定義 4.6　n 次正方行列 $A = (a_{ij})$ に対して，

$$\widetilde{A} = \begin{pmatrix} \widetilde{a}_{11} & \cdots & \widetilde{a}_{n1} \\ \vdots & \ddots & \vdots \\ \widetilde{a}_{1n} & \cdots & \widetilde{a}_{nn} \end{pmatrix}$$

を A の**余因子行列**と呼ぶ．

✎　余因子行列では，各成分の並び方が通常の行列と逆になっていることに注意しよう(各成分の添え字に注目しよう)．

例 4.10　3 次正方行列 $A = \begin{pmatrix} 3 & 2 & 0 \\ -1 & 1 & 1 \\ 2 & 0 & 1 \end{pmatrix}$ の余因子行列を求めてみよう．A の各余因子は以下のとおり．

$$\widetilde{a}_{11} = (-1)^{1+1}\begin{vmatrix} 1 & 1 \\ 0 & 1 \end{vmatrix} = 1, \qquad \widetilde{a}_{12} = (-1)^{1+2}\begin{vmatrix} -1 & 1 \\ 2 & 1 \end{vmatrix} = 3$$

$$\widetilde{a}_{13} = (-1)^{1+3}\begin{vmatrix} -1 & 1 \\ 2 & 0 \end{vmatrix} = -2, \quad \widetilde{a}_{21} = (-1)^{2+1}\begin{vmatrix} 2 & 0 \\ 0 & 1 \end{vmatrix} = -2$$

$$\widetilde{a}_{22} = (-1)^{2+2}\begin{vmatrix} 3 & 0 \\ 2 & 1 \end{vmatrix} = 3, \qquad \widetilde{a}_{23} = (-1)^{2+3}\begin{vmatrix} 3 & 2 \\ 2 & 0 \end{vmatrix} = 4$$

$$\widetilde{a}_{31} = (-1)^{3+1}\begin{vmatrix} 2 & 0 \\ 1 & 1 \end{vmatrix} = 2, \qquad \widetilde{a}_{32} = (-1)^{3+2}\begin{vmatrix} 3 & 0 \\ -1 & 1 \end{vmatrix} = -3$$

$$\widetilde{a}_{33} = (-1)^{3+3}\begin{vmatrix} 3 & 2 \\ -1 & 1 \end{vmatrix} = 5$$

よって，

$$\widetilde{A} = \begin{pmatrix} 1 & -2 & 2 \\ 3 & 3 & -3 \\ -2 & 4 & 5 \end{pmatrix}.$$

定理 4.13 任意の正方行列に対して，

$$A\widetilde{A} = \widetilde{A}A = |A|E$$

よって，$|A| \neq 0$ であれば A は正則で，$A^{-1} = \dfrac{1}{|A|}\widetilde{A}$ である．

証明 証明は具体的に計算をして，定理 4.12 を使えばよい．たとえば，簡単に 3 次正方行列の場合で計算する．$A = (a_{ij})$ としたとき，

$$A\widetilde{A} = \begin{pmatrix} a_{11} & a_{12} & a_{13} \\ a_{21} & a_{22} & a_{23} \\ a_{31} & a_{32} & a_{33} \end{pmatrix}\begin{pmatrix} \widetilde{a}_{11} & \widetilde{a}_{21} & \widetilde{a}_{31} \\ \widetilde{a}_{12} & \widetilde{a}_{22} & \widetilde{a}_{32} \\ \widetilde{a}_{13} & \widetilde{a}_{23} & \widetilde{a}_{33} \end{pmatrix}$$

$$= \begin{pmatrix} a_{11}\widetilde{a}_{11} + a_{12}\widetilde{a}_{12} + a_{13}\widetilde{a}_{13} & a_{11}\widetilde{a}_{21} + a_{12}\widetilde{a}_{22} + a_{13}\widetilde{a}_{23} & a_{11}\widetilde{a}_{31} + a_{12}\widetilde{a}_{32} + a_{13}\widetilde{a}_{33} \\ a_{21}\widetilde{a}_{11} + a_{22}\widetilde{a}_{12} + a_{23}\widetilde{a}_{13} & a_{21}\widetilde{a}_{21} + a_{22}\widetilde{a}_{22} + a_{23}\widetilde{a}_{23} & a_{21}\widetilde{a}_{31} + a_{22}\widetilde{a}_{32} + a_{23}\widetilde{a}_{33} \\ a_{31}\widetilde{a}_{11} + a_{32}\widetilde{a}_{12} + a_{33}\widetilde{a}_{13} & a_{31}\widetilde{a}_{21} + a_{32}\widetilde{a}_{22} + a_{33}\widetilde{a}_{23} & a_{31}\widetilde{a}_{31} + a_{32}\widetilde{a}_{32} + a_{33}\widetilde{a}_{33} \end{pmatrix}$$

$$= \begin{pmatrix} \delta_{11}|A| & \delta_{12}|A| & \delta_{13}|A| \\ \delta_{21}|A| & \delta_{22}|A| & \delta_{23}|A| \\ \delta_{31}|A| & \delta_{32}|A| & \delta_{33}|A| \end{pmatrix} = |A|E$$

同様に，$\widetilde{A}A = |A|E$ もわかる．よって，$|A| \neq 0$ であれば

$$A(\frac{1}{|A|}\widetilde{A}) = (\frac{1}{|A|}\widetilde{A})A = E$$

ゆえに，A は正則であり，$A^{-1} = \dfrac{1}{|A|}\widetilde{A}.$ ∎

すでに，n 次正方行列 A が正則であれば，$|A| \neq 0$ であることを定理 4.9 で示している．よって，定理 3.12 と定理 4.13 と合わせることによって，次を得る．

系 4.2 n 次正方行列 A に対して，次は同値である．

(1) A は正則　(2) $|A| \neq 0$　(3) $\operatorname{rank} A = n$

例題 4.10　行列 $A = \begin{pmatrix} 3 & 2 & 4 \\ 0 & 2 & 1 \\ 1 & 0 & -1 \end{pmatrix}$ が正則であるかを調べて，正則ならば逆行列を求めよ．

解答　最初に行列式 $|A|$ を求めよう．

$$\begin{vmatrix} 3 & 2 & 4 \\ 0 & 2 & 1 \\ 1 & 0 & -1 \end{vmatrix} = \begin{vmatrix} 3 & 2 & 7 \\ 0 & 2 & 1 \\ 1 & 0 & 0 \end{vmatrix} = \begin{vmatrix} 2 & 7 \\ 2 & 1 \end{vmatrix} = -12 \neq 0$$

よって，A は正則である．つぎに，A の余因子行列 $\widetilde{A}$ を求めよう．A の各余因子を計算すると，

$$\widetilde{a}_{11} = (-1)^{1+1} \begin{vmatrix} 2 & 1 \\ 0 & -1 \end{vmatrix} = -2, \qquad \widetilde{a}_{12} = (-1)^{1+2} \begin{vmatrix} 0 & 1 \\ 1 & -1 \end{vmatrix} = 1$$

$$\widetilde{a}_{13} = (-1)^{1+3} \begin{vmatrix} 0 & 2 \\ 1 & 0 \end{vmatrix} = -2, \qquad \widetilde{a}_{21} = (-1)^{2+1} \begin{vmatrix} 2 & 4 \\ 0 & -1 \end{vmatrix} = 2$$

$$\widetilde{a}_{22} = (-1)^{2+2} \begin{vmatrix} 3 & 4 \\ 1 & -1 \end{vmatrix} = -7, \qquad \widetilde{a}_{23} = (-1)^{2+3} \begin{vmatrix} 3 & 2 \\ 1 & 0 \end{vmatrix} = 2$$

$$\widetilde{a}_{31} = (-1)^{3+1} \begin{vmatrix} 2 & 4 \\ 2 & 1 \end{vmatrix} = -6, \qquad \widetilde{a}_{32} = (-1)^{3+2} \begin{vmatrix} 3 & 4 \\ 0 & 1 \end{vmatrix} = -3$$

$$\widetilde{a}_{33} = (-1)^{3+3} \begin{vmatrix} 3 & 2 \\ 0 & 2 \end{vmatrix} = 6$$

よって，$\widetilde{A} = \begin{pmatrix} -2 & 2 & -6 \\ 1 & -7 & -3 \\ -2 & 2 & 6 \end{pmatrix}$ であるので，

$$A^{-1} = \frac{1}{|A|}\widetilde{A} = -\frac{1}{12} \begin{pmatrix} -2 & 2 & -6 \\ 1 & -7 & -3 \\ -2 & 2 & 6 \end{pmatrix}.$$

■

問 4.9　次の行列が正則であるか調べ，正則ならば逆行列を求めよ．

(1) $\begin{pmatrix} 2 & 1 & 7 \\ -1 & 0 & 4 \\ 3 & 3 & 1 \end{pmatrix}$　(2) $\begin{pmatrix} 5 & 3 & -1 \\ 1 & 2 & 3 \\ 2 & 1 & 4 \end{pmatrix}$　(3) $\begin{pmatrix} 1 & 3 & -1 \\ 0 & 1 & 2 \\ -2 & 1 & 3 \end{pmatrix}$

正則行列の逆行列を求める方法として，行列の基本変形を用いる方法はすでに学習している．この方法は，コンピュータを用いて計算するには，やや使い

にくい方法であった．しかし，定理 4.13 の方法はコンピュータを用いて計算をするには，非常に使い勝手のよい公式である．しかしながら，実際に手計算をしてみると，非常にたいへんであることがわかる．また，余因子の手法を用いた逆行列を求める公式としての定理 4.13 を利用すると，クラメルの公式で有名な連立 1 次方程式の解の公式を導くことができる．

定理 4.14　クラメルの公式　n 元連立 1 次方程式

$$\begin{cases} a_{11}x_1 + \cdots + a_{1n}x_n = b_1 \\ a_{21}x_1 + \cdots + a_{2n}x_n = b_2 \\ \qquad\qquad \cdots \\ a_{n1}x_1 + \cdots + a_{nn}x_n = b_n \end{cases}$$

の係数行列を A とする．このとき，$|A| \neq 0$ ならば，この連立方程式の解 x_i は次の式で与えられる．

$$x_i = \frac{1}{|A|}\begin{vmatrix} a_{11} & a_{12} & \cdots & b_1 & \cdots & a_{1n} \\ a_{21} & a_{22} & \cdots & b_2 & \cdots & a_{2n} \\ \vdots & \vdots & & \vdots & & \vdots \\ a_{n1} & a_{n2} & \cdots & b_n & \cdots & a_{nn} \end{vmatrix} \quad (i = 1, 2, \cdots, n)$$

（第 i 列）

ここで，上の式における行列式は，A の第 i 列の成分を連立 1 次方程式の右辺の係数に置き換えたものである．

証明　この連立 1 次方程式を係数行列を用いて $A\boldsymbol{x} = \boldsymbol{b}$ とする．$|A| \neq 0$ であれば，A は定理 4.13 より正則で，$A^{-1} = \dfrac{1}{|A|}\widetilde{A}$．よって，連立 1 次方程式の解は

$$\boldsymbol{x} = A^{-1}\boldsymbol{b} = \frac{1}{|A|}\widetilde{A}\boldsymbol{b}$$

この式の右辺を具体的に計算をすればよい．たとえば，第 i 行は

$$x_i = \frac{1}{|A|}(b_1\widetilde{a}_{1i} + b_2\widetilde{a}_{2i} + \cdots + b_n\widetilde{a}_{ni})$$

$$= \frac{1}{|A|}\begin{vmatrix} a_{11} & \cdots & a_{1i-1} & b_1 & a_{1i+1} & \cdots & a_{1n} \\ \vdots & & \vdots & \vdots & \vdots & & \vdots \\ a_{n1} & \cdots & a_{ni-1} & b_n & a_{ni+1} & \cdots & a_{nn} \end{vmatrix}$$

となって，定理が示された． ∎

例題 4.11 次の連立 1 次方程式をクラメルの公式を用いて解け．

$$\begin{cases} x-2y+z=1 \\ 2x+y-2z=0 \\ -x+3y+5z=2 \end{cases}$$

解答 連立方程式の係数行列は $A=\begin{pmatrix} 1 & -2 & 1 \\ 2 & 1 & -2 \\ -1 & 3 & 5 \end{pmatrix}$ である．最初に行列式 $|A|$ を求めよう．

$$\begin{vmatrix} 1 & -2 & 1 \\ 2 & 1 & -2 \\ -1 & 3 & 5 \end{vmatrix} = \begin{vmatrix} 1 & -2 & 1 \\ 0 & 5 & -4 \\ 0 & 1 & 6 \end{vmatrix} = \begin{vmatrix} 5 & -4 \\ 1 & 6 \end{vmatrix} = 34 \neq 0$$

よって，

$$x = \frac{1}{34}\begin{vmatrix} 1 & -2 & 1 \\ 0 & 1 & -2 \\ 2 & 3 & 5 \end{vmatrix} = \frac{1}{34}\begin{vmatrix} 1 & -2 & 1 \\ 0 & 1 & -2 \\ 0 & 7 & 3 \end{vmatrix} = \frac{1}{34}\begin{vmatrix} 1 & -2 \\ 7 & 3 \end{vmatrix} = \frac{1}{2}$$

$$y = \frac{1}{34}\begin{vmatrix} 1 & 1 & 1 \\ 2 & 0 & -2 \\ -1 & 2 & 5 \end{vmatrix} = \frac{1}{34}\begin{vmatrix} 1 & 1 & 1 \\ 0 & -2 & -4 \\ 0 & 3 & 6 \end{vmatrix} = \frac{1}{34}\begin{vmatrix} -2 & -4 \\ 3 & 6 \end{vmatrix} = 0$$

$$z = \frac{1}{34}\begin{vmatrix} 1 & -2 & 1 \\ 2 & 1 & 0 \\ -1 & 3 & 2 \end{vmatrix} = \frac{1}{34}\begin{vmatrix} 1 & -2 & 1 \\ 0 & 5 & -2 \\ 0 & 1 & 3 \end{vmatrix} = \frac{1}{34}\begin{vmatrix} 5 & -2 \\ 1 & 3 \end{vmatrix} = \frac{1}{2}$$

よって，$x=\dfrac{1}{2}, y=0, z=\dfrac{1}{2}$． ■

問 4.10 クラメルの公式を用いて次の連立方程式を解きなさい．

(1) $\begin{cases} 2x+y-3z=-1 \\ x-4y-z=1 \\ 3x+2y+5z=0 \end{cases}$ (2) $\begin{cases} x+y+2z=3 \\ 2x+3y-5z=-2 \\ -3x-y+4z=1 \end{cases}$

(3) $\begin{cases} 4x-3y+z=0 \\ -x+5y+2z=1 \\ 2x+2y+3z=-4 \end{cases}$ (4) $\begin{cases} 3x+y=2 \\ x-4y+z=-3 \\ -2x+3y-z=1 \end{cases}$

行列式の幾何学的な意味づけとして，以下の座標幾何学への応用がよく知られている．

例題 4.12　3 つの平面直線

$$a_1x + b_1y + c_1 = 0, \quad a_2x + b_2y + c_2 = 0, \quad a_3x + b_3y + c_3 = 0$$

が 1 点を共有するならば

$$\text{係数行列式：} \quad \begin{vmatrix} a_1 & b_1 & c_1 \\ a_2 & b_2 & c_2 \\ a_3 & b_3 & c_3 \end{vmatrix} = 0$$

であることを示せ．

解答　1 点 (α, β) を共有するとしよう．このとき，$x = \alpha$, $y = \beta$, $z = 1$ は連立方程式

$$\begin{cases} a_1x + b_1y + c_1z = 0 \\ a_2x + b_2y + c_2z = 0 \\ a_3x + b_3y + c_3z = 0 \end{cases}$$

の解になっている．ここで，係数行列式が 0 でないとすると，定理 4.14 が適用できて，$\alpha = \beta = 1 = 0$ となって矛盾．よって「係数行列式」$= 0$. ∎

例題 4.13　平面上の 3 点 $(\alpha_1, \beta_1), (\alpha_2, \beta_2), (\alpha_3, \beta_3)$ が同一直線上にあるための必要十分条件は

$$\begin{vmatrix} \alpha_1 & \beta_1 & 1 \\ \alpha_2 & \beta_2 & 1 \\ \alpha_3 & \beta_3 & 1 \end{vmatrix} = 0$$

であることを示せ．

解答　3 点 $(\alpha_1, \beta_1), (\alpha_2, \beta_2), (\alpha_3, \beta_3)$ が同一直線上にあるとする．この同一直線を $ax + by + c = 0$, $((a, b) \neq (0, 0))$ とすると

$$\begin{cases} a\alpha_1 + b\beta_1 + c = 0 \\ a\alpha_2 + b\beta_2 + c = 0 \\ a\alpha_3 + b\beta_3 + c = 0 \end{cases}$$

が成り立つ．これを行列を用いて表すと，

$$\begin{pmatrix} \alpha_1 & \beta_1 & 1 \\ \alpha_2 & \beta_2 & 1 \\ \alpha_3 & \beta_3 & 1 \end{pmatrix} \begin{pmatrix} a \\ b \\ c \end{pmatrix} = \begin{pmatrix} 0 \\ 0 \\ 0 \end{pmatrix}$$

ここで，$(a, b) \neq (0, 0)$ であるので，左辺の行列は正則でない．つまり，系 4.2 によって，問題の「行列式」$= 0$ を得る．

逆に,

$$\begin{vmatrix} \alpha_1 & \beta_1 & 1 \\ \alpha_2 & \beta_2 & 1 \\ \alpha_3 & \beta_3 & 1 \end{vmatrix} = 0$$

であると仮定する．このとき,

$$f(x,y) = \begin{vmatrix} x & y & 1 \\ \alpha_2 & \beta_2 & 1 \\ \alpha_3 & \beta_3 & 1 \end{vmatrix}$$

とすれば, $f(\alpha_1,\beta_1) = f(\alpha_2,\beta_2) = f(\alpha_3,\beta_3) = 0$ となるので，関数 $f(x,y) = 0$ は 3 点 $(\alpha_1,\beta_1),(\alpha_2,\beta_2),(\alpha_3,\beta_3)$ を通る．また，行列式の計算を具体的に行えば, $f(x,y)$ は x と y の 1 次式になることから, $f(x,y) = 0$ はこれら 3 点を通る直線となる．つまり，3 点 (α_1,β_1), (α_2,β_2), (α_3,β_3) は同一直線上にある． ∎

問 4.11 3 つの平面直線

$$a_1x + b_1y + c_1 = 0, \quad a_2x + b_2y + c_2 = 0, \quad a_3x + b_3y + c_3 = 0$$

が 1 点を共有するか，平行であるための必要十分条件は

$$\text{係数行列式：} \quad \begin{vmatrix} a_1 & b_1 & c_1 \\ a_2 & b_2 & c_2 \\ a_3 & b_3 & c_3 \end{vmatrix} = 0$$

であることを示せ．

5

ベクトル空間と線形写像

行列の概念は，数概念やベクトル概念の自然な拡張になっているが，その体系は数体系ともベクトルの体系とも異なる．行列論はもともと連立1次方程式と密接に結びついて発展してきた．この事実から，行列は(見方を変えれば) n 次元ベクトルを m 次元ベクトルに移す写像，すなわち，n 次元数ベクトル空間 $\mathbf{R}^n$ から m 次元数ベクトル空間 $\mathbf{R}^m$ への線形写像であると解釈してもよい．ここで特筆すべきは，写像が「線形性」をもっているということである．

線形性は線形代数学の思想の根幹をなす性質である．数ベクトル空間 $\mathbf{R}^n$ だけでなく，抽象化された(一般の)ベクトル空間の間の写像であっても，それが線形性を保持していれば実際はその写像を行列と見なすことができる．つまり，写像の行列表示ができる．また，$\mathbf{R}^n$ 空間の議論だけでも，行列の広い範囲での応用を見てきた．$\mathbf{R}^n$ 空間での議論を抽象的なベクトル空間上で一般化することは，$\mathbf{R}^n$ と異なる(数多くの)空間，たとえば関数空間などにも重要な解析技法として行列の使用範囲が広がることを意味する．つまり，一般論の重要性はその汎用性にある．

ここで特に強調しておきたいことは，ベクトル空間(線形空間)についての議論は何よりも空間の「構造」決定が最重要である，ということである．そして，空間の構造決定に直接関わる概念として，線形性，1次結合(線形結合)，1次独立性(線形独立性)，基底，次元の概念がある．本章での学習目標は，$\mathbf{R}^n$ で学習してきた内容(構造的議論)を，一般的(抽象的)なベクトル空間に拡張することが目標である．実際，一般的なベクトルは，これまで見てきたような空間的表象を重視したベクトルの「線分，矢線」のイメージがなく，空間的表象を超えてかなり抽象化されたものになっている．一般化された議論はすべて $\mathbf{R}^n$ で成り立つことを焼きなおしているだけに過ぎない．よって，読者は $\mathbf{R}^n$ での議論をイメージしながら読み進めるとよい．

5.1　一般のベクトル空間 –1 次独立性と 1 次従属性–

本章では，数ベクトル空間 $\mathbf{R}^n$ を抽象化 (公理化) した空間を扱う．しかしながら，抽象化といってもどんな集合でもよいというわけではない．ここでは，次の条件を満たす集合を**一般のベクトル空間**と呼び，$\mathbf{R}^n$ の抽象化として扱うことにする．以後，スカラーとして，$\mathbf{R}$ と $\mathbf{C}$ のいずれの場合もよく，特に区別する必要がないとき，これらを統一的記号 $\mathbf{K}$ で表す．ただし，$\mathbf{K}$ は $\mathbf{R}$ と $\mathbf{C}$ の一方のみを表すものとする．

定義 5.1　一般のベクトル空間　集合 V に和 $(+)$，スカラー倍の演算があらかじめ定義されていて，次の条件を満たすとき，V を $\mathbf{K}$ 上の**ベクトル空間**または $\mathbf{K}$ 上の**線形空間**と呼ぶ．

(I) $\boldsymbol{x}, \boldsymbol{y} \in V$ に対して，次の法則が成り立つ．

(1)　$(\boldsymbol{x}+\boldsymbol{y})+\boldsymbol{z} = \boldsymbol{x}+(\boldsymbol{y}+\boldsymbol{z})$　　(結合法則)

(2)　$\boldsymbol{x}+\boldsymbol{y} = \boldsymbol{y}+\boldsymbol{x}$　　(交換法則)

(3)　どんな $\boldsymbol{x} \in V$ に対しても，$\boldsymbol{x}+\boldsymbol{o} = \boldsymbol{x}$ となる $\boldsymbol{o} \in V$ がただ 1 つ存在する．これを**零ベクトル**と呼ぶ．

(4)　任意の $\boldsymbol{x} \in V$ に対して，$\boldsymbol{x}+\boldsymbol{x}' = \boldsymbol{o}$ となる $\boldsymbol{x}' \in V$ がただ 1 つ存在する．これを $\boldsymbol{x}$ の**逆元**と呼び，$-\boldsymbol{x}$ で表す．

(II) $\boldsymbol{x} \in V$ と任意の $\mathbf{K}$ の元 a, b に対して，次の法則が成り立つ．

(5)　$(a+b)\boldsymbol{x} = a\boldsymbol{x} + b\boldsymbol{x}$

(6)　$a(\boldsymbol{x}+\boldsymbol{y}) = a\boldsymbol{x} + a\boldsymbol{y}$

(7)　$(ab)\boldsymbol{x} = a(b\boldsymbol{x})$

(8)　$1\boldsymbol{x} = \boldsymbol{x}$

ところで，(実) 数ベクトル空間 $\mathbf{R}^n$ や (複素) 数ベクトル空間 $\mathbf{C}^n$ においては，和やスカラー倍が自然な方法で定義され，零ベクトル ($\boldsymbol{o}$) や逆ベクトル ($\boldsymbol{a}$ に対して $-\boldsymbol{a}$) を「具体的な形」で与えることができる．一般的な (抽象) ベクトル空間を定義する場合は，空でない (抽象的な？) 集合からスタートする．そのため，演算法は数ベクトル空間のように自然ではない．そこで，この集合の元からこの集合に属する新しい元をつくるための「和とスカラー倍」なる演算法を規則として要請し，この規則のもとで，**ベクトル空間の公理**を満たすようにして，一般的な (抽象) ベクトル空間が定義される．したがって，零ベクトルや逆ベクトルの「存在性」が，一般論を遂行するために「必要不可欠の事項」

として要請される．さらに，前にも述べたように，ベクトルが「線分，矢線」のイメージから脱却し，純公理的に定義されている．これらのことが，具体的な $\mathbf{R}^n$ や $\mathbf{C}^n$ と異なった「一般的，または抽象的」たる所以(ゆえん)である．

定義 5.1 の「8 つの条件」を**一般線形 (ベクトル) 空間の公理**，V の元を**ベクトル**と呼ぶ．特に，(II) において $\mathbf{K}=\mathbf{R}$ ならば，V は実線形 (または，実ベクトル) 空間と呼ばれ，$\mathbf{K}=\mathbf{C}$ ならば，V は複素線形 (または，複素ベクトル) 空間と呼ばれる．以後，複素線形空間，実線形空間の共通の性質を述べるときは，これらを区別することなく，$\mathbf{K}$ 上の線形空間 (ベクトル空間) と呼ぶことにする．特にこれらの空間を強調するときは，「実または複素」を省略せず，区別して用いることにする．

例 5.1 $\mathbf{R}^n$, $\mathbf{C}^n$ はそれぞれ実ベクトル空間，複素ベクトル空間である．

例 5.2 複素係数をもつ n 次以下の多項式の集合を $P_n(\mathbf{C})$ とする．このとき，$p_1, p_2 \in P_n(\mathbf{C})$ に対して，和とスカラー倍を

$$(p_1+p_2)(x)=p_1(x)+p_2(x), \quad (\alpha p_1)(x)=\alpha p_1(x) \quad (\alpha \in \mathbf{C})$$

とすれば，$P_n(\mathbf{C})$ は複素ベクトル空間となる．また，$p \in P_n(\mathbf{C})$ の逆元は $-p$，零ベクトルは $p(x) \equiv 0$ となる．

例 5.3 実数を成分にもつ n 次正方行列の集合を $M_n(\mathbf{R})$ とする．このとき，$M_n(\mathbf{R})$ は実ベクトル空間となる．

例 5.4 実数の区間 $[a,b]$ 上の連続関数の集合を $C^0([a,b])$ とする．このとき，$f,g \in C^0([a,b])$ に対して，和とスカラー倍を

$$(f+g)(x)=f(x)+g(x), \quad (\alpha f)(x)=\alpha f(x) \quad (\alpha \in \mathbf{R})$$

によって定義すれば，$C^0([a,b])$ は実ベクトル空間となる．

有限次元のベクトル空間は，次元数と同じ個数の生成元の存在が必要であり，それらの 1 次結合が空間全体となる．このとき，生成元については 1 次独立性という条件が必要である．したがって，空間の議論は，生成元とそれらの 1 次結合を用いて議論すればよいことになる．

$\mathbf{K}$ 上のベクトル空間の n 個のベクトル $\boldsymbol{x}_1, \cdots, \boldsymbol{x}_n$ とスカラー $\alpha_1, \cdots, \alpha_n$ に対して，

$$\alpha_1\boldsymbol{x}_1+\alpha_2\boldsymbol{x}_2+\cdots+\alpha_n\boldsymbol{x}_n$$

をベクトル $\boldsymbol{x}_1, \cdots, \boldsymbol{x}_n$ の **1 次結合**と呼ぶ．

定義 5.2 $\mathbf{K}$ 上のベクトル空間の n 個のベクトル $\boldsymbol{x}_1, \cdots, \boldsymbol{x}_n$ に対して,

$$\alpha_1\boldsymbol{x}_1 + \alpha_2\boldsymbol{x}_2 + \cdots + \alpha_n\boldsymbol{x}_n = \boldsymbol{o} \tag{5.1}$$

という関係式を満たすスカラー $\alpha_1, \cdots, \alpha_n$ を調べる. このとき,

(1) (5.1) を満たすスカラーの組 $(\alpha_1, \alpha_2, \cdots, \alpha_n)$ が

$$\alpha_1 = \alpha_2 = \cdots = \alpha_n = 0$$

となる組だけで, 他には存在しないとき, $\{\boldsymbol{x}_1, \cdots, \boldsymbol{x}_n\}$ は**1 次独立**であるという.

(2) $\{\boldsymbol{x}_1, \cdots, \boldsymbol{x}_n\}$ は, 1 次独立でないとき, **1 次従属**であるという.

どんなベクトルに対しても, $\alpha_1 = \alpha_2 = \cdots = \alpha_n = 0$ ならば (5.1) が満たされる. 1 次独立性とは, 逆に (5.1) が満たされるスカラーは $\alpha_1 = \alpha_2 = \cdots = \alpha_n = 0$ に限ることとして定義している. この違いに注意しよう.

たとえば, 2 つのベクトル $\boldsymbol{x}, \boldsymbol{y}$ が 1 次独立であるとは, $\boldsymbol{x}$ と $\boldsymbol{y}$ が並行でないことを意味する. 2 つのベクトル $\boldsymbol{x}, \boldsymbol{y}$ が 1 次従属であれば,

$$\alpha\boldsymbol{x} = \beta\boldsymbol{y}$$

となるスカラー α, β が存在する. これは 2 のベクトルが平行であることに他ならない. 3 個以上のベクトルの 1 次独立性の場合も同様に考えることができる. 3 個以上のベクトルが 1 次従属とは, 各ベクトルを上手に伸縮させることによって, つり合いのとれた状態になることを意味する.

例 5.5 $\mathbf{K}$ 上のベクトル空間 V のどんな 1 次独立なベクトルの組 $\{\boldsymbol{x}_1, \cdots, \boldsymbol{x}_n\}$ に対しても, $\{\boldsymbol{x}_1, \cdots, \boldsymbol{x}_n, \boldsymbol{o}\}$ は 1 次従属となる. 実際, どんなスカラー $\alpha \neq 0$ に対しても, $\alpha_1 = \alpha_2 = \cdots = \alpha_n = 0$ とおけば,

$$\alpha_1\boldsymbol{x}_1 + \cdots + \alpha_n\boldsymbol{x}_n + \alpha\boldsymbol{o} = \alpha_1\boldsymbol{x}_1 + \cdots + \alpha_n\boldsymbol{x}_n = \boldsymbol{o}$$

よって, $\{\boldsymbol{x}_1, \cdots, \boldsymbol{x}_n, \boldsymbol{o}\}$ は 1 次従属.

例題 5.1 次のベクトルは 1 次独立であるかを調べよ.

(1) $\left\{\begin{pmatrix}1\\2\\0\end{pmatrix}, \begin{pmatrix}0\\-1\\1\end{pmatrix}, \begin{pmatrix}-1\\1\\2\end{pmatrix}\right\}$　(2) $\left\{\begin{pmatrix}1\\3\\5\end{pmatrix}, \begin{pmatrix}-2\\1\\3\end{pmatrix}, \begin{pmatrix}0\\-7\\-13\end{pmatrix}\right\}$

解答　(1) 定義 5.2 に従って次の式を満たすスカラー α, β, γ を調べればよい．

$$\alpha\begin{pmatrix}1\\2\\0\end{pmatrix}+\beta\begin{pmatrix}0\\-1\\1\end{pmatrix}+\gamma\begin{pmatrix}-1\\1\\2\end{pmatrix}=\begin{pmatrix}0\\0\\0\end{pmatrix}$$

この式を計算して，成分ごとの比較をすると，

$$\begin{cases}\alpha \qquad\ \ -\ \gamma=0\\ 2\alpha-\beta+\ \gamma=0\\ \qquad\ \ \beta+2\gamma=0\end{cases}$$

これより $\alpha=\beta=\gamma=0$ となるので，$\left\{\begin{pmatrix}1\\2\\0\end{pmatrix},\begin{pmatrix}0\\-1\\1\end{pmatrix},\begin{pmatrix}-1\\1\\2\end{pmatrix}\right\}$ は 1 次独立である．

(2) 定義 5.2 に従って次の式を満たすスカラー α, β, γ を調べればよい．

$$\alpha\begin{pmatrix}1\\3\\5\end{pmatrix}+\beta\begin{pmatrix}-2\\1\\3\end{pmatrix}+\gamma\begin{pmatrix}0\\-7\\-13\end{pmatrix}=\begin{pmatrix}0\\0\\0\end{pmatrix}$$

この式を計算して，成分ごとの比較をすると，

$$\begin{cases}\alpha-2\beta \qquad\quad =0\\ 3\alpha+\ \beta-\ 7\gamma=0\\ 5\alpha+3\beta-13\gamma=0\end{cases}$$

これより $\alpha,\ \beta,\ \gamma$ を求めればよい．これを解くと，$\begin{pmatrix}\alpha\\\beta\\\gamma\end{pmatrix}=c\begin{pmatrix}2\\1\\1\end{pmatrix}$ (c は任意定数) したがって，$(\alpha,\beta,\gamma)\neq(0,0,0)$ となる α,β,γ の組が存在するので，$\left\{\begin{pmatrix}1\\3\\5\end{pmatrix},\begin{pmatrix}-2\\1\\3\end{pmatrix},\begin{pmatrix}0\\-7\\-13\end{pmatrix}\right\}$ は 1 次従属である．　■

Point!　例題 5.1, (2) では連立方程式を具体的に解いたが，1 次従属であることを示すためには，$\alpha_1\boldsymbol{x}_1+\cdots+\alpha_n\boldsymbol{x}_n=\boldsymbol{o}$ を満たすスカラーの組 $(\alpha_1,\cdots,\alpha_n)$ を具体的に求めてもよい．たとえば，例題 5.1, (2) では $(\alpha,\beta,\gamma)=(2,1,1)$ を見つけることができるので，1 次従属であると結論してよい．

問 5.1　次のベクトルが 1 次独立であるか調べよ．

(1) $\left\{\begin{pmatrix}1\\0\\0\end{pmatrix},\begin{pmatrix}1\\1\\0\end{pmatrix},\begin{pmatrix}1\\1\\1\end{pmatrix}\right\}$　　(2) $\left\{\begin{pmatrix}3\\1\\-2\end{pmatrix},\begin{pmatrix}4\\2\\1\end{pmatrix},\begin{pmatrix}-3\\3\\0\end{pmatrix}\right\}$

(3) $\left\{\begin{pmatrix}-1\\2\\1\end{pmatrix},\begin{pmatrix}3\\1\\-1\end{pmatrix},\begin{pmatrix}1\\5\\1\end{pmatrix}\right\}$　　(4) $\left\{\begin{pmatrix}1\\4\\0\end{pmatrix},\begin{pmatrix}3\\2\\2\end{pmatrix},\begin{pmatrix}2\\-1\\1\end{pmatrix}\right\}$

以下，ベクトルの 1 次独立性に関する性質を紹介していこう．

定理 5.1　$\mathbf{R}^m$ (または $\mathbf{C}^m$) における n 個の m 次元列ベクトル $\{\boldsymbol{x}_1,\cdots,\boldsymbol{x}_n\}$ に対して，次が成り立つ．

(1) $\{\boldsymbol{x}_1,\cdots,\boldsymbol{x}_n\}$ が 1 次従属であれば，どんな m 次元列ベクトル $\boldsymbol{y}$ に対しても，$\{\boldsymbol{x}_1,\cdots,\boldsymbol{x}_n,\boldsymbol{y}\}$ は 1 次従属である．

(2) $\{\boldsymbol{x}_1,\cdots,\boldsymbol{x}_n\}$ が 1 次独立であれば，そのなかのどんな r 個 ($r \leqq n$) のベクトルの組も 1 次独立である．

証明　(1) $\{\boldsymbol{x}_1,\cdots,\boldsymbol{x}_n\}$ が 1 次従属であると仮定しているので，少なくとも 1 個以上は 0 でないスカラー $\alpha_1,\cdots,\alpha_n$ を用いて

$$\alpha_1\boldsymbol{x}_1+\cdots+\alpha_n\boldsymbol{x}_n=\boldsymbol{o}$$

とできる．よって，どんなベクトル $\boldsymbol{y}$ に対しても，

$$\alpha_1\boldsymbol{x}_1+\cdots+\alpha_n\boldsymbol{x}_n+0\boldsymbol{y}=\boldsymbol{o}$$

ここで，スカラーの組 $(\alpha_1,\cdots,\alpha_n,0)$ には，少なくとも 1 個以上の 0 でないスカラーが含まれているので，$\{\boldsymbol{x}_1,\cdots,\boldsymbol{x}_n,\boldsymbol{y}\}$ は 1 次従属となる．

(2) (ほとんど自明であるので，各自直接法で証明してみよ．) ここでは (1) を生かして背理法で証明する．1 次独立なベクトルの組から r 個のベクトルを取り出した組 $\{\boldsymbol{x}_{i_1},\cdots,\boldsymbol{x}_{i_r}\}$ が 1 次従属であると仮定する．このとき，(1) から $\{\boldsymbol{x}_{i_1},\cdots,\boldsymbol{x}_{i_r}\}$ にどんなベクトルを加えても 1 次従属になることから，元のベクトルの組 $\{\boldsymbol{x}_1,\cdots,\boldsymbol{x}_n\}$ も 1 次従属となって仮定と矛盾する．よって，どのような r 個のベクトルの組も 1 次独立となる．■

定理 5.2　$\mathbf{K}$ 上のベクトル空間 V のベクトルの組 $\{\boldsymbol{x}_1,\cdots,\boldsymbol{x}_n\}$ が 1 次従属であるとする．このとき，少なくとも 1 つのベクトルは他のベクトルの 1 次結合で表すことができる．

証明　$\{\boldsymbol{x}_1,\cdots,\boldsymbol{x}_n\}$ が 1 次従属であることから，少なくとも 1 個以上の 0 でないスカラー $\alpha_1,\cdots,\alpha_n$ (ここでは $\alpha_1\neq 0$ とする) を用いて

$$\alpha_1\boldsymbol{x}_1+\alpha_2\boldsymbol{x}_2+\cdots+\alpha_n\boldsymbol{x}_n=\boldsymbol{o}$$

と表すことができる．よって，$\alpha_1 \neq 0$ であることから

$$\boldsymbol{x}_1 = -\left(\frac{\alpha_2}{\alpha_1}\boldsymbol{x}_2 + \cdots + \frac{\alpha_n}{\alpha_1}\boldsymbol{x}_n\right)$$

となり，定理 5.2 が証明できた．∎

定理 5.3　$\{\boldsymbol{x}_1, \cdots, \boldsymbol{x}_n\}$ を $\mathbf{K}$ 上のベクトル空間 V における 1 次独立なベクトルの組とする．これに $\boldsymbol{y} \in V$ を加えたベクトルの組 $\{\boldsymbol{x}_1, \cdots, \boldsymbol{x}_n, \boldsymbol{y}\}$ が 1 次従属であるならば，$\boldsymbol{y}$ は $\boldsymbol{x}_1, \cdots, \boldsymbol{x}_n$ の 1 次結合で表すことができる．

証明　最初に，$\alpha\boldsymbol{y} + \alpha_1\boldsymbol{x}_1 + \cdots + \alpha_n\boldsymbol{x}_n = \boldsymbol{o}$ としたとき，$\alpha \neq 0$ であることに注意しよう．なぜなら，$\alpha = 0$ とすれば，

$$\boldsymbol{o} = \alpha\boldsymbol{y} + \alpha_1\boldsymbol{x}_1 + \cdots + \alpha_n\boldsymbol{x}_n = \alpha_1\boldsymbol{x}_1 + \cdots + \alpha_n\boldsymbol{x}_n$$

となって，$\{\boldsymbol{x}_1, \cdots, \boldsymbol{x}_n\}$ の 1 次独立性から $\alpha_1 = \cdots = \alpha_n = 0$ となり，$\{\boldsymbol{x}_1, \cdots, \boldsymbol{x}_n, \boldsymbol{y}\}$ が 1 次独立となってしまい，1 次従属性に反する．よって $\alpha \neq 0$ である．このとき，

$$\boldsymbol{y} = -\left(\frac{\alpha_1}{\alpha}\boldsymbol{x}_1 + \cdots + \frac{\alpha_n}{\alpha}\boldsymbol{x}_n\right)$$

となって，定理 5.3 の証明ができた．∎

例題 5.2　$\mathbf{K}$ 上のベクトル空間 V の 4 個のベクトルの組 $\{\boldsymbol{a}, \boldsymbol{b}, \boldsymbol{c}, \boldsymbol{d}\}$ が 1 次独立であるとする．このとき，次のベクトルの組が 1 次独立であるかを調べよ．

(1) $\{\boldsymbol{a} + 2\boldsymbol{b}, \boldsymbol{b} + 2\boldsymbol{c}, \boldsymbol{c} + 2\boldsymbol{d}, \boldsymbol{d} + 2\boldsymbol{a}\}$　　(2) $\{\boldsymbol{a} + \boldsymbol{b}, \boldsymbol{b} + \boldsymbol{c}, \boldsymbol{c} + \boldsymbol{d}, \boldsymbol{d} + \boldsymbol{a}\}$

解答　(1) 1 次独立性の定義から，

$$\alpha_1(\boldsymbol{a} + 2\boldsymbol{b}) + \alpha_2(\boldsymbol{b} + 2\boldsymbol{c}) + \alpha_3(\boldsymbol{c} + 2\boldsymbol{d}) + \alpha_4(\boldsymbol{d} + 2\boldsymbol{a}) = \boldsymbol{o}$$

を満たす $\alpha_1, \alpha_2, \alpha_3, \alpha_4$ を調べればよい．

$$\begin{aligned}\boldsymbol{o} &= \alpha_1(\boldsymbol{a} + 2\boldsymbol{b}) + \alpha_2(\boldsymbol{b} + 2\boldsymbol{c}) + \alpha_3(\boldsymbol{c} + 2\boldsymbol{d}) + \alpha_4(\boldsymbol{d} + 2\boldsymbol{a}) \\ &= (\alpha_1 + 2\alpha_4)\boldsymbol{a} + (2\alpha_1 + \alpha_2)\boldsymbol{b} + (2\alpha_2 + \alpha_3)\boldsymbol{c} + (2\alpha_3 + \alpha_4)\boldsymbol{d}\end{aligned}$$

ここで，$\{\boldsymbol{a}, \boldsymbol{b}, \boldsymbol{c}, \boldsymbol{d}\}$ は 1 次独立なので，

$$\alpha_1 + 2\alpha_4 = 2\alpha_1 + \alpha_2 = 2\alpha_2 + \alpha_3 = 2\alpha_3 + \alpha_4 = 0.$$

これを満たす $\alpha_1, \alpha_2, \alpha_3, \alpha_4$ は $\alpha_1 = \alpha_2 = \alpha_3 = \alpha_4 = 0$ だけであるので，$\{\boldsymbol{a} + 2\boldsymbol{b}, \boldsymbol{b} + 2\boldsymbol{c}, \boldsymbol{c} + 2\boldsymbol{d}, \boldsymbol{d} + 2\boldsymbol{a}\}$ は 1 次独立である．

(2) 1 次独立性の定義から，

$$\alpha_1(\boldsymbol{a} + \boldsymbol{b}) + \alpha_2(\boldsymbol{b} + \boldsymbol{c}) + \alpha_3(\boldsymbol{c} + \boldsymbol{d}) + \alpha_4(\boldsymbol{d} + \boldsymbol{a}) = \boldsymbol{o}$$

を満たす $\alpha_1, \alpha_2, \alpha_3, \alpha_4$ を調べる．

$$\boldsymbol{o} = \alpha_1(\boldsymbol{a} + \boldsymbol{b}) + \alpha_2(\boldsymbol{b} + \boldsymbol{c}) + \alpha_3(\boldsymbol{c} + \boldsymbol{d}) + \alpha_4(\boldsymbol{d} + \boldsymbol{a})$$

$$= (\alpha_1 + \alpha_4)\boldsymbol{a} + (\alpha_1 + \alpha_2)\boldsymbol{b} + (\alpha_2 + \alpha_3)\boldsymbol{c} + (\alpha_3 + \alpha_4)\boldsymbol{d}$$

ここで，$\{\boldsymbol{a}, \boldsymbol{b}, \boldsymbol{c}, \boldsymbol{d}\}$ は1次独立であるから，

$$\alpha_1 + \alpha_4 = \alpha_1 + \alpha_2 = \alpha_2 + \alpha_3 = \alpha_3 + \alpha_4 = 0$$

これを満たす $\alpha_1, \alpha_2, \alpha_3, \alpha_4$ としては，たとえば $\alpha_1 = \alpha_3 = 1$, $\alpha_2 = \alpha_4 = -1$ のようにとれるので，$\{\boldsymbol{a}+\boldsymbol{b}, \boldsymbol{b}+\boldsymbol{c}, \boldsymbol{c}+\boldsymbol{d}, \boldsymbol{d}+\boldsymbol{a}\}$ は1次従属である． ▮

問 5.2　**K** 上のベクトル空間の4個のベクトルの組 $\{\boldsymbol{a}, \boldsymbol{b}, \boldsymbol{c}, \boldsymbol{d}\}$ が1次独立であるとする．このとき，次のベクトルの組が1次独立であるか調べよ．

(1) $\{\boldsymbol{a}+\boldsymbol{b}+\boldsymbol{c}, \boldsymbol{b}+\boldsymbol{c}+\boldsymbol{d}, \boldsymbol{c}+\boldsymbol{d}+\boldsymbol{a}, \boldsymbol{d}+\boldsymbol{a}+\boldsymbol{b}\}$
(2) $\{\boldsymbol{a}-\boldsymbol{b}, \boldsymbol{b}-\boldsymbol{c}, \boldsymbol{c}-\boldsymbol{d}, \boldsymbol{d}-\boldsymbol{a}\}$

例題 5.3　実ベクトル空間 $C^0([0, 2\pi])$ の元の組 $\{\sin x, \sin 2x, \cdots, \sin nx\}$ は1次独立であることを示そう．

解答　任意の実数 $\alpha_1, \alpha_2, \cdots, \alpha_n$ に対して，

$$\alpha_1 \sin x + \alpha_2 \sin 2x + \cdots + \alpha_n \sin nx = 0 \tag{5.2}$$

とおく．このとき，$\alpha_1 = \alpha_2 = \cdots = \alpha_n = 0$ であることを示せばよい．最初に $n \neq m$ のとき，

$$\int_0^{2\pi} \sin nx \sin mx\, dx = \int_0^{2\pi} \frac{\cos(n-m)x - \cos(n+m)x}{2} dx$$
$$= \frac{1}{2}\left[\frac{1}{n-m}\sin(n-m)x - \frac{1}{n+m}\sin(n+m)x\right]_0^{2\pi} = 0$$

また，$n = m$ のとき，

$$\int_0^{2\pi} \sin^2 nx\, dx = \int_0^{2\pi} \frac{1-\cos 2nx}{2} dx = \left[\frac{1}{2}x - \frac{1}{4n}\sin 2nx\right]_0^{2\pi} = \pi$$

よって，(5.2) より，

$$0 = \int_0^{2\pi} (\alpha_1 \sin x + \alpha_2 \sin 2x + \cdots + \alpha_n \sin nx) \sin mx\, dx = \alpha_m \pi$$

となり，$\alpha_m = 0$. これがすべての $m = 1, 2, \cdots, n$ に対して成り立つので，$\{\sin x, \sin 2x, \cdots, \sin nx\}$ は1次独立となる． ▮

問 5.3　次のベクトルが1次独立であるかを確かめなさい．

(1)　$M_2(\mathbf{R})$ のベクトルの組 $\left\{\begin{pmatrix} 1 & 0 \\ 0 & 3 \end{pmatrix}, \begin{pmatrix} 0 & -1 \\ 2 & 1 \end{pmatrix}\right\}$

(2)　$P_3(\mathbf{R})$ のベクトルの組 $\{x-1, (x-1)^2, (x-1)^3\}$

問 5.4　実ベクトル空間 $C^0([0, 2\pi])$ の次のベクトルの組が1次独立であることを示

しなさい.

(1) $\{\cos x, \cos 2x, \cdots, \cos nx\}$

(2) $\{\sin x, \sin 2x, \cdots, \sin nx, \cos x, \cos 2x, \cdots, \cos mx\}$

5.2 線形部分空間

定義 5.3 線形部分空間 $\mathbf{K}$ 上の線形空間 V の部分集合 W に対して，V における演算のもとで

(1) $\boldsymbol{x}, \boldsymbol{y} \in W$ ならば $\boldsymbol{x} + \boldsymbol{y} \in W$

(2) $\boldsymbol{x} \in W$, α をスカラー としたとき， $\alpha\boldsymbol{x} \in W$

を満たすとき，W を V の**線形部分空間**と呼ぶ.

線形部分空間の条件 (1), (2) は，次の 1 つの条件に集約することができる.

(3) $\boldsymbol{x}, \boldsymbol{y} \in W$, α, β をスカラーとしたとき， $\alpha\boldsymbol{x} + \beta\boldsymbol{y} \in W$

実際，線形部分空間の条件 (1), (2) から条件 (3) が満たされることはすぐにわかる．また，条件 (3) において $\alpha = \beta = 1$ とおけば (1)，$\beta = 0$ とおけば (2) が得られる.

例題 5.4 $\mathbf{C}^3$ の部分集合 V を次のように定めたとき，V が $\mathbf{C}^3$ の線形部分空間であるかを調べよ.

(1) $V = \left\{ \begin{pmatrix} x \\ y \\ z \end{pmatrix} \in \mathbf{C}^3;\ x - 3y + 2z = 0 \right\}$

(2) $V = \left\{ \begin{pmatrix} x \\ y \\ z \end{pmatrix} \in \mathbf{C}^3;\ xyz = 1 \right\}$

解答 (1) $\boldsymbol{x} = \begin{pmatrix} x_1 \\ y_1 \\ z_1 \end{pmatrix}, \boldsymbol{y} = \begin{pmatrix} x_2 \\ y_2 \\ z_2 \end{pmatrix} \in V$ $(\alpha, \beta \in \mathbf{C})$ とする．このとき，

(5.3) $$x_i - 3y_i + 2z_i = 0 \quad (i = 1, 2)$$

したがって，(5.3) より

$$(\alpha x_1 + \beta x_2) - 3(\alpha y_1 + \beta y_2) + 2(\alpha z_1 + \beta z_2)$$

$$= \alpha(x_1 - 3y_1 + 2z_1) + \beta(x_2 - 3y_2 + z_2) = 0$$

ゆえに,

$$\alpha \begin{pmatrix} x_1 \\ y_1 \\ z_1 \end{pmatrix} + \beta \begin{pmatrix} x_2 \\ y_2 \\ z_2 \end{pmatrix} = \begin{pmatrix} \alpha x_1 + \beta x_2 \\ \alpha y_1 + \beta y_2 \\ \alpha z_1 + \beta z_2 \end{pmatrix} \in V$$

よって, V は $\mathbf{C}^3$ の線形部分空間である.

(2)
$$\boldsymbol{x} = \begin{pmatrix} 1 \\ 1 \\ 1 \end{pmatrix}, \quad \boldsymbol{y} = \begin{pmatrix} -1 \\ 1 \\ -1 \end{pmatrix}$$

とする. このとき, $1 \times 1 \times 1 = (-1) \times 1 \times (-1) = 1$ より, $\boldsymbol{x}, \boldsymbol{y} \in V$. ところが,

$$\boldsymbol{x} + \boldsymbol{y} = \begin{pmatrix} 0 \\ 2 \\ 0 \end{pmatrix}$$

であり, $0 \times 2 \times 0 = 0 \neq 1$ なので $\boldsymbol{x} + \boldsymbol{y} \notin V$. よって, V は $\mathbf{C}^3$ の線形部分空間ではない. ∎

Point! 例題 5.4 の (2) では一般論を避けて, 反例を 1 つ挙げているだけにすぎない. このように, 命題を否定するときには反例を 1 つ挙げれば証明をしなくてもよい. 逆に, (1) のように命題を肯定的に示すときには, 一般論できちんと証明をしなくてはならない.

例題 5.5　実数の区間 $[a, b]$ 上で, n 回微分ができ, かつ n 次導関数が連続な実数値関数の集合を $C^n([a, b])$ とかく. 和とスカラー倍を $C^0([a, b])$ と同様に定義する ($C^n([a, b])$ は実ベクトル空間になる). このとき, 次の集合は, それぞれ $C^2([a, b])$, $C^1([a, b])$ の線形部分空間になるかを調べよ.

(1)　$V = \{y \in C^2([a, b]);\ y'' + 2xy' - y = 0\}$

(2)　$V = \{y \in C^1([a, b]);\ y' - y = x\}$

解答　(1) $y_1, y_2 \in V$ とする. 任意の実数 α, β に対して $\alpha y_1 + \beta y_2 \in V$ が示されれば, V は線形部分空間となる. $y_1, y_2 \in V$ より,

$$(\alpha y_1 + \beta y_2)'' + 2x(\alpha y_1 + \beta y_2) - (\alpha y_1 + \beta y_2)$$
$$= \alpha(y_1'' + 2xy_1' - y_1) + \beta(y_2'' + 2xy_2' - y_2) = 0$$

よって, $\alpha y_1 + \beta y_2 \in V$ となり V は線形部分空間となる.

(2) $y_1, y_2 \in V$ とする. このとき,

$$(y_1 + y_2)' - (y_1 + y_2) = (y_1' - y_1) + (y_2' - y_2) = 2x \neq x$$

となるので, $y_1 + y_2 \notin V$. よって, V は線形部分空間ではない. ∎

問 5.5 次の $\mathbf{C}^3$ の部分集合 V が線形部分空間であるか調べなさい．

(1) $V = \left\{ \begin{pmatrix} x \\ y \\ z \end{pmatrix};\ x + 2y - z = 0 \right\}$ (2) $V = \left\{ \begin{pmatrix} x \\ y \\ z \end{pmatrix};\ x + y + z = 1 \right\}$

問 5.6 $A \in M_n(\mathbf{R})$ に対して，$\mathbf{R}^n$ の部分集合 V を

$$V = \{\boldsymbol{x} \in \mathbf{R}^n;\ A\boldsymbol{x} = \boldsymbol{o}\}$$

で定める．このとき，V が $\mathbf{R}^n$ の線形部分空間であるかを調べよ．

問 5.7 $a_{ij}, b_i \in \mathbf{R}$ $(i = 1, 2, \cdots, m,\ j = 1, 2, \cdots, n)$ とする．n 元連立 1 次方程式

$$\begin{cases} a_{11}x_1 + \cdots + a_{1n}x_n &= b_1 \\ a_{21}x_1 + \cdots + a_{2n}x_n &= b_2 \\ \cdots \quad \cdots \quad \cdots & \quad \cdots \\ a_{m1}x_1 + \cdots + a_{mn}x_n &= b_m \end{cases}$$

が解をもつとき，解の集合 V について，以下の問いに答えよ．

(1) $b_1 = b_2 = \cdots = b_m = 0$ のとき，V は $\mathbf{R}^n$ の線形部分空間であることを示せ．

(2) (1) 以外の場合では，V は $\mathbf{R}^n$ の線形部分空間にならないことを示せ．

A を $m \times n$ 行列とするとき，n 元同次連立 1 次方程式 $A\boldsymbol{x} = \boldsymbol{o}$ に対して

$$W = \{\boldsymbol{x} \in \mathbf{R}^n;\ A\boldsymbol{x} = \mathbf{0}\}$$

は $\mathbf{R}^n$ の線形部分空間になっている．この W を同次連立 1 次方程式 $A\boldsymbol{x} = \mathbf{0}$ の**解空間**という．たとえば，例題 5.5 の (1) で示された $C^2([a, b])$ の線形部分空間 V は微分方程式 $y'' + 2xy' - y = 0$ の解空間であり，また，問 5.6 や 問 5.7 の (1) で示された $\mathbf{R}^n$ の線形部分空間 V は同次連立 1 次方程式 $A\boldsymbol{x} = \boldsymbol{o}$ の解空間になっている．

問 5.8 漸化式 $a_{n+2} - 3a_{n+1} + 2a_n = 0$ を満たす実数列の集合を V とする．すなわち，

$$V = \{\{a_n\}_{n=1}^{\infty} \subset \mathbf{R}; a_{n+2} - 3a_{n+1} + 2a_n = 0\}$$

$\{a_n\}_{n=1}^{\infty}, \{b_n\}_{n=1}^{\infty} \in V$ に対して，和とスカラー倍を

$$\{a_n\}_{n=1}^{\infty} + \{b_n\}_{n=1}^{\infty} = \{a_n + b_n\}_{n=1}^{\infty}, \quad \alpha\{a_n\}_{n=1}^{\infty} = \{\alpha a_n\}_{n=1}^{\infty}, \quad \alpha \in \mathbf{R}$$

と定義する．このとき，V は $\mathbf{R}$ の線形部分空間となることを示せ．

定義 5.4　$\mathbf{K}$ 上のベクトル空間 V において，$\boldsymbol{x}_1, \cdots, \boldsymbol{x}_m \in V$ とする．

(1)　次の集合 $L = L(\boldsymbol{x}_1, \cdots, \boldsymbol{x}_m)$ を，ベクトル $\boldsymbol{x}_1, \cdots, \boldsymbol{x}_m$ で張られる**線形部分空間**と定義する．

$$L = \{\boldsymbol{x} \in V; \boldsymbol{x} = \alpha_1\boldsymbol{x}_1 + \cdots + \alpha_m\boldsymbol{x}_m, \alpha_i \text{はスカラー} \ (i = 1, 2, \cdots, m)\}$$

(2)　次の集合 $S = S(\boldsymbol{x}_1, \cdots, \boldsymbol{x}_m)$ を，ベクトル $\boldsymbol{x}_1, \cdots, \boldsymbol{x}_m$ で張られる**平行多面体**と定義する．

$$S = \{\boldsymbol{x} \in V; \boldsymbol{x} = \alpha_1\boldsymbol{x}_1 + \cdots + \alpha_m\boldsymbol{x}_m, \alpha_i \in [0, 1] \ (i = 1, 2, \cdots, m)\}$$

例 5.6　$\mathbf{R}^2$ における 2 つの 1 次独立なベクトル $\boldsymbol{x} = \begin{pmatrix} x_1 \\ x_2 \end{pmatrix}, \boldsymbol{y} = \begin{pmatrix} y_1 \\ y_2 \end{pmatrix}$ に対して，$S(\boldsymbol{x}, \boldsymbol{y})$ は，4 点 $(0, 0), (x_1, x_2), (y_1, y_2), (x_1 + y_1, x_2 + y_2)$ を頂点とする平行四辺形になる．

定義 5.5　$\mathbf{K}$ 上のベクトル空間 V の線形部分空間 W_1, W_2 に対して，

$$W_1 + W_2 = \{\boldsymbol{x}_1 + \boldsymbol{x}_2; \boldsymbol{x}_1 \in W_1, \boldsymbol{x}_2 \in W_2\}$$

を W_1 と W_2 の**和空間**と呼ぶ．特に $W_1 \cap W_2 = \{\boldsymbol{o}\}$ であるとき，$W_1 + W_2$ を**直和**と呼び，$W_1 \oplus W_2$ で表す．

例題 5.6　$\mathbf{K}$ 上のベクトル空間 V の線形部分空間 W_1, W_2 の和空間 $W_1 + W_2$ が V の線形部分空間となることを示せ．

解答　$\boldsymbol{z}_1, \boldsymbol{z}_2 \in W_1 + W_2$ とし，α, β を任意のスカラーとする．和空間の定義により，$i = 1, 2$ に対して

$$\boldsymbol{z}_i = \boldsymbol{x}_i + \boldsymbol{y}_i \quad (\boldsymbol{x}_i \in W_1, \boldsymbol{y}_i \in W_2)$$

となる $\boldsymbol{x}_i, \boldsymbol{y}_i$ が存在する．よって，W_1, W_2 がそれぞれ V の線形部分空間であることにより，

$$\alpha\boldsymbol{z}_1 + \beta\boldsymbol{z}_2 = \alpha(\boldsymbol{x}_1 + \boldsymbol{y}_1) + \beta(\boldsymbol{x}_2 + \boldsymbol{y}_2) = (\alpha\boldsymbol{x}_1 + \beta\boldsymbol{x}_2) + (\alpha\boldsymbol{y}_1 + \beta\boldsymbol{y}_2) \in W_1 + W_2.$$

よって，$W_1 + W_2$ は線形部分空間となる．∎

例題 5.7　実ベクトル空間 $\mathbf{R}^3$ に対して，

$$\boldsymbol{x}_1 = \begin{pmatrix} 1 \\ 0 \\ 0 \end{pmatrix}, \quad \boldsymbol{x}_2 = \begin{pmatrix} 1 \\ 1 \\ 0 \end{pmatrix}, \quad \boldsymbol{y}_1 = \begin{pmatrix} 1 \\ 1 \\ 1 \end{pmatrix}, \quad \boldsymbol{y}_2 = \begin{pmatrix} 0 \\ 1 \\ 1 \end{pmatrix}$$

とする．このとき，$L(\boldsymbol{x}_1, \boldsymbol{x}_2) + L(\boldsymbol{y}_1, \boldsymbol{y}_2) = \mathbf{R}^3$ となることを示せ．

解答 $L(\boldsymbol{x}_1, \boldsymbol{x}_2) + L(\boldsymbol{y}_1, \boldsymbol{y}_2) \subseteq \mathbf{R}^3$ は明らかなので，$\mathbf{R}^3 \subseteq L(\boldsymbol{x}_1, \boldsymbol{x}_2) + L(\boldsymbol{y}_1, \boldsymbol{y}_2)$ を示せばよい．$\boldsymbol{x} = \begin{pmatrix} x \\ y \\ z \end{pmatrix}$ を $\mathbf{R}^3$ の任意のベクトルとする．このとき，

$$\boldsymbol{x} = \begin{pmatrix} x \\ y \\ z \end{pmatrix} = (x-y)\begin{pmatrix} 1 \\ 0 \\ 0 \end{pmatrix} + (y-z)\begin{pmatrix} 1 \\ 1 \\ 0 \end{pmatrix} + z\begin{pmatrix} 1 \\ 1 \\ 1 \end{pmatrix} + 0\begin{pmatrix} 0 \\ 1 \\ 1 \end{pmatrix}$$
$$= (x-y)\boldsymbol{x}_1 + (y-z)\boldsymbol{x}_2 + z\boldsymbol{y}_1 + 0\boldsymbol{y}_2 \in L(\boldsymbol{x}_1, \boldsymbol{x}_2) + L(\boldsymbol{y}_1, \boldsymbol{y}_2)$$

ゆえに，$\mathbf{R}^3 \subseteq L(\boldsymbol{x}_1, \boldsymbol{x}_2) + L(\boldsymbol{y}_1, \boldsymbol{y}_2)$． ∎

なお，$L(\boldsymbol{x}_1, \boldsymbol{x}_2) + L(\boldsymbol{y}_1, \boldsymbol{y}_2)$ は直和ではない．実際，

$$\begin{pmatrix} 1 \\ 0 \\ 0 \end{pmatrix} \in L(\boldsymbol{x}_1, \boldsymbol{x}_2) \cap L(\boldsymbol{y}_1, \boldsymbol{y}_2). \tag{5.4}$$

✎ 線形部分空間 W_1, W_2 の和空間と和集合は意味が違うことに注意しよう．実際 $\mathbf{R}^2$ において，$\boldsymbol{x} = \begin{pmatrix} 1 \\ 0 \end{pmatrix}$，$\boldsymbol{y} = \begin{pmatrix} 0 \\ 1 \end{pmatrix}$ とおくと，

$$L(\boldsymbol{x}) + L(\boldsymbol{y}) = \mathbf{R}^2 \ (\text{和空間})$$

$$L(\boldsymbol{x}) \cup L(\boldsymbol{y}) = \left\{\begin{pmatrix} a \\ b \end{pmatrix} \in \mathbf{R}^2; a = 0 \text{ または } b = 0\right\} \subset \mathbf{R}^2 \ (\text{和集合})$$

となって一致しない．なお，すぐにわかるように，$L(\boldsymbol{x}) + L(\boldsymbol{y})$ は直和である，すなわち $L(\boldsymbol{x}) + L(\boldsymbol{y}) = L(\boldsymbol{x}) \oplus L(\boldsymbol{y})$．

5.3 線形写像

この節では一般のベクトル空間について考える．はじめに，2 つのベクトル空間の間の「線形写像」の概念について説明する．考えている空間が同じであっても，それらの間の線形写像の種類はいろいろある．したがって，たとえ 2 つのベクトル空間が異なっていても，それらの間の適切に選ばれた線形写像を通して，2 つの空間の「数学的構造がそっくり」になる場合がある．このような場合は，線形空間として，この 2 つの空間を同一視する．たとえば，あるベクトル空間 V が $\mathbf{R}^n$ と同一視できれば，V は $\mathbf{R}^n$ と同じように扱うことが

できる．この節では，「どのような 2 つのベクトル空間に対して，どのような写像であれば，この 2 つの空間を同一視できるか」についても合わせて考察する．

空でない集合 X, Y が与えられているとする．X の元に対して，Y の元を定める対応 (規則が存在するとき) f を X から Y への**写像**といい，$f: X \to Y$ とかく．このとき，X を f の**定義域**といい，$f(X) = \{y : y = f(x), x \in X\}$ を f の**値域**という．X の異なる 2 つの元に対する f による象がつねに異なるとき，f を**一対一写像**，または**単射**という．また，$f(X) = Y$ であるとき，f は X から Y への**上への写像**，または**全射**という．2 つの写像を $f: X \to Y$, $g: Y \to Z$ とするとき，X の元 x に対して，Z の元 $g(f(x))$ を対応させる．この対応を $g \circ f: X \to Z$ とかいて，f と g の**合成写像**という．

定義 5.6　線形写像　$\mathbf{K}$ 上のベクトル空間 V, W に対して，写像 $f: V \longrightarrow W$ が次の 2 つの性質をもつとき，f を V から W への**線形写像**と呼ぶ．

(1)　$\boldsymbol{x}, \boldsymbol{y} \in V$ に対して，$f(\boldsymbol{x} + \boldsymbol{y}) = f(\boldsymbol{x}) + f(\boldsymbol{y})$.

(2)　$\boldsymbol{x} \in V$ とスカラー α に対して，$f(\alpha \boldsymbol{x}) = \alpha f(\boldsymbol{x})$.

写像 f が線形写像であるためには，定義 5.6 の条件 (1), (2) を満たすことが必要十分条件であるが，次の条件 (3) をチェックするだけでもよい．

(3) $\boldsymbol{x}, \boldsymbol{y} \in V$ とスカラー α, β に対して，$f(\alpha \boldsymbol{x} + \beta \boldsymbol{y}) = \alpha f(\boldsymbol{x}) + \beta f(\boldsymbol{y})$.

証明　(1), (2) $\Longrightarrow$ (3) を示す．$\boldsymbol{x}, \boldsymbol{y} \in V$, α, β をスカラーとする．このとき，

$$f(\alpha \boldsymbol{x} + \beta \boldsymbol{y}) = f(\alpha \boldsymbol{x}) + f(\beta \boldsymbol{y}) \quad ((1) \text{ より})$$

$$= \alpha f(\boldsymbol{x}) + \beta f(\boldsymbol{y}) \quad ((2) \text{ より})$$

よって，(3) を得る．

(3) $\Longrightarrow$ (1), (2) を示す．

$$f(\boldsymbol{x} + \boldsymbol{y}) = f(1 \cdot \boldsymbol{x} + 1 \cdot \boldsymbol{y}) = 1 \cdot f(\boldsymbol{x}) + 1 \cdot f(\boldsymbol{y}) = f(\boldsymbol{x}) + f(\boldsymbol{y})$$

よって，(1) を得る．また

$$f(\alpha \boldsymbol{x}) = f(\alpha \boldsymbol{x} + 0 \cdot \boldsymbol{y}) = \alpha f(\boldsymbol{x}) + 0 \cdot f(\boldsymbol{y}) = \alpha f(\boldsymbol{x})$$

よって，(2) を得る．∎

例 5.7　複素数を成分にもつ $m \times n$ 行列 A は $\mathbf{C}^n$ から $\mathbf{C}^m$ への線形写像である．実際，$m \times n$ 行列 A が線形写像の条件 (3) を満たすことを調べればよい．$\boldsymbol{x}, \boldsymbol{y} \in \mathbf{C}^n$, $\alpha, \beta \in \mathbf{C}$ に対して，あきらかに $A(\alpha \boldsymbol{x} + \beta \boldsymbol{y}) = \alpha A \boldsymbol{x} + \beta A \boldsymbol{y}$. よって，$A$ は線形写像である．

例 5.8　$p \in P_2(\mathbf{R})$ に対してその導関数 p' を対応させる写像を D とする．すなわち，$D(p)(x) = p'(x)$ (この写像 D を**微分作用素**と呼ぶ)．このとき，D

は $P_2(\mathbf{R})$ から $P_1(\mathbf{R})$ への線形写像である．実際，$p_1, p_2 \in P_2(\mathbf{R})$, $\alpha, \beta \in \mathbf{R}$ とする．このとき，

$$\begin{aligned} D(\alpha p_1 + \beta p_2)(x) &= (\alpha p_1(x) + \beta p_2(x))' \\ &= \alpha p_1{}'(x) + \beta p_2{}'(x) = \alpha D p_1(x) + \beta D p_2(x) \end{aligned}$$

よって，D は線形写像である．

問 5.9 $f \in C^0([0,1])$ に対して，写像 $I : C^0([0,1]) \to C^0([0,1])$ を

$$I(f)(x) = \int_0^x f(t)\,dt \quad (x \in [0,1])$$

と定義する．このとき，I は線形写像であることを示せ．

問 5.10 実係数多項式 $p(x) = ax^2 + bx + c$ に対して，写像 $f : P_2(\mathbf{R}) \to \mathbf{R}^3$ を

$$f(p) = \begin{pmatrix} a \\ b \\ c \end{pmatrix}$$

と定義する．このとき，f は線形写像であることを示せ．

$\mathbf{K}$ 上のベクトル空間 V, W に対して，V から W への写像を f とする．このとき，V, W の線形部分空間 A, B に対して，

$$f(A) = \{f(\boldsymbol{x}) \in W ; \boldsymbol{x} \in A\}$$

$$f^{-1}(B) = \{\boldsymbol{x} \in V ; f(\boldsymbol{x}) \in B\}$$

を，それぞれ A の f による**像**，B の f による**原像**と呼ぶ．特に，$f(V)$ を f の像と呼び，$f^{-1}(\boldsymbol{o})$ を f の**核**と呼ぶ．

例 5.9 写像 $f : \mathbf{R} \to \mathbf{R}$ を，$f(x) = x^2 - 5x + 6$ とする．このとき，

$$f(x) = (x-2)(x-3) = \left(x - \frac{5}{2}\right)^2 - \frac{1}{4}$$

であるので，$f(\mathbf{R}) = [-\frac{1}{4}, +\infty)$, $f^{-1}(0) = \{2, 3\}$.

✎ $f : V \to W$ としたとき，$f(V) \in W$, $f^{-1}(\boldsymbol{o}) \in V$ であることに注意しよう．

例題 5.8 $\mathbf{K}$ 上のベクトル空間 V, W に対して，線形写像 $f : V \to W$ を考える．このとき，$f(V)$ と $f^{-1}(\boldsymbol{o})$ は，それぞれ W と V の線形部分空間であることを示せ．

解答　最初に $f(V)$ が W の線形部分空間であることを示そう．$\boldsymbol{y}_1, \boldsymbol{y}_2 \in f(V)$ とする．このとき $f(V)$ の定義から，$\boldsymbol{y}_1 = f(\boldsymbol{x}_1)$, $\boldsymbol{y}_2 = f(\boldsymbol{x}_2)$ となる $\boldsymbol{x}_1, \boldsymbol{x}_2 \in V$ が存在する．よって，任意のスカラー α, β に対して

$$\alpha \boldsymbol{y}_1 + \beta \boldsymbol{y}_2 = \alpha f(\boldsymbol{x}_1) + \beta f(\boldsymbol{x}_2) = f(\alpha \boldsymbol{x}_1 + \beta \boldsymbol{x}_2) \in f(V)$$

よって，$f(V)$ は W の線形部分空間である．
次に，$f^{-1}(\boldsymbol{o})$ が V の線形部分空間となることを示そう．$\boldsymbol{x}_1, \boldsymbol{x}_2 \in f^{-1}(\boldsymbol{o})$ とする．このとき，$f^{-1}(\boldsymbol{o})$ の定義から，$f(\boldsymbol{x}_1) = f(\boldsymbol{x}_2) = \boldsymbol{o}$ である．よって，

$$f(\alpha \boldsymbol{x}_1 + \beta \boldsymbol{x}_2) = \alpha f(\boldsymbol{x}_1) + \beta f(\boldsymbol{x}_2) = \boldsymbol{o}$$

となることから，$\alpha \boldsymbol{x}_1 + \beta \boldsymbol{x}_2 \in f^{-1}(\boldsymbol{o})$．ゆえに，$f^{-1}(\boldsymbol{o})$ は V の線形部分空間である．　■

問 5.10 によれば，線形写像 f によって，2 次以下の実係数多項式は $\mathbf{R}^3$ のベクトルに対応し，逆に，$\mathbf{R}^3$ のベクトルから多項式を対応させることもできる．また，$P_2(\mathbf{R})$ と $\mathbf{R}^3$ は，ともにベクトル空間であることから，写像 f を介して $P_2(\mathbf{R})$ と $\mathbf{R}^3$ は同一視することができる．それでは，「同一視できるような線形写像，すなわち，同型写像」とはどのような写像だろうか．

定義 5.7　同型写像　$\mathbf{K}$ 上のベクトル空間 V, V' に対して，V から V' への線形写像 f が全単射 (すなわち，一対一かつ上への写像) であるとき，f は V から V' への**同型写像** (または**同型対応**) と呼ぶ．このとき，V と V' は**同型**であるといい，$V \cong V'$ で表す．

全単射の逆写像や合成写像も全単射であることから，ベクトル空間の同型関係は同値関係である．すなわち，次が成り立つ．

定理 5.4　$\mathbf{K}$ 上のベクトル空間の同型関係については，次の性質が成り立つ．
(1)　$V \cong V$　(反射律)
(2)　$V \cong V'$ ならば $V' \cong V$　(対称律)
(3)　$V \cong V'$, $V' \cong V''$ ならば $V \cong V''$　(推移律)

証明　(1) $\boldsymbol{x} \in V$ に対して，写像 $f : V \to V$ を $f(\boldsymbol{x}) = \boldsymbol{x}$ と定義する．このとき，f は全単射の線形写像であることはすぐにわかる．よって $f : V \to V$ は同型写像なので $V \cong V$．
(2) f を V から V' への同型写像とする．このとき，逆写像 $f^{-1} : V' \to V$ が同型写像であることを示せばよい．最初に，f は全単射なので，逆写像 f^{-1} が存在して f^{-1} も全単射である．よって，f^{-1} が線形写像であることを確認するだけでよい．$\boldsymbol{x}_1, \boldsymbol{x}_2 \in V$ とする．f は線形写像であるから，任意のスカラー α, β に対して

$$f(\alpha \boldsymbol{x}_1 + \beta \boldsymbol{x}_2) = \alpha f(\boldsymbol{x}_1) + \beta f(\boldsymbol{x}_2)$$

よって，

(5.5) $$\alpha\boldsymbol{x}_1+\beta\boldsymbol{x}_2=f^{-1}(f(\alpha\boldsymbol{x}_1+\beta\boldsymbol{x}_2))=f^{-1}(\alpha f(\boldsymbol{x}_1)+\beta f(\boldsymbol{x}_2))$$

ここで，$f(\boldsymbol{x}_1)=\boldsymbol{y}_1, f(\boldsymbol{x}_2)=\boldsymbol{y}_2\in V'$ とすれば，

$$f^{-1}(\boldsymbol{y}_i)=f^{-1}(f(\boldsymbol{x}_i))=\boldsymbol{x}_i \quad (i=1,2)$$

また，f は全単射であるから，$\boldsymbol{x}_1,\boldsymbol{x}_2$ を任意に選べば，$\boldsymbol{y}_1,\boldsymbol{y}_2$ は V' の任意のベクトルになるので，(5.5) 式は

$$f^{-1}(\alpha\boldsymbol{y}_1+\beta\boldsymbol{y}_2)=\alpha f^{-1}(\boldsymbol{y}_1)+\beta f^{-1}(\boldsymbol{y}_2)$$

よって，f^{-1} も線形写像である．これより，$f^{-1}:V'\to V$ も同型写像となり $V'\cong V$.

(3) $f:V\to V', g:V'\to V''$ を同型写像とする．このとき，合成写像 $g\circ f:V\to V''$ が同型写像であることを示せばよい．f と g が全単射であるから，合成写像 $g\circ f$ も全単射となる．よって，$g\circ f$ が線形写像であることを示せばよい．f, g が線形写像であることから，任意の $\boldsymbol{x},\boldsymbol{y}\in V$ とスカラー α,β に対して，

$$\begin{aligned} g\circ f(\alpha\boldsymbol{x}+\beta\boldsymbol{y}) &= g(\alpha f(\boldsymbol{x})+\beta f(\boldsymbol{y})) \\ &= \alpha g(f(\boldsymbol{x}))+\beta g(f(\boldsymbol{y}))=\alpha g\circ f(\boldsymbol{x})+\beta g\circ f(\boldsymbol{y}) \end{aligned}$$

よって，$g\circ f$ は線形であることから同型写像．ゆえに $V\cong V''$. ∎

例題 5.9 $P_n(\mathbf{R})\cong\mathbf{R}^{n+1}$ であることを示せ．

解答 $P_n(\mathbf{R})$ から $\mathbf{R}^{n+1}$ への同型写像を実際に構成すればよい．

$$p(x)=a_0+a_1x+a_2x^2+\cdots+a_nx^n\in P_n(\mathbf{R})$$

に対して，写像 $\phi:P_n(\mathbf{R})\to\mathbf{R}^{n+1}$ を

$$\phi(p)=\begin{pmatrix} a_0 \\ a_1 \\ \vdots \\ a_n \end{pmatrix}$$

と定義すれば，ϕ は同型写像 (全単射かつ線形) であることが容易にわかる．よって $P_n(\mathbf{R})\cong\mathbf{R}^{n+1}$. ∎

Point! 例題 5.9 では，$\mathbf{R}^{n+1}$ のベクトルも n 次多項式も，ともに $n+1$ 個のパラメータで決定できる．このパラメータの数の一致が同型関係を見極める際に決定的な意味をもつ．実際，次の例題で示すように，パラメータの個数が異なる 2 つの空間は同型ではない．

例題 5.10 自然数 m,n に対して，$m\neq n$ のとき，$\mathbf{R}^m$ と $\mathbf{R}^n$ は同型ではない．

解答　$\mathbf{R}^n \cong \mathbf{R}^m$ と仮定して背理法で示そう．$m \neq n$ のとき，$m < n$ としても一般性を失わない．$f : \mathbf{R}^n \to \mathbf{R}^m$ を同型写像とする．このとき，f は線形写像なので，任意の $\boldsymbol{x} \in \mathbf{R}^n$ を $\mathbf{R}^n$ の基本ベクトル $\boldsymbol{e}_1, \cdots, \boldsymbol{e}_n$ の1次結合で $\boldsymbol{x} = x_1\boldsymbol{e}_1 + \cdots + x_n\boldsymbol{e}_n$ と表したとき，

$$f(\boldsymbol{x}) = f(x_1\boldsymbol{e}_1 + \cdots + x_n\boldsymbol{e}_n) = x_1 f(\boldsymbol{e}_1) + \cdots + x_n f(\boldsymbol{e}_n) \tag{5.6}$$

ここで，f は $\mathbf{R}^n$ から $\mathbf{R}^m$ への写像なので，各 $i\,(i = 1, 2, \cdots, n)$ に対して $f(\boldsymbol{e}_i) \in \mathbf{R}^m$．さて，$\{f(\boldsymbol{e}_1), \cdots, f(\boldsymbol{e}_n)\}$ が1次独立であることを示そう．

$$\alpha_1 f(\boldsymbol{e}_1) + \cdots + \alpha_n f(\boldsymbol{e}_n) = \boldsymbol{o}$$

とする．(5.6) より $f(\alpha_1\boldsymbol{e}_1 + \cdots + \alpha_n\boldsymbol{e}_n) = \boldsymbol{o}$. また，$f$ は同型写像であるから，逆写像 f^{-1} も線形写像である．よって，

$$\alpha_1\boldsymbol{e}_1 + \cdots + \alpha_n\boldsymbol{e}_n = f^{-1}(\boldsymbol{o}) = \boldsymbol{o}$$

ここで，$\{\boldsymbol{e}_1, \cdots, \boldsymbol{e}_n\}$ は1次独立であることから $\alpha_1 = \cdots = \alpha_n = 0$. よって，$n$ 個のベクトルの組 $\{f(\boldsymbol{e}_1), \cdots, f(\boldsymbol{e}_n)\}$ は1次独立である．ここで，各 i $(i = 1, 2, \cdots, n)$ に対して，$f(\boldsymbol{e}_i)$ は m 次列ベクトルである．次章の問 6.3 によれば，$m < n$ ならば必ず n 個のベクトルの組は1次従属となるので，矛盾する．よって，$\mathbf{R}^n$ から $\mathbf{R}^m$ への同型写像は存在しない．ゆえに $\mathbf{R}^n$ と $\mathbf{R}^m$ は同型になりえない．■

問 5.11　次の実ベクトル空間が同型であるか調べなさい．

(1)　$M_n(\mathbf{R})$ と $\mathbf{R}^{n^2}$

(2)　$V = \{T \in M_n(\mathbf{R})\,;\,{}^tT = T\}$ と $\mathbf{R}^{\frac{n(n-1)}{2}}$

(3)　$V = \{T \in M_n(\mathbf{R})\,;\,{}^tT = T\}$ と $W = \{T \in M_n(\mathbf{R});\,{}^tT = -T\}$

5.4　基底 – 同次連立1次方程式の解空間 –

前節において，2つのベクトル空間が同型であることの決定的な条件として，ベクトルを構成するパラメータの個数が一致することを見てきた．ところで，パラメータの個数が一致するということは，ベクトル空間の同一視という意味では重要であるが，パラメータを集めただけではベクトル空間を構成することはできない (単なるスカラーの組の集合になってしまう)．ここで，$\mathbf{R}^n$ のイメージに立ち返ってみよう．$\boldsymbol{x} \in \mathbf{R}^n$ とすれば，$\mathbf{R}^n$ の基本ベクトル $\{\boldsymbol{e}_1, \cdots, \boldsymbol{e}_n\}$ を用いて

$$\boldsymbol{x} = x_1\boldsymbol{e}_1 + \cdots + x\boldsymbol{e}_n$$

と表すことができた．すなわち，$\mathbf{R}^n$ の任意のベクトル $\boldsymbol{x}$ は**パラメータと基本ベクトル**を用いて表現されている．また，前節ではパラメータに注目してベ

クトル空間の同型関係を導入している．そこで，一般のベクトル空間に対しても，基本ベクトルに対応するものを定義することができれば，ベクトル空間を具体的に構成することができる．本節では，一般のベクトル空間において，$\mathbf{R}^n$ の基本ベクトルに代わる基底を定義する．

定義 5.8　基底　$\mathbf{K}$ 上のベクトル空間 V に対して，$\boldsymbol{e}_1, \cdots, \boldsymbol{e}_n \in V$ とする．このとき，$\{\boldsymbol{e}_1, \cdots, \boldsymbol{e}_n\}$ が次の 2 条件を満たすとき，$\{\boldsymbol{e}_1, \cdots, \boldsymbol{e}_n\}$ を V の**基底**という．

(1)　$\{\boldsymbol{e}_1, \cdots, \boldsymbol{e}_n\}$ は 1 次独立である．

(2)　任意のベクトル $\boldsymbol{x} \in V$ は $\{\boldsymbol{e}_1, \cdots, \boldsymbol{e}_n\}$ の 1 次結合で表すことができる．

Point!　$\{\boldsymbol{e}_1, \cdots, \boldsymbol{e}_n\}$ をベクトル空間 V の基底とする．このとき，条件 (2) から任意のベクトル $\boldsymbol{x} \in V$ は $\{\boldsymbol{e}_1, \cdots, \boldsymbol{e}_n\}$ の 1 次結合で表すことができる．また，条件 (1) から，その表し方は 1 通りであることがわかる．実際，$\boldsymbol{x}$ が $\{\boldsymbol{e}_1, \cdots, \boldsymbol{e}_n\}$ の 2 通りの 1 次結合で表されたと仮定する．すなわち，

$$x = \alpha_1\boldsymbol{e}_1 + \alpha_2\boldsymbol{e}_2 + \cdots + \alpha_n\boldsymbol{e}_n = \beta_1\boldsymbol{e}_1 + \beta_2\boldsymbol{e}_2 + \cdots + \beta_n\boldsymbol{e}_n$$

したがって，

$$(\alpha_1 - \beta_1)\boldsymbol{e}_1 + (\alpha_2 - \beta_2)\boldsymbol{e}_2 + \cdots + (\alpha_n - \beta_n)\boldsymbol{e}_n = \boldsymbol{o}$$

ここで，基底の条件 (1) から $\{\boldsymbol{e}_1, \cdots, \boldsymbol{e}_n\}$ は 1 次独立なので，$\alpha_i = \beta_i$ $(i = 1, 2, \cdots, n)$ となり，結局 2 通りの 1 次結合の表し方が一致することがわかる．

例題 5.11　次のベクトルの組は $\mathbf{R}^3$ の基底となるか調べよ．

(1)　基本ベクトルの組 $\{\boldsymbol{e}_1, \boldsymbol{e}_2, \boldsymbol{e}_3\}$

(2)　$\left\{\begin{pmatrix} 0 \\ 1 \\ 1 \end{pmatrix}, \begin{pmatrix} 1 \\ 0 \\ 1 \end{pmatrix}, \begin{pmatrix} 1 \\ 1 \\ 0 \end{pmatrix}\right\}$　　(3)　$\left\{\begin{pmatrix} 2 \\ -1 \\ 1 \end{pmatrix}, \begin{pmatrix} 1 \\ 3 \\ 0 \end{pmatrix}, \begin{pmatrix} 12 \\ 1 \\ 5 \end{pmatrix}\right\}$

解答　(1) 基本ベクトルの組 $\{\boldsymbol{e}_1, \boldsymbol{e}_2, \boldsymbol{e}_3\}$ が基底の 2 条件を満たすことを示せばよい．最初に，これが 1 次独立であることは明らかである．つぎに，$\mathbf{R}^3$ の任意のベクトルに対して，

$$\begin{pmatrix} x \\ y \\ z \end{pmatrix} = x\begin{pmatrix} 1 \\ 0 \\ 0 \end{pmatrix} + y\begin{pmatrix} 0 \\ 1 \\ 0 \end{pmatrix} + z\begin{pmatrix} 0 \\ 0 \\ 1 \end{pmatrix} = x\boldsymbol{e}_1 + y\boldsymbol{e}_2 + z\boldsymbol{e}_3$$

よって，任意の $\mathbf{R}^3$ のベクトルは，このベクトルの組の 1 次結合で表すことができるので，$\{\boldsymbol{e}_1, \boldsymbol{e}_2, \boldsymbol{e}_3\}$ は基底となる．

(2) 問題のベクトルの組が 1 次独立であることは明らかである．つぎに，$\mathbf{R}^3$ の任意のベクトルがこのベクトルの組の 1 次結合で表せることを示そう．

$$\begin{pmatrix} x \\ y \\ z \end{pmatrix} = x' \begin{pmatrix} 0 \\ 1 \\ 1 \end{pmatrix} + y' \begin{pmatrix} 1 \\ 0 \\ 1 \end{pmatrix} + z' \begin{pmatrix} 1 \\ 1 \\ 0 \end{pmatrix}$$

とおく．このとき，各成分を比較することによって，

$$\begin{cases} x = y' + z' \\ y = x' + z' \\ z = x' + y' \end{cases}$$

この連立方程式を解くと，$x' = \dfrac{y+z-x}{2}$, $y' = \dfrac{x+z-y}{2}$, $z' = \dfrac{x+y-z}{2}$ となるので，$\mathbf{R}^3$ の任意のベクトルは

$$\begin{pmatrix} x \\ y \\ z \end{pmatrix} = \frac{y+z-x}{2} \begin{pmatrix} 0 \\ 1 \\ 1 \end{pmatrix} + \frac{x+z-y}{2} \begin{pmatrix} 1 \\ 0 \\ 1 \end{pmatrix} + \frac{x+y-z}{2} \begin{pmatrix} 1 \\ 1 \\ 0 \end{pmatrix}$$

と表すことができる．よってこのベクトルの組は $\mathbf{R}^3$ の基底となる．

(3) $5 \begin{pmatrix} 2 \\ -1 \\ 1 \end{pmatrix} + 2 \begin{pmatrix} 1 \\ 3 \\ 0 \end{pmatrix} - \begin{pmatrix} 12 \\ 1 \\ 5 \end{pmatrix} = \begin{pmatrix} 0 \\ 0 \\ 0 \end{pmatrix}$ よりこのベクトルの組は 1 次独立でない．よって $\mathbf{R}^3$ の基底ではない． ∎

例題 5.11 によって，ベクトル空間の基底は 1 通りでないことがわかる．基底は実際には無数の組存在する．特に，基本ベクトルの組 $\{\boldsymbol{e}_1, \cdots, \boldsymbol{e}_n\}$ によって得られる $\mathbf{C}^n$ または $\mathbf{R}^n$ の基底を，それぞれの**標準基底**と呼ぶ．

問 5.12　次のベクトルの組が $\mathbf{R}^3$ の基底になるか調べよ．

(1) $\left\{ \begin{pmatrix} 1 \\ 0 \\ 0 \end{pmatrix}, \begin{pmatrix} 1 \\ 1 \\ 0 \end{pmatrix}, \begin{pmatrix} 1 \\ 1 \\ 1 \end{pmatrix} \right\}$　(2) $\left\{ \begin{pmatrix} 1 \\ -1 \\ 0 \end{pmatrix}, \begin{pmatrix} 1 \\ 0 \\ 3 \end{pmatrix}, \begin{pmatrix} 0 \\ 1 \\ 1 \end{pmatrix} \right\}$

(3) $\left\{ \begin{pmatrix} 2 \\ -1 \\ 3 \end{pmatrix}, \begin{pmatrix} 3 \\ 1 \\ 2 \end{pmatrix} \begin{pmatrix} 2 \\ 4 \\ -2 \end{pmatrix} \right\}$　(4) $\left\{ \begin{pmatrix} 1 \\ 1 \\ 1 \end{pmatrix}, \begin{pmatrix} 1 \\ 1 \\ 2 \end{pmatrix}, \begin{pmatrix} 3 \\ 4 \\ 1 \end{pmatrix} \right\}$

$\mathbf{R}^n$ の基底は標準基底と同様に n 個のベクトルの組からなっていることが次の 2 つの例題からわかる．

例題 5.12　$\mathbf{R}^n$ の n 個のベクトルの組 $\{\boldsymbol{x}_1, \cdots, \boldsymbol{x}_n\}$ が 1 次独立であるならば，$\{\boldsymbol{x}_1, \cdots, \boldsymbol{x}_n\}$ は $\mathbf{R}^n$ の基底になることを示せ．

解答 基底の定義から，任意の $\boldsymbol{x} \in \mathbf{R}^n$ は $\boldsymbol{x}_1, \cdots, \boldsymbol{x}_n$ の 1 次結合で表されることを示せばよい．次章の問 6.3 により $n+1$ 個の $\mathbf{R}^n$ のベクトルの組 $\{\boldsymbol{x}, \boldsymbol{x}_1, \cdots, \boldsymbol{x}_n\}$ は 1 次従属になる．したがって，

$$\alpha \boldsymbol{x} + \alpha_1 \boldsymbol{x}_1 + \cdots + \alpha_n \boldsymbol{x}_n = \boldsymbol{o}$$

となる $(\alpha, \alpha_1, \cdots, \alpha_n) \neq (0, 0, \cdots, 0)$ が存在する．移項すれば，

$$-\alpha \boldsymbol{x} = \alpha_1 \boldsymbol{x}_1 + \cdots + \alpha_n \boldsymbol{x}_n \tag{5.7}$$

ここで，$\alpha = 0$ とすれば $\{\boldsymbol{x}_1, \cdots, \boldsymbol{x}_n\}$ の 1 次独立性より $\alpha_1 = \cdots = \alpha_n = 0$ となり $(\alpha, \alpha_1, \cdots, \alpha_n) \neq (0, 0, \cdots, 0)$ に矛盾する．よって，$\alpha \neq 0$ である．(5.7) 式の両辺を $-\alpha$ で割ることによって，$\boldsymbol{x}$ が $\boldsymbol{x}_1, \cdots, \boldsymbol{x}_n$ の 1 次結合で表される．ゆえに $\{\boldsymbol{x}_1, \cdots, \boldsymbol{x}_n\}$ は $\mathbf{R}^n$ の基底となる． ▮

例題 5.13 $\mathbf{R}^n$ の 1 次独立な m 個のベクトルの組を $\{\boldsymbol{x}_1, \cdots, \boldsymbol{x}_m\}$ とする．$m < n$ のとき，$\{\boldsymbol{x}_1, \cdots, \boldsymbol{x}_m\}$ は $\mathbf{R}^n$ の基底にはなりえないことを示せ．

解答 背理法で示す．もし $\{\boldsymbol{x}_1, \cdots, \boldsymbol{x}_m\}$ が $\mathbf{R}^n$ の基底であるとすると，基底の定義から，$\mathbf{R}^n$ の基本ベクトル $\boldsymbol{e}_1, \cdots, \boldsymbol{e}_n$ が $\{\boldsymbol{x}_1, \cdots, \boldsymbol{x}_m\}$ の 1 次結合で表現できる．よって階数定理 (次章の定理 6.1) から

$$n = \mathrm{rank}\,\{\boldsymbol{e}_1, \cdots, \boldsymbol{e}_n\} \leqq \mathrm{rank}\,\{\boldsymbol{x}_1, \cdots, \boldsymbol{x}_n\} = m$$

となって，$m < n$ に矛盾する．よって $\{\boldsymbol{x}_1, \cdots \boldsymbol{x}_m\}$ は $\mathbf{R}^n$ の基底になりえない (rank の意味は，次章の定義 6.1 を参照のこと)． ▮

定義 5.9 ベクトル空間の次元 $\mathbf{K}$ 上のベクトル空間 V に対して，V の基底をなすベクトルの数を V の**次元**と呼び，$\dim V$ で表す．特に，$\dim V < +\infty$ のとき V を**有限次元ベクトル空間**と呼び，$\dim V = +\infty$ のとき V を**無限次元ベクトル空間**と呼ぶ．

本書では，特に断りがない限り有限次元ベクトル空間のみを扱う．

定理 5.5 $\mathbf{K}$ 上のベクトル空間 V の次元は，V の基底のとり方によらず一意的である．

証明 $\{\boldsymbol{e}_1, \cdots, \boldsymbol{e}_n\}, \{\boldsymbol{f}_1, \cdots, \boldsymbol{f}_m\}$ を V の基底とする．このとき，基底の定義から各 $i = 1, 2, \cdots, n$ に対して $\boldsymbol{e}_i$ は $\{\boldsymbol{f}_1, \cdots, \boldsymbol{f}_n\}$ の 1 次結合で表される．したがって，階数定理 (次章の定理 6.1) より

$$n = \mathrm{rank}\,\{\boldsymbol{e}_1, \cdots, \boldsymbol{e}_n\} \leqq \mathrm{rank}\,\{\boldsymbol{f}_1, \cdots, \boldsymbol{f}_m\} = m$$

同様に，$\{\boldsymbol{e}_1, \cdots, \boldsymbol{e}_n\}$ が V の基底であるから，

$$n = \mathrm{rank}\,\{\boldsymbol{e}_1, \cdots, \boldsymbol{e}_n\} \geqq \mathrm{rank}\,\{\boldsymbol{f}_1, \cdots, \boldsymbol{f}_m\} = m$$

よって，$n = m$．すなわち V の次元は基底のとり方によらない． ▮

特に，第 3 章，第 5 節の定理 3.11 において，任意定数の個数 $n-r$ を同次連立 1 次方程式 $A\boldsymbol{x}=\boldsymbol{o}$ の**解空間の次元**と呼ぶ．また，解空間の次元を**解の自由度**ともいう．解空間の 1 組の基底を**基本解**という．

例 5.10　$\dim \mathbf{R}^n = n$．実際，$\mathbf{R}^n$ の基本ベクトルの組 $\{\boldsymbol{e}_1, \cdots, \boldsymbol{e}_n\}$ は $\mathbf{R}^n$ の標準基底なので，$\dim \mathbf{R}^n = n$．

例題 5.14　$\mathbf{R}^3$ の線形部分空間

$$V = \left\{ \begin{pmatrix} x \\ y \\ z \end{pmatrix} ;\ 2x+z=0 \right\}$$

の基底の 1 組と次元を求めよ．

解答　$\boldsymbol{x} = \begin{pmatrix} x \\ y \\ z \end{pmatrix} \in V$ とすると，$2x+z=0$ より V のベクトル $\boldsymbol{x}$ は

$$\begin{pmatrix} x \\ y \\ -2x \end{pmatrix} = x\begin{pmatrix} 1 \\ 0 \\ -2 \end{pmatrix} + y\begin{pmatrix} 0 \\ 1 \\ 0 \end{pmatrix} \tag{5.8}$$

と表すことができる．そこで，$\left\{ \begin{pmatrix} 1 \\ 0 \\ -2 \end{pmatrix}, \begin{pmatrix} 0 \\ 1 \\ 0 \end{pmatrix} \right\}$ が V の基底となるかを調べればよい．そのためには，(1) 1 次独立であることと，(2) 任意の $\boldsymbol{x} \in V$ が 1 次結合で表すことができることを確かめればよい．(2) については (5.8) から満たしていることがわかる．(1) についてもすぐにわかる．よって，

$$\left\{ \begin{pmatrix} 1 \\ 0 \\ -2 \end{pmatrix}, \begin{pmatrix} 0 \\ 1 \\ 0 \end{pmatrix} \right\}$$

は V の基底となり，$\dim V = 2$．　■

例題 5.15　連立 1 次方程式

$$\begin{cases} x+\ \ y-\ \ z=0 \\ 2x+3y+2z=0 \\ x+2y+3z=0 \end{cases}$$

の解空間の基底の 1 組と次元を求めよ．

解答　この連立1次方程式を解くと，

$$\begin{pmatrix} x \\ y \\ z \end{pmatrix} = c\begin{pmatrix} 5 \\ -4 \\ 1 \end{pmatrix} \quad (c \text{ は任意定数})$$

よって，この連立1次方程式の解は $\begin{pmatrix} 5 \\ -4 \\ 1 \end{pmatrix}$ の1次結合 (実数倍) で表すことができる．また，この1個のベクトル自体はもともと1次独立である．よって，$\left\{\begin{pmatrix} 5 \\ -4 \\ 1 \end{pmatrix}\right\}$ はこの連立1次方程式の解空間の基底で，その次元は1である．■

例題 5.16　$P_n(\mathbf{R})$ の基底は $\{1, x, x^2, \cdots, x^n\}$ であり，$\dim P_n(\mathbf{R}) = n+1$ であることを示せ．

解答　任意の $p \in P_n(\mathbf{R})$ は

$$p(x) = a_0 + a_1x + a_2x^2 + \cdots + a_nx^n$$

と表すことができる．すなわち，基底の条件 (2) が満たされる．よって，$\{1, x, x^2, \cdots, x^n\}$ が1次独立であることだけを示せばよい．

$$a_0 + a_1x + a_2x^2 + \cdots + a_nx^n = 0$$

とすると，これは恒等式であることから，$a_0 = a_1 = \cdots = a_n = 0$ となる．よって，1次独立性も示すことができた．したがって $\{1, x, x^2, \cdots, x_n\}$ は $P_n(\mathbf{R})$ の基底となり，$\dim P_n(\mathbf{R}) = n+1$ となる．■

問 5.13　次の $\mathbf{R}^3$ の部分集合 V が実線形部分空間であるか調べ，そうであるならば，V の基底の1組を求め，その次元を答えなさい．

(1) $V = \left\{\begin{pmatrix} x \\ y \\ z \end{pmatrix} \in \mathbf{R}^3;\ z = 0\right\}$

(2) $V = \left\{\begin{pmatrix} x \\ y \\ z \end{pmatrix} \in \mathbf{R}^3;\ x + 2y - z = 0\right\}$

(3) $V = \left\{\begin{pmatrix} x \\ y \\ z \end{pmatrix} \in \mathbf{R}^3;\ xy + z = 0\right\}$

(4) $V = \left\{\begin{pmatrix} x \\ y \\ z \end{pmatrix} \in \mathbf{R}^3;\ x + y = y + z = z + x = 0\right\}$

問 5.14 次の連立1次方程式の解空間の基底の1組と次元を求めなさい.

(1) $\begin{cases} 3x \qquad\quad + 4z = 0 \\ 2x + \ \ y + 3z = 0 \\ \ \ x + 2y + 2z = 0 \end{cases}$ (2) $\begin{cases} \ \ x + 3y + z = 0 \\ -x + 2y + z = 0 \\ 2x + \ \ y \qquad = 0 \end{cases}$

問 5.15 多項式の集合からなる実ベクトル空間 $P_n(\mathbf{R})$ に対して,

$$\{1,\ x+1,\ (x+1)^2,\ (x+1)^3, \cdots,\ (x+1)^n\}$$

は $P_n(\mathbf{R})$ の基底になることを示せ.

問 5.16 漸化式 $a_{n+2} - 2a_{n+1} + a_n = 0$ を満たす実数列の $\{a_n\}_{n=1}^{\infty}$ の集合からなる実ベクトル空間を V とする. V の基底を1組を求め, V の次元を求めなさい.

無限回微分可能な関数 $f(x)$ がマクローリン級数展開可能であるとする. つまり,

$$f(x) = a_0 + a_1x + a_2x^2 + \cdots + a_nx^n + \cdots$$

これと, 例題 5.16 を合わせて考えれば, マクローリン展開可能な関数全体の空間は無限次元実ベクトル空間であると考えることができる. ところで, ベクトル空間において基底のとり方は一意的でないことをすでに注意したが, 連続関数の空間においては, 次のような基底のとり方もある.

区間 $[-\pi, \pi]$ で定義された連続関数 $f(x)$ は,

$$f(x) = \frac{a_0}{2} + \sum_{n=1}^{\infty} a_n \cos nx + \sum_{n=1}^{\infty} b_n \sin nx \tag{5.9}$$

と表すことができる. ただし,

$$a_n = \frac{1}{\pi}\int_{-\pi}^{\pi} f(x)\cos nx\,dx \quad (n = 0, 1, 2, \cdots)$$

$$b_n = \frac{1}{\pi}\int_{-\pi}^{\pi} f(x)\sin nx\,dx \quad (n = 1, 2, \cdots)$$

とする. これを $f(x)$ の**フーリエ級数展開**と呼ぶ. この展開法によれば, $\{1, \cos x, \cos 2x, \cdots, \sin x, \sin 2x, \cdots\}$ は連続関数の空間 $C^0[-\pi, \pi]$ の基底になっていることがわかる (例題 5.3 , 問 5.4 を参照のこと).

Point! これまでは行列と $\mathbf{R}^n$ のベクトルを対象に議論を進めてきた. これらは図形的なイメージもあり, わかりやすい. しかし, 上に紹介をしたように, 関数の空間もベクトル空間として理解することができる.「関数＝ベクトル」という考え方は先入観が邪魔をして受け入れ難いかもしれないが, 一度この考え方を受け入れてしまえ

ば，関数の空間をベクトル空間として捉え，これまでの議論を適用することができる．そして，多くの応用が期待できる (第 9 章も参照のこと).

定理 5.6 $\mathbf{K}$ 上のベクトル空間 V, V' に対して，$V \cong V'$ ならば $\dim V = \dim V'$ である．また，逆も成り立つ．

証明 V, V' の基底をそれぞれ $\{\boldsymbol{e}_1, \cdots, \boldsymbol{e}_n\}, \{\boldsymbol{g}_1, \cdots, \boldsymbol{g}_m\}$ として，$n = m$ を示せばよい．写像 $f : V \to V'$ を同型写像とする．このとき，$\{f(\boldsymbol{e}_1), \cdots, f(\boldsymbol{e}_n)\}$ は V' の基底となる．実際，f は線形写像なので

$$\alpha_1 f(\boldsymbol{e}_1) + \cdots + \alpha_n f(\boldsymbol{e}_n) = f(\alpha_1 \boldsymbol{e}_1 + \cdots + \alpha_n \boldsymbol{e}_n)$$

である．左辺を $\boldsymbol{o}$ とすれば，f が同型写像より $\alpha_1 \boldsymbol{e}_1 + \cdots + \alpha_n \boldsymbol{e}_n = \boldsymbol{o}$. $\{\boldsymbol{e}_1, \cdots, \boldsymbol{e}_n\}$ が 1 次独立であることから $\alpha_1 = \cdots = \alpha_n = 0$. よって，$\{f(\boldsymbol{e}_1), \cdots, f(\boldsymbol{e}_n)\}$ は 1 次独立となる．ゆえに，各 $f(\boldsymbol{e}_i) \in V'$ は V' の基底 $\{\boldsymbol{g}_1, \cdots, \boldsymbol{g}_m\}$ の 1 次結合で表されるので，階数定理 (次章の定理 6.1) より

$$m = \operatorname{rank}\{\boldsymbol{g}_1, \cdots, \boldsymbol{g}_m\} \geqq \operatorname{rank}\{f(\boldsymbol{e}_1), \cdots, f(\boldsymbol{e}_n)\} = n$$

さらに，f は全単射であるので，各 i $(i = 1, 2, \cdots, m)$ に対して，$\boldsymbol{g}_i = f(\boldsymbol{x}_i)$ となるような $\boldsymbol{x}_i \in V$ が存在する．この $\boldsymbol{x}_i$ を

$$\boldsymbol{x}_i = \alpha_{1i}\boldsymbol{e}_1 + \alpha_{2i}\boldsymbol{e}_2 + \cdots + \alpha_{ni}\boldsymbol{e}_n$$

と表せば，

$$\begin{aligned}\boldsymbol{g}_i = f(\boldsymbol{x}_i) &= f(\alpha_{1i}\boldsymbol{e}_1 + \alpha_{2i}\boldsymbol{e}_2 + \cdots + \alpha_{ni}\boldsymbol{e}_n) \\ &= \alpha_{1i} f(\boldsymbol{e}_1) + \alpha_{2i} f(\boldsymbol{e}_2) + \cdots + \alpha_{ni} f(\boldsymbol{e}_n)\end{aligned}$$

となり，各 $\boldsymbol{g}_i$ は $\{f(\boldsymbol{e}_1), \cdots, f(\boldsymbol{e}_n)\}$ の 1 次結合で表すことができる．よって，階数定理 (次章の定理 6.1) により

$$m = \operatorname{rank}\{\boldsymbol{g}_1, \cdots, \boldsymbol{g}_m\} \leqq \operatorname{rank}\{f(\boldsymbol{e}_1), \cdots, f(\boldsymbol{e}_n)\} = n$$

したがって，$m = n$, すなわち，$\dim V = \dim V'$.

逆に，$\dim V = \dim V' = n$ として $V \cong V'$ であることを示そう．この証明では，具体的に同型写像 $f : V \to V'$ をつくればよい．V, V' の基底をそれぞれ $E = \{\boldsymbol{e}_1, \cdots, \boldsymbol{e}_n\}$, $E' = \{\boldsymbol{e}_1', \cdots, \boldsymbol{e}_n'\}$ とする．$\boldsymbol{x} = x_1\boldsymbol{e}_1 + \cdots + x_n\boldsymbol{e}_n \in V$ に対して，写像 f を

$$f(\boldsymbol{x}) = x_1\boldsymbol{e}_1' + \cdots + x_n\boldsymbol{e}_n' \in V'$$

と定義する．このとき f が同型写像であることを確かめよう．

f の線型性．$\boldsymbol{x}, \boldsymbol{y} \in V$ を

$$\boldsymbol{x} = x_1\boldsymbol{e}_1 + \cdots + x_n\boldsymbol{e}_n, \quad \boldsymbol{y} = y_1\boldsymbol{e}_1 + \cdots + y_n\boldsymbol{e}_n$$

とする．このとき，任意のスカラー α, β に対して

$$\begin{aligned}f(\alpha\boldsymbol{x} + \beta\boldsymbol{y}) &= (\alpha x_1 + \beta y_1)\boldsymbol{e}_1' + \cdots + (\alpha x_n + \beta y_n)\boldsymbol{e}_n' \\ &= \alpha(x_1\boldsymbol{e}_1' + \cdots + x_n\boldsymbol{e}_n') + \beta(y_1\boldsymbol{e}_1' + \cdots + y_n\boldsymbol{e}_n')\end{aligned}$$

$$= \alpha f(\boldsymbol{x}) + \beta f(\boldsymbol{y})$$

よって，f は線形写像である．

f の全単射性．$\boldsymbol{y} \in V'$ が $\boldsymbol{y} = y_1\boldsymbol{e}_1{}' + \cdots + y_n\boldsymbol{e}_n{}'$ であったとき，$\boldsymbol{x} = y_1\boldsymbol{e}_1 + \cdots + y_n\boldsymbol{e}_n \in V$ とすれば，$f(\boldsymbol{x}) = \boldsymbol{y}$ となるので，f は全射となる．また，$f(\boldsymbol{x}_1) = f(\boldsymbol{x}_2)$ とすれば，$\boldsymbol{x}_1 = \boldsymbol{x}_2$ はすぐにわかる．よって f は，全単射となり，同型写像となる．ゆえに $V \cong V'$．∎

5.5　線形写像の表現行列

第 3 節では実ベクトル空間を $\mathbf{R}^n$ と同一視するために，同型写像を定義した．第 4 節では任意のベクトル空間に対して，$\mathbf{R}^n$ でいうところの基本ベクトルの組に相当する基底を定義した．本節では，$\mathbf{K}$ 上のベクトル空間 V, V' に対して，V から V' への線形写像の表現について調べる．一般に線形写像の具体例は様々であるが，V と V' が実ベクトル空間ならば定理 5.6 より同型な数ベクトル空間 $\mathbf{R}^n$ と $\mathbf{R}^m$ が存在する．よって，V から V' への線形写像は V, V' とそれぞれ同型である数ベクトル空間 $\mathbf{R}^n$ から $\mathbf{R}^m$ への線形写像，すなわち $m \times n$ 行列と同一視することができるというのが，本節の主張である．

$$\begin{array}{ccc} V & \xrightarrow{\ f\ } & V' \\ \text{同型写像}\downarrow & & \uparrow\text{同型写像} \\ \mathbf{R}^n & \xrightarrow[\text{行列}]{} & \mathbf{R}^m \end{array}$$

これまで見てきたように，ベクトル空間の任意のベクトルは基底の 1 次結合で表すことができる．そのときに，ベクトルを決定づける要素は，1 次結合に現れる係数である．特に $\mathbf{R}^n$ においては，標準基底 $\{\boldsymbol{e}_1, \cdots, \boldsymbol{e}_n\}$ を用いて

$$\boldsymbol{x} = x_1\boldsymbol{e}_1 + x_2\boldsymbol{e}_2 + \cdots + x_n\boldsymbol{e}_n = \begin{pmatrix} x_1 \\ \vdots \\ x_n \end{pmatrix} \tag{5.10}$$

というように，基本ベクトルの各係数を $\boldsymbol{x}$ の各成分として見てきた．これを $\mathbf{R}^n$ の標準基底に対する $\boldsymbol{x}$ の**成分表示**と呼ぶ．さらに一般化すれば，任意の $\mathbf{K}$ 上のベクトル空間において，ベクトルを基底 $E = \{\boldsymbol{g}_1, \cdots, \boldsymbol{g}_n\}$ の 1 次結合で表現した際の係数を用いて (5.10) のような次のベクトルの成分表示 (5.11) を

得る．これを基底 E に対する**成分表示**と呼び，

$$x = x_1{}'g_1 + x_2{}'g_2 + \cdots + x_n{}'g_n = \begin{pmatrix} x_1{}' \\ \vdots \\ x_n{}' \end{pmatrix}_E \tag{5.11}$$

とかく．

例題 5.17　$\mathbf{R}^2$ において，次の基底に対するベクトル $\boldsymbol{x} = \begin{pmatrix} 1 \\ 2 \end{pmatrix}$ の成分表示を求めよ．

(1) $E = \left\{\begin{pmatrix} 1 \\ 0 \end{pmatrix}, \begin{pmatrix} 0 \\ 1 \end{pmatrix}\right\}$　　(2) $F = \left\{\begin{pmatrix} 1 \\ 0 \end{pmatrix}, \begin{pmatrix} 1 \\ 1 \end{pmatrix}\right\}$

解答　$\boldsymbol{x}$ がそれぞれの基底の 1 次結合を用いてどのように表現できるのかを調べればよい．

(1) $\begin{pmatrix} 1 \\ 2 \end{pmatrix} = \begin{pmatrix} 1 \\ 0 \end{pmatrix} + 2\begin{pmatrix} 0 \\ 1 \end{pmatrix}$，よって，$\boldsymbol{x} = \begin{pmatrix} 1 \\ 2 \end{pmatrix}_E$

(2) $\begin{pmatrix} 1 \\ 2 \end{pmatrix} = -\begin{pmatrix} 1 \\ 0 \end{pmatrix} + 2\begin{pmatrix} 1 \\ 1 \end{pmatrix}$，よって，$\boldsymbol{x} = \begin{pmatrix} -1 \\ 2 \end{pmatrix}_F$ ■

例題 5.17 で見たように，通常考えている $\mathbf{R}^n$ のベクトルも，基底が異なれば成分表示も異なる．通常，われわれは標準基底による成分表示を考えているが，基底が異なれば成分表示の基準も変わると考えれば自然であろう．なお，本書では標準基底によるベクトルの成分表示は，従来通り

$$\boldsymbol{x} = x_1\boldsymbol{e}_1 + \cdots + x_n\boldsymbol{e}_n = \begin{pmatrix} x_1 \\ \vdots \\ x_n \end{pmatrix}$$

と表し，他の基底による成分表示と区別をする．

問 5.17　$\mathbf{R}^3$ において，次の基底に対するベクトル $\boldsymbol{x} = \begin{pmatrix} 1 \\ 2 \\ -1 \end{pmatrix}$ の成分表示を求めよ．

(1) $E = \left\{ \begin{pmatrix} 1 \\ 0 \\ 0 \end{pmatrix}, \begin{pmatrix} 1 \\ 1 \\ 0 \end{pmatrix}, \begin{pmatrix} 1 \\ 1 \\ 1 \end{pmatrix} \right\}$　(2) $F = \left\{ \begin{pmatrix} 1 \\ 1 \\ 0 \end{pmatrix}, \begin{pmatrix} 1 \\ 0 \\ 1 \end{pmatrix}, \begin{pmatrix} 0 \\ 1 \\ 1 \end{pmatrix} \right\}$

(3) $G = \left\{ \frac{1}{\sqrt{2}} \begin{pmatrix} 1 \\ 1 \\ 0 \end{pmatrix}, \frac{1}{\sqrt{6}} \begin{pmatrix} 1 \\ -1 \\ 2 \end{pmatrix}, \frac{1}{\sqrt{3}} \begin{pmatrix} -1 \\ 1 \\ 1 \end{pmatrix} \right\}$

V, W を $\mathbf{K}$ 上のベクトル空間，$\{\boldsymbol{e}_1, \cdots, \boldsymbol{e}_n\}$ を V の基底とする．このとき，線形写像 $f: V \to W$ は $\boldsymbol{x} = \lambda_1 \boldsymbol{e}_1 + \cdots + \lambda_n \boldsymbol{e}_n \in V$ に対して，

$$f(\boldsymbol{x}) = \lambda_1 f(\boldsymbol{e}_1) + \cdots + \lambda_n f(\boldsymbol{e}_n) \in W$$

よって，線形写像の像は基底の像の 1 次結合となることがわかる．これを踏まえて，線形写像の行列表現を定義しよう．

定義 5.10　線形写像の表現行列　$\mathbf{K}$ 上のベクトル空間 V, W の基底をそれぞれ $\{\boldsymbol{e}_1, \cdots, \boldsymbol{e}_n\}, \{\boldsymbol{g}_1, \cdots, \boldsymbol{g}_m\}$ とする．このとき，線型写像 $f: V \to W$ が

$$\begin{cases} f(\boldsymbol{e}_1) = \alpha_{11}\boldsymbol{g}_1 + \alpha_{21}\boldsymbol{g}_2 + \cdots + \alpha_{m1}\boldsymbol{g}_m \\ f(\boldsymbol{e}_2) = \alpha_{12}\boldsymbol{g}_1 + \alpha_{22}\boldsymbol{g}_2 + \cdots + \alpha_{m2}\boldsymbol{g}_m \\ \quad\cdots \qquad\qquad \cdots \qquad\qquad \cdots \\ f(\boldsymbol{e}_n) = \alpha_{1n}\boldsymbol{g}_1 + \alpha_{2n}\boldsymbol{g}_2 + \cdots + \alpha_{mn}\boldsymbol{g}_m \end{cases}$$

を満たすとする．このとき，係数行列

$$A_f = \begin{pmatrix} \alpha_{11} & \alpha_{12} & \cdots & \alpha_{1n} \\ \alpha_{21} & \alpha_{22} & \cdots & \alpha_{2n} \\ \vdots & \vdots & & \vdots \\ \alpha_{m1} & \alpha_{m2} & \cdots & \alpha_{mn} \end{pmatrix}$$

を線形写像 f の**表現行列**と呼ぶ．

線形写像の表現行列は，定義を見ただけでは意味がわかりにくいかもしれないが，次のように考えるとよい．任意のベクトル $\boldsymbol{x} \in V$ の基底 $E = \{\boldsymbol{e}_1, \cdots, \boldsymbol{e}_n\}$ に対する成分表示を

(5.12)
$$\boldsymbol{x} = x_1\boldsymbol{e}_1 + x_2\boldsymbol{e}_2 + \cdots + x_n\boldsymbol{e}_n = \begin{pmatrix} x_1 \\ \vdots \\ x_n \end{pmatrix}_E$$

とする．この成分表示に従えば，V の基底 $E = \{\boldsymbol{e}_1, \boldsymbol{e}_2, \cdots, \boldsymbol{e}_n\}$ は

$$E = \left\{ \begin{pmatrix} 1 \\ 0 \\ \vdots \\ 0 \end{pmatrix}_E, \begin{pmatrix} 0 \\ 1 \\ \vdots \\ 0 \end{pmatrix}_E, \cdots, \begin{pmatrix} 0 \\ 0 \\ \vdots \\ 1 \end{pmatrix}_E \right\}$$

のように表すことができる．これらのベクトルに定義 5.10 で定義された線形写像 f の表現行列を掛け，得られたベクトルを (5.12) のように，W の基底 $G = \{\boldsymbol{g}_1, \cdots, \boldsymbol{g}_m\}$ に対する成分表示としてみよう．たとえば，$f(\boldsymbol{e}_1)$ は

$$A_f\boldsymbol{e}_1 = \begin{pmatrix} \alpha_{11} & \alpha_{12} & \cdots & \alpha_{1m} \\ \alpha_{21} & \alpha_{22} & \cdots & \alpha_{2m} \\ \vdots & \vdots & & \vdots \\ \alpha_{n1} & \alpha_{n2} & \cdots & \alpha_{nm} \end{pmatrix} \begin{pmatrix} 1 \\ 0 \\ \vdots \\ 0 \end{pmatrix}_E = \begin{pmatrix} \alpha_{11} \\ \alpha_{21} \\ \vdots \\ \alpha_{m1} \end{pmatrix}_G$$
$$= \alpha_{11}\boldsymbol{g}_1 + \alpha_{21}\boldsymbol{g}_2 + \cdots + \alpha_{m1}\boldsymbol{g}_m = f(\boldsymbol{e}_1)$$

となって，f の代わりに表現行列 A_f を掛けることによって，f の像を得ることができる．

例題 5.18　$\{\boldsymbol{e}_1, \boldsymbol{e}_2, \boldsymbol{e}_3\}$ を $\mathbf{R}^3$ の標準基底とする．このとき，次の線形写像 f の表現行列を求めよ．

$$f\left(\begin{pmatrix} x \\ y \\ z \end{pmatrix}\right) = \begin{pmatrix} 2x + y - z \\ x + y \\ z \end{pmatrix}$$

解答　線形写像 f によって $\mathbf{R}^3$ の標準基底がどのようなベクトルに写るかを調べ，それが標準基底を用いてどのように表現されるかを調べればよい．

$$f(\boldsymbol{e}_1) = f\left(\begin{pmatrix} 1 \\ 0 \\ 0 \end{pmatrix}\right) = \begin{pmatrix} 2 \\ 1 \\ 0 \end{pmatrix} = 2\boldsymbol{e}_1 + \boldsymbol{e}_2 + 0\boldsymbol{e}_3$$

$$f(\boldsymbol{e}_2) = f(\begin{pmatrix} 0 \\ 1 \\ 0 \end{pmatrix}) = \begin{pmatrix} 1 \\ 1 \\ 0 \end{pmatrix} = \boldsymbol{e}_1 + \boldsymbol{e}_2 + 0\boldsymbol{e}_3$$

$$f(\boldsymbol{e}_3) = f(\begin{pmatrix} 0 \\ 0 \\ 1 \end{pmatrix}) = \begin{pmatrix} -1 \\ 0 \\ 1 \end{pmatrix} = -\boldsymbol{e}_1 + 0\boldsymbol{e}_2 + \boldsymbol{e}_3$$

よって，f の表現行列は $\begin{pmatrix} 2 & 1 & -1 \\ 1 & 1 & 0 \\ 0 & 0 & 1 \end{pmatrix}$. ∎

表現行列の定義や例題 5.18 の解答をみるとわかるように，線形写像の表現行列はベクトル空間の基底の選び方に依存していることがわかる．実際に，考える基底が異なればその表現行列も異なってくることが次の例からもわかる．

例題 5.19 $\mathbf{R}^3$ から $\mathbf{R}^4$ への線形写像

$$f(\begin{pmatrix} x \\ y \\ z \end{pmatrix}) = \begin{pmatrix} x + 2y + z \\ y - z \\ 2x + 3z \\ -x + 2y \end{pmatrix}$$

について，次の基底に対する f 表現行列を求めよ．

(1) $\mathbf{R}^3$ の基底 $\left\{\begin{pmatrix} 1 \\ 0 \\ 0 \end{pmatrix}, \begin{pmatrix} 0 \\ 1 \\ 0 \end{pmatrix}, \begin{pmatrix} 0 \\ 0 \\ 1 \end{pmatrix}\right\}$,

$\mathbf{R}^4$ の基底 $\left\{\begin{pmatrix} 1 \\ 0 \\ 0 \\ 0 \end{pmatrix}, \begin{pmatrix} 0 \\ 1 \\ 0 \\ 0 \end{pmatrix}, \begin{pmatrix} 0 \\ 0 \\ 1 \\ 0 \end{pmatrix}, \begin{pmatrix} 0 \\ 0 \\ 0 \\ 1 \end{pmatrix}\right\}$

(2) $\mathbf{R}^3$ の基底 $\left\{\begin{pmatrix} 1 \\ 0 \\ 0 \end{pmatrix}, \begin{pmatrix} 1 \\ 1 \\ 0 \end{pmatrix}, \begin{pmatrix} 1 \\ 1 \\ 1 \end{pmatrix}\right\}$,

$$\mathbf{R}^4 \text{ の基底 } \left\{ \begin{pmatrix} 1 \\ 0 \\ 1 \\ 0 \end{pmatrix}, \begin{pmatrix} 1 \\ 1 \\ 0 \\ 1 \end{pmatrix}, \begin{pmatrix} 0 \\ 0 \\ 1 \\ 1 \end{pmatrix}, \begin{pmatrix} 0 \\ 1 \\ 0 \\ 1 \end{pmatrix} \right\}$$

解答　f によって写された $\mathbf{R}^3$ の基底が，$\mathbf{R}^4$ の基底の 1 次結合によってどのように表されるかを調べればよい．

(1) それぞれ f によって $\mathbf{R}^3$ の基底は次のように写される．

$$f(\begin{pmatrix} 1 \\ 0 \\ 0 \end{pmatrix}) = \begin{pmatrix} 1 \\ 0 \\ 2 \\ -1 \end{pmatrix} = \begin{pmatrix} 1 \\ 0 \\ 0 \\ 0 \end{pmatrix} + 0 \begin{pmatrix} 0 \\ 1 \\ 0 \\ 0 \end{pmatrix} + 2 \begin{pmatrix} 0 \\ 0 \\ 1 \\ 0 \end{pmatrix} - \begin{pmatrix} 0 \\ 0 \\ 0 \\ 1 \end{pmatrix}$$

$$f(\begin{pmatrix} 0 \\ 1 \\ 0 \end{pmatrix}) = \begin{pmatrix} 2 \\ 1 \\ 0 \\ 2 \end{pmatrix} = 2 \begin{pmatrix} 1 \\ 0 \\ 0 \\ 0 \end{pmatrix} + 1 \begin{pmatrix} 0 \\ 1 \\ 0 \\ 0 \end{pmatrix} + 0 \begin{pmatrix} 0 \\ 0 \\ 1 \\ 0 \end{pmatrix} + 2 \begin{pmatrix} 0 \\ 0 \\ 0 \\ 1 \end{pmatrix}$$

$$f(\begin{pmatrix} 0 \\ 0 \\ 1 \end{pmatrix}) = \begin{pmatrix} 1 \\ -1 \\ 3 \\ 0 \end{pmatrix} = \begin{pmatrix} 1 \\ 0 \\ 0 \\ 0 \end{pmatrix} - 1 \begin{pmatrix} 0 \\ 1 \\ 0 \\ 0 \end{pmatrix} + 3 \begin{pmatrix} 0 \\ 0 \\ 1 \\ 0 \end{pmatrix} + 0 \begin{pmatrix} 0 \\ 0 \\ 0 \\ 1 \end{pmatrix}$$

よって，この基底に関する f の表現行列は $\begin{pmatrix} 1 & 2 & 1 \\ 0 & 1 & -1 \\ 2 & 0 & 3 \\ -1 & 2 & 0 \end{pmatrix}$.

(2) (1) と同様に解けばよい．

$$f(\begin{pmatrix} 1 \\ 0 \\ 0 \end{pmatrix}) = \begin{pmatrix} 1 \\ 0 \\ 2 \\ -1 \end{pmatrix} = 3 \begin{pmatrix} 1 \\ 0 \\ 1 \\ 0 \end{pmatrix} - 2 \begin{pmatrix} 1 \\ 1 \\ 0 \\ 1 \end{pmatrix} - \begin{pmatrix} 0 \\ 0 \\ 1 \\ 1 \end{pmatrix} + 2 \begin{pmatrix} 0 \\ 1 \\ 0 \\ 1 \end{pmatrix}$$

$$f(\begin{pmatrix} 1 \\ 1 \\ 0 \end{pmatrix}) = \begin{pmatrix} 3 \\ 1 \\ 2 \\ 1 \end{pmatrix} = 2 \begin{pmatrix} 1 \\ 0 \\ 1 \\ 0 \end{pmatrix} + 1 \begin{pmatrix} 1 \\ 1 \\ 0 \\ 1 \end{pmatrix} + 0 \begin{pmatrix} 0 \\ 0 \\ 1 \\ 1 \end{pmatrix} - 0 \begin{pmatrix} 0 \\ 1 \\ 0 \\ 1 \end{pmatrix}$$

$$f(\begin{pmatrix} 1 \\ 1 \\ 1 \end{pmatrix}) = \begin{pmatrix} 4 \\ 0 \\ 5 \\ 1 \end{pmatrix} = 4 \begin{pmatrix} 1 \\ 0 \\ 1 \\ 0 \end{pmatrix} + 0 \begin{pmatrix} 1 \\ 1 \\ 0 \\ 1 \end{pmatrix} + \begin{pmatrix} 0 \\ 0 \\ 1 \\ 1 \end{pmatrix} + 0 \begin{pmatrix} 0 \\ 1 \\ 0 \\ 1 \end{pmatrix}$$

よって，この基底に関する f の表現行列は $\begin{pmatrix} 3 & 2 & 4 \\ -2 & 1 & 0 \\ -1 & 0 & 1 \\ 2 & 0 & 0 \end{pmatrix}$． ■

例 5.11　線形写像 $D: P_3(\mathbf{R}) \longrightarrow P_2(\mathbf{R})$ を次のように定める．

$$D(f) = f', \quad f \in P_3(\mathbf{R})$$

このとき，$P_3(\mathbf{R})$, $P_2(\mathbf{R})$ の基底をそれぞれ $\{1, x, x^2, x^3\}$, $\{1, x, x^2\}$ としたとき，D の表現行列を求めてみよう．$P_3(\mathbf{R})$ の基底が D によって写されたとき，それらが $P_2(\mathbf{R})$ の基底を用いてどのように表されるかを調べればよい．

$$D(1) = 0 = 0 \cdot 1 + 0 \cdot x + 0 \cdot x^2$$

$$D(x) = 1 = 1 \cdot 1 + 0 \cdot x + 0 \cdot x^2$$

$$D(x^2) = 2x = 0 \cdot 1 + 2 \cdot x + 0 \cdot x^2$$

$$D(x^3) = 3x^2 = 0 \cdot 1 + 0 \cdot x + 3 \cdot x^2$$

よって，D の表現行列は $\begin{pmatrix} 0 & 1 & 0 & 0 \\ 0 & 0 & 2 & 0 \\ 0 & 0 & 0 & 3 \end{pmatrix}$ となる．

例題 5.20　漸化式 $a_{n+2} - 5a_{n+1} + 6a_n = 0$ を満たす実数列の集合のなすベクトル空間を V とする．以下の問に答えよ．

(1)　数列 $\boldsymbol{e}_1 = \{1, 0, -6, -30, \cdots\}$, $\boldsymbol{e}_2 = \{0, 1, 5, 19, \cdots\}$ が V の基底であることを示せ．この基底を E とする．

(2)　線型写像 $f: V \to V$ を $f(\{a_n\}) = \{a_{n+1}\}$ とする．このとき，基底 E に対する f の表現行列を求めよ．

解答　(1) 漸化式 $a_{n+2} - 5a_{n+1} + 6a_n = 0$ を満たす実数列は，初項と第 2 項が決まれば第 3 項以降も自動的に求まる．よって，この漸化式を満たすすべての実数列は，初項が 1, 第 2 項が 0 である数列 $\boldsymbol{e}_1$ と初項が 0, 第 2 項が 1 である数列 $\boldsymbol{e}_2$ の 1 次結合で表現することができる．また，$\{\boldsymbol{e}_1, \boldsymbol{e}_2\}$ は 1 次独立なので，V の基底は $\{\boldsymbol{e}_1, \boldsymbol{e}_2\}$ となる．

(2) V の基底 $E = \{\boldsymbol{e}_1, \boldsymbol{e}_2\}$ が f によって写されたとき，それが E によってどのように表されるかを調べればよい．

$$f(\boldsymbol{e}_1) = \{0, -6, -30, \cdots\} = 0\boldsymbol{e}_1 - 6\boldsymbol{e}_2$$

$$f(\boldsymbol{e}_2) = \{1, 5, 19, \cdots\} = 1\boldsymbol{e}_1 + 5\boldsymbol{e}_2$$

よって，E による f の表現行列は $\begin{pmatrix} 0 & 1 \\ -6 & 5 \end{pmatrix}$． ▮

問 5.18 線形写像 $f: \mathbf{R}^3 \longrightarrow \mathbf{R}^4$ が

$$f(\begin{pmatrix} x \\ y \\ z \end{pmatrix}) = \begin{pmatrix} x+y \\ x-2y+z \\ y-z \\ 3x+z \end{pmatrix}$$

を満たすとき，次の基底に対する f の表現行列を求めなさい．

(1) $\mathbf{R}^3$ の基底 $\left\{\begin{pmatrix} 1 \\ 0 \\ 0 \end{pmatrix}, \begin{pmatrix} 0 \\ 1 \\ 0 \end{pmatrix}, \begin{pmatrix} 0 \\ 0 \\ 1 \end{pmatrix}\right\}$，

$\mathbf{R}^4$ の基底 $\left\{\begin{pmatrix} 1 \\ 0 \\ 0 \\ 0 \end{pmatrix}, \begin{pmatrix} 0 \\ 1 \\ 0 \\ 0 \end{pmatrix}, \begin{pmatrix} 0 \\ 0 \\ 1 \\ 0 \end{pmatrix}, \begin{pmatrix} 0 \\ 0 \\ 0 \\ 1 \end{pmatrix}\right\}$

(2) $\mathbf{R}^3$ の基底 $\left\{\begin{pmatrix} 1 \\ 0 \\ 0 \end{pmatrix}, \begin{pmatrix} 1 \\ 1 \\ 0 \end{pmatrix}, \begin{pmatrix} 1 \\ 1 \\ 1 \end{pmatrix}\right\}$，

$\mathbf{R}^4$ の基底 $\left\{\begin{pmatrix} 0 \\ 1 \\ 1 \\ 1 \end{pmatrix}, \begin{pmatrix} 1 \\ 0 \\ 1 \\ 1 \end{pmatrix}, \begin{pmatrix} 1 \\ 1 \\ 0 \\ 1 \end{pmatrix}, \begin{pmatrix} 1 \\ 1 \\ 1 \\ 0 \end{pmatrix}\right\}$

問 5.19 線形写像 $I: P_2(\mathbf{R}) \longrightarrow P_3(\mathbf{R})$ を次のように定める．

$$I(f)(x) = \int_0^x f(t)\,dt, \quad f \in P_2(\mathbf{R})$$

このとき，$P_2(\mathbf{R})$, $P_3(\mathbf{R})$ の基底をそれぞれ $\{1, x, x^2\}$, $\{1, x, x^2, x^3\}$ としたときの I の表現行列を求めよ．

さて，$\mathbf{K}$ 上の n 次元ベクトル空間 V が与えられたとき，V の基底は 1 通りではなく，その選び方は無数にある．しかし，基底をなすベクトルの数 (すなわち，V の次元) は基底の選び方によらず一定である．そこで，数ある基底のなかから任意に選ばれた 2 組の基底 $E = \{\boldsymbol{e}_1, \cdots, \boldsymbol{e}_n\}$ と $E' = \{\boldsymbol{e}_1', \cdots, \boldsymbol{e}_n'\}$ の間の関係に注目することにする．任意のベクトル $\boldsymbol{x} \in V$ に対して，基底 E

に関する $\boldsymbol{x}$ の表示は

$$\boldsymbol{x} = x_1\boldsymbol{e}_1 + \cdots + x_n\boldsymbol{e}_n = (\boldsymbol{e}_1 \quad \cdots \quad \boldsymbol{e}_n)\begin{pmatrix} x_1 \\ \vdots \\ x_n \end{pmatrix}$$

基底 E' に関する $\boldsymbol{x}$ の表示は

$$\boldsymbol{x} = {x_1}'{\boldsymbol{e}_1}' + \cdots + {x_n}'{\boldsymbol{e}_n}' = ({\boldsymbol{e}_1}' \quad \cdots \quad {\boldsymbol{e}_n}')\begin{pmatrix} {x_1}' \\ \vdots \\ {x_n}' \end{pmatrix}$$

となり，これらの表示は (基底の 1 次独立性により) 一意的である．$x_1, \cdots, x_n$ を基底 E に関する成分，また，${x_1}', \cdots, {x_n}'$ を基底 E' に関する成分であるという．ここでわれわれの関心は，E と E' の間の関係と，それぞれの基底に関する成分からなる上記のベクトルの間の関係にある．いま

$$\begin{aligned} {\boldsymbol{e}_1}' &= a_{11}\boldsymbol{e}_1 + a_{21}\boldsymbol{e}_2 + \cdots + a_{n1}\boldsymbol{e}_n \\ {\boldsymbol{e}_2}' &= a_{12}\boldsymbol{e}_1 + a_{22}\boldsymbol{e}_2 + \cdots + a_{n2}\boldsymbol{e}_n \\ &\cdots\cdots\cdots \qquad \cdots\cdots \qquad \cdots\cdots \\ {\boldsymbol{e}_n}' &= a_{1n}\boldsymbol{e}_1 + a_{2n}\boldsymbol{e}_2 + \cdots + a_{nn}\boldsymbol{e}_n \end{aligned}$$

$$A = (a_{ij}) = \begin{pmatrix} a_{11} & a_{12} & \cdots & a_{1n} \\ a_{21} & a_{22} & \cdots & a_{2n} \\ \vdots & \vdots & \ddots & \vdots \\ a_{n1} & a_{n2} & \cdots & a_{nn} \end{pmatrix} \left(= {}^t\begin{pmatrix} a_{11} & a_{21} & \cdots & a_{n1} \\ a_{12} & a_{22} & \cdots & a_{n2} \\ \vdots & \vdots & \ddots & \vdots \\ a_{1n} & a_{2n} & \cdots & a_{nn} \end{pmatrix} \right)$$

とおく．E' が基底であることから，A は ($\operatorname{rank} A = n$ になるので) n 次の正則行列となる．この A を E から E' への**基底の変換行列**と呼ぶ．上の関係式から

$$\begin{aligned} ({\boldsymbol{e}_1}' \ {\boldsymbol{e}_2}' \ \cdots \ {\boldsymbol{e}_n}') &= (\boldsymbol{e}_1 \ \boldsymbol{e}_2 \ \cdots \ \boldsymbol{e}_n)A \\ &= (\boldsymbol{e}_1 \ \boldsymbol{e}_2 \ \cdots \ \boldsymbol{e}_n)\begin{pmatrix} a_{11} & a_{12} & \cdots & a_{1n} \\ a_{21} & a_{22} & \cdots & a_{2n} \\ \vdots & \vdots & \ddots & \vdots \\ a_{n1} & a_{n2} & \cdots & a_{nn} \end{pmatrix} \end{aligned}$$

このとき

$$(\boldsymbol{e}_1 \ \cdots \ \boldsymbol{e}_n)\begin{pmatrix} x_1 \\ \vdots \\ x_n \end{pmatrix} = \boldsymbol{x} = (\boldsymbol{e}_1{}' \ \cdots \ \boldsymbol{e}_n{}')\begin{pmatrix} x_1{}' \\ \vdots \\ x_n{}' \end{pmatrix} = (\boldsymbol{e}_1 \ \cdots \ \boldsymbol{e}_n)A\begin{pmatrix} x_1{}' \\ \vdots \\ x_n{}' \end{pmatrix}$$

および，表示の一意性から

$$\text{(5.13)} \qquad \begin{pmatrix} x_1 \\ \vdots \\ x_n \end{pmatrix} = A\begin{pmatrix} x_1{}' \\ \vdots \\ x_n{}' \end{pmatrix} \quad \left(\text{または，}\begin{pmatrix} x_1{}' \\ \vdots \\ x_n{}' \end{pmatrix} = A^{-1}\begin{pmatrix} x_1 \\ \vdots \\ x_n \end{pmatrix}\right)$$

次に，基底の変換行列を線形写像の言葉で表現すること (つまり，基底の変換行列を表現行列にもつ線形写像) について考えてみよう．V を n 次元として，基底 $E = \{\boldsymbol{e}_1, \cdots, \boldsymbol{e}_n\}$ と $E' = \{\boldsymbol{e}_1{}', \cdots, \boldsymbol{e}_n{}'\}$ に対して，E から E' への基底の変換行列を A, A を表現行列にもつ線形写像を f_A とする．基底 E' から E に対する恒等写像を

$$\partial_{(E' \to E)} : \partial_{(E' \to E)}(\boldsymbol{x}) = \boldsymbol{x} \quad (\boldsymbol{x} \in V)$$

また，$\boldsymbol{x}$ に対して，基底 E, E' に対する成分表示を対応させる線形写像をそれぞれ φ, φ' とする．すなわち

$$\varphi : \varphi(\boldsymbol{x}) = \begin{pmatrix} x_1 \\ \vdots \\ x_n \end{pmatrix}_E, \quad \varphi' : \varphi'(\boldsymbol{x}) = \begin{pmatrix} x_1{}' \\ \vdots \\ x_n{}' \end{pmatrix}_{E'}$$

このとき，基底の変換行列 A は (5.13) から

$$\begin{pmatrix} x_1 \\ \vdots \\ x_n \end{pmatrix}_E = A\begin{pmatrix} x_1{}' \\ \vdots \\ x_n{}' \end{pmatrix}_{E'}$$

ここで，(成分表示の一意性に注意すれば) 線形写像 φ, φ' は同型写像になっている．そして

$$\boldsymbol{x} = \varphi^{-1} \circ A \circ \varphi'(\boldsymbol{x})$$

であることから，$\partial_{(E' \to E)} = \varphi^{-1} \circ f_A \circ \varphi'$．よって，$f_A = \varphi \circ \varphi'^{-1}$．

例題 5.21 $\mathbf{R}^3$ の基底 $E = \left\{ \begin{pmatrix} 0 \\ 1 \\ 1 \end{pmatrix}, \begin{pmatrix} 1 \\ 0 \\ 1 \end{pmatrix}, \begin{pmatrix} 1 \\ 1 \\ 0 \end{pmatrix} \right\}$ から基底 $F = \left\{ \begin{pmatrix} 1 \\ 0 \\ 0 \end{pmatrix}, \begin{pmatrix} 1 \\ 1 \\ 0 \end{pmatrix}, \begin{pmatrix} 1 \\ 1 \\ 1 \end{pmatrix} \right\}$ への基底の変換行列を求めよ．

解答 基底 $F = \left\{ \begin{pmatrix} 1 \\ 0 \\ 0 \end{pmatrix}, \begin{pmatrix} 1 \\ 1 \\ 0 \end{pmatrix}, \begin{pmatrix} 1 \\ 1 \\ 1 \end{pmatrix} \right\}$ の各ベクトルを基底 E の 1 次結合で表せばよい．

$$\begin{pmatrix} 1 \\ 0 \\ 0 \end{pmatrix} = -\frac{1}{2}\begin{pmatrix} 0 \\ 1 \\ 1 \end{pmatrix} + \frac{1}{2}\begin{pmatrix} 1 \\ 0 \\ 1 \end{pmatrix} + \frac{1}{2}\begin{pmatrix} 1 \\ 1 \\ 0 \end{pmatrix}$$

$$\begin{pmatrix} 1 \\ 1 \\ 0 \end{pmatrix} = 0\begin{pmatrix} 0 \\ 1 \\ 1 \end{pmatrix} + 0\begin{pmatrix} 1 \\ 0 \\ 1 \end{pmatrix} + \begin{pmatrix} 1 \\ 1 \\ 0 \end{pmatrix}$$

$$\begin{pmatrix} 1 \\ 1 \\ 1 \end{pmatrix} = \frac{1}{2}\begin{pmatrix} 0 \\ 1 \\ 1 \end{pmatrix} + \frac{1}{2}\begin{pmatrix} 1 \\ 0 \\ 1 \end{pmatrix} + \frac{1}{2}\begin{pmatrix} 1 \\ 1 \\ 0 \end{pmatrix}$$

よって，求める基底の変換行列は $\frac{1}{2}\begin{pmatrix} -1 & 0 & 1 \\ 1 & 0 & 1 \\ 1 & 2 & 1 \end{pmatrix}$. ∎

問 5.20 次の基底の変換行列を求めよ．

(1) $\mathbf{R}^2$ の基底 $\left\{ \begin{pmatrix} 1 \\ 0 \end{pmatrix}, \begin{pmatrix} 1 \\ 1 \end{pmatrix} \right\}$ から基底 $\left\{ \begin{pmatrix} 1 \\ 0 \end{pmatrix}, \begin{pmatrix} 0 \\ 1 \end{pmatrix} \right\}$

(2) $\mathbf{R}^3$ の基底 $\left\{ \begin{pmatrix} 1 \\ 0 \\ 0 \end{pmatrix}, \begin{pmatrix} 0 \\ 1 \\ 0 \end{pmatrix}, \begin{pmatrix} 0 \\ 0 \\ 1 \end{pmatrix} \right\}$ から基底 $\left\{ \begin{pmatrix} 1 \\ 0 \\ 0 \end{pmatrix}, \begin{pmatrix} 1 \\ 1 \\ 0 \end{pmatrix}, \begin{pmatrix} 1 \\ 1 \\ 1 \end{pmatrix} \right\}$

(3) $\mathbf{R}^3$ の基底 $\left\{ \begin{pmatrix} 1 \\ 2 \\ -1 \end{pmatrix}, \begin{pmatrix} 0 \\ 2 \\ 1 \end{pmatrix}, \begin{pmatrix} 1 \\ 0 \\ 1 \end{pmatrix} \right\}$ から基底 $\left\{ \begin{pmatrix} 1 \\ 1 \\ 0 \end{pmatrix}, \begin{pmatrix} 1 \\ 0 \\ 1 \end{pmatrix}, \begin{pmatrix} 0 \\ 1 \\ 1 \end{pmatrix} \right\}$

ところで，ベクトル空間上の線形写像が行列を用いて表すことができると，逆写像や合成写像なども行列の演算を用いて表すことができる．

定理 5.7 V, U, W を $\mathbf{K}$ 上のベクトル空間とする．線形写像 $f : V \longrightarrow U$, $g : U \longrightarrow W$ の表現行列をそれぞれ A_f, A_g とすると，合成写像 $g \circ f : V \longrightarrow W$ の表現行列は $A_g A_f$ となる．また，f に逆写像が存在するとき，逆写像 f^{-1} の表現行列 $A_{f^{-1}}$ は $A_{f^{-1}} = A_f^{-1}$ となる．

証明 $\dim V = n$ とする．V の基底 E による $\boldsymbol{x} \in V$ の成分表示は $\mathbf{R}^n$ のベクトルとして見ることができる．これを $\boldsymbol{x}_E \in \mathbf{R}^n$ とする．このとき，$f(\boldsymbol{x})$ の成分表示は $A_f \boldsymbol{x}_E$ となる．よって，$g \circ f(\boldsymbol{x})$ の成分表示は $A_g(A_f \boldsymbol{x}_E) = A_g A_f \boldsymbol{x}_E$ となるので，合成写像 $g \circ f$ の表現行列は $A_g A_f$ である．

また，f の逆写像 f^{-1} は $f^{-1} \circ f(\boldsymbol{x}) = \boldsymbol{x}$ (恒等写像) を満たすので，f^{-1} の表現行列は $A_{f^{-1}} A_f = E$ を満たす．よって，定理 3.2 から $A_{f^{-1}} = A_f^{-1}$． ∎

定理 5.8 V, W を $\mathbf{K}$ 上のベクトル空間とする．V の基底を E, E', W の基底を F, F' とする．そして，V から W への線形写像を f とする．このとき，A_f を基底 E, F に対する f の表現行列とすれば，基底 E', F' に対する f の表現行列 ${A_f}'$ は次のように表される．

$$ {A_f}' = Q^{-1} A_f P. $$

ただし，Q は E から E' への基底の変換行列，P は F から F' への基底の変換行列とする．

定理 5.8 は次の図を参考にして考えるとよい．

$$
\begin{array}{ccc}
E' & \xrightarrow{{A_f}' = Q^{-1} A_f P} & F' \\
P \big\downarrow & & \big\uparrow Q^{-1} \\
E & \xrightarrow{A_f} & F
\end{array}
$$

証明 $\dim V = n$, $\dim W = m$ とする．V の基底 E, E' をそれぞれ $E = \{\boldsymbol{v}_1, \cdots, \boldsymbol{v}_n\}$, $E' = \{{\boldsymbol{v}_1}', \cdots, {\boldsymbol{v}_n}'\}$，また，$W$ の基底 F, F' をそれぞれ $F = \{\boldsymbol{w}_1, \cdots, \boldsymbol{w}_n\}$, $F' = \{{\boldsymbol{w}_1}', \cdots, {\boldsymbol{w}_n}'\}$ とする．このとき，E から E' への基底の変換行列を P, F から F' への基底の変換行列を Q としているので，基底の変換行列の性質から

(5.14) $$ ({\boldsymbol{v}_1}' \ \cdots \ {\boldsymbol{v}_n}') = (\boldsymbol{v}_1 \ \cdots \ \boldsymbol{v}_n) P $$

(5.15) $$ ({\boldsymbol{w}_1}' \ \cdots \ {\boldsymbol{w}_m}') = (\boldsymbol{w}_1 \ \cdots \ \boldsymbol{w}_m) Q $$

が成り立つ．また，基底 E, F に関する f の表現行列を A_f としているので，表現行

列の定義より

$$(5.16)\qquad (f(\boldsymbol{v}_1)\ \cdots\ f(\boldsymbol{v}_n)) = (\boldsymbol{w}_1\ \cdots\ \boldsymbol{w}_m)A_f$$

が成り立つ．同様に，基底 E', F' に関する f の表現行列を ${A_f}'$ としているので，

$$(f({\boldsymbol{v}_1}')\ \cdots\ f({\boldsymbol{v}_n}')) = ({\boldsymbol{w}_1}'\ \cdots\ {\boldsymbol{w}_m}'){A_f}'$$

よって，(5.15) 式と合わせれば，

$$(f({\boldsymbol{v}_1}')\ \cdots\ f({\boldsymbol{v}_n}')) = ({\boldsymbol{w}_1}'\ \cdots\ {\boldsymbol{w}_m}'){A_f}' = (\boldsymbol{w}_1\ \cdots\ \boldsymbol{w}_m)Q{A_f}'$$

一方，(5.14) と f の線型性より，

$$(f({\boldsymbol{v}_1}')\ \cdots\ f({\boldsymbol{v}_n}')) = (f(\boldsymbol{v}_1)\ \cdots\ f(\boldsymbol{v}_n))P$$

が成り立つので，(5.16) と合わせれば，

$$(f({\boldsymbol{v}_1}')\ \cdots\ f({\boldsymbol{v}_n}')) = (f(\boldsymbol{v}_1)\ \cdots\ f(\boldsymbol{v}_n))P = (\boldsymbol{w}_1\ \cdots\ \boldsymbol{w}_m)AP$$

これより，

$$(\boldsymbol{w}_1\ \cdots\ \boldsymbol{w}_m)Q{A_f}' = (\boldsymbol{w}_1\ \cdots\ \boldsymbol{w}_m)AP$$

ここで，$\{\boldsymbol{w}_1, \cdots, \boldsymbol{w}_m\}$ の 1 次独立性により，次章の系 6.1 から行列 $(\boldsymbol{w}_1\ \cdots\ \boldsymbol{w}_m)$ は正則，したがって，

$$Q{A_f}' = AP$$

すなわち，${A_f}' = Q^{-1}AP$.　■

例題 5.22　$\mathbf{R}^3$ の標準基底に対する線形写像 f の表現行列 A_f を

$$A_f = \begin{pmatrix} 2 & 1 & -1 \\ 3 & -1 & 0 \\ 0 & 1 & 2 \end{pmatrix}$$

とする．このとき，$\mathbf{R}^3$ の基底 $E = \left\{\begin{pmatrix} 1 \\ 0 \\ 0 \end{pmatrix}, \begin{pmatrix} 1 \\ 1 \\ 0 \end{pmatrix}, \begin{pmatrix} 1 \\ 1 \\ 1 \end{pmatrix}\right\}$ から基底

$F = \left\{\begin{pmatrix} 0 \\ 1 \\ 1 \end{pmatrix}, \begin{pmatrix} 1 \\ 0 \\ 1 \end{pmatrix}, \begin{pmatrix} 1 \\ 1 \\ 0 \end{pmatrix}\right\}$ への f の表現行列を求めよ．

解答　標準基底から基底 E, F への基底の変換行列 Q, P はそれぞれ

$$Q = \begin{pmatrix} 1 & 1 & 1 \\ 0 & 1 & 1 \\ 0 & 0 & 1 \end{pmatrix}, \qquad P = \begin{pmatrix} 0 & 1 & 1 \\ 1 & 0 & 1 \\ 1 & 1 & 0 \end{pmatrix}$$

これより $P^{-1} = \frac{1}{2}\begin{pmatrix} -1 & 1 & 1 \\ 1 & -1 & 1 \\ 1 & 1 & -1 \end{pmatrix}$. よって，求める表現行列は

$$P^{-1}A_fQ = \frac{1}{2}\begin{pmatrix} -1 & 1 & 1 \\ 1 & -1 & 1 \\ 1 & 1 & -1 \end{pmatrix}\begin{pmatrix} 2 & 1 & -1 \\ 3 & -1 & 0 \\ 0 & 1 & 2 \end{pmatrix}\begin{pmatrix} 1 & 1 & 1 \\ 0 & 1 & 1 \\ 0 & 0 & 1 \end{pmatrix}$$

$$= \frac{1}{2}\begin{pmatrix} 1 & 0 & 3 \\ -1 & 2 & 3 \\ 5 & 4 & 1 \end{pmatrix}.$$

∎

問 5.21 $\mathbf{R}^3$ の標準基底に対する線形写像 f の表現行列 A_f を

$$A_f = \begin{pmatrix} 0 & 2 & 1 \\ 4 & 1 & 3 \\ 1 & 0 & -1 \end{pmatrix}$$

とする．このとき，$\mathbf{R}^3$ の基底 $E = \left\{\begin{pmatrix} 0 \\ 1 \\ 1 \end{pmatrix}, \begin{pmatrix} 1 \\ 0 \\ 1 \end{pmatrix}, \begin{pmatrix} 1 \\ 1 \\ 0 \end{pmatrix}\right\}$ から基底 $F = \left\{\begin{pmatrix} 1 \\ 0 \\ 0 \end{pmatrix}, \begin{pmatrix} 1 \\ 1 \\ 0 \end{pmatrix}, \begin{pmatrix} 1 \\ 1 \\ 1 \end{pmatrix}\right\}$ への変換に対する f の表現行列を求めなさい．

本節の最後に，線形写像における次の重要な定理を示そう．

定理 5.9 次元定理 1 $\mathbf{K}$ 上のベクトル空間 V, W に対して，線形写像 $f : V \to W$ を考える．このとき，次が成り立つ．

$$\dim V = \dim f^{-1}(\boldsymbol{o}) + \dim f(V)$$

定理 5.9 を示すために，次の補題を用意しておこう．

補題 5.1 $\mathbf{K}$ 上のベクトル空間 V を $\dim V = n$ とする．また，m を $m < n$ を満たす自然数とする．このとき，1 次独立な V のベクトルの組 $\{\boldsymbol{a}_1, \cdots, \boldsymbol{a}_m\}$ に適当な $n - m$ 個のベクトルを加えて V の基底をつくることができる．

証明 V が実ベクトル空間であるときだけを示す．V が複素ベクトル空間の場合も同様に示すことができる．さて，$E = \{\boldsymbol{e}_1{}', \cdots, \boldsymbol{e}_m{}', \boldsymbol{e}_{m+1}{}', \cdots, \boldsymbol{e}_n{}'\}$ を V の基底と

する．そして，$\{\boldsymbol{a}_1, \cdots, \boldsymbol{a}_m\}$ の各ベクトルの E による成分表示を次のようにする．

$$\boldsymbol{a}_1 = \alpha_{11}\boldsymbol{e}_1{}' + \alpha_{21}\boldsymbol{e}_2{}' + \cdots + \alpha_{n1}\boldsymbol{e}_n{}' = \begin{pmatrix} \alpha_{11} \\ \vdots \\ \alpha_{n1} \end{pmatrix}_E$$

$$\boldsymbol{a}_2 = \alpha_{12}\boldsymbol{e}_1{}' + \alpha_{22}\boldsymbol{e}_2{}' + \cdots + \alpha_{n2}\boldsymbol{e}_n{}' = \begin{pmatrix} \alpha_{12} \\ \vdots \\ \alpha_{n2} \end{pmatrix}_E$$

$$\cdots\cdots\cdots \qquad\qquad \cdots\cdots$$

$$\boldsymbol{a}_m = \alpha_{1m}\boldsymbol{e}_1{}' + \alpha_{2m}\boldsymbol{e}_2{}' + \cdots + \alpha_{nm}\boldsymbol{e}_n{}' = \begin{pmatrix} \alpha_{1m} \\ \vdots \\ \alpha_{nm} \end{pmatrix}_E$$

これら成分表示をしたベクトルは $\mathbf{R}^n$ のベクトルとして考えることができるので，以下，それらをまとめて $\{\boldsymbol{a}_1, \boldsymbol{a}_2, \cdots, \boldsymbol{a}_m\} \subset \mathbf{R}^n$ とする．

仮定から $\{\boldsymbol{a}_1, \cdots, \boldsymbol{a}_m\}$ が1次独立であり，$\mathrm{rank}\{\boldsymbol{a}_1, \cdots, \boldsymbol{a}_m\} = m$ なので，次章の定理 6.2 より行列 $(\boldsymbol{a}_1 \ \cdots \ \boldsymbol{a}_m)$ を行基本変形によって行列 $(\boldsymbol{e}_1 \ \cdots \ \boldsymbol{e}_m)$ に変形できる (ここで，$\{\boldsymbol{e}_1, \cdots, \boldsymbol{e}_m, \boldsymbol{e}_{m+1}, \cdots, \boldsymbol{e}_n\}$ を $\mathbf{R}^n$ の標準基底とする)．すなわち適当な正則行列 P を用いて，

$$P(\boldsymbol{a}_1 \ \cdots \ \boldsymbol{a}_m) = (\boldsymbol{e}_1 \ \cdots \ \boldsymbol{e}_m)$$

とすることができる．したがって，

$$\begin{aligned} P^{-1} &= P^{-1}(\boldsymbol{e}_1 \ \cdots \ \boldsymbol{e}_m \ \boldsymbol{e}_{m+1} \ \cdots \ \boldsymbol{e}_n) \\ &= (\boldsymbol{a}_1 \ \cdots \ \boldsymbol{a}_m \ P^{-1}\boldsymbol{e}_{m+1} \ \cdots \ P^{-1}\boldsymbol{e}_n) \end{aligned}$$

であるので，$\mathrm{rank}\{\boldsymbol{a}_1, \cdots, \boldsymbol{a}_m, P^{-1}\boldsymbol{e}_{m+1}, \cdots, P^{-1}\boldsymbol{e}_n\} = \mathrm{rank}\, P^{-1} = n$ となり，

$$\{\boldsymbol{a}_1, \cdots, \boldsymbol{a}_m, P^{-1}\boldsymbol{e}_{m+1}, \cdots, P^{-1}\boldsymbol{e}_n\}$$

は1次独立になるから $\mathbf{R}^n$ の基底となる．よって，$P^{-1}\boldsymbol{e}_{m+1}, \cdots, P^{-1}\boldsymbol{e}_n$ を成分表示とする V のベクトルをそれぞれ $\boldsymbol{a}_{m+1}, \cdots, \boldsymbol{a}_n$ とすれば，$\{\boldsymbol{a}_1, \cdots, \boldsymbol{a}_m, \boldsymbol{a}_{m+1}, \cdots, \boldsymbol{a}_n\}$ は V の基底となる． ∎

証明　**定理 5.9 の証明**　最初に $f^{-1}(\boldsymbol{o})$ は V の線形部分空間であることに注意しよう (例題 5.8 を参照)．$\dim V = n$, $\dim f^{-1}(\boldsymbol{o}) = k \leqq n$ とする．また，$f^{-1}(\boldsymbol{o})$ の基底を $\{\boldsymbol{e}_1, \cdots, \boldsymbol{e}_k\}$ とし，この基底に $n-k$ 個のベクトルを付け加えた $\{\boldsymbol{e}_1, \cdots, \boldsymbol{e}_k, \boldsymbol{e}_{k+1}, \cdots, \boldsymbol{e}_n\}$ を V の基底とする (補題 5.1 より)．

ここで，任意の V のベクトル $\boldsymbol{x}$ に対して

$$\boldsymbol{x} = x_1\boldsymbol{e}_1 + \cdots + x_k\boldsymbol{e}_k + x_{k+1}\boldsymbol{e}_{k+1} + \cdots + x_n\boldsymbol{e}_n \in V$$

とすると，

$$f(\boldsymbol{x}) = f(x_1\boldsymbol{e}_1 + \cdots + x_k\boldsymbol{e}_k + x_{k+1}\boldsymbol{e}_{k+1} + \cdots + x_n\boldsymbol{e}_n)$$

$$= f(x_1\boldsymbol{e}_1 + \cdots + x_k\boldsymbol{e}_k) + x_{k+1}f(\boldsymbol{e}_{k+1}) + \cdots + x_nf(\boldsymbol{e}_n)$$

このとき，$\{\boldsymbol{e}_1, \cdots, \boldsymbol{e}_k\}$ は V の線形部分空間 $f^{-1}(\boldsymbol{o})$ の基底であったので $x_1\boldsymbol{e}_1 + \cdots + x_k\boldsymbol{e}_k \in f^{-1}(\boldsymbol{o})$, すなわち，

$$f(x_1\boldsymbol{e}_1 + \cdots + x_k\boldsymbol{e}_k) = \boldsymbol{o}$$

よって，

$$f(\boldsymbol{x}) = x_{k+1}f(\boldsymbol{e}_{k+1}) + \cdots + x_nf(\boldsymbol{e}_n) \tag{5.17}$$

ゆえに，$\{f(\boldsymbol{e}_{k+1}), \cdots, f(\boldsymbol{e}_n)\}$ が $f(V)$ の基底であることを示せばよい．任意の $\boldsymbol{x} \in V$ に対して，(5.17) が成り立つので，$f(V)$ の任意のベクトルは $\{f(\boldsymbol{e}_{k+1}), \cdots, f(\boldsymbol{e}_n)\}$ の 1 次結合で表すことができる．よって，$\{f(\boldsymbol{e}_{k+1}), \cdots, f(\boldsymbol{e}_n)\}$ が 1 次独立であることを示せばよい．

$$\alpha_{k+1}f(\boldsymbol{e}_{k+1}) + \cdots + \alpha_nf(\boldsymbol{e}_n) = \boldsymbol{o}$$

とおく．すると，f は線形写像なので

$$f(\alpha_{k+1}\boldsymbol{e}_{k+1} + \cdots + \alpha_n\boldsymbol{e}_n) = \boldsymbol{o}$$

よって，$\alpha_{k+1}\boldsymbol{e}_{k+1} + \cdots + \alpha_n\boldsymbol{e}_n \in f^{-1}(\boldsymbol{o})$．$f^{-1}(\boldsymbol{o})$ の基底は $\{\boldsymbol{e}_1, \cdots, \boldsymbol{e}_k\}$ であったので，

$$\alpha_{k+1}\boldsymbol{e}_{k+1} + \cdots + \alpha_n\boldsymbol{e}_n = \alpha_1\boldsymbol{e}_1 + \cdots + \alpha_k\boldsymbol{e}_k$$

と表すことができる．すなわち，

$$-\alpha_1\boldsymbol{e}_1 - \cdots - \alpha_k\boldsymbol{e}_k + \alpha_{k+1}\boldsymbol{e}_{k+1} + \cdots + \alpha_n\boldsymbol{e}_n = \boldsymbol{o}$$

ここで，$\{\boldsymbol{e}_1, \cdots, \boldsymbol{e}_k, \boldsymbol{e}_{k+1}, \cdots, \boldsymbol{e}_n\}$ は V の基底であるから，これらは 1 次独立である．よって，$\alpha_1 = \cdots = \alpha_k = \alpha_{k+1} = \cdots = \alpha_n = 0$ となり，$\{f(\boldsymbol{e}_{k+1}), \cdots, f(\boldsymbol{e}_n)\}$ は，1 次独立となるので，$f(V)$ の基底である．したがって，

$$\dim f(V) = n - k = \dim V - \dim f^{-1}(\boldsymbol{o}).$$ ∎

定理 5.10 次元定理 2 V_1, V_2 を $\mathbf{K}$ 上のベクトル空間 V の 2 つの線形部分空間とする．このとき，次が成り立つ．

$$\dim(V_1 + V_2) = \dim V_1 + \dim V_2 - \dim(V_1 \cap V_2)$$

特に，$V_1 + V_2$ が直和ならば，$\dim(V_1 + V_2) = \dim V_1 + \dim V_2$.

証明 最初に，$V_1 \cap V_2$ が線形部分空間であることを示そう．$\boldsymbol{x}, \boldsymbol{y} \in V_1 \cap V_2$ とする．このとき，V_1, V_2 はともに V の線形部分空間であるから，任意のスカラー α, β に対して

$$\boldsymbol{x}, \boldsymbol{y} \in V_1 \Longrightarrow \alpha\boldsymbol{x} + \beta\boldsymbol{y} \in V_1$$

$$\boldsymbol{x}, \boldsymbol{y} \in V_2 \Longrightarrow \alpha\boldsymbol{x} + \beta\boldsymbol{y} \in V_2$$

したがって，$\boldsymbol{x}, \boldsymbol{y} \in V_1 \cap V_2$ ならば $\alpha\boldsymbol{x} + \beta\boldsymbol{y} \in V_1 \cap V_2$ となり，$V_1 \cap V_2$ は V の線形部分空間となる．

$V_1 \cap V_2$ の基底を $E = \{\boldsymbol{e}_1, \cdots, \boldsymbol{e}_k\}$ とする．このとき，補題 5.1 により $V_1 \cap V_2$ の基底 E を用いて V_1 の基底を $E_1 = \{\boldsymbol{e}_1, \cdots, \boldsymbol{e}_k, \boldsymbol{f}_{k+1}, \cdots, \boldsymbol{f}_n\}$, V_2 の基底を $E_2 = \{\boldsymbol{e}_1, \cdots, \boldsymbol{e}_k, \boldsymbol{g}_{k+1}, \cdots, \boldsymbol{g}_m\}$ とすることができる．よって，$\boldsymbol{x} \in V_1 + V_2$ は $\boldsymbol{x} = \boldsymbol{x}_1 + \boldsymbol{x}_2$ $(\boldsymbol{x}_1 \in V_1, \boldsymbol{x}_2 \in V_2)$ と表すことができるので，V_1, V_2 の基底 E_1, E_2 を用いて

$$
\begin{aligned}
\boldsymbol{x} &= \boldsymbol{x}_1 + \boldsymbol{x}_2 \\
&= \alpha_1 \boldsymbol{e}_1 + \cdots + \alpha_k \boldsymbol{e}_k + \alpha_{k+1} \boldsymbol{f}_{k+1} + \cdots + \alpha_n \boldsymbol{f}_n \\
&\qquad + \beta_1 \boldsymbol{e}_1 + \cdots + \beta_k \boldsymbol{e}_k + \beta_{k+1} \boldsymbol{g}_{k+1} + \cdots + \beta_m \boldsymbol{g}_m \\
&= (\alpha_1 + \beta_1)\boldsymbol{e}_1 + \cdots + (\alpha_1 + \beta_1)\boldsymbol{e}_k \\
&\qquad + \alpha_{k+1} \boldsymbol{f}_{k+1} + \cdots + \alpha_n \boldsymbol{f}_n + \beta_{k+1} \boldsymbol{g}_{k+1} + \cdots + \beta_m \boldsymbol{g}_m
\end{aligned}
$$

ここで，$\boldsymbol{f}_{k+1}, \cdots, \boldsymbol{f}_n \notin V_2$, $\boldsymbol{g}_{k+1}, \cdots, \boldsymbol{g}_m \notin V_1$ であるから，$\{\boldsymbol{f}_{k+1}, \cdots, \boldsymbol{f}_n, \boldsymbol{g}_{k+1}, \cdots, \boldsymbol{g}_m\}$ は 1 次独立であることがわかる．よって，$V_1 + V_2$ の基底は $\{\boldsymbol{e}_1, \cdots, \boldsymbol{e}_k, \boldsymbol{f}_{k+1}, \cdots, \boldsymbol{f}_n, \boldsymbol{g}_{k+1}, \cdots, \boldsymbol{g}_m\}$ となり，

$$
\dim(V_1 + V_2) = n + m - k = \dim V_1 + \dim V_2 - \dim(V_1 \cap V_2)
$$

$V_1 + V_2$ が直和ならば $V_1 \cap V_2 = \{\boldsymbol{o}\}$ となるので，$\dim(V_1 + V_2) = \dim V_1 + \dim V_2$．∎

NOTE　大切ないくつかの線形空間の定義だけを紹介する．

(1) **商ベクトル空間**．V を $\mathbf{K}$ 上のベクトル空間，W を V の部分空間とし，あらかじめ与えられているとする．2 つの元 $\boldsymbol{x}, \boldsymbol{y} \in V$ に対して，$\boldsymbol{x} - \boldsymbol{y} \in W \Longrightarrow x \sim y$, $[\boldsymbol{x}] = \{\boldsymbol{z} \in V : \boldsymbol{x} \sim \boldsymbol{z}\}$ と定義する．このとき，「$\sim$」は V の同値関係をなし，$[\boldsymbol{x}]$ は $\boldsymbol{x}$ に属する「類」と呼ばれる．類全体の集合を V/W とかき，この集合に，和とスカラー倍の演算を導入する：$[\boldsymbol{x}], [\boldsymbol{y}] \in V/W$ に対して，$[\boldsymbol{x}] + [\boldsymbol{y}] = [\boldsymbol{x} + \boldsymbol{y}]$, $\alpha[\boldsymbol{x}] = [\alpha \boldsymbol{x}]$ $(\alpha \in \mathbf{K})$ で定義すると，この定義は類に属する元によらない．このようにして，代数的構造を備えた集合 V/W を「$\sim$」による $\mathbf{K}$ 上の**商ベクトル空間**といい，写像 $\sigma : \boldsymbol{x}(\in V) \to [\boldsymbol{x}](\in V/W)$ を**自然な射影**または**標準射影**という．この商空間は $V/W = \{\boldsymbol{x} + W : \boldsymbol{x} \in V\}$ と定義してもよい．このとき $\dim(V/W) = \dim V - \dim W$ が成り立つ．

(2) **双対空間**．V を $\mathbf{K}$ 上のベクトル空間とする．このとき，写像 $f : V \to \mathbf{K}$ が線形であるとき，f を V 上の**線形汎関数**という．V 上の線形汎関数全体の集合を V^* で表す．いま，$f, g \in V^*$, $c \in \mathbf{K}$ に対して，$(f + g)(\boldsymbol{x}) = f(\boldsymbol{x}) + g(\boldsymbol{x})$, $(cf)(\boldsymbol{x}) = cf(\boldsymbol{x})$ $(\boldsymbol{x} \in V)$ として，和とスカラー倍を定義することによって，代数的構造を備え付けられた集合 V^* を V の**双対空間**という．このとき，$\dim V = \dim V^*$ が成り立つ．$\mathbf{K}$ 上のベクトル空間 V, W において，線形写像 $f : V \to W$ に対して，線形写像 $f^* : W^* \to V^*$ を**双対写像**という．

6
固有値と固有ベクトル

固有値，固有ベクトルの概念は，17–18 世紀の微分方程式論に遡る．線形連立微分方程式の解法に関して，オイラー，ダランベール (1717–1783) による $L[y]+\lambda y=0$ の形の微分方程式への帰着による解法の研究から，固有値問題 (境界条件 $U[y]=0$ のもとで $L[y]+\lambda y=0$ を解く問題) へと発展した．後に，2 次形式の問題とも関連して，コーシーによって (行列式という呼び名が付けられ) 行列の性質から固有値の性質を決定する問題が扱われ，この問題はさらにフロベニウスらによって発展させられた．本書では微分方程式論における固有値問題を扱うのが主ではなく，行列の場合を扱う．

行列は数概念やベクトル概念の拡張として考えられているが，可換な場合も非可換な場合もあり，ベクトルの演算をすべてカバーしているわけでもないので，可換的な数概念とも，ベクトル概念とも大きな相違点がある．このことは，行列を写像として考えるとその状況がわかりやすい．1 次正方行列である数 a を 1 次元列ベクトル (つまり数)x に掛けること，すなわち，ax は 1 次元列ベクトル x を伸縮させるだけである．これに対して 2 次正方行列 A を 2 次元列ベクトル $\boldsymbol{x}$ に掛けること，すなわち，$A\boldsymbol{x}$ は 2 次元列ベクトル $\boldsymbol{x}$ を伸縮させるほか，回転させる作用の両側面を合わせもっている．特に，幾何学的にみた行列の (積の) 非可換性の理由は，行列の伸縮および回転の両方の作用によるものである．

ところが，n 次正方行列 A に対して，n 次元列ベクトル $\boldsymbol{x}$ を上手に選べば，$A\boldsymbol{x}=\lambda\boldsymbol{x}$ というように，回転の作用が起きずに伸縮の作用だけが起きることがある．この事実に注目して行列の収縮の作用だけを抽出することができれば，行列は数と同じようにより扱いやすくなるだろう．正方行列 A によるある種の力学系 (運動) を考えるとき，A だけでなく，A^n $(n=2,3,\cdots)$ が必要になる．しかし，A^n を直接計算するのは実際には絶望的である．A を，その固有値や固有ベクトルを用いて対角化できれば，A^n の計算の楽さは見事である．本章では，この手続きを行うための方法を紹介する．

6.1　ベクトルの組の階数と 1 次独立性

ベクトルの「1 次独立性と 1 次従属性」の概念は，ベクトル空間の議論においてもっとも基本的で，それゆえに，その「判定の必要性」とともに非常に重要である．ところで，実際ベクトルの 1 次独立性を判定するためには，連立方程式を解く必要があるが，それはそう易しくはない．1 組のベクトルが与えられているとき，「この組のベクトル全部が 1 次独立であるか」，あるいは，「全部ではなく，その中のいくつかのベクトルだけが 1 次独立であるか」を知ることは，ベクトル空間の構造 (決定) に関わることであるから，とても大切なことである．しかし，1 次独立なベクトルの数を調べ上げるのも，実のところたいへん面倒である．このような実情を緩和することも念頭において，本節では，1 組のベクトルが与えられたとき，そのベクトルの組の「階数」の概念について説明し，さらに，ベクトルの 1 次独立性との関連を紹介する．実は，ベクトルを並べて行列をつくったとき，1 次独立なベクトルの数は，この行列の階数に等しく，その数を求めるときは，階数を求める方が機械的で易しい．

定義 6.1　$\mathbf{K}$ 上のベクトル空間のベクトルの組 $\{\boldsymbol{x}_1, \cdots, \boldsymbol{x}_n\}$ が与えられているとき，$\boldsymbol{x}_1, \cdots, \boldsymbol{x}_n$ から選ばれた 1 次独立なベクトルの個数の最大数を $\{\boldsymbol{x}_1, \cdots, \boldsymbol{x}_n\}$ の**階数**と呼び，

$$\mathrm{rank}\,\{\boldsymbol{x}_1, \cdots, \boldsymbol{x}_n\}$$

で表す．

例題 6.1　3 個のベクトルの組 $\left\{\begin{pmatrix} 3 \\ -1 \\ 2 \end{pmatrix}, \begin{pmatrix} 1 \\ 2 \\ 4 \end{pmatrix}, \begin{pmatrix} -1 \\ 5 \\ 6 \end{pmatrix}\right\}$ の階数を求めよ．

解答　最初に 3 個のベクトルの組が 1 次独立であるかを調べる．そのために

$$\alpha \begin{pmatrix} 3 \\ -1 \\ 2 \end{pmatrix} + \beta \begin{pmatrix} 1 \\ 2 \\ 4 \end{pmatrix} + \gamma \begin{pmatrix} -1 \\ 5 \\ 6 \end{pmatrix} = \begin{pmatrix} 0 \\ 0 \\ 0 \end{pmatrix}$$

を満たす α, β, γ を求めればよい．成分ごとに両辺を比較すれば，

$$\begin{cases} 3\alpha + \beta - \gamma = 0 \\ -\alpha + 2\beta + 5\gamma = 0 \\ 2\alpha + 4\beta + 6\gamma = 0 \end{cases}$$

これを解くと，$\begin{pmatrix} \alpha \\ \beta \\ \gamma \end{pmatrix} = c \begin{pmatrix} 1 \\ -2 \\ 1 \end{pmatrix}$ (c は任意定数) となるので，この 3 個のベクトルの組は 1 次従属となる．次に，2 個のベクトルの組 $\left\{ \begin{pmatrix} 3 \\ -1 \\ 2 \end{pmatrix}, \begin{pmatrix} 1 \\ 2 \\ 4 \end{pmatrix} \right\}$ が 1 次独立であるか調べる．そのために

$$\alpha \begin{pmatrix} 3 \\ -1 \\ 2 \end{pmatrix} + \beta \begin{pmatrix} 1 \\ 2 \\ 4 \end{pmatrix} = \begin{pmatrix} 0 \\ 0 \\ 0 \end{pmatrix}$$

を満たす α, β を求めればよい．このとき，$\alpha = \beta = 0$ となるので，この 2 個のベクトル組は 1 次独立である．よって，

$$\operatorname{rank} \left\{ \begin{pmatrix} 3 \\ -1 \\ 2 \end{pmatrix}, \begin{pmatrix} 1 \\ 2 \\ 4 \end{pmatrix}, \begin{pmatrix} -1 \\ 5 \\ 6 \end{pmatrix} \right\} = 2.$$

∎

✎　例題 6.1 では触れていないが，仮に，ある 2 個のベクトルの組が 1 次従属であったとしても，他の 2 個のベクトルの組が 1 次独立であれば，「最大数」の原理に従って，その階数は 2 となる．

問 6.1　次のベクトルの組の階数を求めなさい．

(1) $\left\{ \begin{pmatrix} 2 \\ -1 \\ 0 \end{pmatrix}, \begin{pmatrix} 1 \\ 3 \\ 2 \end{pmatrix}, \begin{pmatrix} 5 \\ 1 \\ 3 \end{pmatrix} \right\}$　　(2) $\left\{ \begin{pmatrix} 4 \\ 1 \\ 3 \end{pmatrix}, \begin{pmatrix} 2 \\ -1 \\ 4 \end{pmatrix}, \begin{pmatrix} 2 \\ -4 \\ 9 \end{pmatrix} \right\}$

定義に従ってベクトルの組の階数を求めることは，たいへんなことがわかる．以下，階数の性質を調べて，少ない手間でベクトルの組の階数を求めることを考えていこう．最初に次の定理を示す．

定理 6.1　階数定理　$\mathbf{K}$ 上のベクトル空間 V のベクトル $\boldsymbol{b}_1, \cdots, \boldsymbol{b}_n$ が V のベクトル $\boldsymbol{a}_1, \cdots, \boldsymbol{a}_m$ の 1 次結合で表すことができるとすると，

$$\operatorname{rank} \{\boldsymbol{a}_1, \cdots, \boldsymbol{a}_m\} \geqq \operatorname{rank} \{\boldsymbol{b}_1, \cdots, \boldsymbol{b}_n\}$$

が成り立つ．

証明　$\mathrm{rank}\{\boldsymbol{a}_1, \cdots, \boldsymbol{a}_m\} = s$ とする．特に，$\{\boldsymbol{a}_1, \cdots, \boldsymbol{a}_s\}$ が 1 次独立であると仮定してよい．このとき，定理 5.3 より $s+1 \leqq k \leqq m$ に対して $\boldsymbol{a}_k$ は $\boldsymbol{a}_1, \cdots, \boldsymbol{a}_s$ の 1 次結合で表すことができる．よって，$\boldsymbol{b}_1, \cdots, \boldsymbol{b}_n$ は $\boldsymbol{a}_1, \cdots, \boldsymbol{a}_s$ の 1 次結合で表すことができる．ここで，$\{\boldsymbol{b}_1, \cdots, \boldsymbol{b}_k\}$ が 1 次独立であるかを調べよう．各 i $(i = 1, \cdots, k)$ に対して，

$$\boldsymbol{b}_i = \alpha_{1i}\boldsymbol{a}_1 + \alpha_{2i}\boldsymbol{a}_2 + \cdots + \alpha_{si}\boldsymbol{a}_s$$

とおく．このとき，$\{\boldsymbol{b}_1, \cdots, \boldsymbol{b}_k\}$ が 1 次独立であるかを調べるために，次の式を考える．

$$\begin{aligned}
\boldsymbol{o} &= x_1\boldsymbol{b}_1 + x_2\boldsymbol{b}_2 + \cdots + x_k\boldsymbol{b}_k \\
&= x_1(\alpha_{11}\boldsymbol{a}_1 + \alpha_{21}\boldsymbol{a}_2 + \cdots + \alpha_{s1}\boldsymbol{a}_s) \\
&\quad + x_2(\alpha_{12}\boldsymbol{a}_1 + \alpha_{22}\boldsymbol{a}_2 + \cdots + \alpha_{s2}\boldsymbol{a}_s) \\
&\quad + \cdots \\
&\quad + x_k(\alpha_{1k}\boldsymbol{a}_1 + \alpha_{2k}\boldsymbol{a}_2 + \cdots + \alpha_{sk}\boldsymbol{a}_s) \\
&= (\alpha_{11}x_1 + \alpha_{12}x_2 + \cdots + \alpha_{1k}x_k)\boldsymbol{a}_1 \\
&\quad + (\alpha_{21}x_1 + \alpha_{22}x_2 + \cdots + \alpha_{2k}x_k)\boldsymbol{a}_2 \\
&\quad + \cdots \\
&\quad + (\alpha_{s1}x_1 + \alpha_{s2}x_2 + \cdots + \alpha_{sk}x_k)\boldsymbol{a}_s
\end{aligned}$$

ゆえに，$\{\boldsymbol{a}_1, \cdots, \boldsymbol{a}_s\}$ が 1 次独立であることから，次の連立 1 次方程式が得られる．

$$\begin{cases}
\alpha_{11}x_1 + \alpha_{12}x_2 + \cdots + \alpha_{1k}x_k = & 0 \\
\alpha_{21}x_1 + \alpha_{22}x_2 + \cdots + \alpha_{2k}x_k = & 0 \\
\quad \cdots \qquad\qquad\qquad\quad \cdots & \cdots \\
\alpha_{s1}x_1 + \alpha_{s2}x_2 + \cdots + \alpha_{sk}x_k = & 0
\end{cases}$$

この連立 1 次方程式の解が $x_1 = \cdots = x_k = 0$ のみであれば，$\{\boldsymbol{b}_1, \cdots, \boldsymbol{b}_k\}$ は 1 次独立となる．さて，この連立 1 次方程式の係数行列を A としよう．このとき，A は $s \times k$ 行列であるので，$k > s$ であれば $\mathrm{rank}\,A \leqq s$ である．よって，定理 3.8 よりこの連立 1 次方程式の解には，少なくとも $k - s$ 個の任意定数を含まなければならない．ゆえに $k > s$ ならば必ず任意定数を含むので，その解は $(x_1, \cdots, x_n) = (0, \cdots, 0)$ 以外にも存在する．つまり，$k > s$ ならば $\{\boldsymbol{b}_1, \cdots, \boldsymbol{b}_k\}$ は 1 次従属になる．したがって $\mathrm{rank}\{\boldsymbol{b}_1, \cdots, \boldsymbol{b}_n\} \leqq s$. ∎

定理 6.2　**K** 上のベクトル空間 V の n 個のベクトル $\boldsymbol{x}_1, \cdots, \boldsymbol{x}_n$ に対して，行列 $A = (\boldsymbol{x}_1 \ \cdots \ \boldsymbol{x}_n)$ とする．このとき，

$$\mathrm{rank}\,A = \mathrm{rank}\{\boldsymbol{x}_1, \cdots, \boldsymbol{x}_n\}$$

が成り立つ．

証明 $\operatorname{rank} A = r$ とする．A は列基本変形と行の交換のみを使用して次の A' に変形できる．

$$A' = \begin{pmatrix} E_r & O \\ * & O \end{pmatrix} = \left(\begin{array}{ccc|c} 1 & & O & \\ & \ddots & & O \\ O & & 1 & \\ \hline & * & & O \end{array}\right)$$

このとき，$A' = (\boldsymbol{f}_1 \ \cdots \ \boldsymbol{f}_r \ \boldsymbol{o} \ \cdots \ \boldsymbol{o})$ とすれば，

$$\operatorname{rank}\{\boldsymbol{f}_1, \cdots, \boldsymbol{f}_r, \boldsymbol{o}, \cdots, \boldsymbol{o}\} = r = \operatorname{rank} A$$

よって，

$$\operatorname{rank}\{\boldsymbol{f}_1, \cdots, \boldsymbol{f}_r, \boldsymbol{o}, \cdots, \boldsymbol{o}\} = \operatorname{rank}\{\boldsymbol{x}_1, \cdots, \boldsymbol{x}_n\}$$

を示せばよい．ここで，行の交換はベクトル内の成分の交換を意味することから，行の交換によってベクトルの階数は変化しない．よって，列基本変形のみを用いて A' に変形したと仮定してよい．

行列 A' は A の列基本変形によって得られたので，ベクトルの組 $\{\boldsymbol{f}_1, \cdots, \boldsymbol{f}_r, \boldsymbol{o}, \cdots, \boldsymbol{o}\}$ は $\{\boldsymbol{x}_1, \cdots, \boldsymbol{x}_n\}$ の 1 次結合で表すことができる．したがって，定理 6.1 により

$$\operatorname{rank}\{\boldsymbol{f}_1, \cdots, \boldsymbol{f}_r, \boldsymbol{o}, \cdots, \boldsymbol{o}\} \leqq \operatorname{rank}\{\boldsymbol{x}_1, \cdots, \boldsymbol{x}_n\}. \tag{6.1}$$

逆に，列基本変形を用いれば，A' を A に変形することができるので，$\{\boldsymbol{x}_1, \cdots, \boldsymbol{x}_n\}$ は $\{\boldsymbol{f}_1, \cdots, \boldsymbol{f}_r, \boldsymbol{o}, \cdots, \boldsymbol{o}\}$ の 1 次結合で表すことができる．したがって，定理 6.1 により

$$\operatorname{rank}\{\boldsymbol{f}_1, \cdots, \boldsymbol{f}_r, \boldsymbol{o}, \cdots, \boldsymbol{o}\} \geqq \operatorname{rank}\{\boldsymbol{x}_1, \cdots, \boldsymbol{x}_n\} \tag{6.2}$$

ゆえに，(6.1) と (6.2) により定理 6.2 が証明できた． ∎

特に，n 個のベクトルの組 $\{\boldsymbol{a}_1, \cdots, \boldsymbol{a}_n\}$ に対して，その階数が n であることは，$\{\boldsymbol{a}_1, \cdots, \boldsymbol{a}_n\}$ が 1 次独立であることを意味する．これを踏まえると次の定理を得ることができる．

系 6.1 $\mathbf{R}^n$ (または $\mathbf{C}^n$) の n 個の n 次元列ベクトル $\boldsymbol{x}_1, \cdots, \boldsymbol{x}_n$ に対して n 次正方行列 A を $A = (\boldsymbol{x}_1 \ \boldsymbol{x}_2 \ \cdots \ \boldsymbol{x}_n)$ とする．このとき次は同値である．

(1) A は正則である．

(2) $|A| \neq 0$

(3) $\operatorname{rank} A = n$

(4) $\{\boldsymbol{x}_1, \cdots, \boldsymbol{x}_n\}$ は 1 次独立である．

証明 (1), (2), (3) の同値性は系 4.2 で示している．(3) と (4) の同値性は定理 6.2 で示した． ∎

定理 6.2 によって，ベクトルの階数を求める際には，行列の階数を求めればよい，つまり行列の基本変形を用いてベクトルの階数が求められることがわかった.

例題 6.2 次のベクトルの組の階数を求めよ.

(1) $\left\{\begin{pmatrix} 3 \\ -1 \\ 0 \end{pmatrix}, \begin{pmatrix} 2 \\ 1 \\ 1 \end{pmatrix}, \begin{pmatrix} 1 \\ 4 \\ 2 \end{pmatrix}\right\}$ (2) $\left\{\begin{pmatrix} 1 \\ 2 \\ 3 \end{pmatrix}, \begin{pmatrix} 2 \\ 3 \\ 5 \end{pmatrix}, \begin{pmatrix} 0 \\ -1 \\ -1 \end{pmatrix}\right\}$

解答 (1) 行列 $\begin{pmatrix} 3 & 2 & 1 \\ -1 & 1 & 4 \\ 0 & 1 & 2 \end{pmatrix}$ の階数を求めればよい.

$$\begin{pmatrix} 3 & 2 & 1 \\ -1 & 1 & 4 \\ 0 & 1 & 2 \end{pmatrix} \longrightarrow \begin{pmatrix} 0 & 5 & 13 \\ -1 & 1 & 4 \\ 0 & 1 & 2 \end{pmatrix} \longrightarrow \begin{pmatrix} 0 & 0 & 3 \\ -1 & 1 & 4 \\ 0 & 1 & 2 \end{pmatrix} \longrightarrow \begin{pmatrix} -1 & 1 & 4 \\ 0 & 1 & 2 \\ 0 & 0 & 3 \end{pmatrix}$$

よって，$\operatorname{rank}\left\{\begin{pmatrix} 3 \\ -1 \\ 0 \end{pmatrix}, \begin{pmatrix} 2 \\ 1 \\ 1 \end{pmatrix}, \begin{pmatrix} 1 \\ 4 \\ 2 \end{pmatrix}\right\} = 3.$

(2) 行列 $\begin{pmatrix} 1 & 2 & 0 \\ 2 & 3 & -1 \\ 3 & 5 & -1 \end{pmatrix}$ の階数を求めればよい.

$$\begin{pmatrix} 1 & 2 & 0 \\ 2 & 3 & -1 \\ 3 & 5 & -1 \end{pmatrix} \longrightarrow \begin{pmatrix} 1 & 2 & 0 \\ 0 & -1 & -1 \\ 0 & -1 & -1 \end{pmatrix} \longrightarrow \begin{pmatrix} 1 & 2 & 0 \\ 0 & -1 & -1 \\ 0 & 0 & 0 \end{pmatrix}$$

よって，$\operatorname{rank}\left\{\begin{pmatrix} 1 \\ 2 \\ 3 \end{pmatrix}, \begin{pmatrix} 2 \\ 3 \\ 5 \end{pmatrix}, \begin{pmatrix} 0 \\ -1 \\ -1 \end{pmatrix}\right\} = 2.$ ∎

問 6.2 次のベクトルの組の階数を求めよ.

(1) $\left\{\begin{pmatrix} 3 \\ 2 \\ 1 \end{pmatrix}, \begin{pmatrix} 1 \\ 0 \\ -2 \end{pmatrix}, \begin{pmatrix} -1 \\ 5 \\ 2 \end{pmatrix}\right\}$ (2) $\left\{\begin{pmatrix} 4 \\ 3 \\ 2 \\ 0 \end{pmatrix}, \begin{pmatrix} 2 \\ 1 \\ 3 \\ -1 \end{pmatrix}, \begin{pmatrix} 3 \\ 1 \\ 4 \\ 2 \end{pmatrix}, \begin{pmatrix} 5 \\ 2 \\ 3 \\ 1 \end{pmatrix}\right\}$

問 6.3 n 次元列ベクトル m 個の組は，$n < m$ ならば必ず 1 次従属になることを示せ.

6.2 行列の固有値と固有ベクトル

本章のはじめにも述べたように，行列はベクトルへの作用素として考えるとき，伸縮および回転の両側面をもっている．そこで，固有値，固有ベクトルの概念における「固有」という言葉は，伸縮作用だけを抽出するために，与えられた行列 (作用素) に付随した「固有」の概念ということに由来するものと思われる．前節までの準備を踏まえて，本節では，行列の固有値と固有ベクトルについて学習する．

定義 6.2　行列の固有値と固有ベクトル　n 次正方行列 A に対して，

$$A\boldsymbol{x} = \lambda\boldsymbol{x}$$

を満たすベクトル $\boldsymbol{x} \neq \boldsymbol{o}$ とスカラー λ が存在するとき，λ を行列 A の**固有値**と呼び，$\boldsymbol{x}$ を固有値 λ に対する A の**固有ベクトル**と呼ぶ．

NOTE (1)　固有値は 0 が許されるが，固有ベクトルとして $\boldsymbol{o}$ は許されない．

(2)　ガウスの「代数学の基本定理」により，固有値は複素数の範囲で必ず存在し，その固有値に対する固有ベクトルも必ず存在する．

(3)　固有値を実数の範囲に制限すると，固有値や，それに対する固有ベクトルが必ずしも存在するとは限らない．たとえば，

$$A = \begin{pmatrix} 0 & -1 \\ 1 & 0 \end{pmatrix}, \quad A\boldsymbol{x} = \lambda\boldsymbol{x}\ (\lambda \text{は実数}) \quad \boldsymbol{x} = \begin{pmatrix} x \\ y \end{pmatrix}$$

とすると，$-y = \lambda x,\ x = \lambda y$．これから $(\lambda^2 + 1)y = 0$．したがって，$y = 0$, $x = 0$．つまり，$\boldsymbol{x}$ は固有ベクトルにはなりえない．もちろん，λ も固有値ではない．しかし，与えられた μ に対して，A が複素行列 $\begin{pmatrix} 0 & -\mu i \\ \mu i & 0 \end{pmatrix}$ ならば，$-\mu i y = \lambda x,\ \mu i x = \lambda y$．これから $\lambda = \pm\mu$．$\lambda = \mu$ とすれば，$-iy = x$．ここで，$y = 1,\ x = -i$ にとれば，固有値 μ に対する固有ベクトルは $\boldsymbol{x} = \begin{pmatrix} -i \\ 1 \end{pmatrix}$ として必ず存在する．

例 6.1　行列 $A = \begin{pmatrix} 2 & -1 & 1 \\ -2 & 3 & -2 \\ 1 & -1 & 2 \end{pmatrix}$ において，1 は A の固有値であり，

$\boldsymbol{x} = \begin{pmatrix} 1 \\ 2 \\ 1 \end{pmatrix}$ は固有値 1 に対応する固有ベクトルであることを確かめよう．

実際に，固有値，固有ベクトルの定義に従って確認をすればよい，つまり，

$$Ax = \begin{pmatrix} 2 & -1 & 1 \\ -2 & 3 & -2 \\ 1 & -1 & 2 \end{pmatrix}\begin{pmatrix} 1 \\ 2 \\ 1 \end{pmatrix} = \begin{pmatrix} 1 \\ 2 \\ 1 \end{pmatrix} = \boldsymbol{x} \neq \boldsymbol{o}$$

よって，1 は A の固有値であり，$\boldsymbol{x}$ は 1 に対する固有ベクトルである．

例 6.1 では，与えられたベクトルが固有ベクトルであることを確かめたが，1 つの固有値に対応する固有ベクトルは実際には無数に存在する (次の定理 6.3 を見よ．また，第 1 章定義 1.10 のすぐ下の注意も参照のこと)．

定理 6.3　A を n 次正方行列とし，λ を A の 1 つの固有値とする．ベクトル $\boldsymbol{x}, \boldsymbol{y}$ が λ に対応する固有ベクトルならば，$\alpha\boldsymbol{x} + \beta\boldsymbol{y} \neq \boldsymbol{o}$ となる任意のスカラー α, β に対して，$\alpha\boldsymbol{x} + \beta\boldsymbol{y}$ も λ に対応する固有ベクトルである．

証明　$\boldsymbol{x}, \boldsymbol{y}$ が λ に対応する固有ベクトルであることから，$A\boldsymbol{x} = \lambda\boldsymbol{x}$, $A\boldsymbol{y} = \lambda\boldsymbol{y}$ ($\boldsymbol{x} \neq \boldsymbol{o}$, $\boldsymbol{y} \neq \boldsymbol{o}$) が成り立つ．よって，$A$ の線形性により

$$A(\alpha\boldsymbol{x} + \beta\boldsymbol{y}) = \alpha A\boldsymbol{x} + \beta A\boldsymbol{y} = \alpha(\lambda\boldsymbol{x}) + \beta(\lambda\boldsymbol{y}) = \lambda(\alpha\boldsymbol{x} + \beta\boldsymbol{y})$$

しかも，$\alpha\boldsymbol{x} + \beta\boldsymbol{y} \neq \boldsymbol{o}$ であるから $\alpha\boldsymbol{x} + \beta\boldsymbol{y}$ も λ に対応する固有ベクトルである．■

行列の固有値を定義から直接求めることは容易ではない．そこで，次の定理を利用することになる．

定義 6.3　n 次正方行列 $A = (a_{ij})$ に対して，

$$f_A(\lambda) = |\lambda E - A| = \begin{vmatrix} \lambda - a_{11} & \cdots & -a_{1n} \\ \vdots & \ddots & \vdots \\ -a_{n1} & \cdots & \lambda - a_{nn} \end{vmatrix}$$

を A の**固有多項式**と呼ぶ．また，方程式 $f_A(\lambda) = 0$ を A の**固有方程式**と呼ぶ．

定理 6.4　n 次正方行列 A に対して，A の固有値は，固有方程式

$$f_A(\lambda) = 0$$

の解である．

証明　λ を A の固有値であるとすると，$A\boldsymbol{x} = \lambda\boldsymbol{x}$, すなわち

$$(\lambda E - A)\boldsymbol{x} = \boldsymbol{o}$$

を満たす $\boldsymbol{x}\ (\neq \boldsymbol{o})$ が存在する．ここで，行列 $\lambda E - A$ が正則であるとしよう．このとき，

$$\boldsymbol{x} = (\lambda E - A)^{-1}\boldsymbol{o} = \boldsymbol{o}$$

となってしまうことから $\boldsymbol{x} \neq \boldsymbol{o}$ に矛盾．よって，$\lambda E - A$ は正則でないので，系 6.1 から $f_A(\lambda) = |\lambda E = A| = 0$. ∎

定理 6.4 によれば，n 次正方行列の固有値は n 次方程式の解になるので，重複度も含めて n 個存在する．

> **例題 6.3** 次の行列 A の固有値と固有ベクトルを求めよ．
>
> $$A = \begin{pmatrix} 2 & -1 & 1 \\ -2 & 3 & -2 \\ 1 & -1 & 2 \end{pmatrix}$$

解答 定理 6.4 より，$f_A(\lambda) = |\lambda E - A| = 0$ の解を求めればよい．

$$f_A(\lambda) = |\lambda E - A| = \begin{vmatrix} \lambda - 2 & 1 & -1 \\ 2 & \lambda - 3 & 2 \\ -1 & 1 & \lambda - 2 \end{vmatrix}$$

$$= \lambda^3 - 7\lambda^2 + 11\lambda - 5 = (\lambda - 1)^2(\lambda - 5).$$

よって，A の固有値は 1, 5 である．次に，これら固有値に対する固有ベクトルを求めよう．

(i) 固有値 5 に対する固有ベクトルを求める．$\boldsymbol{x} = \begin{pmatrix} x \\ y \\ z \end{pmatrix} \neq \boldsymbol{o}$ とおいて，

$$A\boldsymbol{x} = 5\boldsymbol{x} \iff (A - 5E)\boldsymbol{x} = \boldsymbol{o}$$

とする．この式において各成分ごとの比較をすれば次の連立 1 次方程式を得る．

$$\begin{cases} -3x - \ \ y + \ \ z = 0 \\ -2x - 2y - 2z = 0 \\ \ \ \ \ x - \ \ y - 3z = 0 \end{cases}$$

これを解くと，求める固有ベクトルは $\begin{pmatrix} x \\ y \\ z \end{pmatrix} = c\begin{pmatrix} 1 \\ -2 \\ 1 \end{pmatrix}$ (c は 0 でない任意定数).

(ii) 固有値 1 に対する固有ベクトルを求める．$\boldsymbol{x} = \begin{pmatrix} x \\ y \\ z \end{pmatrix} \neq \boldsymbol{o}$ とおいて，

$$A\boldsymbol{x} = \boldsymbol{x} \iff (A - E)\boldsymbol{x} = \boldsymbol{o}$$

とする．この式において各成分ごとの比較をすれば次の連立１次方程式を得る．

$$\begin{cases} x - y + z = 0 \\ -2x + 2y - 2z = 0 \\ x - y + z = 0 \end{cases}$$

これを解くと，求める固有ベクトルは

$$\begin{pmatrix} x \\ y \\ z \end{pmatrix} = s \begin{pmatrix} 1 \\ 1 \\ 0 \end{pmatrix} + t \begin{pmatrix} -1 \\ 0 \\ 1 \end{pmatrix} \quad (s, t \text{ は } (s,t) \neq (0,0) \text{ となる任意定数}).$$

問 6.4　次の行列の固有値と固有ベクトルを求めなさい．

(1) $\begin{pmatrix} -3 & 2 & -1 \\ 1 & 2 & 3 \\ 1 & 1 & 2 \end{pmatrix}$　(2) $\begin{pmatrix} 3 & 2 & 1 \\ 4 & 1 & 1 \\ 5 & 2 & -1 \end{pmatrix}$　(3) $\begin{pmatrix} 2 & 1 & 1 \\ 1 & 2 & 1 \\ 1 & 1 & 2 \end{pmatrix}$

n 次正方行列 A に対して，λ を A の固有値とする．このとき，λ に対する A の固有ベクトルの集合に $\{\boldsymbol{o}\}$ を加えた和集合 W_λ は定理 6.3 によって線形部分空間になることがわかる．そして，W_λ を λ に対する**固有空間**と呼ぶ．固有ベクトルは連立１次方程式を解いて求めることができるので，固有空間の基底や次元も連立１次方程式の解空間と同様の方法で求めることができる．

例題 6.4　行列 $A = \begin{pmatrix} 2 & 1 & 1 \\ 1 & 2 & 1 \\ 1 & 1 & 2 \end{pmatrix}$ の各固有値に対する固有空間の基底と次元を求めよ．

解答　最初に A の固有値を求めよう．

$$f_A(\lambda) = |\lambda E - A| = \begin{vmatrix} \lambda - 2 & -1 & -1 \\ -1 & \lambda - 2 & -1 \\ -1 & -1 & \lambda - 2 \end{vmatrix} = (\lambda - 1)^2(\lambda - 4)$$

よって，A の固有値は 1, 4．次にこれらの固有値に対応する固有空間の基底を求めよう．

(a) 固有値 1 に対する A の固有ベクトルを $\boldsymbol{x}$ とすると，

$$(A - E)\boldsymbol{x} = \boldsymbol{o}$$

よって，固有値 1 をに対する固有空間 W_1 は

$$W_1 = \{\boldsymbol{x} \in \mathbf{R}^3; (A - E)\boldsymbol{x} = \boldsymbol{o}\}$$

次に，W_1 の基底と次元を求めよう．方程式 $(A - E)\boldsymbol{x} = \boldsymbol{o}$ を満たすベクトル $\boldsymbol{x}$ を $\boldsymbol{x} = \begin{pmatrix} x \\ y \\ z \end{pmatrix}$ とする．すると，$x + y + z = 0$ を満たすベクトルがこの方程式の解にな

るので，

$$\begin{pmatrix} x \\ y \\ z \end{pmatrix} = s\begin{pmatrix} -1 \\ 1 \\ 0 \end{pmatrix} + t\begin{pmatrix} -1 \\ 0 \\ 1 \end{pmatrix} \quad (s,\ t\ \text{は任意定数})$$

さらに，$\left\{\begin{pmatrix} -1 \\ 1 \\ 0 \end{pmatrix}, \begin{pmatrix} -1 \\ 0 \\ 1 \end{pmatrix}\right\}$ が 1 次独立であることもすぐにわかるので，W_1 の基底は $\left\{\begin{pmatrix} -1 \\ 1 \\ 0 \end{pmatrix}, \begin{pmatrix} -1 \\ 0 \\ 1 \end{pmatrix}\right\}$ であり，$\dim W_1 = 2$.

(b) 固有値 4 に対する A の固有ベクトルを $\boldsymbol{x}$ とすると，

$$(A - 4E)\boldsymbol{x} = \boldsymbol{o}$$

よって，固有値 4 に対する固有空間 W_4 は

$$W_4 = \{\boldsymbol{x} \in \mathbf{R}^3; (A - 4E)\boldsymbol{x} = \boldsymbol{o}\}$$

次に，W_4 の基底と次元を求めよう．方程式 $(A - 4E)\boldsymbol{x} = \boldsymbol{o}$ を満たすベクトル $\boldsymbol{x}$ を $\boldsymbol{x} = \begin{pmatrix} x \\ y \\ z \end{pmatrix}$ とする．すると，$x - z = 0$, $y - z = 0$ を満たすベクトルがこの方程式の解になるので，

$$\begin{pmatrix} x \\ y \\ z \end{pmatrix} = c\begin{pmatrix} 1 \\ 1 \\ 1 \end{pmatrix} \quad (c\ \text{は任意定数})$$

ここで，$\left\{\begin{pmatrix} 1 \\ 1 \\ 1 \end{pmatrix}\right\}$ が 1 次独立であることもすぐにわかるので，W_4 の基底は $\left\{\begin{pmatrix} 1 \\ 1 \\ 1 \end{pmatrix}\right\}$ であり，$\dim W_4 = 1$. ■

問 6.5 次の行列の各固有値に対する固有空間の基底と次元を求めよ．

(1) $\begin{pmatrix} 2 & -6 & 6 \\ 1 & -3 & 6 \\ 1 & -2 & 5 \end{pmatrix}$ (2) $\begin{pmatrix} 9 & -12 & -4 \\ 8 & -11 & -4 \\ -4 & 6 & 3 \end{pmatrix}$ (3) $\begin{pmatrix} 5 & 11 & -7 \\ 2 & 8 & -5 \\ 6 & 19 & -12 \end{pmatrix}$

6.3 固有値の性質

前節において行列の固有値の定義とその求め方を紹介した．固有値は，行列の作用の特徴だけでなく，固有ベクトルとともにベクトル空間の構造に深く関係する非常に重要な概念である．また，多くの性質を備えた深い理論がすでに行列の理論において展開されている．この節では，固有値の性質のなかでも，特に基本的な性質をいくつか紹介する．最初に次の言葉を定義しておこう．

定義 6.4　行列のトレース　n 次正方行列 $A=(a_{ij})$ に対して，その対角成分の和

$$\mathrm{tr}\,(A)=\sum_{i=1}^{n}a_{ii}$$

を A の**トレース**と呼ぶ．

行列のトレースは非常に簡単な定義であるが，固有値との深いつながりをもっており，行列の性質を調べるにあたって重要な値である．

定理 6.5　n 次正方行列 A, B に対して次が成り立つ．

(1)　$\mathrm{tr}\,(A+B)=\mathrm{tr}\,(A)+\mathrm{tr}\,(B)$

(2)　$\mathrm{tr}\,(AB)=\mathrm{tr}\,(BA)$

証明　(1) はトレースの定義から明らかなので，(2) だけを示せばよい．$A=(a_{ij})$，$B=(b_{ij})$ とする．このとき，

$$AB=\left(\sum_{k=1}^{n}a_{ik}b_{kj}\right),\quad BA=\left(\sum_{k=1}^{n}b_{ik}a_{kj}\right)$$

よって，

$$\mathrm{tr}\,(AB)=\sum_{i=1}^{n}\sum_{k=1}^{n}a_{ik}b_{ki}=\sum_{k=1}^{n}\sum_{i=1}^{n}b_{ki}a_{ik}=\mathrm{tr}\,(BA).$$ ∎

定理 6.6　n 次正方行列 A に対して，その固有値を $\lambda_1,\cdots,\lambda_n$ とする．このとき，次が成り立つ．

(1) $\displaystyle\sum_{i=1}^{n}\lambda_i=\mathrm{tr}\,(A)$　　(2) $\displaystyle\prod_{i=1}^{n}\lambda_i=|A|$

証明　定理 6.4 より，A の固有多項式を $f_A(\lambda)$ とすれば，A の固有値は $f_A(\lambda)=0$ の解になる．すなわち，因数定理から

$$f_A(\lambda)=a(\lambda-\lambda_1)(\lambda-\lambda_2)\cdots(\lambda-\lambda_n)$$

と表すことができる．ここで，$f_A(\lambda)=|\lambda E-A|$ の具体的な計算において λ^n の係数を比較することによって $a=1$．したがって，

(6.3)　$$f_A(\lambda)=|\lambda E-A|=(\lambda-\lambda_1)(\lambda-\lambda_2)\cdots(\lambda-\lambda_n)$$

ここで，(6.3) 式と $f_A(\lambda)=|\lambda E-A|$ において，λ^{n-1} の係数を比較すると (1) が得られ，$\lambda=0$ を代入すれば (2) を得る． ∎

行列は一般に可換ではないが，定理 6.5 によればトレースの計算においては，行列は可換であるかのように計算できる．また，行列式も可換であるかのように計算ができることが定理 4.8 で示されている．さらに，次の定理が示される．

定理 6.7 2 つの n 次正方行列 A, B に対して，AB の固有値と BA の固有値は一致する．

証明 最初に $\lambda = 0$ の場合を示す．もし，0 が AB の固有値であるとすれば，定理 6.6, (2) より $|AB| = 0$. よって，$|BA| = |AB| = 0$ から 0 は BA の固有値 となる．

次に，$\lambda \neq 0$ の場合を示す．λ を AB の固有値とすると，$AB\boldsymbol{x} = \lambda\boldsymbol{x}$ となる $\boldsymbol{x} \neq \boldsymbol{o}$ が存在する．これより $BA(B\boldsymbol{x}) = \lambda B\boldsymbol{x}$. もし $B\boldsymbol{x} = \boldsymbol{o}$ ならば，

$$\lambda\boldsymbol{x} = AB\boldsymbol{x} = A(B\boldsymbol{x}) = \boldsymbol{o}$$

となり $\lambda \neq 0$ に矛盾する．ゆえに，$B\boldsymbol{x} \neq \boldsymbol{o}$ となることより λ は BA の固有値であることがわかる． ∎

✎ 定理 6.7 では，いかにも行列が可換であるかのように見えるが，3 個以上の行列に対しては，一般に ABC と ACB の固有値は一致しないので注意しよう．

例 6.2 2 次正方行列 A, B, C を次のように定義する．

$$A = \begin{pmatrix} 0 & 1 \\ 0 & 0 \end{pmatrix}, \quad B = \begin{pmatrix} 0 & 1 \\ 1 & 0 \end{pmatrix}, \quad C = \begin{pmatrix} 0 & 0 \\ 0 & 1 \end{pmatrix}$$

このとき，ABC と ACB の固有値は一致しない．実際，ABC と ACB を具体的に計算してみればよい．

$$ABC = O, \quad ACB = \begin{pmatrix} 1 & 0 \\ 0 & 0 \end{pmatrix}$$

よって，ABC の固有値は 0 だけであるが，ACB の固有値は 0, 1 である．

✎ 行列のサイズが無限であったとき，定理 6.7 は次のようになる．0 を除いた AB と BA の固有値は一致する．つまり，0 が AB の固有値であるが，BA の固有値ではない例が存在する．

例 6.3 行列のサイズが無限である行列 T を次のように定義する．

$$T = \begin{pmatrix} 0 & & & \\ 1 & 0 & & \\ & 1 & 0 & \\ & & \ddots & \ddots \end{pmatrix}$$

このとき，0 は $T\,{}^tT$ の固有値であるが，${}^tTT$ の固有値ではない．実際，${}^tTT$ と $T\,{}^tT$ を計算してみよう．

$$ {}^tTT = \begin{pmatrix} 1 & & & \\ & 1 & & \\ & & 1 & \\ & & & \ddots \end{pmatrix}, \quad T\,{}^tT = \begin{pmatrix} 0 & & & \\ & 1 & & \\ & & 1 & \\ & & & \ddots \end{pmatrix} $$

${}^tTT = E$ は正則なので，0 は ${}^tTT$ の固有値ではない．一方，$T\,{}^tT$ が正則でないことはすぐにわかる．よって，0 は $T\,{}^tT$ の固有値である．

定理 6.8 フロベニウスの定理 n 次正方行列 A の固有値を λ とする．このとき，多項式 $p(x)$ に対して，$p(\lambda)$ は $p(A)$ の固有値となる．

証明 λ_0 を A の固有値とする．このとき，因数定理から

$$ p(\lambda) - p(\lambda_0) = (\lambda - \lambda_0)g(\lambda) $$

を満たす多項式 g が存在する．A と E は可換なので，数と同様に因数分解ができる．すなわち

$$ p(A) - p(\lambda_0)E = (A - \lambda_0 E)g(A) $$

$f_A(\lambda_0) = |\lambda_0 E - A| = 0$ により

$$ |p(A) - p(\lambda_0)E| = |(A - \lambda_0 E)g(A)| = |A - \lambda_0 E| \cdot |g(A)| = 0 $$

よって，$p(\lambda_0)$ は $p(A)$ の固有値である． ∎

$f(x) = x^{-1}$ は多項式ではないので，フロベニウスの定理は適用できないが，次のような類似のことが成り立つ．

定理 6.9 A を正則な n 次正方行列とする．λ が A の (0 でない) 固有値であるならば，λ^{-1} は A^{-1} の固有値となる．

Point! 定理 6.6 の (2) より，正則行列の固有値は 0 でない (定理 6.9 において，「$\lambda \neq 0$」は不要である)．

証明 固有値の定義から，固有ベクトル $\boldsymbol{x} \neq \boldsymbol{o}$ が存在して

$$ A\boldsymbol{x} = \lambda \boldsymbol{x} \iff \lambda^{-1}\boldsymbol{x} = A^{-1}\boldsymbol{x} $$

よって，λ^{-1} は A^{-1} の固有値となる． ∎

例題 6.5 $A = \begin{pmatrix} 2 & 1 & -1 \\ 1 & 2 & 1 \\ 0 & 1 & 1 \end{pmatrix}$ とする．次の行列の固有値を求めよ．

(1) A^3　　(2) $A^4 - 2A^2 + E$

解答　最初に A の固有値を求めよう．

$$f_A(\lambda) = |\lambda E - A| = \begin{vmatrix} \lambda - 2 & -1 & 1 \\ -1 & \lambda - 2 & -1 \\ 0 & -1 & \lambda - 1 \end{vmatrix}$$

$$= \lambda^3 - 5\lambda^2 + 6\lambda = \lambda(\lambda - 2)(\lambda - 3)$$

よって A の固有値は $0, 2, 3$ である．

(1) フロベニウスの定理から A^3 の固有値は $0^3, 2^3, 3^3$，すなわち $0, 8, 27$.

(2) (1) と同様にして，$A^4 - 2A^2 + E$ の固有値は

$$1, \quad 2^4 - 2 \cdot 2^2 + 1, \quad 3^4 - 2 \cdot 3^2 + 1$$

すなわち $1, 9, 64$ である．■

問 6.6　2 次正方行列 A において，$\mathrm{tr}\,(A) > 0$, $|A| > 0$ であれば，固有値は正であることを示せ．

問 6.7　n 次正方行列 A, B に対して，λ, μ をそれぞれ A, B の固有値とする．このとき，$\lambda + \mu$ は必ず $A + B$ の固有値になるか？　そうならば証明を，そうでないのならば反例を挙げよ．

本節で紹介した性質は基本的なものばかりであり，これらの他にも多くの性質が調べられている．しかし，多くの性質は本書のレベルを超えるので省略する．

6.4　行列の対角化

前節で見てきた正方行列に対する固有値や固有ベクトルの目指す重要な目的の 1 つは，行列を対角化することである．本節では，正方行列の対角化の可能性とその方法について説明する．

定義 6.5　n 次正方行列 A に対して，

$$P^{-1}AP = \begin{pmatrix} \lambda_1 & & O \\ & \ddots & \\ O & & \lambda_n \end{pmatrix}$$

となるような正則行列 P が存在するとき，A は**対角化可能**であるといい，$P^{-1}AP$ を A の**対角化**という．

後で具体例を紹介するが，行列 A が対角化できれば，A^n の計算をはじめ，

行列が非常に扱いやすくなる．しかし，全ての行列が対角化可能であるとは限らない．次の定理は行列が対角化可能であるための必要十分条件を与えている．

定理 6.10　n 次正方行列 A が対角化可能であるための必要十分条件は，A が n 個の 1 次独立な固有ベクトル $\{\boldsymbol{x}_1, \cdots, \boldsymbol{x}_n\}$ をもつことである．このとき，行列 P を

$$P = (\boldsymbol{x}_1 \ \cdots \ \boldsymbol{x}_n)$$

にとると，P は正則で，A の固有ベクトル $\boldsymbol{x}_i$ に対応する固有値を λ_i とすれば，

$$P^{-1}AP = \begin{pmatrix} \lambda_1 & & O \\ & \ddots & \\ O & & \lambda_n \end{pmatrix}$$

が成り立つ．

証明　はじめに十分性を示す．A の固有値を $\lambda_i \ (i = 1, 2, \cdots, n)$, 各固有値 λ_i に対する A の固有ベクトルを $\boldsymbol{x}_i$ とする．ここで, $\{\boldsymbol{x}_1, \cdots, \boldsymbol{x}_n\}$ は 1 次独立であると仮定する．

$$P = (\boldsymbol{x}_1 \ \cdots \ \boldsymbol{x}_n)$$

とおくと，系 6.1 から P は正則で，

$$\begin{aligned} AP &= (A\boldsymbol{x}_1 \ \cdots \ A\boldsymbol{x}_n) = (\lambda_1\boldsymbol{x}_1 \ \cdots \ \lambda_n\boldsymbol{x}_n) \\ &= (\boldsymbol{x}_1 \ \cdots \ \boldsymbol{x}_n)\begin{pmatrix} \lambda_1 & & O \\ & \ddots & \\ O & & \lambda_n \end{pmatrix} = P\begin{pmatrix} \lambda_1 & & O \\ & \ddots & \\ O & & \lambda_n \end{pmatrix} \end{aligned}$$

よって，

$$P^{-1}AP = \begin{pmatrix} \lambda_1 & & O \\ & \ddots & \\ O & & \lambda_n \end{pmatrix}$$

次に必要性を示す．P が正則であることから系 6.1 より $P = (\boldsymbol{x}_1 \ \cdots \ \boldsymbol{x}_n)$ としたときに，$\{\boldsymbol{x}_1, \cdots, \boldsymbol{x}_n\}$ は 1 次独立となる．よって，十分性の証明と同様の計算により $\boldsymbol{x}_i \ (i = 1, 2, \cdots, n)$ は A の固有ベクトルとなる．∎

例題 6.6　次の行列 A が対角化可能であれば対角化せよ．

(1) $A = \begin{pmatrix} 2 & -1 & 1 \\ -2 & 3 & -2 \\ 1 & -1 & 2 \end{pmatrix}$ (2) $A = \begin{pmatrix} 0 & 1 & 0 \\ 0 & 0 & 1 \\ 0 & 0 & 0 \end{pmatrix}$

解答 (1) この行列は例題 6.3 にあるように固有値は 1, 5 であり，それに対応する固有ベクトルはそれぞれ

$$s\begin{pmatrix} 1 \\ 1 \\ 0 \end{pmatrix} + t\begin{pmatrix} -1 \\ 0 \\ 1 \end{pmatrix}, \quad c\begin{pmatrix} 1 \\ -2 \\ 1 \end{pmatrix} \quad (s, t, c \text{ は } (s,t) \neq (0,0),\ c \neq 0 \text{ となる任意定数}).$$

ここで，

$$\boldsymbol{x}_1 = \begin{pmatrix} 1 \\ 1 \\ 0 \end{pmatrix}, \quad \boldsymbol{x}_2 = \begin{pmatrix} -1 \\ 0 \\ 1 \end{pmatrix}, \quad \boldsymbol{x}_3 = \begin{pmatrix} 1 \\ -2 \\ 1 \end{pmatrix}$$

とする．ここで，3 次正方行列 $(\boldsymbol{x}_1\ \boldsymbol{x}_2\ \boldsymbol{x}_3)$ の階数が 3 であることから定理 6.2 より，$\{\boldsymbol{x}_1, \boldsymbol{x}_2, \boldsymbol{x}_3\}$ は 1 次独立な A の固有ベクトルである．よって，定理 6.10 より A は対角化可能である．

$$P = (\boldsymbol{x}_1\ \boldsymbol{x}_2\ \boldsymbol{x}_3) = \begin{pmatrix} 1 & -1 & 1 \\ 1 & 0 & -2 \\ 0 & 1 & 1 \end{pmatrix}$$

とおけば，

$$P^{-1}AP = \begin{pmatrix} 1 & 0 & 0 \\ 0 & 1 & 0 \\ 0 & 0 & 5 \end{pmatrix}. \tag{6.4}$$

(2) 最初に固有値を求めよう．

$$|\lambda E - A| = \begin{vmatrix} \lambda & -1 & 0 \\ 0 & \lambda & -1 \\ 0 & 0 & \lambda \end{vmatrix} = \lambda^3$$

よって，A の固有値は 0 だけである．次に固有ベクトルを求めよう．固有ベクトルを $\boldsymbol{x} = \begin{pmatrix} x \\ y \\ z \end{pmatrix}$ とおくと $A\boldsymbol{x} = \boldsymbol{o}$ より，$\boldsymbol{x} = c\begin{pmatrix} 1 \\ 0 \\ 0 \end{pmatrix}$ (c は 0 でない任意定数)．よって，3 次正方行列 A は 1 次独立な固有ベクトルを 1 個しかもたないので，対角化可能ではない． ∎

Point! 対角化を求めるだけならば，P^{-1} を求める必要はない．なぜなら，定理 6.10 において対角化の具体的な方法が述べられているので，対角化をする行列 P を求めるだけで自動的に対角行列はわかってしまうからである．

定理 6.10 は，行列が対角化可能であるための必要十分条件を与えており，非常によい定理である．しかし，固有ベクトルが 1 次独立であるという条件は使いにくい場合があるかもしれない．以下の議論では，やや条件が厳しくなるが定理 6.10 より使い勝手のよい定理を示そう．

定理 6.11　n 次正方行列 A に対して，$\lambda_1, \lambda_2, \cdots, \lambda_k$ を A の相異なる固有値とする．このとき，対応する A の固有ベクトルは 1 次独立である．

証明　k に関する数学的帰納法で示す．$k=2$ の場合．λ_1, λ_2 に対する固有ベクトルをそれぞれ $\boldsymbol{x}_1$, $\boldsymbol{x}_2$ とすると，

$$A\boldsymbol{x}_1 = \lambda_1\boldsymbol{x}_1, \quad A\boldsymbol{x}_2 = \lambda_2\boldsymbol{x}_2$$

このとき，$\alpha_1\boldsymbol{x}_1 + \alpha_2\boldsymbol{x}_2 = \boldsymbol{o}$ とすれば，

$$\begin{aligned}\boldsymbol{o} &= A(\alpha_1\boldsymbol{x}_1 + \alpha_2\boldsymbol{x}_2) - \lambda_2(\alpha_1\boldsymbol{x}_1 + \alpha_2\boldsymbol{x}_2) \\ &= (\alpha_1\lambda_1\boldsymbol{x}_1 + \alpha_2\lambda_2\boldsymbol{x}_2) - (\alpha_1\lambda_2\boldsymbol{x}_1 + \alpha_2\lambda_2\boldsymbol{x}_2) = \alpha_1(\lambda_1 - \lambda_2)\boldsymbol{x}_1.\end{aligned}$$

よって，$\lambda_1 \neq \lambda_2$ から $\alpha_1 = 0$．同様に $\alpha_2 = 0$ となり，$\{\boldsymbol{x}_1, \boldsymbol{x}_2\}$ は 1 次独立であることがわかる．次に $k-1$ の場合まで定理 6.11 が成り立つと仮定して k の場合を示せばよい．固有値 λ_i $(i = 1, 2, \cdots, k)$ に対する A の固有ベクトルを，それぞれ $\boldsymbol{x}_i$ $(i = 1, 2, \cdots, k)$ とする．すなわち，

$$A\boldsymbol{x}_i = \lambda_i\boldsymbol{x}_i$$

このとき，

$$\alpha_1\boldsymbol{x}_1 + \alpha_2\boldsymbol{x}_2 + \cdots + \alpha_k\boldsymbol{x}_k = \boldsymbol{o} \tag{6.5}$$

とおけば，

$$\begin{aligned}\boldsymbol{o} &= A(\alpha_1\boldsymbol{x}_1 + \cdots + \alpha_k\boldsymbol{x}_k) - \lambda_k(\alpha_1\boldsymbol{x}_1 + \cdots + \alpha_k\boldsymbol{x}_k) \\ &= (\alpha_1\lambda_1\boldsymbol{x}_1 + \cdots + \alpha_k\lambda_k\boldsymbol{x}_k) - (\alpha_1\lambda_k\boldsymbol{x}_1 + \cdots + \alpha_k\lambda_k\boldsymbol{x}_k) \\ &= \alpha_1(\lambda_1 - \lambda_k)\boldsymbol{x}_1 + \cdots + \alpha_{k-1}(\lambda_{k-1} - \lambda_k)\boldsymbol{x}_{k-1}\end{aligned}$$

ここで，帰納法の仮定から $\{\boldsymbol{x}_1, \cdots, \boldsymbol{x}_{k-1}\}$ は 1 次独立なので

$$\alpha_1(\lambda_1 - \lambda_k) = \alpha_2(\lambda_2 - \lambda_k) = \cdots = \alpha_{k-1}(\lambda_{k-1} - \lambda_k) = 0$$

また，λ_i $(i = 1, 2, \cdots, k)$ は相異なる固有値であることから，$\alpha_1 = \alpha_2 = \cdots = \alpha_{k-1} = 0$．よって (6.5) 式から $\alpha_k = 0$ となり，$\{\boldsymbol{x}_1, \cdots, \boldsymbol{x}_k\}$ は 1 次独立である．∎

定理 6.12　n 次正方行列 A に対して，n 個の固有値が全て異なるとき，A は対角化可能である．

証明　A の n 個の固有値が全て異なることから，定理 6.11 より対応する A の n 個の固有ベクトルは 1 次独立となる．よって，定理 6.10 から A は対角化可能である．∎

例 6.4 行列 $A = \begin{pmatrix} 2 & 1 & -1 \\ 1 & 2 & 1 \\ 0 & 1 & 1 \end{pmatrix}$ が対角化可能であれば対角化しよう．実際，この行列は例題 6.5 で見たように固有値が $0, 2, 3$ なので定理 6.12 より対角化可能である．これら固有値に対する固有ベクトルを求めると，それぞれ

$c \begin{pmatrix} 1 \\ -1 \\ 1 \end{pmatrix}, s \begin{pmatrix} -1 \\ 1 \\ 1 \end{pmatrix}, t \begin{pmatrix} 1 \\ 2 \\ 1 \end{pmatrix}$ (c, s, t は $c \neq 0$, $s \neq 0$, $t \neq 0$ となる任意定数)

なので，たとえば

$$P = \begin{pmatrix} 1 & -1 & 1 \\ -1 & 1 & 2 \\ 1 & 1 & 1 \end{pmatrix}$$

とおけば，

$$P^{-1}AP = \begin{pmatrix} 0 & 0 & 0 \\ 0 & 2 & 0 \\ 0 & 0 & 3 \end{pmatrix}.$$

問 6.8 次の行列 A が対角化可能であれば対角化しなさい．

(1) $\begin{pmatrix} 1 & 1 & 2 \\ 2 & 3 & 2 \\ 2 & 1 & 1 \end{pmatrix}$ (2) $\begin{pmatrix} 1 & 2 & 1 \\ 1 & 2 & 1 \\ 2 & -1 & 3 \end{pmatrix}$ (3) $\begin{pmatrix} 1 & 1 & 1 \\ 1 & 1 & 1 \\ 1 & 1 & 1 \end{pmatrix}$

(4) $\begin{pmatrix} 2 & 1 & 3 \\ -1 & 1 & -2 \\ 1 & 0 & 3 \end{pmatrix}$

行列の対角化は理論的に非常に重要であり，行列のベキ乗の計算においてもたいへん有効である．

例題 6.7 行列 $A = \begin{pmatrix} 2 & -1 & 1 \\ -2 & 3 & -2 \\ 1 & -1 & 2 \end{pmatrix}$ の n 乗を計算せよ．

解答 行列のベキ乗を計算するためには，対角化をするのが便利である．行列 A はすでに例題 6.6, (1) において対角化をしている．

$$A = P\begin{pmatrix} 1 & 0 & 0 \\ 0 & 1 & 0 \\ 0 & 0 & 5 \end{pmatrix} P^{-1}$$

ここで，$P = \begin{pmatrix} 1 & -1 & 1 \\ 1 & 0 & -2 \\ 0 & 1 & 1 \end{pmatrix}$ とした．よって，

$$\begin{aligned} A^n &= \left(P\begin{pmatrix} 1 & 0 & 0 \\ 0 & 1 & 0 \\ 0 & 0 & 5 \end{pmatrix} P^{-1} \right)^n \\ &= P\begin{pmatrix} 1 & 0 & 0 \\ 0 & 1 & 0 \\ 0 & 0 & 5 \end{pmatrix} P^{-1} \cdots P\begin{pmatrix} 1 & 0 & 0 \\ 0 & 1 & 0 \\ 0 & 0 & 5 \end{pmatrix} P^{-1} \\ &= P\begin{pmatrix} 1 & 0 & 0 \\ 0 & 1 & 0 \\ 0 & 0 & 5 \end{pmatrix}^n P^{-1} = P\begin{pmatrix} 1 & 0 & 0 \\ 0 & 1 & 0 \\ 0 & 0 & 5^n \end{pmatrix} P^{-1} \end{aligned}$$

ここで，

$$P^{-1} = \frac{1}{4}\begin{pmatrix} 2 & 2 & 2 \\ -1 & 1 & 3 \\ 1 & -1 & 1 \end{pmatrix}$$

であることから，

$$A^n = P\begin{pmatrix} 1 & 0 & 0 \\ 0 & 1 & 0 \\ 0 & 0 & 5^n \end{pmatrix} P^{-1} = \frac{1}{4}\begin{pmatrix} 3+5^n & 1-5^n & -1+5^n \\ 2-2\cdot 5^n & 2+2\cdot 5^n & 2-2\cdot 5^n \\ -1+5^n & 1-5^n & 3+5^n \end{pmatrix}.$$ ∎

例 6.5　数列 $1, 1, 2, 3, 5, 8, \cdots$ というように，

$$a_1 = a_2 = 1, \quad a_n = a_{n-1} + a_{n-2} \quad (n \geqq 3)$$

と定義された数列 $\{a_n\}$ を**フィボナッチ数列**と呼ぶ．このとき，

$$a_n = \frac{1}{\sqrt{5}}\left\{ \left(\frac{1+\sqrt{5}}{2} \right)^n - \left(\frac{1-\sqrt{5}}{2} \right)^n \right\}$$

となることを示そう．フィボナッチ数列の定義から a_n は

$$\begin{pmatrix} a_{n+2} \\ a_{n+1} \end{pmatrix} = \begin{pmatrix} 1 & 1 \\ 1 & 0 \end{pmatrix}\begin{pmatrix} a_{n+1} \\ a_n \end{pmatrix}$$

のように表すことができる．ここで，

$$A = \begin{pmatrix} 1 & 1 \\ 1 & 0 \end{pmatrix}, \quad \boldsymbol{x}_n = \begin{pmatrix} a_{n+1} \\ a_n \end{pmatrix}$$

とすれば，

$$\boldsymbol{x}_{n+1} = A\boldsymbol{x}_n = A^2\boldsymbol{x}_{n-1} = \cdots = A^n\boldsymbol{x}_1$$

よって，A^n を具体的に計算すればよい．そのために，最初に A の固有値を求めよう．

$$0 = |\lambda E - A| = \begin{vmatrix} \lambda - 1 & -1 \\ -1 & \lambda \end{vmatrix} = \lambda^2 - \lambda - 1.$$

よって，A の固有値は $\dfrac{1+\sqrt{5}}{2}, \dfrac{1-\sqrt{5}}{2}$ である．簡単のため，$\lambda_1 = \dfrac{1+\sqrt{5}}{2}$ とおけば，A の固有値が $\lambda_1, -\dfrac{1}{\lambda_1}$ となることに注意しよう．次に固有ベクトルを求めよう．$\boldsymbol{x} = \begin{pmatrix} x \\ y \end{pmatrix} \neq \boldsymbol{o}$, $A\boldsymbol{x} = \lambda\boldsymbol{x}$ とおくと，

$$\begin{pmatrix} 1 & 1 \\ 1 & 0 \end{pmatrix}\begin{pmatrix} x \\ y \end{pmatrix} = \lambda\begin{pmatrix} x \\ y \end{pmatrix} \Longleftrightarrow x = \lambda y$$

よって，固有値 $\lambda_1, -\dfrac{1}{\lambda_1}$ に対応する固有ベクトルはそれぞれ

$$s\begin{pmatrix} \lambda_1 \\ 1 \end{pmatrix}, \quad t\begin{pmatrix} 1 \\ -\lambda_1 \end{pmatrix} \quad (s, t \text{ は } s \neq 0, t \neq 0 \text{ となる任意定数})$$

したがって，A は対角可能で，

$$P = \begin{pmatrix} \lambda_1 & 1 \\ 1 & -\lambda_1 \end{pmatrix} \text{とおけば，} A = P\begin{pmatrix} \lambda_1 & 0 \\ 0 & -\dfrac{1}{\lambda_1} \end{pmatrix}P^{-1}$$

$$P^{-1} = \frac{1}{\sqrt{5}\lambda_1}\begin{pmatrix} \lambda_1 & 1 \\ 1 & -\lambda_1 \end{pmatrix} \text{であることを踏まえて，} A^n \text{を計算すると}$$

$$A^n = P\begin{pmatrix} {\lambda_1}^n & 0 \\ 0 & \left(-\dfrac{1}{\lambda_1}\right)^n \end{pmatrix}P^{-1}$$

$$= \frac{1}{\sqrt{5}\lambda_1}\begin{pmatrix} {\lambda_1}^{n+2} + \left(-\frac{1}{\lambda_1}\right)^{n} & {\lambda_1}^{n+1} + \left(-\frac{1}{\lambda_1}\right)^{n-1} \\ {\lambda_1}^{n+1} + \left(-\frac{1}{\lambda_1}\right)^{n-1} & {\lambda_1}^{n} + \left(-\frac{1}{\lambda_1}\right)^{n-2} \end{pmatrix}$$

よって，$\boldsymbol{x}_{n+1} = A^n\boldsymbol{x}_1$, $\boldsymbol{x}_1 = \begin{pmatrix} 1 \\ 1 \end{pmatrix}$ であるので，$n \geqq 1$ に対して，

$$\begin{aligned} a_{n+1} &= \frac{1}{\sqrt{5}\lambda_1}\left\{{\lambda_1}^{n+1} + \lambda_1^n + \left(-\frac{1}{\lambda_1}\right)^{n-1} + \left(-\frac{1}{\lambda_1}\right)^{n-2}\right\} \\ &= \frac{1}{\sqrt{5}}\left\{{\lambda_1}^{n+1} - \left(-\frac{1}{\lambda_1}\right)^{n+1}\right\} \qquad ({\lambda_1}^2 = \lambda_1 + 1 \text{ より}) \\ &= \frac{1}{\sqrt{5}}\left\{\left(\frac{1+\sqrt{5}}{2}\right)^{n+1} - \left(\frac{1-\sqrt{5}}{2}\right)^{n+1}\right\} \end{aligned}$$

ゆえに，

$$a_n = \frac{1}{\sqrt{5}}\left\{\left(\frac{1+\sqrt{5}}{2}\right)^{n} - \left(\frac{1-\sqrt{5}}{2}\right)^{n}\right\}.$$

例 6.5 においてフィボナッチ数列の一般項を求めることができた．フィボナッチ数列は，すべての項が自然数であるのに対し，一般項には無理数が含まれているなどたいへん興味深い．さらに，フィボナッチ数列 $\{a_n\}$ に対して，例 6.5 の解答と同様に $\lambda_1 = \dfrac{1+\sqrt{5}}{2}$ とおく．このとき，

$$\lim_{n\to\infty}\frac{a_{n+1}}{a_n} = \lim_{n\to\infty}\frac{\lambda_1^{n+1} - (-\frac{1}{\lambda_1})^{n+1}}{\lambda_1^{n} - (-\frac{1}{\lambda_1})^{n}} = \lambda_1 = \frac{1+\sqrt{5}}{2}$$

となる．この極限値は**黄金比**と呼ばれており，もっともバランスのよい比率であるといわれている．たとえば，正面から見たパルテノン神殿や名刺の縦横の比は，この黄金比が採用されているといわれている．なお，はがきや A4 用紙の縦横の比は $\sqrt{2} : 1$ に近く，これは**白銀比**と呼ばれている．

問 6.9　次の行列 A に対して，A^n を求めなさい．

(1) $\begin{pmatrix} 1 & 1 \\ 2 & 2 \end{pmatrix}$　　(2) $\begin{pmatrix} 1 & 2 \\ 2 & -2 \end{pmatrix}$　　(3) $\begin{pmatrix} 2 & 3 & 1 \\ 6 & 2 & 2 \\ 2 & -2 & 2 \end{pmatrix}$

問 6.10　次の漸化式で定義される数列 $\{a_n\}$ の一般項を求めなさい．

(1) $a_1 = 1$, $a_2 = -2$, $a_{n+2} = 2a_{n+1} + 3a_n$

(2) $a_1 = 0,\ a_2 = 1,\ a_{n+2} = \dfrac{a_{n+1} + a_n}{2}$

例 6.6 ある種類のカブトムシは 3 年間で成長し，3 年目に次の世代を生んで死亡するという．3 年間のうち，1 年目は確率 $\dfrac{1}{2}$ で生き残り，2 年目で $\dfrac{1}{3}$ が生き残り，3 年目でそれぞれの雌が 6 匹の雌を産む．1 年目，2 年目，3 年目のカブトムシの雌が各 3000 匹いたとしたとき，その年から 6 年後のカブトムシの雌の個体数を調べてみよう．実際，ある年における 1 年目のカブトムシの雌の個体数を x，2 年目の個体数を y，3 年目の個体数を z として，この個体分布を 3 次元列ベクトルを用いて $\begin{pmatrix} x \\ y \\ z \end{pmatrix}$ と表すことにする．このとき，次の年のカブトムシの個体数は

$$\begin{pmatrix} 0 & 0 & 6 \\ \frac{1}{2} & 0 & 0 \\ 0 & \frac{1}{3} & 0 \end{pmatrix} \begin{pmatrix} x \\ y \\ z \end{pmatrix}$$

よって，6 年後のカブトムシの個体数を調べるためには，

$$\begin{pmatrix} 0 & 0 & 6 \\ \frac{1}{2} & 0 & 0 \\ 0 & \frac{1}{3} & 0 \end{pmatrix}^6 \begin{pmatrix} 3000 \\ 3000 \\ 3000 \end{pmatrix}$$

を計算すればよい．そのためには，この行列を対角化してベキ乗を計算してもよいが，具体的な計算から

$$\begin{pmatrix} 0 & 0 & 6 \\ \frac{1}{2} & 0 & 0 \\ 0 & \frac{1}{3} & 0 \end{pmatrix}^6 \begin{pmatrix} 3000 \\ 3000 \\ 3000 \end{pmatrix} = \begin{pmatrix} 3000 \\ 3000 \\ 3000 \end{pmatrix}$$

ゆえに，6 年後のカブトムシの雌の個体数は，1 年目，2 年目，3 年目ともに 3000 匹である．

7

計量ベクトル空間

第5章において，「基底」がベクトル空間の「構造」を決める上での決定的な概念であることを見てきた．また，基底の選び方が1通りでないことも見てきた．したがって，基底の選び方は，空間の構造調べに直結するゆえ非常に重要な問題でもある．たとえば，$\mathbf{R}^n$ の標準基底は $\mathbf{R}^n$ の多くの基底のなかでも特に簡明で扱い易い基底である．一般のベクトルについて，それらの代数演算はすでに見てきたが，本章においては，(自然な要求として) まず，ベクトルの「大きさ」(や実計量空間において)「向き」の概念を導入する．これらの概念の基礎になる計量が「内積」である．幾何学的なイメージをもたない一般のベクトル空間においても，内積を導入することによって，視覚的には少々難があっても，数学的には合理的に抽象的なベクトルの「大きさや直交性」を定義することができる．さらに，ベクトル空間に直交性のない基底が与えられた場合でも，それらをうまく利用して，互いに直交するような新しい基底のつくり方を紹介する．また，そのような直交基底を用いて，任意の正方行列を三角行列に変形する方法も，あわせて紹介する．

7.1　ベクトルの内積

一般の空でない集合が，$\mathbf{K}$ ($\mathbf{R}$ または $\mathbf{C}$) をスカラー体にもつ代数的構造 (和とスカラー倍という演算) を備えると，ベクトル空間になる．さらに，このベクトル空間に「内積」を導入することによって，ベクトルの「長さ，直交性」，さらには実ベクトル空間の場合，ベクトルのなす角など，幾何学的構造が加わると，ベクトル空間の構造およびその扱いが視覚的 (図形的) に理解しやすくなる．このような見地から，すでに具体的な空間 $\mathbf{R}^2$ や $\mathbf{R}^3$ において，ベクトルの内積を紹介したが，内積の考え方を「公理化」することによって，一般のベクトル空間 (したがって，すでに代数的構造は備わっている) にまで，幾何学的構造を導入することができる．

定義 7.1 ベクトルの内積 複素ベクトル空間 V において，複素数値をとるベクトルの演算 $(\cdot,\cdot)$ で，次の 4 条件を満たすとき，演算 $(\cdot,\cdot)$ を**内積**と呼ぶ.

(1) $(\boldsymbol{x},\boldsymbol{x}) \geqq 0$. また $(\boldsymbol{x},\boldsymbol{x}) = 0$ ならば $\boldsymbol{x} = \boldsymbol{o}$

(2) $(\boldsymbol{y},\boldsymbol{x}) = \overline{(\boldsymbol{x},\boldsymbol{y})}$

(3) $(\alpha\boldsymbol{x},\boldsymbol{y}) = \alpha(\boldsymbol{x},\boldsymbol{y}) \quad (\alpha \in \mathbf{C})$

(4) $(\boldsymbol{x}+\boldsymbol{y},\boldsymbol{z}) = (\boldsymbol{x},\boldsymbol{z}) + (\boldsymbol{y},\boldsymbol{z})$

内積が定義された実ベクトル空間を**実計量ベクトル空間**と呼び，複素ベクトル空間の場合は，**複素計量ベクトル空間**または**エルミット空間**と呼ぶ.

Point! V が実ベクトル空間であるときは，内積の条件 (2) は $(\boldsymbol{y},\boldsymbol{x}) = (\boldsymbol{x},\boldsymbol{y})$ となる.

例 7.1 $\mathbf{C}^n$ のベクトル，$\boldsymbol{x} = \begin{pmatrix} x_1 \\ \vdots \\ x_n \end{pmatrix}, \boldsymbol{y} = \begin{pmatrix} y_1 \\ \vdots \\ y_n \end{pmatrix}$ に対して

$$(\boldsymbol{x},\boldsymbol{y}) = x_1\overline{y}_1 + x_2\overline{y}_2 + \cdots + x_n\overline{y}_n$$

は $\mathbf{C}^n$ の内積となる．特に，$\boldsymbol{x},\boldsymbol{y} \in \mathbf{R}^n$ に対して，

$$(\boldsymbol{x},\boldsymbol{y}) = x_1y_1 + x_2y_2 + \cdots + x_ny_n$$

は $\mathbf{R}^n$ の内積となる．実際，$(\boldsymbol{x},\boldsymbol{y})$ が内積の全ての条件を満たすことを調べればよいが，それはすぐにわかる.

例 7.1 における内積は，行列の積を用いて $(\boldsymbol{x},\boldsymbol{y}) = {}^t\overline{\boldsymbol{y}}\boldsymbol{x}$ と表されることに注意しよう.

問 7.1 $\boldsymbol{x}_1,\cdots,\boldsymbol{x}_n \in \mathbf{R}^n$ に対して，n 次正方行列を $A = (\boldsymbol{x}_1 \ \cdots \ \boldsymbol{x}_n)$ とする．このとき，例 7.1 で定義された内積に対して，

$${}^tAA = ((\boldsymbol{x}_j,\boldsymbol{x}_i)) = \begin{pmatrix} (\boldsymbol{x}_1,\boldsymbol{x}_1) & (\boldsymbol{x}_2,\boldsymbol{x}_1) & \cdots & (\boldsymbol{x}_n,\boldsymbol{x}_1) \\ (\boldsymbol{x}_1,\boldsymbol{x}_2) & (\boldsymbol{x}_2,\boldsymbol{x}_2) & \cdots & (\boldsymbol{x}_n,\boldsymbol{x}_2) \\ \vdots & \vdots & \ddots & \vdots \\ (\boldsymbol{x}_1,\boldsymbol{x}_n) & (\boldsymbol{x}_2,\boldsymbol{x}_n) & \cdots & (\boldsymbol{x}_n,\boldsymbol{x}_n) \end{pmatrix}$$

となることを示せ (右辺の行列を**グラム行列**と呼ぶ).

例題 7.1 $\mathbf{R}^2$ のベクトル $\boldsymbol{x} = \begin{pmatrix} x_1 \\ x_2 \end{pmatrix}$, $\boldsymbol{y} = \begin{pmatrix} y_1 \\ y_2 \end{pmatrix}$ に対して,

$$(\boldsymbol{x}, \boldsymbol{y}) = x_1y_1 + ax_1y_2 + bx_2y_1 + x_2y_2$$

が内積となるような a と b の条件を求めよ.

解答 $(\boldsymbol{x}, \boldsymbol{y})$ は明らかに内積の条件 (3), (4) を満たす.
条件 (2) について. ここでのベクトルは, 特定のベクトルではなく, 任意のベクトルであることに注意しよう.

$$x_1y_1 + ax_1y_2 + bx_2y_1 + x_2y_2 = (\boldsymbol{x}, \boldsymbol{y}) = (\boldsymbol{y}, \boldsymbol{x}) = x_1y_1 + ax_2y_1 + bx_1y_2 + x_2y_2$$

より $a = b$ でなければならない.
条件 (1) について. まず,

$$(\boldsymbol{x}, \boldsymbol{x}) = x_1^2 + 2ax_1x_2 + x_2^2 = (x_1 + ax_2)^2 + (1 - a^2)x_2^2 \geqq 0$$

が全ての x_1, x_2 に対して成り立つための条件は $1 - a^2 \geqq 0$, すなわち, $-1 \leqq a \leqq 1$.
次に, $(\boldsymbol{x}, \boldsymbol{x}) = 0$ とする. このとき, $-1 < a < 1$ ならば, $x_1 = x_2 = 0$ でなければならない, すなわち $\boldsymbol{x} = \boldsymbol{o}$. しかしながら, $a = 1$ ならば, $x_1 = -x_2$ であればよいので条件 (1) を満たさない. また, $a = -1$ のときも, $x_1 = x_2$ であればよいので条件 (1) を満たさない. よって, 求める条件は $a = b \in (-1, 1)$. ∎

例 7.2 区間 $[-\pi, \pi]$ 上で定義された複素数値連続関数全体の集合 $C^0([-\pi, \pi])$ において, $f, g \in C^0([-\pi, \pi])$ に対して

$$(f, g) = \frac{1}{\pi} \int_{-\pi}^{\pi} f(x)\overline{g(x)}\, dx$$

で定義される (f, g) は $C^0([-\pi, \pi])$ の内積となる. 実際, $(\boldsymbol{x}, \boldsymbol{y})$ が内積の全ての条件を満たすことを調べればよい. これらの条件が満たされることは定積分の性質からすぐにわかる.

例 7.3 $\mathbf{K}$ 上の内積空間 V のベクトル $\boldsymbol{x}$ において, $(\boldsymbol{x}, \boldsymbol{y}) = 0$ が全てのベクトル $\boldsymbol{y} \in V$ に対して成り立つならば, $\boldsymbol{x} = \boldsymbol{o}$ である. なんとなれば,

$\boldsymbol{y} = \boldsymbol{x}$ とすれば, $(\boldsymbol{x}, \boldsymbol{x}) = 0$ となり, $\boldsymbol{x} = \boldsymbol{o}$.

問 7.2 $\mathbf{R}^3$ のベクトル $\boldsymbol{x} = \begin{pmatrix} x_1 \\ x_2 \\ x_3 \end{pmatrix}$, $\boldsymbol{y} = \begin{pmatrix} y_1 \\ y_2 \\ y_3 \end{pmatrix}$ に対して, 次の $(\boldsymbol{x}, \boldsymbol{y})$ が内積になるか調べよ.

(1) $(\boldsymbol{x}, \boldsymbol{y}) = x_1y_1 + 2x_1y_2 + x_3y_3$ (2) $(\boldsymbol{x}, \boldsymbol{y}) = x_1y_1 + 2x_2y_2 + x_3y_3$

(3) $(\boldsymbol{x}, \boldsymbol{y}) = x_1y_1 + x_2y_2 - x_3y_3$ (4) $(\boldsymbol{x}, \boldsymbol{y}) = x_1^2y_1 + x_2y_2 + x_3y_3$

問 7.3　3 次以下の複素係数多項式の集合 $P_3(\mathbf{C})$ の元

$$p_1(x) = a_0 + a_1 x + a_2 x^2 + a_3 x^3, \quad p_2(x) = b_0 + b_1 x + b_2 x^2 + b_3 x^3$$

に対して,

$$(p_1, p_2) = a_0 \overline{b}_0 + a_1 \overline{b}_1 + a_2 \overline{b}_2 + a_3 \overline{b}_3$$

とする. (p_1, p_2) が内積になることを示せ.

問 7.4　$A, B \in M_n(\mathbf{R})$ に対して,

$$(A, B) = \mathrm{tr}\ ({}^t BA)$$

とする. (A, B) が内積になることを示せ.

問 7.5　複素ベクトル空間 V において, $(\cdot, \cdot)$ を内積とする. このとき, $\boldsymbol{x}, \boldsymbol{y} \in V$, $\alpha, \beta \in \mathbf{C}$ に対して, 次の式が成り立つことを示せ.

(1)　$(\boldsymbol{x}, \alpha \boldsymbol{y}) = \overline{\alpha}(\boldsymbol{x}, \boldsymbol{y})$

(2)　$(\boldsymbol{x} + \alpha \boldsymbol{y}, \boldsymbol{x} + \beta \boldsymbol{y}) = (\boldsymbol{x}, \boldsymbol{x}) + \alpha \overline{(\boldsymbol{x}, \boldsymbol{y})} + \overline{\beta}(\boldsymbol{x}, \boldsymbol{y}) + (\boldsymbol{y}, \boldsymbol{y})$

7.2　ベクトルのノルム

さて, 内積と関連して, ベクトルのノルム (大きさ) を定義しよう.

定義 7.2　ベクトルのノルム　$\mathbf{K}$ 上のベクトル空間 V のベクトル $\boldsymbol{x}$ に対して, 次の 3 条件を満たす $\|\boldsymbol{x}\|$ をベクトル $\boldsymbol{x}$ の**ノルム**と呼ぶ.

(1)　$\|\boldsymbol{x}\| \geqq 0$. また $\|\boldsymbol{x}\| = 0$ ならば $\boldsymbol{x} = \boldsymbol{o}$.

(2)　$\|\alpha \boldsymbol{x}\| = |\alpha| \|\boldsymbol{x}\|$　$(\alpha \in \mathbf{K})$

(3)　$\|\boldsymbol{x} + \boldsymbol{y}\| \leqq \|\boldsymbol{x}\| + \|\boldsymbol{y}\|$　**(三角不等式)**

また, ノルムの定義されたベクトル空間を**ノルム空間**と呼ぶ.

ベクトルのノルムの例として, 内積を用いた定義が代表的である. これを紹介する前に, 次の重要な不等式を示そう.

定理 7.1　シュヴァルツの不等式　$\mathbf{K}$ 上のベクトル空間の内積 $(\boldsymbol{x}, \boldsymbol{y})$ に対して, $\|\boldsymbol{x}\| = \sqrt{(\boldsymbol{x}, \boldsymbol{x})}$ とする. このとき

$$|(\boldsymbol{x}, \boldsymbol{y})| \leqq \|\boldsymbol{x}\| \, \|\boldsymbol{y}\|$$

が成り立つ. 等号が成り立つのは, $\boldsymbol{x} = s\boldsymbol{y}$ または $\boldsymbol{y} = t\boldsymbol{x}$ とかけるときに限る. ただし $s, t \in \mathbf{R}$.

証明　任意の実数 t に対して

$$\begin{aligned} 0 \leqq \|\boldsymbol{x}+t\boldsymbol{y}\|^2 &= (\boldsymbol{x}+t\boldsymbol{y}, \boldsymbol{x}+t\boldsymbol{y}) \\ &= \|\boldsymbol{x}\|^2 + t(\boldsymbol{y}, \boldsymbol{x}) + t(\boldsymbol{x}, \boldsymbol{y}) + t^2\|\boldsymbol{y}\|^2 \\ &= \|\boldsymbol{x}\|^2 + 2\mathrm{Re}\,(\boldsymbol{x}, \boldsymbol{y})t + \|\boldsymbol{y}\|^2 t^2 \end{aligned}$$

ここで，$\mathrm{Re}\,\alpha$ を複素数 α の実部 $\left(すなわち\ \mathrm{Re}\,\alpha = \dfrac{\alpha+\overline{\alpha}}{2}\right)$ とする．この式が全ての実数 t に対して非負なので，t に関する 2 次式の判別式が負または 0 になる．すなわち，

$$D = (\mathrm{Re}\,(\boldsymbol{x}, \boldsymbol{y}))^2 - \|\boldsymbol{x}\|^2\,\|\boldsymbol{y}\|^2 \leqq 0$$

よって，$|\mathrm{Re}\,(\boldsymbol{x}, \boldsymbol{y})| \leqq \|\boldsymbol{x}\|\,\|\boldsymbol{y}\|$．ここで，複素数 $(\boldsymbol{x}, \boldsymbol{y})$ を極形式で $(\boldsymbol{x}, \boldsymbol{y}) = re^{i\theta} = e^{i\theta}|(\boldsymbol{x}, \boldsymbol{y})|$ と表す．そして，$\boldsymbol{x}$ の代わりに $e^{-i\theta}\boldsymbol{x}$ を代入すれば，

$$(e^{-i\theta}\boldsymbol{x}, \boldsymbol{y}) = e^{-i\theta}(\boldsymbol{x}, \boldsymbol{y}) = e^{-i\theta}e^{i\theta}|(\boldsymbol{x}, \boldsymbol{y})| = |(\boldsymbol{x}, \boldsymbol{y})|$$

この式により，$(e^{-i\theta}\boldsymbol{x}, \boldsymbol{y})$ の虚部は 0 となるので，

$$|(\boldsymbol{x}, \boldsymbol{y})| = \left|\mathrm{Re}\,(e^{-i\theta}\boldsymbol{x}, \boldsymbol{y})\right| \leqq \|e^{-i\theta}\boldsymbol{x}\|\,\|\boldsymbol{y}\| = \|\boldsymbol{x}\|\,\|\boldsymbol{y}\|$$

等号条件の証明は定理 1.4 の証明を参照せよ．　■

定理 7.2　**K** 上のベクトル空間 V の内積 $(\cdot, \cdot)$ に対して，

$$\|\boldsymbol{x}\| = \sqrt{(\boldsymbol{x}, \boldsymbol{x})} \quad (\boldsymbol{x} \in V)$$

とすれば，$\|\cdot\|$ はノルムになる．$\|\boldsymbol{x}\|$ をベクトル $\boldsymbol{x}$ の大きさ (長さ) という．

定理 7.2 によって，内積空間はノルム空間でもあることがわかる (しかし，その逆は成り立たない．例 7.6 とすぐ下の注意を参照のこと)．

証明　$\|\boldsymbol{x}\| = \sqrt{(\boldsymbol{x}, \boldsymbol{x})}$ がノルムの 3 条件を満たすことを示せばよい．

条件 (1) について．$\|\boldsymbol{x}\| = \sqrt{(\boldsymbol{x}, \boldsymbol{x})} \geqq 0$．また，$\|\boldsymbol{x}\| = 0$ ならば $(\boldsymbol{x}, \boldsymbol{x}) = 0$ より $\boldsymbol{x} = \boldsymbol{o}$．

条件 (2) について．

$$\|\alpha\boldsymbol{x}\| = \sqrt{(\alpha\boldsymbol{x}, \alpha\boldsymbol{x})} = \sqrt{|\alpha|^2(\boldsymbol{x}, \boldsymbol{x})} = |\alpha|\sqrt{(\boldsymbol{x}, \boldsymbol{x})} = |\alpha|\,\|\boldsymbol{x}\|$$

条件 (3) について．定理 7.1 より

$$\begin{aligned} \|\boldsymbol{x}+\boldsymbol{y}\|^2 = \|\boldsymbol{x}\|^2 + 2\mathrm{Re}\,(\boldsymbol{x}, \boldsymbol{y}) + \|\boldsymbol{y}\|^2 &\leqq \|\boldsymbol{x}\|^2 + 2|(\boldsymbol{x}, \boldsymbol{y})| + \|\boldsymbol{y}\|^2 \\ &\leqq \|\boldsymbol{x}\|^2 + 2\|\boldsymbol{x}\|\,\|\boldsymbol{y}\| + \|\boldsymbol{y}\|^2 = (\|\boldsymbol{x}\| + \|\boldsymbol{y}\|)^2 \end{aligned}$$

すなわち，$\|\boldsymbol{x}+\boldsymbol{y}\| \leqq \|\boldsymbol{x}\| + \|\boldsymbol{y}\|$．よって，$\|x\| = \sqrt{(\boldsymbol{x}, \boldsymbol{x})}$ はノルムとなる．　■

定理 7.2 によって，たとえば次のようなノルムが定義できる．

例 7.4 $\mathbf{R}^n$ のベクトル $\boldsymbol{x} = \begin{pmatrix} x_1 \\ \vdots \\ x_n \end{pmatrix}$ に対して，

$$\|\boldsymbol{x}\| = \sqrt{{x_1}^2 + {x_2}^2 + \cdots + {x_n}^2}$$

は $\mathbf{R}^n$ のノルムになる．実際，$\mathbf{R}^n$ のベクトル $\boldsymbol{x} = \begin{pmatrix} x_1 \\ \vdots \\ x_n \end{pmatrix}$, $\boldsymbol{y} = \begin{pmatrix} y_1 \\ \vdots \\ y_n \end{pmatrix}$ に対して，

$$(\boldsymbol{x}, \boldsymbol{y}) = x_1 y_1 + \cdots + x_n y_n$$

は内積になるので，定理 7.2 より

$$\|\boldsymbol{x}\| = \sqrt{(\boldsymbol{x}, \boldsymbol{x})} = \sqrt{{x_1}^2 + {x_2}^2 + \cdots + {x_n}^2}$$

は $\mathbf{R}^n$ のノルムとなる．

$\mathbf{R}^n$ における内積を例 7.1 のように定義した場合，ノルムは自動的に例 7.4 において定義したものと一致する．内積が実数値である実計量ベクトル空間を **n 次元ユークリッド空間**と呼ぶ．ユークリッド内積 (重要) が定義された n 次元数ベクトル空間 $\mathbf{R}^n$ は，明らかに 1 つの n 次元ユークリッド空間である．また，内積が複素数値で複素計量ベクトル空間を **n 次元ユニタリ空間**と呼ぶ．ユークリッド内積 (重要) が定義された n 次元 (複素) 数ベクトル空間 $\mathbf{C}^n$ は明らかに 1 つの n 次元ユニタリ空間である．

例 7.5 関数空間 $C^0([-\pi, \pi])$ (例 7.2 を見よ) において，

$$\|f\| = \left(\frac{1}{\pi} \int_{-\pi}^{\pi} |f(x)|^2 dx \right)^{\frac{1}{2}}$$

と定義する．このとき，$\|f\|$ は $C^0([-\pi, \pi])$ のノルムになる．

これらの例は内積からノルムを定義したが，内積を定義しないで直接ノルムを定義することもある．

例 7.6 $\mathbf{R}^n$ のベクトル $\boldsymbol{x} = \begin{pmatrix} x_1 \\ \vdots \\ x_n \end{pmatrix}$ に対して，

$$\|\boldsymbol{x}\|_1 = |x_1| + |x_2| + \cdots + |x_n|$$

とすると，$\|\boldsymbol{x}\|_1$ はノルムになる．

✎ 例 7.6 では，$\mathbf{R}^n$ のノルムをユークリッド空間とは異なる定義の仕方をした．この場合，考えている集合はともに $\mathbf{R}^n$ で等しいが，ノルムの定義の仕方が違うので，異なるノルム空間であるとみなす．なお，例 7.6 におけるノルムの定義においては，定理 7.2 を満たす内積は存在しない (問 1.10 を参照のこと)．すなわち，ノルム空間であっても，内積空間とならないベクトル空間が存在することがわかる．

内積からノルムを定義することは定理 7.2 によってすぐにできる．一方，ノルムから内積を定義することは必ずしもできないことは例 7.6 からわかる．しかしながら，内積空間の場合は，ノルムを使って内積を次のように表すことはできる．

定理 7.3　複素内積空間 V のベクトル $\boldsymbol{x}, \boldsymbol{y} \in V$ に対して，次が成り立つ．

$$(\boldsymbol{x}, \boldsymbol{y}) = \frac{1}{4}\left(\|\boldsymbol{x}+\boldsymbol{y}\|^2 - \|\boldsymbol{x}-\boldsymbol{y}\|^2 + i\|\boldsymbol{x}+i\boldsymbol{y}\|^2 - i\|\boldsymbol{x}-i\boldsymbol{y}\|^2\right)$$

証明　右辺を定理 7.2 に従って，内積で表して整理すればよい．∎

Point!　ベクトル空間を考える際に，そのベクトル空間が実ベクトル空間か複素ベクトル空間かを区別することは本質的である．しかしながら，考えているベクトル空間に含まれるベクトルの成分が実数のみであれば，そのベクトル空間は実ベクトル空間であり，ベクトルの成分が複素数もとりうるのであれば，そのベクトル空間は複素ベクトル空間とするのが一般的である．内積空間や計量空間においても同様に，ベクトルの成分のとり得る値によって，実内積空間 (実計量空間) や複素内積空間 (複素計量空間) とするのが一般的である．したがって，一般論を議論する際には，実ベクトル空間と複素ベクトル空間を区別せずに，単に $\mathbf{K}$ 上のベクトル空間とし，複素ベクトル空間と同様に扱うことが多い．

7.3　ベクトルの直交性と正規直交基底

内積の重要な役割の 1 つは，2 つのベクトルの直交性が定義できことである．$\boldsymbol{x}, \boldsymbol{y} \in \mathbf{R}^2$ に対しては，$\boldsymbol{x}$ と $\boldsymbol{y}$ のなす角を θ とすると，内積は $(\boldsymbol{x}, \boldsymbol{y}) = \|\boldsymbol{x}\|\,\|\boldsymbol{y}\|\cos\theta$ と定義された．したがって，2 つのベクトル $\boldsymbol{x}\,(\neq \boldsymbol{o}), \boldsymbol{y}\,(\neq \boldsymbol{o})$ のなす角 θ に対して，$\cos\theta$ は

$$\cos\theta = \frac{(\boldsymbol{x}, \boldsymbol{y})}{\|\boldsymbol{x}\|\,\|\boldsymbol{y}\|}$$

と表すことができる．一般の実ベクトル空間 V においても，$\boldsymbol{x}\,(\neq \boldsymbol{o}), \boldsymbol{y}\,(\neq \boldsymbol{o}) \in V$ に対して定理 7.1 より

$$-1 \leqq \frac{(\boldsymbol{x}, \boldsymbol{y})}{\|\boldsymbol{x}\| \|\boldsymbol{y}\|} \leqq 1$$

が成り立つ．そこで，実計量空間においては，2 つのベクトル $\boldsymbol{x}\,(\neq \boldsymbol{o}), \boldsymbol{y}\,(\neq \boldsymbol{o})$ のなす角 θ を次のようにみなすことができるだろう．

$$\cos\theta = \frac{(\boldsymbol{x}, \boldsymbol{y})}{\|\boldsymbol{x}\| \|\boldsymbol{y}\|}$$

(ただし，複素計量空間では内積自体が複素数になってしまうため，ベクトルのなす角を定義することはできない．) 特に重要なのは，ベクトルの直交条件を代数的に定義できることである．ベクトルが直交するとは，ベクトルのなす角が $\dfrac{\pi}{2}$ と考えるのが自然である．$\cos\dfrac{\pi}{2} = 0$ であることを踏まえて次のように定義する．

定義 7.3 $\mathbf{K}$ 上の内積空間 V のベクトル $\boldsymbol{x} \neq \boldsymbol{o}, \boldsymbol{y} \neq \boldsymbol{o}$ が $(\boldsymbol{x}, \boldsymbol{y}) = 0$ であるとき，$\boldsymbol{x}$ と $\boldsymbol{y}$ は直交すると定義する (この定義は複素計量空間にも適用する)．

例題 7.2 $\mathbf{R}^3$ の 2 つのベクトル

$$\boldsymbol{a} = \begin{pmatrix} 1 \\ 1 \\ 1 \end{pmatrix}, \quad \boldsymbol{b} = \begin{pmatrix} 0 \\ 1 \\ 2 \end{pmatrix}$$

と直交し，大きさが 1 であるようなベクトルを求めよ．

解答 求めるベクトルを $\boldsymbol{x} = \begin{pmatrix} x \\ y \\ z \end{pmatrix} \neq \boldsymbol{o}$ とおく．$\boldsymbol{x}$ が $\boldsymbol{a}, \boldsymbol{b}$ と直交するので，それぞれ

$$0 = (\boldsymbol{x}, \boldsymbol{a}) = x + y + z, \quad 0 = (\boldsymbol{x}, \boldsymbol{b}) = y + 2z$$

これより，求めるベクトルは $\boldsymbol{x} = c\begin{pmatrix} 1 \\ -2 \\ 1 \end{pmatrix}$ $(c \neq 0)$ となる．さらに，$\boldsymbol{x}$ の大きさが 1 となるためには，

$$1 = \|\boldsymbol{x}\|^2 = c^2 + 4c^2 + c^2 = 6c^2$$

これより，$c = \pm\dfrac{1}{\sqrt{6}}$．よって，求めるベクトルは $\boldsymbol{x} = \pm\dfrac{1}{\sqrt{6}}\begin{pmatrix} 1 \\ -2 \\ 1 \end{pmatrix}$． ∎

例題 7.3　実内積空間 V のベクトル $\boldsymbol{x}, \boldsymbol{y}$ に対して，$\boldsymbol{x}$ と $\boldsymbol{y}$ が直交するための必要十分条件は，任意の実数 t に対して $\|\boldsymbol{x}\| \leqq \|\boldsymbol{x}+t\boldsymbol{y}\|$ が成り立つことを示せ．

解答　最初に $\boldsymbol{x}$ と $\boldsymbol{y}$ が直交するとき，$\|\boldsymbol{x}\| \leqq \|\boldsymbol{x}+t\boldsymbol{y}\|$ が任意の実数 t に対して成り立つことを示す．$\boldsymbol{x}$ と $\boldsymbol{y}$ が直交しているので，$(\boldsymbol{x}, \boldsymbol{y}) = (\boldsymbol{y}, \boldsymbol{x}) = 0$ であることに注意する．

$$\|\boldsymbol{x}+t\boldsymbol{y}\|^2 = \|\boldsymbol{x}\|^2 + t(\boldsymbol{x}, \boldsymbol{y}) + t(\boldsymbol{y}, \boldsymbol{x}) + t^2\|\boldsymbol{y}\|^2 = \|\boldsymbol{x}\|^2 + t^2\|\boldsymbol{y}\|^2$$

よって，$\|\boldsymbol{x}+t\boldsymbol{y}\|^2 - \|\boldsymbol{x}\|^2 = t^2\|\boldsymbol{y}\|^2 \geqq 0$ より，$\|\boldsymbol{x}\| \leqq \|\boldsymbol{x}+t\boldsymbol{y}\|$ が任意の実数 t に対して成り立つ．

逆に，任意の実数 t に対して $\|\boldsymbol{x}\| \leqq \|\boldsymbol{x}+t\boldsymbol{y}\|$ が成り立つとき，$\boldsymbol{x}\,(\neq \boldsymbol{o})$ と $\boldsymbol{y}\,(\neq \boldsymbol{o})$ が直交することを示そう．V は実内積空間なので，$(\boldsymbol{x}, \boldsymbol{y}) = (\boldsymbol{y}, \boldsymbol{x}) \in \mathbf{R}$ であることに注意して，

$$\|\boldsymbol{x}\|^2 \leqq \|\boldsymbol{x}+t\boldsymbol{y}\|^2 = \|\boldsymbol{x}\|^2 + 2(\boldsymbol{x}, \boldsymbol{y})t + \|\boldsymbol{y}\|^2 t^2$$

ゆえに，$0 \leqq 2(\boldsymbol{x}, \boldsymbol{y})t + \|\boldsymbol{y}\|^2 t^2$ が任意の実数 t に対して成り立つ．これより，t に関する 2 次式の判別式が負または 0 になるので，

$$(\boldsymbol{x}, \boldsymbol{y})^2 \leqq 0$$

よって，$(\boldsymbol{x}, \boldsymbol{y})$ が実数値であることに注意すると，$(\boldsymbol{x}, \boldsymbol{y}) = 0$ となるので，$\boldsymbol{x}$ と $\boldsymbol{y}$ は直交する．∎

例 7.6 で定義したノルムでは，自然な内積が定義できないために，直交の概念を導入することができない．しかしながら，この例で紹介した不等式 $\|\boldsymbol{x}\| \leqq \|\boldsymbol{x}+t\boldsymbol{y}\|$ を用いることで，ベクトルの直交性を導入することができる．

問 7.6　$\mathbf{R}^3$ について，次の問に答えよ．

(1)　2 つのベクトル $\boldsymbol{a} = \begin{pmatrix} 1 \\ -1 \\ 3 \end{pmatrix}, \boldsymbol{b} = \begin{pmatrix} 2 \\ 1 \\ -2 \end{pmatrix}$ と直交し，大きさが 1 であるベクトルを求めよ．

(2)　ベクトル $\boldsymbol{a} = \begin{pmatrix} 1 \\ -1 \\ 2 \end{pmatrix}$ と直交し，大きさが $\sqrt{2}$ となるようなベクトル $\boldsymbol{x} = \begin{pmatrix} 0 \\ y \\ z \end{pmatrix}$ を求めよ．

ベクトルの直交性を定義することによって，ベクトル空間の性質がより理解しやすくなる．特に，ベクトル空間の基底のなかでも次に定義される基底は重要である．

定義 7.4 正規直交基底 $\mathbf{K}$ 上のベクトル空間 V の基底 $E = \{\boldsymbol{e}_1, \cdots, \boldsymbol{e}_n\}$ が次の条件を満たすとき，E を V の**正規直交基底**と呼ぶ．

$$(\boldsymbol{e}_i, \boldsymbol{e}_j) = \delta_{ij} = \begin{cases} 1 & (i = j) \\ 0 & (i \neq j) \end{cases}$$

(各 $\boldsymbol{e}_i$ の大きさが 1 であり，互いに直交する．)

例 7.7 $\mathbf{R}^n$ の標準基底は正規直交基底である．

前にも紹介したが，連続関数の級数展開として，マクローリン展開やフーリエ展開を紹介したが，正規直交基底という観点からみると，フーリエ展開はマクローリン展開よりも優れている．

例題 7.4 関数空間 $C^0([-\pi, \pi])$ (例 7.2 を見よ) において，内積を

$$(f, g) = \frac{1}{\pi}\int_{-\pi}^{\pi} f(x)\overline{g(x)}\,dx$$

と定義する．このとき，$\left\{\dfrac{1}{\sqrt{2}}, \cos x, \cos 2x, \cdots, \sin x, \sin 2x, \cdots\right\}$ は $C^0([-\pi, \pi])$ の基底であることが知られている．これが $C^0([-\pi, \pi])$ の正規直交基底であることを示せ．

解答 最初に，大きさが 1 であることを示そう．$\left\|\dfrac{1}{\sqrt{2}}\right\|^2 = \dfrac{1}{\pi}\displaystyle\int_{-\pi}^{\pi} \frac{1}{2}\,dx = 1$．次に，自然数 n に対して，

$$\|\sin nx\|^2 = \frac{1}{\pi}\int_{-\pi}^{\pi} \sin^2 nx\,dx = \frac{1}{\pi}\int_{-\pi}^{\pi} \frac{1-\cos 2nx}{2}dx$$
$$= \frac{1}{\pi}\left[\frac{1}{2}x - \frac{1}{4n}\sin 2nx\right]_{-\pi}^{\pi} = 1$$
$$\|\cos nx\|^2 = \frac{1}{\pi}\int_{-\pi}^{\pi} \cos^2 nx\,dx = \frac{1}{\pi}\int_{-\pi}^{\pi} \frac{1+\cos 2nx}{2}dx$$
$$= \frac{1}{\pi}\left[\frac{1}{2}x + \frac{1}{4n}\sin 2nx\right]_{-\pi}^{\pi} = 1$$

よって，基底を構成する各ベクトルのノルムは 1 である．つぎに，各ベクトルが直交することを示そう．

$$\left(\frac{1}{\sqrt{2}}, \sin nx\right) = \frac{1}{\pi}\int_{-\pi}^{\pi} \frac{1}{\sqrt{2}} \sin nx\, dx = \frac{1}{\pi}\left[-\frac{1}{\sqrt{2}n}\cos nx\right]_{-\pi}^{\pi} = 0$$

$$\left(\frac{1}{\sqrt{2}}, \cos nx\right) = \frac{1}{\pi}\int_{-\pi}^{\pi} \frac{1}{\sqrt{2}} \cos nx\, dx = \frac{1}{\pi}\left[\frac{1}{\sqrt{2}n}\sin nx\right]_{-\pi}^{\pi} = 0$$

$m \neq n$ とする．このとき，

$$\begin{aligned}(\sin mx, \sin nx) &= \frac{1}{\pi}\int_{-\pi}^{\pi} \sin mx \sin nx\, dx \\ &= \frac{1}{2\pi}\int_{-\pi}^{\pi} (\cos(m-n)x - \cos(m+n)x)\, dx \\ &= \frac{1}{2\pi}\left[\frac{1}{m-n}\sin(m-n)x - \frac{1}{m+n}\sin(m+n)x\right]_{-\pi}^{\pi} = 0\end{aligned}$$

$$\begin{aligned}(\cos mx, \cos nx) &= \frac{1}{\pi}\int_{-\pi}^{\pi} \cos mx \cos nx\, dx \\ &= \frac{1}{2\pi}\int_{-\pi}^{\pi} (\cos(m+n)x + \cos(m-n)x)\, dx \\ &= \frac{1}{2\pi}\left[\frac{1}{m+n}\sin(m+n)x + \frac{1}{m-n}\sin(m-n)x\right]_{-\pi}^{\pi} = 0\end{aligned}$$

また，任意の自然数 m, n に対して

$$\begin{aligned}(\sin mx, \cos nx) &= \frac{1}{\pi}\int_{-\pi}^{\pi} \sin mx \cos nx\, dx \\ &= \frac{1}{2\pi}\int_{-\pi}^{\pi} (\sin(m+n)x + \sin(m-n)x)\, dx \\ &= \frac{1}{2\pi}\left[-\frac{1}{m+n}\cos(m+n)x - \frac{1}{m-n}\cos(m-n)x\right]_{-\pi}^{\pi} = 0\end{aligned}$$

よって，$\left\{\frac{1}{\sqrt{2}}, \cos x, \cos 2x, \cdots, \sin x, \sin 2x, \cdots\right\}$ は $C^0([-\pi, \pi])$ の正規直交基底となる． ∎

例 7.8 $C^\infty([-1,1])$ 上のマクローリン級数展開可能な関数全体の集合を C とする．$f, g \in C$ に対して，内積を

$$(f, g) = \frac{1}{2}\int_{-1}^{1} f(x)\overline{g(x)}\, dx$$

と定義する．このとき，$\{1, x, x^2, \cdots, x^n, \cdots\}$ は $C^\infty([-1,1])$ の 1 次独立なベクトルではあるが，$C^\infty([-1,1])$ の正規直交基底ではない．実際，$m \neq n$ とする．このとき，

$$(x^m, x^n) = \frac{1}{2}\int_{-1}^{1} x^{m+n} dx$$

$$= \frac{1}{2}\left[\frac{1}{m+n+1}x^{m+n+1}\right]_{-1}^{1} = \frac{1}{2(m+n+1)}\left(1-(-1)^{m+n+1}\right)$$

よって, n と m のとり方によって $(x^m, x^n) \neq 0$ となるので, $\{1, x, x^2, \cdots, x^n, \cdots\}$ は $C^\infty([-1,1])$ の正規直交基底ではない.

第5章, 第5節において (5.12) 式のように基底の1次結合によってベクトルを表現することを, ベクトルの成分表示と定義した. ベクトルの成分表示はベクトル空間を扱う上で重要な概念であるが, 具体的な成分表示を求めることは, そう易しくない. ところが, 正規直交基底による成分表示は, 次に紹介するように簡潔である.

定理 7.4 正規直交基底による成分表示 $\mathbf{K}$ 上のベクトル空間 V の基底 $E = \{\boldsymbol{e}_1, \cdots, \boldsymbol{e}_n\}$ を正規直交基底とする. このとき, 任意のベクトル $\boldsymbol{x} \in V$ の E による成分表示は

$$\boldsymbol{x} = (\boldsymbol{x}, \boldsymbol{e}_1)\boldsymbol{e}_1 + (\boldsymbol{x}, \boldsymbol{e}_2)\boldsymbol{e}_2 + \cdots + (\boldsymbol{x}, \boldsymbol{e}_n)\boldsymbol{e}_n$$

となる.

証明 E は V の基底であるから, $\boldsymbol{x} \in V$ は $E = \{\boldsymbol{e}_1, \cdots, \boldsymbol{e}_n\}$ の1次結合で, 次のように表される.

$$\boldsymbol{x} = a_1\boldsymbol{e}_1 + a_2\boldsymbol{e}_2 + \cdots + a_n\boldsymbol{e}_n$$

このとき, E が正規直交基底であることに注意すれば,

$$\begin{aligned}(\boldsymbol{x}, \boldsymbol{e}_1) &= (a_1\boldsymbol{e}_1 + a_2\boldsymbol{e}_2 + \cdots + a_n\boldsymbol{e}_n, \boldsymbol{e}_1) \\ &= a_1(\boldsymbol{e}_1, \boldsymbol{e}_1) + a_2(\boldsymbol{e}_2, \boldsymbol{e}_1) + \cdots + a_n(\boldsymbol{e}_n, \boldsymbol{e}_1) = a_1\end{aligned}$$

同様の計算より, $a_i = (\boldsymbol{x}, \boldsymbol{e}_i)$ $(i = 1, 2, \cdots, n)$ を得る. ∎

第5章 (5.9) 式で紹介をしたフーリエ級数は, 係数 a_i, b_i の決め方が複雑であるようにみえるが, 実際は例題 7.4 で見た正規直交基底に対して定理 7.4 を当てはめているだけであることがわかる (実際には, フーリエ級数は無限和の計算なので, 級数の収束について厳密に調べる必要がある).

問 7.7 $\mathbf{K}$ 上の内積空間 V において, 互いに直交する $\boldsymbol{o}$ でないベクトルの組 $\{\boldsymbol{a}_1, \boldsymbol{a}_2, \cdots, \boldsymbol{a}_n\}$ は1次独立であることを示せ.

問 7.8 $\mathbf{K}$ 上の内積空間 V の基底を $\{\boldsymbol{e}_1, \cdots, \boldsymbol{e}_n\}$ とする. 任意の $\boldsymbol{x} \in V$ に対して, $\boldsymbol{x}$ の成分表示が

$$\boldsymbol{x} = (\boldsymbol{x}, \boldsymbol{e}_1)\boldsymbol{e}_1 + (\boldsymbol{x}, \boldsymbol{e}_2)\boldsymbol{e}_2 + \cdots + (\boldsymbol{x}, \boldsymbol{e}_n)\boldsymbol{e}_n$$

となるとき, $\{\boldsymbol{e}_1, \cdots, \boldsymbol{e}_n\}$ は V の正規直交基底となることを示せ.

7.4　グラム・シュミットの直交化法

計量ベクトル空間においては，ベクトルの直交性や正規直交基底という概念が導入できた．「直交性」という概念は，図形 (平行体) の面積や体積の計算に直接関わっている．この空間に 1 次独立なベクトル系が与えられれば，たとえそれが直交系でなくても，正規直交基底につくり直すことができる．この節では，そのような方法であるところの，グラム (1850–1916) とシュミット (1876–1959) による「正規直交化法」を紹介する．特に，関数空間における正規直交基底は，関数の級数展開に応用される．ちなみに，直交性との関連で，図形 (平行体) の面積や体積への行列式の応用は，行列式の意義を知る上でも非常に重要である．

定理 7.5　$\mathbf{R}^m$ $(m=2,3)$ の 1 次独立なベクトル $\boldsymbol{x}_1,\cdots,\boldsymbol{x}_m$ で張られる平行多面体 $S(\boldsymbol{x}_1,\cdots,\boldsymbol{x}_m)$ の体積 S は

$$S=|\det(\boldsymbol{x}_1\ \cdots\ \boldsymbol{x}_m)|$$

で与えられる．

第 1 章では，幾何内積を用いて平行四辺形の面積を求めたが，ここでは，一般内積を用いて証明する．

証明　最初に $m=2$ (平行四辺形) の場合を示す．$S(\boldsymbol{x}_1,\boldsymbol{x}_2)$ の底辺を $\boldsymbol{x}_1$ とする．このとき，下図にあるように $\boldsymbol{x}_2$ の終点から $\boldsymbol{x}_1$ へおろした垂線のベクトルを適当な実数 λ を用いて $\boldsymbol{x}_2{}'=\boldsymbol{x}_2-\lambda\boldsymbol{x}_1$ と表すことができる．

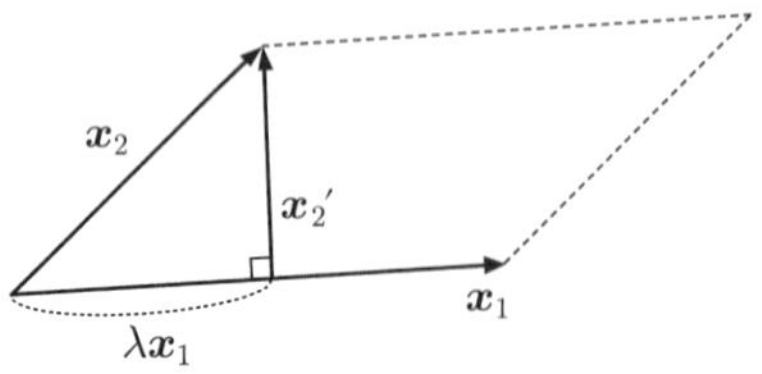

このことから，$S(\boldsymbol{x}_1,\boldsymbol{x}_2)$ の面積 S は $S=\|\boldsymbol{x}_1\|\,\|\boldsymbol{x}_2{}'\|$. $A=(\boldsymbol{x}_1\ \boldsymbol{x}_2{}')$ とすれば，$\boldsymbol{x}_1$ と $\boldsymbol{x}_2{}'$ は直交するので，問 7.1 により

$$|A|^2=|{}^tAA|=\begin{vmatrix}(\boldsymbol{x}_1,\boldsymbol{x}_1) & (\boldsymbol{x}_2{}',\boldsymbol{x}_1)\\ (\boldsymbol{x}_1,\boldsymbol{x}_2{}') & (\boldsymbol{x}_2{}',\boldsymbol{x}_2{}')\end{vmatrix}=\begin{vmatrix}\|\boldsymbol{x}_1\|^2 & 0\\ 0 & \|\boldsymbol{x}_2{}'\|^2\end{vmatrix}=\|\boldsymbol{x}_1\|^2\,\|\boldsymbol{x}_2{}'\|^2=S^2$$

ゆえに，行列式の性質 (定理 4.6) から

$$|\det(\boldsymbol{x}_1\ \boldsymbol{x}_2)|=|\det(\boldsymbol{x}_1\ \boldsymbol{x}_2-\lambda\boldsymbol{x}_1)|=|\det(\boldsymbol{x}_1\ \boldsymbol{x}_2{}')|=|A|=S.$$

次に $m=3$ (平行六面体) の場合を示す．$S(\boldsymbol{x}_1,\boldsymbol{x}_2,\boldsymbol{x}_3)$ の底面を $S(\boldsymbol{x}_1,\boldsymbol{x}_2)$ とする．$\boldsymbol{x}_2{}'=\boldsymbol{x}_2-\lambda\boldsymbol{x}_1$ を $m=2$ で求めたものと同様のベクトルとする．このとき，

$L(\boldsymbol{x}_1, \boldsymbol{x}_2{}')$ と $L(\boldsymbol{x}_1, \boldsymbol{x}_2)$ は一致する．つまり，$L(\boldsymbol{x}_1, \boldsymbol{x}_2)$ 上のベクトルは，$\boldsymbol{x}_1$ と $\boldsymbol{x}_2{}'$ の 1 次結合で表すことができる．そして，$\boldsymbol{x}_3$ の終点から $S(\boldsymbol{x}_1, \boldsymbol{x}_2)$ へおろした垂線のベクトルは適当な実数 $\mu_1, \mu_2, \mu_1{}', \mu_2{}'$ を用いて

$$\boldsymbol{x}_3{}' = \boldsymbol{x}_3 - \mu_1{}'\boldsymbol{x}_1 - \mu_2{}'\boldsymbol{x}_2{}' = \boldsymbol{x}_3 - \mu_1\boldsymbol{x}_1 - \mu_2\boldsymbol{x}_2$$

と表すことができる．

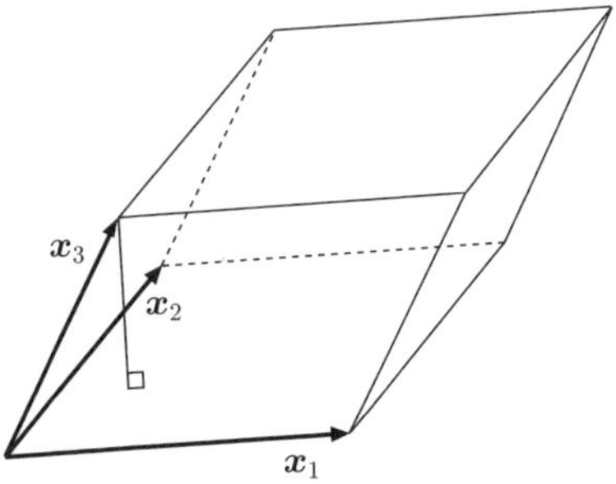

よって，$S(\boldsymbol{x}_1, \boldsymbol{x}_2, \boldsymbol{x}_3)$ の体積 S は

$$S = \|\boldsymbol{x}_1\|\,\|\boldsymbol{x}_2{}'\|\,\|\boldsymbol{x}_3{}'\|$$

$A = (\boldsymbol{x}_1\ \boldsymbol{x}_2{}'\ \boldsymbol{x}_3{}')$ とすれば，$\boldsymbol{x}_1, \boldsymbol{x}_2{}', \boldsymbol{x}_3{}'$ は互いに直交するので，問 7.1 により

$$|A|^2 = |{}^tAA| = \begin{vmatrix} (\boldsymbol{x}_1, \boldsymbol{x}_1) & (\boldsymbol{x}_2{}', \boldsymbol{x}_1) & (\boldsymbol{x}_3{}', \boldsymbol{x}_1) \\ (\boldsymbol{x}_1, \boldsymbol{x}_2{}') & (\boldsymbol{x}_2{}', \boldsymbol{x}_2{}') & (\boldsymbol{x}_3{}', \boldsymbol{x}_2{}') \\ (\boldsymbol{x}_1, \boldsymbol{x}_3{}') & (\boldsymbol{x}_2{}', \boldsymbol{x}_3{}') & (\boldsymbol{x}_3{}', \boldsymbol{x}_3{}') \end{vmatrix}$$

$$= \begin{vmatrix} \|\boldsymbol{x}_1\|^2 & 0 & 0 \\ 0 & \|\boldsymbol{x}_2{}'\|^2 & 0 \\ 0 & 0 & \|\boldsymbol{x}_3{}'\|^2 \end{vmatrix} = \|\boldsymbol{x}_1\|^2\,\|\boldsymbol{x}_2{}'\|^2\,\|\boldsymbol{x}_3{}'\|^2 = S^2$$

ゆえに，行列式の性質 (定理 4.6) から

$$|\det(\boldsymbol{x}_1\ \boldsymbol{x}_2\ \boldsymbol{x}_3)| = |\det(\boldsymbol{x}_1\ \ \boldsymbol{x}_2 - \lambda\boldsymbol{x}_1\ \ \boldsymbol{x}_3 - \mu_1\boldsymbol{x}_1 - \mu_2\boldsymbol{x}_2)|$$

$$= |\det(\boldsymbol{x}_1\ \boldsymbol{x}_2{}'\ \boldsymbol{x}_3{}')| = |A| = S.$$

▮

✎　定理 7.5 から類推して，$m \geqq 4$ の場合でも，$\mathbf{R}^m$ の 1 次独立なベクトル $\boldsymbol{x}_1, \cdots, \boldsymbol{x}_m$ で張られる平行多面体 $S(\boldsymbol{x}_1, \cdots, \boldsymbol{x}_m)$ の (想像上の) 体積を

$$|\det(\boldsymbol{x}_1\ \cdots\ \boldsymbol{x}_m)|$$

で定義する．このような定義の仕方を可能にするためには，いくつかの条件が満たされる必要がある．$\boldsymbol{x}_1, \cdots, \boldsymbol{x}_m$ は，はじめに与えられたベクトルであるから，平行多面体の形は定まっている．そこで，この形のままで，

(1)　原点を固定したまま，向きを変えて (回転) 移動しても「体積」は変わらない，

(2)　$\mathbf{R}^m$ のなかを平行移動しても「体積」は変わらないこと，

(3)　$m = 2, 3$ の場合を含めるために，「底面積 × 高さの原理」に従うこと，

(4)　底面積に相当する量を考えるとき，「辺」の選び方が違っても，「体積」は変わらないこと，

(5)　$\mathbf{R}^m$ の基本ベクトル $\boldsymbol{e}_1, \cdots, \boldsymbol{e}_m$ で張られる平行多面体の体積が 1 であること．

ここで，これらを検証するのは省略するが，$m \geqq 4$ の場合の図形や体積などを「想像することの体験!!」は，現実の世界 (重力などさまざまな力に支配されている空間) とは異なる「純粋に理想化された数学の (想像上の) 世界 (理想の空間？) に踏み入る」上での「心構え」としてたいへん重要である．

✎　m 次元ベクトル空間 $\mathbf{R}^m$ における平行移動 D と，線形写像 $f : \mathbf{R}^m \to \mathbf{R}^m$ による D の像 $f(D)$ に対して，$m \geqq 4$ のとき，D と $f(D)$ の想像上の体積をそれぞれ $V[D]$, $V[f(D)]$ とすると

$$V[f(D)] = |\det A_f| \cdot V[D] \quad (A_f \text{ は } f \text{ の表現行列})$$

という関係が成り立つ．すなわち，$[A_f$ の行列式の絶対値$]$ は，体積の比 (幾何学的量，倍率) $\dfrac{V[f(D)]}{V[D]}$ を意味する (これは，多変数関数の積分における変数変換とも深く関係している)．

例題 7.5　$\mathbf{R}^2$ の 3 点 $\mathrm{A}(a_1, b_1)$, $\mathrm{B}(a_2, b_2)$, $\mathrm{C}(a_3, b_3)$ が三角形をなすならば，その面積 S は

$$S = \frac{1}{2}\left|\det\begin{pmatrix} a_1 & b_1 & 1 \\ a_2 & b_2 & 1 \\ a_3 & b_3 & 1 \end{pmatrix}\right|$$

となることを示せ．

解答　この 3 点によってできる三角形の面積は，ベクトル $\boldsymbol{x}_1 = \begin{pmatrix} a_2 - a_1 \\ b_2 - b_1 \end{pmatrix}$, $\boldsymbol{x}_2 = \begin{pmatrix} a_3 - a_1 \\ b_3 - b_1 \end{pmatrix}$ によってつくられる三角形の面積に等しい．よって，求める面積は，平行四辺形 $S(\boldsymbol{x}_1, \boldsymbol{x}_2)$ の面積の半分なので，定理 7.5 により，

$$S = \frac{1}{2}|\det(\boldsymbol{x}_1\ \boldsymbol{x}_2)|.$$

一方，

$$\frac{1}{2}\left|\det\begin{pmatrix} a_1 & b_1 & 1 \\ a_2 & b_2 & 1 \\ a_3 & b_3 & 1 \end{pmatrix}\right| = \frac{1}{2}\left|\det\begin{pmatrix} a_1 & b_1 & 1 \\ a_2 - a_1 & b_2 - a_1 & 0 \\ a_3 - b_1 & b_3 - b_1 & 0 \end{pmatrix}\right|$$

$$= \frac{1}{2}\left|\det\begin{pmatrix} a_2 - a_1 & b_2 - b_1 \\ a_3 - b_1 & b_3 - b_1 \end{pmatrix}\right| = \frac{1}{2}|\det(\boldsymbol{x}_1\ \boldsymbol{x}_2)| = S$$

となり，求める式が得られる． ∎

問 7.9 $\mathbf{R}^3$ の 4 点 $\mathrm{A}(a_1, b_1, c_1)$, $\mathrm{B}(a_2, b_2, c_2)$, $\mathrm{C}(a_3, b_3, c_3)$, $\mathrm{D}(a_4, b_4, c_4)$ が四面体をなすならば，その体積 V は

$$V = \frac{1}{6}\left|\det\begin{pmatrix} a_1 & b_1 & c_1 & 1 \\ a_2 & b_2 & c_2 & 1 \\ a_3 & b_3 & c_3 & 1 \\ a_4 & b_4 & c_4 & 1 \end{pmatrix}\right|$$

であることを示せ．

ベクトル空間に 1 組の基底が与えられるならば，それを元に，正規直交基底をつくることができる．ベクトルの成分表示なども，通常の基底を用いるより正規直交基底を用いる方がメリットが大きい (定理 7.4 を参照)．ただし，正規直交規定を見つけることは決して易しくない．次の定理を見よ．

定理 7.6 グラム・シュミットの直交化法 $\mathbf{K}$ 上の内積空間 V の基底 $\{\boldsymbol{a}_1, \cdots, \boldsymbol{a}_n\}$ から V の正規直交基底 $\{\boldsymbol{e}_1, \cdots, \boldsymbol{e}_n\}$ をつくることができる．

証明 基底から正規直交基底を構成する方法は，定理 7.5 の証明を参考にする．次の手順で正規直交基底を構成しよう．

Step 1. $\boldsymbol{e}_1 = \dfrac{1}{\|\boldsymbol{a}_1\|}\boldsymbol{a}_1$ とおく．このとき，

$$\|\boldsymbol{e}_1\| = \left\|\frac{1}{\|\boldsymbol{a}_1\|}\boldsymbol{a}_1\right\| = \frac{1}{\|\boldsymbol{a}_1\|}\|\boldsymbol{a}_1\| = 1.$$

Step 2. $\boldsymbol{b}_2 = \boldsymbol{a}_2 - (\boldsymbol{a}_2, \boldsymbol{e}_1)\boldsymbol{e}_1$ とおく．このとき，$\boldsymbol{b}_2$ と $\boldsymbol{e}_1$ は直交する．実際，

$$(\boldsymbol{b}_2, \boldsymbol{e}_1) = (\boldsymbol{a}_2, \boldsymbol{e}_1) - (\boldsymbol{a}_2, \boldsymbol{e}_1)(\boldsymbol{e}_1, \boldsymbol{e}_1) = (\boldsymbol{a}_2, \boldsymbol{e}_1) - (\boldsymbol{a}_2, \boldsymbol{e}_1) = 0$$

よって，$\boldsymbol{e}_2 = \dfrac{1}{\|\boldsymbol{b}_2\|}\boldsymbol{b}_2$ とおくと，$(\boldsymbol{e}_1, \boldsymbol{e}_2) = \dfrac{1}{\|\boldsymbol{b}_2\|}(\boldsymbol{e}_1, \boldsymbol{b}_2) = 0$, step 1 と同様の計算から $\|\boldsymbol{e}_2\| = 1$ を得る．

Step n. Step 2 までと同様の議論から $\boldsymbol{e}_1, \cdots, \boldsymbol{e}_{n-1}$ を得たと仮定する．このとき，$\boldsymbol{b}_n$ を次のようにおく．

$$\boldsymbol{b}_n = \boldsymbol{a}_n - (\boldsymbol{a}_n, \boldsymbol{e}_1)\boldsymbol{e}_1 - \cdots - (\boldsymbol{a}_n, \boldsymbol{e}_{n-1})\boldsymbol{e}_{n-1}$$

すると，$i = 1, 2, \cdots, n-1$ に対して，

$$(\boldsymbol{b}_n, \boldsymbol{e}_i) = 0$$

であることがすぐにわかる．よって，$\boldsymbol{e}_n = \dfrac{1}{\|\boldsymbol{b}_n\|}\boldsymbol{b}_n$ とおけば，$(\boldsymbol{e}_n, \boldsymbol{e}_i) = 0$, $\|\boldsymbol{e}_n\| = 1$ となり，$\{\boldsymbol{e}_1, \boldsymbol{e}_2, \cdots, \boldsymbol{e}_n\}$ は V の正規直交基底となる． ∎

Point! 定理 7.6 の証明では，具体的に正規直交基底を構成しているが，その構成方法による $\boldsymbol{b}_2, \boldsymbol{b}_3$ は，定理 7.5 において $m = 2, 3$ のとき，高さを求めるためにつくり出したベクトルを $\boldsymbol{x}_2{}', \boldsymbol{x}_3{}'$ 具体的に書き下したものになっている．

例題 7.6 次の $\mathbf{R}^3$ の基底から，$\mathbf{R}^3$ の正規直交基底を求めよ．

$$\{\boldsymbol{a}_1, \boldsymbol{a}_2, \boldsymbol{a}_3\} = \left\{ \begin{pmatrix} 0 \\ 1 \\ 1 \end{pmatrix}, \begin{pmatrix} 1 \\ 0 \\ 1 \end{pmatrix}, \begin{pmatrix} 1 \\ 1 \\ 0 \end{pmatrix} \right\}.$$

解答 定理 7.6 の証明の手順に従って，正規直交基底を求めればよい．

$$\boldsymbol{e}_1 = \frac{1}{\|\boldsymbol{a}_1\|}\boldsymbol{a}_1 = \frac{1}{\sqrt{2}}\begin{pmatrix} 0 \\ 1 \\ 1 \end{pmatrix}$$

とおく．次に，

$$\begin{aligned} \boldsymbol{b}_2 &= \boldsymbol{a}_2 - (\boldsymbol{a}_2, \boldsymbol{e}_1)\boldsymbol{e}_1 \\ &= \begin{pmatrix} 1 \\ 0 \\ 1 \end{pmatrix} - \left(\begin{pmatrix} 1 \\ 0 \\ 1 \end{pmatrix}, \frac{1}{\sqrt{2}}\begin{pmatrix} 0 \\ 1 \\ 1 \end{pmatrix} \right) \frac{1}{\sqrt{2}}\begin{pmatrix} 0 \\ 1 \\ 1 \end{pmatrix} = \frac{1}{2}\begin{pmatrix} 2 \\ -1 \\ 1 \end{pmatrix} \end{aligned}$$

とおく．このとき，

$$\|\boldsymbol{b}_2\| = \sqrt{1 + \left(-\frac{1}{2}\right)^2 + \left(\frac{1}{2}\right)^2} = \sqrt{\frac{3}{2}}$$

であるから，

$$\boldsymbol{e}_2 = \frac{1}{\|\boldsymbol{b}_2\|}\boldsymbol{b}_2 = \frac{1}{\sqrt{6}}\begin{pmatrix} 2 \\ -1 \\ 1 \end{pmatrix}$$

最後に，$\boldsymbol{e}_3$ を求めるために，まず

$$\begin{aligned} \boldsymbol{b}_3 &= \boldsymbol{a}_3 - (\boldsymbol{a}_3, \boldsymbol{e}_1)\boldsymbol{e}_1 - (\boldsymbol{a}_3, \boldsymbol{e}_2)\boldsymbol{e}_2 \\ &= \begin{pmatrix} 1 \\ 1 \\ 0 \end{pmatrix} - \left(\begin{pmatrix} 1 \\ 1 \\ 0 \end{pmatrix}, \frac{1}{\sqrt{2}}\begin{pmatrix} 0 \\ 1 \\ 1 \end{pmatrix} \right) \frac{1}{\sqrt{2}}\begin{pmatrix} 0 \\ 1 \\ 1 \end{pmatrix} - \left(\begin{pmatrix} 1 \\ 1 \\ 0 \end{pmatrix}, \frac{1}{\sqrt{6}}\begin{pmatrix} 2 \\ -1 \\ 1 \end{pmatrix} \right) \frac{1}{\sqrt{6}}\begin{pmatrix} 2 \\ -1 \\ 1 \end{pmatrix} \\ &= \frac{2}{3}\begin{pmatrix} 1 \\ 1 \\ -1 \end{pmatrix} \end{aligned}$$

とおく．このとき，

$$\|\boldsymbol{b}_3\| = \frac{2}{3}\sqrt{1^2 + 1^2 + (-1)^2} = \frac{2}{\sqrt{3}}$$

であるので，

$$e_3 = \frac{1}{\|b_3\|} b_3 = \frac{1}{\sqrt{3}} \begin{pmatrix} 1 \\ 1 \\ -1 \end{pmatrix}$$

とおけば，

$$\{e_1, e_2, e_3\} = \left\{ \frac{1}{\sqrt{2}} \begin{pmatrix} 0 \\ 1 \\ 1 \end{pmatrix}, \frac{1}{\sqrt{6}} \begin{pmatrix} 2 \\ -1 \\ 1 \end{pmatrix}, \frac{1}{\sqrt{3}} \begin{pmatrix} 1 \\ 1 \\ -1 \end{pmatrix} \right\}$$

は $\mathbf{R}^3$ の正規直交基底となる． ▮

例題 7.7　$f, g \in P_2(\mathbf{R})$ に対して，f, g の内積を

$$(f, g) = \int_0^1 f(x)g(x)\,dx$$

で定義する．このとき，$P_2(\mathbf{R})$ の基底 $\{f_0(x), f_1(x), f_2(x)\} = \{1, x, x^2\}$ から $P_2(\mathbf{R})$ の正規直交基底を求めよ．

解答　例題 7.6 と同様に，定理 7.6 を用いて正規直交基底を求めよう．最初に，

$$\|f_0\|^2 = (f_0, f_0) = \int_0^1 {f_0}^2(x)\,dx = 1$$

ここで，$e_0(x) = \dfrac{1}{\|f_0\|} f_0(x) = 1$ とおく．次に，

$$h_1(x) = f_1(x) - (f_1, e_0)\,e_0(x) = x - \int_0^1 x\,dx = x - \frac{1}{2}$$

とおく．ここで，

$$\|h_1\|^2 = \int_0^1 \left(x - \frac{1}{2}\right)^2 dx = \frac{1}{12}$$

そして

$$e_1(x) = \frac{1}{\|h_1\|} h_1(x) = 2\sqrt{3}\left(x - \frac{1}{2}\right) = \sqrt{3}(2x - 1)$$

とおく．最後に

$$\begin{aligned} h_2(x) &= f_2(x) - (f_2, e_0)\,e_0(x) - (f_2, e_1)\,e_1(x) \\ &= x^2 - \int_0^1 x^2\,dx - 12\int_0^1 x^2\left(x - \frac{1}{2}\right)dx\left(x - \frac{1}{2}\right) \\ &= x^2 - \left[\frac{1}{3}x^3\right]_0^1 - 12\left[\frac{1}{4}x^4 - \frac{1}{6}x^3\right]_0^1\left(x - \frac{1}{2}\right) \\ &= x^2 - x + \frac{1}{6} \end{aligned}$$

とおく．ここで，

$$\|h_2\|^2 = \int_0^1 \left(x^2 - x + \frac{1}{6}\right)^2 dx = \frac{1}{180}$$

このとき，

$$e_2(x) = \frac{1}{\|h_2\|} h_2(x) = \sqrt{5}(6x^2 - 6x + 1)$$

よって，$\{1, \sqrt{3}(2x-1), \sqrt{5}(6x^2-6x+1)\}$ が $P_2(\mathbf{R})$ の正規直交基底となる．■

例題 7.4 によると，フーリエ級数展開は正規直交基底の 1 次結合で関数を表していることがわかる．しかし，マクローリン級数展開は，例題 7.7 によれば，正規直交基底による展開にはなっていない！

問 7.10　次の $\mathbf{R}^3$ の基底 $\{\boldsymbol{a}_1, \boldsymbol{a}_2, \boldsymbol{a}_3\}$ から $\mathbf{R}^3$ の正規直交基底をつくれ．

(1) $\left\{\begin{pmatrix} 1 \\ 0 \\ 0 \end{pmatrix}, \begin{pmatrix} 1 \\ 1 \\ 0 \end{pmatrix}, \begin{pmatrix} 1 \\ 1 \\ 1 \end{pmatrix}\right\}$　　(2) $\left\{\begin{pmatrix} 1 \\ 0 \\ 1 \end{pmatrix}, \begin{pmatrix} -1 \\ 1 \\ 3 \end{pmatrix}, \begin{pmatrix} 1 \\ -1 \\ 2 \end{pmatrix}\right\}$

問 7.11　$\mathbf{K}$ 上の内積空間 V, V' が $V \cong V'$ (同型) であるとする．線形写像 $f : V \longrightarrow V'$ が

$$(f(\boldsymbol{x}), f(\boldsymbol{y})) = (\boldsymbol{x}, \boldsymbol{y})$$

を満たすならば，f による V の正規直交基底の像は V' の正規直交基底となることを示せ (このような写像を**合同変換**または**等長変換**と呼ぶ)．

問 7.12　線形写像 $f : \mathbf{R}^2 \longrightarrow \mathbf{R}^2$ が

$$f(\begin{pmatrix} x \\ y \end{pmatrix}) = \frac{1}{\sqrt{2}} \begin{pmatrix} x - y \\ x + y \end{pmatrix}$$

で与えられるとき，次の問に答えよ．

(1)　f は合同変換であることを示せ．

(2)　$\mathbf{R}^2$ の標準基底による f の表現行列を求めよ．

(3)　$\mathbf{R}^2$ の正規直交基底 $\left\{\frac{1}{\sqrt{2}}\begin{pmatrix} 1 \\ 1 \end{pmatrix}, \frac{1}{\sqrt{2}}\begin{pmatrix} -1 \\ 1 \end{pmatrix}\right\}$ による f の表現行列を求めよ．

7.5　行列の三角化

ベクトル空間に内積を導入することによって，一般のベクトル空間においても，ベクトルをその大きさや直交性など，幾何学的に捉えることができるよう

になった．ベクトルを行列で変換したとき，内積はどのように変わるか？ 本節では，ユニタリ空間において合同変換に注目し，その表現行列の各列からなるベクトルが，実はこのユニタリ空間の正規直交基底になっていることを示す．

$m \times n$ (複素) 行列 $A = (a_{ij})$ に対して，$n \times m$ 行列

$$A^* = {}^t(\overline{A}) = (\overline{a_{ji}})$$

を A の**共役転置行列**と呼ぶ．ただし，$\overline{a_{ji}}$ は a_{ji} の共役複素数を表す．$A^* = A$ を満たす正方行列を**エルミット行列**といい，$(A^*)A = E$ (単位行列) を満たすとき，A を**ユニタリ行列**という．上で述べた合同変換の表現行列は，実はユニタリ行列になっている．特に，A が実行列であるとき，A がエルミット行列であるための条件は ${}^tA = A$ であるから，A は対称行列に他ならない．実ユニタリ行列を**直交行列**であるという．たとえば，2 次の直交行列は

$$\begin{pmatrix} \cos\theta & -\sin\theta \\ \sin\theta & \cos\theta \end{pmatrix} \quad \text{または} \quad \begin{pmatrix} \cos\theta & \sin\theta \\ \sin\theta & -\cos\theta \end{pmatrix} \qquad (0 \leqq \theta < 2\pi)$$

のいずれかの形で表される．前者は原点のまわりの角 θ の回転移動，後者は原点を通り，x 軸と $\dfrac{\theta}{2}$ の角をなす直線に関する対称移動を表す．共役転置行列については，次の重要な性質が成り立つ．

定理 7.7 行列 A, B に対して，次が成り立つ．

(1) $(A+B)^* = A^* + B^*$

(2) $(\alpha A)^* = \overline{\alpha} A^* \quad (\alpha \in \mathbf{C})$

(3) $(A^*)^* = A$

(4) $(AB)^* = B^* A^*$

(5) A が正則な n 次正方行列であるならば，$(A^*)^{-1} = (A^{-1})^*$.

証明 (1), (2), (3) は明らかである．

(4) $(AB)^* = {}^t\overline{(AB)} = {}^t\overline{B}\,{}^t\overline{A} = {}^t\overline{B}\,{}^t\overline{A} = B^* A^*$

(5) $X = (A^*)^{-1}$ とする．逆行列の定義から，

$$A^* X = X A^* = E$$

両辺の共役転置をとると，(4) より

$$X^* A = A X^* = E$$

よって，$X^* = A^{-1}$, すなわち $X = (A^{-1})^*$ となるので，$(A^*)^{-1} = (A^{-1})^*$. ∎

さて，ユニタリ空間 $\mathbf{C}^n$ の 2 つのベクトル $\boldsymbol{x}, \boldsymbol{y}$ に対して，内積は

$$(\boldsymbol{x}, \boldsymbol{y}) = {}^t\overline{\boldsymbol{y}}\boldsymbol{x} = \boldsymbol{y}^*\boldsymbol{x}$$

で定められる (例 7.1 参照のこと)．このとき，A を n 次正方行列とすれば，

$$(7.1) \qquad (A\boldsymbol{x}, \boldsymbol{y}) = \boldsymbol{y}^*(A\boldsymbol{x}) = (\boldsymbol{y}^*A)\boldsymbol{x} = (A^*\boldsymbol{y})^*\boldsymbol{x} = (\boldsymbol{x}, A^*\boldsymbol{y})$$

特に以下の性質を満たす行列は重要である．

定義 7.5　A を n 次正方行列とする．このとき，次の行列のクラスを定義する．

(1)　正規行列：$A^*A = AA^*$

(2)　対称行列：$A^* = A$

(3)　直交行列：${}^tAA = A\,{}^tA = E$

(4)　ユニタリ行列：$A^*A = AA^* = E$

上の行列のクラスのなかで，特にユニタリ行列は重要である．

定理 7.8　**K** 上の内積空間 V, W において，線形写像 $f : V \to W$ を全単射かつ合同変換とする．このとき，f の表現行列はユニタリ行列になる．

証明　V の正規直交基底を $E = \{\boldsymbol{e}_1, \cdots, \boldsymbol{e}_n\}$ とする．最初に，$\boldsymbol{x} = x_1\boldsymbol{e}_1 + \cdots + x_n\boldsymbol{e}_n$ と成分表示をしたとき，線形写像 $\phi : V \to \mathbf{C}^n$,

$$\phi(\boldsymbol{x}) = \begin{pmatrix} x_1 \\ \vdots \\ x_n \end{pmatrix}$$

が合同変換であることを示そう．$\boldsymbol{y} = y_1\boldsymbol{e}_1 + \cdots + y_n\boldsymbol{e}_n \in V$ とせよ．E が正規直交基底であるので，

$$(\boldsymbol{x}, \boldsymbol{y}) = x_1\overline{y_1} + \cdots + x_n\overline{y_n} = \left(\begin{pmatrix} x_1 \\ \vdots \\ x_n \end{pmatrix}, \begin{pmatrix} y_1 \\ \vdots \\ y_n \end{pmatrix} \right) = (\phi(\boldsymbol{x}), \phi(\boldsymbol{y})).$$

よって，ϕ は合同変換である．また，ϕ は同型写像であり，逆写像 ϕ^{-1} も合同変換となることはすぐにわかる．

W の正規直交基底を $F = \{\boldsymbol{f}_1, \cdots, \boldsymbol{f}_m\}$ とする．$\boldsymbol{x}' = x_1'\boldsymbol{f}_1 + \cdots + x_m'\boldsymbol{f}_m$ に対して，線形写像 $\psi : W \to \mathbf{C}^m$ を

$$\psi(\boldsymbol{x}') = \begin{pmatrix} x_1' \\ \vdots[-1mm] \\ x_m' \end{pmatrix}$$

とする．このとき，ψ, ψ^{-1} はともに合同変換である．

合同変換 f の表現行列を A_f とする．f は同型写像であるから，$\dim V = \dim W = n$. また，$f = \psi^{-1} \circ A_f \circ \phi$ であるから

$$A_f = \psi \circ f \circ \phi^{-1}$$

ゆえに，任意の $\boldsymbol{x}, \boldsymbol{y} \in \mathbf{C}^n$ に対して，

$$\begin{aligned}(A_f\boldsymbol{x}, A_f\boldsymbol{y}) &= (\psi \circ f \circ \phi^{-1}(\boldsymbol{x}), \psi \circ f \circ \phi^{-1}(\boldsymbol{y})) \\ &= (f \circ \phi^{-1}(\boldsymbol{x}), f \circ \phi^{-1}(\boldsymbol{y})) \quad (\psi \text{ が合同変換であるから}) \\ &= (\phi^{-1}(\boldsymbol{x}), \phi^{-1}(\boldsymbol{y})) \quad (f \text{ が合同変換であるから}) \\ &= (\boldsymbol{x}, \boldsymbol{y}) \quad (\phi^{-1} \text{ が合同変換であるから})\end{aligned}$$

すなわち，$((A_f^*A_f - E)\boldsymbol{x}, \boldsymbol{y}) = 0$ が任意のベクトル $\boldsymbol{y} \in \mathbf{C}^n$ に対して成り立つ．よって，例 7.3 から $(A_f^*A_f - E)\boldsymbol{x} = \boldsymbol{o}$. さらに，この式は任意の $\boldsymbol{x} \in \mathbf{C}^n$ に対して成り立つから，結局 $A_f^*A_f = E$. よって，定理 3.2 より $A_f^*A_f = A_fA_f^* = E$ が成り立つので，f の表現行列 A_f はユニタリ行列となる． ∎

定理 7.9 ユニタリ空間 $\mathbf{C}^n$ の正規直交基底 $\{\boldsymbol{e}_1, \boldsymbol{e}_2, \cdots, \boldsymbol{e}_n\}$ に対して，行列 $U = (\boldsymbol{e}_1 \ \cdots \ \boldsymbol{e}_n)$ はユニタリ行列となる．

証明 $U = (\boldsymbol{e}_1 \ \cdots \ \boldsymbol{e}_n) = (e_{ij})$ とする．このとき，$U^* = (\overline{e_{ji}})$ なので，

$$U^*U = (\sum_{k=1}^{n} \overline{e_{ki}}e_{kj}) = (\boldsymbol{e}_i^*\boldsymbol{e}_j) = ((\boldsymbol{e}_j, \boldsymbol{e}_i))$$

よって，$\{\boldsymbol{e}_1, \cdots, \boldsymbol{e}_n\}$ は $\mathbf{R}^n$ の正規直交基底より，

$$U^*U = \begin{pmatrix} (\boldsymbol{e}_1, \boldsymbol{e}_1) & (\boldsymbol{e}_2, \boldsymbol{e}_1) & \cdots & (\boldsymbol{e}_n, \boldsymbol{e}_1) \\ (\boldsymbol{e}_1, \boldsymbol{e}_2) & (\boldsymbol{e}_2, \boldsymbol{e}_2) & \cdots & (\boldsymbol{e}_n, \boldsymbol{e}_2) \\ \vdots & \vdots & \ddots & \vdots \\ (\boldsymbol{e}_1, \boldsymbol{e}_n) & (\boldsymbol{e}_2, \boldsymbol{e}_n) & \cdots & (\boldsymbol{e}_n, \boldsymbol{e}_n) \end{pmatrix} = E$$

ゆえに，定理 3.2 から U はユニタリ行列である． ∎

定理 7.10 行列の三角化 $\mathbf{C}^n$ における任意の n 次正方行列 T に対して，あるユニタリ行列 U を用いて，U^*TU が上三角行列になるようにできる．

証明 n に対する数学的帰納法で示す．$n = 1$ のときは明らかに成り立つ．$n - 1$ のときに定理が成り立つと仮定して n の場合を示す．

T の 1 つの固有値を λ とする．このとき，固有ベクトル $\boldsymbol{p}_1 \neq \boldsymbol{o}$ が存在して，$T\boldsymbol{p}_1 = \lambda\boldsymbol{p}_1$. ここで，$\|\boldsymbol{p}_1\| = 1$ としてもよい．さて，補題 5.1 より，$\boldsymbol{p}_1$ を含む $\mathbf{C}^n$ の基底をつくることができる．この基底に対して，グラム–シュミットの直交化法 (定理 7.6) を用いて $\mathbf{C}^n$ の正規基底 $\{\boldsymbol{p}_1, \boldsymbol{p}_2, \cdots, \boldsymbol{p}_n\}$ をつくる．このとき，定理 7.9 から $U = (\boldsymbol{p}_1 \ \boldsymbol{p}_2 \ \cdots \ \boldsymbol{p}_n)$ はユニタリ行列となり，$\{\boldsymbol{e}_1, \cdots, \boldsymbol{e}_n\}$ を $\mathbf{C}^n$ の標準基底とすれば，

$$(\boldsymbol{e}_1 \ \boldsymbol{e}_2 \ \cdots \ \boldsymbol{e}_n) = E = U^*U = (U^*\boldsymbol{p}_1 \ U^*\boldsymbol{p}_2 \ \cdots \ U^*\boldsymbol{p}_n)$$

であることから $U^*\boldsymbol{p}_1 = \boldsymbol{e}_1$ となる．よって，

$$U^*AU = U^*(A\boldsymbol{p}_1 \ A\boldsymbol{p}_2 \ \cdots \ A\boldsymbol{p}_n)$$

$$= (U^*\lambda \boldsymbol{p}_1\ U^*A\boldsymbol{p}_2\ \cdots\ U^*A\boldsymbol{p}_n)$$

$$= (\lambda \boldsymbol{e}_1\ U^*A\boldsymbol{p}_2\ \cdots\ U^*A\boldsymbol{p}_n) = \begin{pmatrix} \lambda & * \\ \boldsymbol{o}_2 & A_1 \end{pmatrix} \quad \left(\boldsymbol{o}_2 = \begin{pmatrix} 0 \\ \vdots \\ 0 \end{pmatrix}\right)$$

ここで，A_1 は $n-1$ 次正方行列である．さて，帰納法の仮定から，ある $n-1$ 次ユニタリ行列 V_1 を用いて $V_1^*A_1V_1$ が上三角行列となるようにできる．よって，U^*AU と同じ区分けを用いて

$$V = \begin{pmatrix} 1 & \boldsymbol{o}_1 \\ \boldsymbol{o}_2 & V_1 \end{pmatrix} \quad (\boldsymbol{o}_1 = (\ 0, \cdots, 0\ ))$$

とすれば，V はユニタリ行列で

$$V^*U^*AUV = \begin{pmatrix} 1 & \boldsymbol{o}_1 \\ \boldsymbol{o}_2 & V_1^* \end{pmatrix}\begin{pmatrix} \lambda & * \\ \boldsymbol{o}_2 & A_1 \end{pmatrix}\begin{pmatrix} 1 & \boldsymbol{o}_1 \\ \boldsymbol{o}_2 & V_1 \end{pmatrix} = \begin{pmatrix} \lambda & ** \\ \boldsymbol{o}_2 & V_1^*A_1V_1 \end{pmatrix}$$

となり，V^*U^*AUV は上三角行列となる．ここで，$W = UV$ とおくと，

$$W^*W = (UV)^*UV = V^*U^*UV = E$$

$$WW^* = UV(UV)^* = UVV^*U^* = E$$

よって，W はユニタリ行列であり，W^*AW は上三角行列となる．　■

例 7.9　n 次正方行列 T がユニタリ行列 U を用いて

$$U^*TU = \begin{pmatrix} \alpha_1 & & * \\ & \ddots & \\ O & & \alpha_n \end{pmatrix}$$

と三角化できたとき，対角成分 $\alpha_1, \cdots, \alpha_n$ は T の固有値になる．このことを示すために，まず，n 次正方行列 T を三角化してから，固有値を求めよう．

$$U^*TU = D$$

とする．ここで，D は上三角行列とする．このとき，$T = UDU^*$ であるので，T の固有多項式 $f_T(\lambda)$ は

$$f_T(\lambda) = |\lambda E - T| = |\lambda UU^* - UDU^*| = |U(\lambda E - D)U^*| = |\lambda E - D|$$

よって，T の固有値と D の固有値は一致する．ここで，D は上三角行列であるので，$\lambda E - D$ も上三角行列になる．よって，

$$f_T(\lambda) = |\lambda E - D| = (\lambda - \alpha_1)\cdots(\lambda - \alpha_n)$$

となり，T の固有値は D の対角成分となる．

7.6　正規行列のユニタリ対角化

行列の対角化は第 6 章ですでに学んでいるが，そこでは，任意の正方行列が対角化できるという話ではなかった．しかし，対角化を弱めて三角化にすると，任意の行列は三角化が可能である．このことは三角行列の大きな利点であり，理論的にも重要である．正方行列 A に対して，$A^*A = AA^*$ を満たすとき，A を**正規行列**という．本節では，特にユニタリ行列を用いることによって正規行列を対角化する方法について述べる．

定理 7.11　T を正規行列とする．このとき，任意の複素数 λ に対して，$T-\lambda E$ は正規行列である．

証明　$(T-\lambda E)^*(T-\lambda E) = (T-\lambda E)(T-\lambda E)^*$ が成り立つことを確認すればよい．T が正規行列なので，

$$\begin{aligned}(T-\lambda E)^*(T-\lambda E) &= (T^* - \overline{\lambda}E)(T-\lambda E)\\ &= T^*T - \overline{\lambda}T - \lambda T^* + |\lambda|^2 E\\ &= TT^* - \overline{\lambda}T - \lambda T^* + |\lambda|^2 E\\ &= (T-\lambda E)(T-\lambda E)^*.\end{aligned}$$

∎

特に，T が正規行列ならば，

$$\|T\boldsymbol{x}\|^2 = (T\boldsymbol{x}, T\boldsymbol{x}) = (T^*T\boldsymbol{x}, \boldsymbol{x}) = (TT^*\boldsymbol{x}, \boldsymbol{x}) = (T^*\boldsymbol{x}, T^*\boldsymbol{x}) = \|T\boldsymbol{x}\|^2$$

が成り立つので，定理 7.11 から

$$\|(T-\lambda E)\boldsymbol{x}\| = \|(T-\lambda E)^*\boldsymbol{x}\| \tag{7.2}$$

が成り立つことに注意しよう．

さて，内積を導入したことによって，ベクトルの直交性を導入することができた．それ以前はベクトルの直交性よりも弱い条件として 1 次独立という概念があり，定理 6.11 にあるように行列の異なる固有値に対する固有ベクトルが 1 次独立であることが示されている．ベクトルの直交性を導入することにより，定理 6.11 よりも強い定理として，次のことがわかる．

定理 7.12　T を正規行列とする．このとき，T の異なる固有値に対する固有ベクトルは直交する．

証明　T の異なる固有値を λ, μ とする．このとき，$T\boldsymbol{x} = \lambda\boldsymbol{x}$, $T\boldsymbol{y} = \mu\boldsymbol{y}$ となる $\boldsymbol{x} \neq \boldsymbol{o}$, $\boldsymbol{y} \neq \boldsymbol{o}$ に対して，$(\boldsymbol{x}, \boldsymbol{y}) = 0$ を示せばよい．

最初に，(7.2) から $T\boldsymbol{y} = \mu\boldsymbol{y}$ としたとき，$T^*\boldsymbol{y} = \overline{\mu}\boldsymbol{y}$ となることに注意しよう．このとき，(7.1) から

$$\lambda(\boldsymbol{x}, \boldsymbol{y}) = (\lambda\boldsymbol{x}, \boldsymbol{y}) = (T\boldsymbol{x}, \boldsymbol{y}) = (\boldsymbol{x}, T^*\boldsymbol{y}) = (\boldsymbol{x}, \overline{\mu}\boldsymbol{y}) = \mu(\boldsymbol{x}, \boldsymbol{y})$$

よって，$\lambda \neq \mu$ より $(\boldsymbol{x}, \boldsymbol{y}) = 0$. ∎

T を正規行列とする．(7.2) より $T\boldsymbol{p}_1 = \lambda\boldsymbol{p}_1$ ならば $T^*\boldsymbol{p}_1 = \overline{\lambda}\boldsymbol{p}_1$ である．よって定理 7.10 の証明を吟味することで次の重要な定理を得る．

定理 7.13　正規行列のユニタリ対角化　n 次正方行列 T がユニタリ行列を用いて対角化可能であるための必要十分条件は T が正規行列である．

ユニタリ行列 U は正則かつ $U^{-1} = U^*$ である．よって定理 7.13 より正規行列は正則行列 U を用いて対角化できる．これは，定理 6.11 や 6.12 と似ているが，定理 7.13 はこれらの定理よりも，かなりよいことをいっている．実際，行列 T がユニタリ行列 U を用いて U^*TU が対角行列になるとすると，$U^* = U^{-1}$ より，

$$(U^*TU)^* = U^*T^*U, \quad (U^*TU)^n = U^*T^nU$$

となり，n 乗の計算だけでなく，共役転置の計算も簡単にできる．なお，一般の正則行列 P を用いて $P^{-1}TP$ が対角行列にできたとしても，

$$(P^{-1}TP)^* = P^*T^*(P^{-1})^*$$

となり，共役転置の計算とは相性がよくない．また，定理 6.11 や定理 6.12 は行列の固有値や固有ベクトルを求めなければ対角化可能であることが判定できないが，定理 7.13 は行列の積を計算して T が正規行列であることを確認するだけでユニタリ行列で対角化できるか否かが容易に判定できる．

証明　**定理 7.13 の証明**　λ を T の固有値とする．そして，$T\boldsymbol{x} = \lambda\boldsymbol{x}(\neq \boldsymbol{o})$ とする．このとき，定理 7.10 の証明と同様の方法からユニタリ行列 U を用いて

$$U^*TU = \begin{pmatrix} \lambda & \boldsymbol{a} \\ \boldsymbol{o}_2 & T_1 \end{pmatrix} \quad (\boldsymbol{a} = (\,a_1, \cdots, a_{n-1}\,))$$

ここで，T が正規行列であるので，$T\boldsymbol{x} = \lambda\boldsymbol{x}$ より $T^*\boldsymbol{x} = \overline{\lambda}\boldsymbol{x}$ が成り立つ．したがって，同じユニタリ行列 U を用いて

$$U^*T^*U = \begin{pmatrix} \overline{\lambda} & \boldsymbol{a}' \\ \boldsymbol{o}_2 & T_2 \end{pmatrix} \quad (\boldsymbol{a}' = (\,a_1', \cdots, a_{n-1}'\,))$$

よって，$(U^*TU)^* = U^*T^*U$ から $\boldsymbol{a} = \boldsymbol{a}' = \boldsymbol{o}_1$ となり，

$$U^*TU = \begin{pmatrix} \lambda & \boldsymbol{o}_1 \\ \boldsymbol{o}_2 & T_1 \end{pmatrix}$$

これより，T の正規性から，T_1 も正規行列になることがわかる．よって，定理 7.10 の証明と同様に数学的帰納法により正規行列 T はユニタリ行列を用いて対角化できる．

逆に，T がユニタリ行列を用いて

$$U^*TU = \Lambda$$

と対角化できると仮定する．ここで，Λ は対角行列とする．このとき，$T = U\Lambda U^*$ であることを踏まえると，

$$\begin{aligned} T^*T &= (U\Lambda U^*)^*U\Lambda U^* = U\Lambda^*U^*U\Lambda U^* = U\Lambda^*\Lambda U^* \\ &= U\Lambda\Lambda^*U^* = U\Lambda U^*U\Lambda^*U^* = TT^* \end{aligned}$$

すなわち，T は正規行列である．∎

例題 7.8　次の行列 T がユニタリ対角化可能であるかを調べ，T がユニタリ対角化可能であれば，T をユニタリ行列を用いて対角化せよ．

(1) $\begin{pmatrix} 1 & -\sqrt{3} \\ \sqrt{3} & 1 \end{pmatrix}$　　(2) $\begin{pmatrix} 2 & -1 & 1 \\ -1 & 2 & 1 \\ 1 & 1 & 2 \end{pmatrix}$

解答　(1) 最初に T がユニタリ対角化可能であるか調べよう．

$$\begin{aligned} T^*T - TT^* &= \begin{pmatrix} 1 & \sqrt{3} \\ -\sqrt{3} & 1 \end{pmatrix}\begin{pmatrix} 1 & -\sqrt{3} \\ \sqrt{3} & 1 \end{pmatrix} - \begin{pmatrix} 1 & -\sqrt{3} \\ \sqrt{3} & 1 \end{pmatrix}\begin{pmatrix} 1 & \sqrt{3} \\ -\sqrt{3} & 1 \end{pmatrix} \\ &= \begin{pmatrix} 4 & 0 \\ 0 & 4 \end{pmatrix} - \begin{pmatrix} 4 & 0 \\ 0 & 4 \end{pmatrix} = O \end{aligned}$$

よって，T は正規行列であるので定理 7.13 からユニタリ対角化可能である．次に，

$$f_T(\lambda) = |\lambda E - T| = \begin{vmatrix} \lambda - 1 & \sqrt{3} \\ -\sqrt{3} & \lambda - 1 \end{vmatrix} = \lambda^2 - 2\lambda + 4$$

よって，T の固有値は $1-\sqrt{3}i, 1+\sqrt{3}i$ である．そして，これらの固有値に対する固有ベクトルを求めよう．固有値 $1-\sqrt{3}i$ に対する固有ベクトルを $\begin{pmatrix} x \\ y \end{pmatrix}$ とすると，

$$\begin{pmatrix} 1 & -\sqrt{3} \\ \sqrt{3} & 1 \end{pmatrix}\begin{pmatrix} x \\ y \end{pmatrix} = (1-\sqrt{3}i)\begin{pmatrix} x \\ y \end{pmatrix}$$

ゆえに，求める固有ベクトルは $c\begin{pmatrix} 1 \\ i \end{pmatrix}$ (c は $c \neq 0$ となる任意定数)．同様に，固有値 $1+\sqrt{3}i$ に対する固有ベクトルを $\begin{pmatrix} x \\ y \end{pmatrix}$ とすると，

$$\begin{pmatrix} 1 & -\sqrt{3} \\ \sqrt{3} & 1 \end{pmatrix}\begin{pmatrix} x \\ y \end{pmatrix} = (1+\sqrt{3}i)\begin{pmatrix} x \\ y \end{pmatrix}$$

ゆえに，求める固有ベクトルは $c\begin{pmatrix} 1 \\ -i \end{pmatrix}$ (c は $c \neq 0$ となる任意定数)．これらの固有ベクトルからユニタリ行列をつくろう．定理 7.9 より，これら固有ベクトルから $\mathbf{C}^2$ の正規直交基底をつくればよい．定理 7.12 より，固有値 $1-\sqrt{3}i$ と $1+\sqrt{3}i$ に対する固有ベクトルは互いに直交する．よって，ノルムが 1 であるような固有ベクトルの組がそのまま $\mathbf{C}^2$ の正規直交基底になる．よって，

$$U = \frac{1}{\sqrt{2}}\begin{pmatrix} 1 & 1 \\ i & -i \end{pmatrix}$$

とすれば，U はユニタリで，

$$U^*TU = \begin{pmatrix} 1-\sqrt{3}i & 0 \\ 0 & 1+\sqrt{3}i \end{pmatrix}$$

(2) T は，対称行列なので正規行列となり，ユニタリ対角化可能である．次に，

$$f_T(\lambda) = \begin{vmatrix} \lambda-2 & 1 & -1 \\ 1 & \lambda-2 & -1 \\ -1 & -1 & \lambda-2 \end{vmatrix} = \lambda(\lambda-3)^2$$

これより，T の固有値は $0, 3$ である．固有値 0 に対する固有ベクトルは $c\begin{pmatrix} 1 \\ 1 \\ -1 \end{pmatrix}$ (c は $c \neq 0$ となる任意定数), 3 に対する固有ベクトルは $s\begin{pmatrix} -1 \\ 1 \\ 0 \end{pmatrix} + t\begin{pmatrix} 1 \\ 0 \\ 1 \end{pmatrix}$ (s, t は $(s,t) \neq (0,0)$ となる任意定数) となる．

これらの固有ベクトルから $\mathbf{R}^3$ の正規直交基底を求める．定理 7.12 により，固有値 0 に対する固有ベクトルと固有値 3 に対する固有ベクトルは直交する．ここで，固有値 3 に対する固有ベクトルの組 $\left\{\begin{pmatrix} -1 \\ 1 \\ 0 \end{pmatrix}, \begin{pmatrix} 1 \\ 0 \\ 1 \end{pmatrix}\right\}$ からグラム・シュミットの直交化法 (定理 7.6) を使って正規直交基底をつくることにしよう．$\boldsymbol{f}_1 = \begin{pmatrix} -1 \\ 1 \\ 0 \end{pmatrix}$ とおいて，

$$\boldsymbol{e}_1 = \frac{1}{\|\boldsymbol{f}_1\|}\boldsymbol{f}_1 = \frac{1}{\sqrt{2}}\begin{pmatrix} -1 \\ 1 \\ 0 \end{pmatrix}$$

次に，$\boldsymbol{f}_2 = \begin{pmatrix} 1 \\ 0 \\ 1 \end{pmatrix}$ とおいて，

$$\boldsymbol{h}_2 = \boldsymbol{f}_2 - (\boldsymbol{f}_2, \boldsymbol{e}_1)\boldsymbol{e}_1$$

$$= \begin{pmatrix} 1 \\ 0 \\ 1 \end{pmatrix} - \left(\begin{pmatrix} 1 \\ 0 \\ 1 \end{pmatrix}, \frac{1}{\sqrt{2}} \begin{pmatrix} -1 \\ 1 \\ 0 \end{pmatrix} \right) \frac{1}{\sqrt{2}} \begin{pmatrix} -1 \\ 1 \\ 0 \end{pmatrix} = \frac{1}{2} \begin{pmatrix} 1 \\ 1 \\ 2 \end{pmatrix}$$

そして，

$$\boldsymbol{e}_2 = \frac{1}{\|\boldsymbol{f}_2\|} \boldsymbol{f}_2 = \frac{1}{\sqrt{6}} \begin{pmatrix} 1 \\ 1 \\ 2 \end{pmatrix}$$

とおけば，$\{\boldsymbol{e}_1, \boldsymbol{e}_2\}$ は互いに直交し，ノルムが 1 である固有ベクトルとなる．よって，

$$\left\{ \frac{1}{\sqrt{3}} \begin{pmatrix} 1 \\ 1 \\ -1 \end{pmatrix}, \frac{1}{\sqrt{2}} \begin{pmatrix} -1 \\ 1 \\ 0 \end{pmatrix}, \frac{1}{\sqrt{6}} \begin{pmatrix} 1 \\ 1 \\ 2 \end{pmatrix} \right\}$$

は $\mathbf{R}^3$ の正規直交基底となる．ゆえに，

$$U = \frac{1}{\sqrt{6}} \begin{pmatrix} \sqrt{2} & -\sqrt{3} & 1 \\ \sqrt{2} & \sqrt{3} & 1 \\ -\sqrt{2} & 0 & 2 \end{pmatrix}$$

はユニタリ行列で，

$$U^*TU = \begin{pmatrix} 0 & 0 & 0 \\ 0 & 3 & 0 \\ 0 & 0 & 3 \end{pmatrix}. \qquad \blacksquare$$

問 7.13 次の行列 T がユニタリ対角化可能であるかを調べ，可能であれば，T をユニタリ行列を用いて対角化せよ．

(1) $\begin{pmatrix} 1 & -1 \\ 1 & 1 \end{pmatrix}$ (2) $\begin{pmatrix} 1 & 1 & 0 \\ 1 & 2 & -1 \\ 0 & -1 & 1 \end{pmatrix}$ (3) $\begin{pmatrix} 1 & 1 & 1 \\ 1 & 1 & -1 \\ 1 & -1 & 1 \end{pmatrix}$

正規行列のユニタリ対角化を用いると，次の定理が得られる．

定理 7.14 T を正規行列とする．このとき，T の全ての固有値が実数であることと，T が対称行列であることは同値である．言い換えると，対称行列でない正規行列の固有値には実数でない複素数が含まれる．

証明 T を正規行列とすれば，定理 7.13 よりユニタリ対角化可能である．よって，あるユニタリ行列 U を用いて

$$T = U \begin{pmatrix} \lambda_1 & & O \\ & \ddots & \\ O & & \lambda_n \end{pmatrix} U^*$$

ここで，T の固有値は $\lambda_1, \cdots, \lambda_n$ である．ゆえに，

$$T^* = U \begin{pmatrix} \lambda_1 & & O \\ & \ddots & \\ O & & \lambda_n \end{pmatrix}^* U^* = U \begin{pmatrix} \overline{\lambda_1} & & O \\ & \ddots & \\ O & & \overline{\lambda_n} \end{pmatrix} U^*$$

このことから，固有値が全て実数であることと $T = T^*$ であることは同値となる． ∎

次の定理は非常に重要である．

定理 7.15　ケイリー・ハミルトンの定理　任意の n 次正方行列 T と，その固有多項式 $f_T(\lambda)$ に対して，

$$f_T(T) = O$$

が成り立つ．

証明　$\lambda_1, \lambda_2, \cdots, \lambda_n$ を重複もこめて T の n 個の固有値であるとする．このとき T の固有多項式 $f_T(\lambda)$ は

$$f_T(\lambda) = (\lambda - \lambda_1) \cdots (\lambda - \lambda_n)$$

となる．ここで，定理 7.10 によれば，あるユニタリ行列 U が存在して

$$U^*TU = \begin{pmatrix} \lambda_1 & & * \\ & \ddots & \\ O & & \lambda_n \end{pmatrix} \tag{7.3}$$

のように表すことができる．さらに，λ のところへ T を代入すると

$$f_T(T) = (T - \lambda_1 E) \cdots (T - \lambda_n E)$$

また，T と $\lambda_i E$ は可換，すなわち，$T(\lambda_i E) = (\lambda_i E)T \ (i = 1, 2, \cdots, n)$ であるから，$f_T(T)$ の式は自由に展開もできる．したがって，

$$\begin{aligned} U^* f_T(T) U &= U^*(T - \lambda_1 E) \cdots (T - \lambda_n E)U \\ &= U^*(T - \lambda_1 E)UU^*(T - \lambda_2 E)UU^* \cdots UU^*(T - \lambda_n E)U \\ &= (U^*TU - \lambda_1 E) \cdots (U^*TU - \lambda_n E) \end{aligned}$$

ここで，$k = 1, 2, \cdots, n$ に対して，

$$U^*TU - \lambda_k E = g_k^{(n)}(T)$$

とおく．$g_k^{(n)}(T)$ は (k, k) 成分が 0 の上三角行列であるから，$k = 1, 2, \cdots, n$ の順に行列の積をとると

$$U^* f_T(T) U = g_1^{(n)}(T) g_2^{(n)}(T) \cdots g_n^{(n)}(T) = O$$

このことは (議論の繰り返しになるが) 数学的帰納法で簡単に示すこともできる．実際，明らかに $g_1^{(n)}(T)$ の第 1 列の成分は全て 0 である．いま，(行列の積)$g_1^{(n)}(T)\cdots g_k^{(n)}(T)$ の第 1 列から第 k 列までの成分が全て 0 であると仮定すると，

$$
\begin{aligned}
&g_1^{(n)}(T)\cdots g_k^{(n)}(T)g_{k+1}^{(n)}(T)\\
&=\left(\begin{array}{ccc|c} 0 & \cdots & 0 & \\ \vdots & & \vdots & * \\ 0 & \cdots & 0 & \end{array}\right)\\
&\times\begin{pmatrix} \lambda_1-\lambda_{k+1} & & & & & & * \\ & \ddots & & & & & \\ & & \lambda_k-\lambda_{k+1} & & & & \\ & & & 0 & & & \\ & & & & \lambda_{k+2}-\lambda_{k+1} & & \\ & & & & & \ddots & \\ O & & & & & & \lambda_n-\lambda_{k+1} \end{pmatrix}\\
&=\left(\begin{array}{cccc|c} 0 & \cdots & 0 & 0 & \\ \vdots & & \vdots & \vdots & * \\ 0 & \cdots & 0 & 0 & \end{array}\right)
\end{aligned}
$$

となり，$k+1$ のときも上記の主張が成り立つ．ゆえに，数学的帰納法の帰結により，$k=n$ にとれば定理が成り立つ． ■

7.7　2 次形式

行列の対角化は，行列のベキ乗を求めるときや，固有値の問題を扱うとき，式の単純化への変形を求めるときなど，その応用はたいへん重要である．ここでは，その応用の一環として，2 次形式について (理論には深入りせず) その概念と標準形について簡単に述べる．

定義 7.6　実 2 次形式　n 個の実変数 $x_1,\cdots,x_n$ ($x_i\in\mathbf{R}$) に関する実数係数の同次 2 次式

$$f(x_1,\cdots,x_n)=\sum_{i,j=1}^{n}a_{ij}x_ix_j \quad (a_{ij}=a_{ji})$$

を**実 2 次形式**と呼ぶ．

実 2 次形式 $f(x_1,\cdots,x_n)$ が決められたとき，x_i^2 の係数は a_{ii} であるが，

$x_i x_j$ の係数は $a_{ij}+a_{ji}$ となり，a_{ij} と a_{ji} の決め方は 1 通りでない．そこで，$a_{ij}=a_{ji}$ とすれば，係数は 1 通りに定まる．任意の実 2 次形式は n 次正方行列 $A=(a_{ij})$, $\boldsymbol{x}=\begin{pmatrix} x_1 \\ \vdots \\ x_n \end{pmatrix} \in \mathbf{R}^n$ を用いて次のように表すことができる．

$$\sum_{i,j=1}^{n} a_{ij}x_i x_j = (x_1,\cdots,x_n)\begin{pmatrix} a_{11} & \cdots & a_{1n} \\ \vdots & \ddots & \vdots \\ a_{n1} & \cdots & a_{nn} \end{pmatrix}\begin{pmatrix} x_1 \\ \vdots \\ x_n \end{pmatrix} = {}^t\boldsymbol{x}A\boldsymbol{x} = (A\boldsymbol{x},\boldsymbol{x})$$

ここで，A の各成分 a_{ij} は実数, $a_{ij}=a_{ji}$ より，A は実対称行列となる．

さて，実対称行列は正規行列であるので，定理 7.13 よりユニタリ行列 U を用いて，U^*AU が対角行列となるようにできる．また，定理 7.14 により，対称行列の固有値は全て実数であることが示されている．このとき，固有値に対する固有ベクトルは $\mathbf{R}^n$ のベクトルとなる．よって，次のことがいえる．

定理 7.16　n 次正方行列 A が実対称行列であれば，ある直交行列 P を用いて

$${}^tPAP = \begin{pmatrix} \lambda_1 & & O \\ & \ddots & \\ O & & \lambda_n \end{pmatrix}$$

とできる．

証明　実対称行列 A の固有値は全て実数であり，対応する固有ベクトルも $\mathbf{R}^n$ のベクトルである．よって，定理 7.13 と同様の方法で A を対角化することができる．ここで，対角化に必要なユニタリ行列 P の成分は全て実数であるから，P は直交行列になる．よって，定理 7.16 の証明ができた．　■

例題 7.9　実対称行列 $A=\begin{pmatrix} -1 & 2 & 0 \\ 2 & 0 & 2 \\ 0 & 2 & 1 \end{pmatrix}$ を直交行列を用いて対角化せよ．

解答　最初に A の固有値を求めよう．

$$f_A(\lambda) = |\lambda E - A| = \begin{vmatrix} \lambda+1 & -2 & 0 \\ -2 & \lambda & -2 \\ 0 & -2 & \lambda-1 \end{vmatrix} = \lambda(\lambda-3)(\lambda+3)$$

これより，A の固有値は $0, 3, -3$ である．次に，各固有値に対する A の固有ベクトル

を求めよう．$\boldsymbol{x} = \begin{pmatrix} x \\ y \\ z \end{pmatrix} \neq \boldsymbol{o}$ とおいて，$A\boldsymbol{x} = \boldsymbol{o}$, $A\boldsymbol{x} = 3\boldsymbol{x}$, $A\boldsymbol{x} = -3\boldsymbol{x}$ を満たす

$\boldsymbol{x}$ をそれぞれ求めればよい．固有値 0 に対する固有ベクトルは，$A\boldsymbol{x} = \boldsymbol{o}$ より，

$$\begin{pmatrix} -1 & 2 & 0 \\ 2 & 0 & 2 \\ 0 & 2 & 1 \end{pmatrix}\begin{pmatrix} x \\ y \\ z \end{pmatrix} = \begin{pmatrix} 0 \\ 0 \\ 0 \end{pmatrix}$$

ゆえに，$-x + 2y = 0$, $x + z = 0$ を得る．よって，0 に対する固有ベクトルの 1 つ

$\begin{pmatrix} 2 \\ 1 \\ -2 \end{pmatrix}$ を選び，正規化をして $\boldsymbol{e}_1 = \dfrac{1}{3}\begin{pmatrix} 2 \\ 1 \\ -2 \end{pmatrix}$ とする．固有値 3 に対する固有ベク

トルは $A\boldsymbol{x} = 3\boldsymbol{x}$ より，

$$\begin{pmatrix} -4 & 2 & 0 \\ 2 & -3 & 2 \\ 0 & 2 & -2 \end{pmatrix}\begin{pmatrix} x \\ y \\ z \end{pmatrix} = \begin{pmatrix} 0 \\ 0 \\ 0 \end{pmatrix}$$

ゆえに，$-4x + 2y = 0$, $2x - 3y + 2z = 0$, $2y - 2z = 0$ を得る．よって，3 に対する

固有ベクトルの 1 つ $\begin{pmatrix} 1 \\ 2 \\ 2 \end{pmatrix}$ を選び，正規化をして $\boldsymbol{e}_2 = \dfrac{1}{3}\begin{pmatrix} 1 \\ 2 \\ 2 \end{pmatrix}$ とする．

固有値 -3 に対する固有ベクトルは $A\boldsymbol{x} = -3\boldsymbol{x}$ より，

$$\begin{pmatrix} 2 & 2 & 0 \\ 2 & 3 & 2 \\ 0 & 2 & 4 \end{pmatrix}\begin{pmatrix} x \\ y \\ z \end{pmatrix} = \begin{pmatrix} 0 \\ 0 \\ 0 \end{pmatrix}$$

ゆえに，$2x + 2y = 0$, $2x + 3y + 2z = 0$, $2y + 4z = 0$ を得る．よって，-3 に対する

固有ベクトルの 1 つ $\begin{pmatrix} 2 \\ -2 \\ 1 \end{pmatrix}$ を選び，正規化をして $\boldsymbol{e}_3 = \dfrac{1}{3}\begin{pmatrix} 2 \\ -2 \\ 1 \end{pmatrix}$ とする．3 次正

方行列を

$$P = (\boldsymbol{e}_1\ \boldsymbol{e}_2\ \boldsymbol{e}_3) = \frac{1}{3}\begin{pmatrix} 2 & 1 & 2 \\ 1 & 2 & -2 \\ -2 & 2 & 1 \end{pmatrix}$$

とおけば，${}^tPP = P\,{}^tP = E$ となることから，P は直交行列となり，

$$ {}^tPAP = \begin{pmatrix} 0 & 0 & 0 \\ 0 & 3 & 0 \\ 0 & 0 & -3 \end{pmatrix}.$$

問 7.14　次の実対称行列 A を直交行列を用いて対角化せよ．また，そのときに用いた直交行列も求めよ．

(1) $\begin{pmatrix} 0 & 1 & 2 \\ 1 & 1 & 1 \\ 2 & 1 & 0 \end{pmatrix}$　　(2) $\begin{pmatrix} 1 & 1 & 1 \\ 1 & 1 & 1 \\ 1 & 1 & 1 \end{pmatrix}$

さて，実対称行列が直交行列を用いて対角化できることがわかったので，これを実 2 次形式の場合に適用すると，次の定理が得られる．

定理 7.17　実 2 次形式 $\displaystyle\sum_{i,j=1}^{n} a_{ij}x_ix_j$ は適当な変数変換で

$$\sum_{i,j=1}^{n} a_{ij}x_ix_j = \sum_{i=1}^{n} \alpha_i {y_i}^2$$

とできる．ここで，α_i は n 次正方行列 $A = (a_{ij})$ の固有値である．上式の右辺を実 2 次形式の**標準形**と呼ぶ．

証明　実対称行列 $A = (a_{ij})$, n 次列ベクトル $\boldsymbol{x} = \begin{pmatrix} x_1 \\ \vdots \\ x_n \end{pmatrix}$ を用いて，実 2 次形式は

$$\sum_{i,j=1}^{n} a_{ij}x_ix_j = (A\boldsymbol{x}, \boldsymbol{x})$$

と表すことができる．ここで，直交行列 P を用いて A を対角化する，すなわち，

$${}^tPAP = \begin{pmatrix} \alpha_1 & & O \\ & \ddots & \\ O & & \alpha_n \end{pmatrix} = \Lambda$$

このとき，${}^tP = P^{-1}$ より $A = P\Lambda{}^tP$ である．よって，${}^tP\boldsymbol{x} = \boldsymbol{y} = \begin{pmatrix} y_1 \\ \vdots \\ y_n \end{pmatrix}$ とすれば，

$$\begin{aligned} \sum_{i,j=1}^{n} a_{ij}x_ix_j &= (A\boldsymbol{x}, \boldsymbol{x}) = (P\Lambda{}^tP\boldsymbol{x}, \boldsymbol{x}) \\ &= (\Lambda{}^tP\boldsymbol{x}, {}^tP\boldsymbol{x}) = (\Lambda\boldsymbol{y}, \boldsymbol{y}) = \sum_{i=1}^{n} \alpha_i {y_i}^2. \end{aligned}$$

∎

例題 7.10　実 2 次形式

$$f(x_1, x_2, x_3) = 2x_1^2 + 4x_2^2 + 2x_3^2 + 2x_1x_2 + 2x_1x_3 + 2x_2x_3$$

の標準形を求めよ．

解答　この実 2 次形式は実対称行列と 3 次列ベクトル

$$A = \begin{pmatrix} 2 & 1 & 1 \\ 1 & 4 & 1 \\ 1 & 1 & 2 \end{pmatrix}, \quad \boldsymbol{x} = \begin{pmatrix} x_1 \\ x_2 \\ x_3 \end{pmatrix}$$

を用いて

$$f(x_1, x_2, x_3) = (A\boldsymbol{x}, \boldsymbol{x})$$

と表すことができる．よって，A を対角化すればよい．最初に A の固有値を求めよう．

$$f_A(\lambda) = |\lambda E - A| = \begin{vmatrix} \lambda-2 & -1 & -1 \\ -1 & \lambda-4 & -1 \\ -1 & -1 & \lambda-2 \end{vmatrix} = (\lambda-1)(\lambda-2)(\lambda-5)$$

よって，A の固有値は $1, 2, 5$ である．それぞれの固有値に対する固有ベクトルを求めよう．$\boldsymbol{x}' = \begin{pmatrix} x \\ y \\ z \end{pmatrix} \neq \boldsymbol{o}$ とおいて，$A\boldsymbol{x}' = \boldsymbol{x}'$, $A\boldsymbol{x}' = 2\boldsymbol{x}'$, $A\boldsymbol{x}' = 5\boldsymbol{x}'$ を満たす $\boldsymbol{x}'$ をそれぞれ求めればよい．最初に固有値 1 に対する固有ベクトルを求める．$A\boldsymbol{x}' = \boldsymbol{x}'$ より

$$\begin{pmatrix} 1 & 1 & 1 \\ 1 & 3 & 1 \\ 1 & 1 & 1 \end{pmatrix}\begin{pmatrix} x \\ y \\ z \end{pmatrix} = \begin{pmatrix} 0 \\ 0 \\ 0 \end{pmatrix}$$

よって，$x = -z$, $y = 0$ を得るので，1 に対する固有ベクトルの 1 つ $\begin{pmatrix} 1 \\ 0 \\ -1 \end{pmatrix}$ を選び，正規化をして $\boldsymbol{e}_1 = \dfrac{1}{\sqrt{2}}\begin{pmatrix} 1 \\ 0 \\ -1 \end{pmatrix}$ とする．固有値 2 に対する固有ベクトルを求めると，$A\boldsymbol{x}' = 2\boldsymbol{x}'$ より

$$\begin{pmatrix} 0 & 1 & 1 \\ 1 & 2 & 1 \\ 1 & 1 & 0 \end{pmatrix}\begin{pmatrix} x \\ y \\ z \end{pmatrix} = \begin{pmatrix} 0 \\ 0 \\ 0 \end{pmatrix}$$

よって，$x = z = -y$ を得るので，2 に対する固有ベクトルの 1 つ $\begin{pmatrix} 1 \\ -1 \\ 1 \end{pmatrix}$ を選び，正規化をして $\boldsymbol{e}_2 = \dfrac{1}{\sqrt{3}}\begin{pmatrix} 1 \\ -1 \\ 1 \end{pmatrix}$ とする．固有値 5 に対する固有ベクトルを求めると，$A\boldsymbol{x}' = 5\boldsymbol{x}'$ より

$$\begin{pmatrix} -3 & 1 & 1 \\ 1 & -1 & 1 \\ 1 & 1 & -3 \end{pmatrix}\begin{pmatrix} x \\ y \\ z \end{pmatrix} = \begin{pmatrix} 0 \\ 0 \\ 0 \end{pmatrix}$$

よって，$x = z,\ y = 2z$ を得るので，5 に対する固有ベクトルの 1 つ $\begin{pmatrix} 1 \\ 2 \\ 1 \end{pmatrix}$ を選び，正規化をして $\boldsymbol{e}_3 = \dfrac{1}{\sqrt{6}}\begin{pmatrix} 1 \\ 2 \\ 1 \end{pmatrix}$ とする．3 次正方行列を

$$P = (\boldsymbol{e}_1\ \boldsymbol{e}_2\ \boldsymbol{e}_3) = \begin{pmatrix} \dfrac{1}{\sqrt{2}} & \dfrac{1}{\sqrt{3}} & \dfrac{1}{\sqrt{6}} \\ 0 & -\dfrac{1}{\sqrt{3}} & \dfrac{2}{\sqrt{6}} \\ -\dfrac{1}{\sqrt{2}} & \dfrac{1}{\sqrt{3}} & \dfrac{1}{\sqrt{6}} \end{pmatrix}$$

とすれば，P は直交行列で

$${}^tPAP = \begin{pmatrix} 1 & 0 & 0 \\ 0 & 2 & 0 \\ 0 & 0 & 5 \end{pmatrix} = \Lambda$$

よって，$\boldsymbol{x} = \begin{pmatrix} x_1 \\ x_2 \\ x_3 \end{pmatrix}$ とするとき，

$${}^tP\boldsymbol{x} = \begin{pmatrix} \dfrac{1}{\sqrt{2}} & 0 & -\dfrac{1}{\sqrt{2}} \\ \dfrac{1}{\sqrt{3}} & -\dfrac{1}{\sqrt{3}} & \dfrac{1}{\sqrt{3}} \\ \dfrac{1}{\sqrt{6}} & \dfrac{2}{\sqrt{6}} & \dfrac{1}{\sqrt{6}} \end{pmatrix}\begin{pmatrix} x_1 \\ x_2 \\ x_3 \end{pmatrix} = \begin{pmatrix} \dfrac{1}{\sqrt{2}}x_1 - \dfrac{1}{\sqrt{2}}x_3 \\ \dfrac{1}{\sqrt{3}}x_1 - \dfrac{1}{\sqrt{3}}x_2 + \dfrac{1}{\sqrt{3}}x_3 \\ \dfrac{1}{\sqrt{6}}x_1 + \dfrac{2}{\sqrt{6}}x_2 + \dfrac{1}{\sqrt{6}}x_3 \end{pmatrix}$$

したがって，

$$f(x_1, x_2, x_3) = (A\boldsymbol{x}, \boldsymbol{x}) = (P\Lambda{}^tP\boldsymbol{x}, \boldsymbol{x}) = (\Lambda{}^tP\boldsymbol{x}, {}^tP\boldsymbol{x})$$

$$= \left(\frac{1}{\sqrt{2}}x_1 - \frac{1}{\sqrt{2}}x_3\right)^2 + 2\left(\frac{1}{\sqrt{3}}x_1 - \frac{1}{\sqrt{3}}x_2 + \frac{1}{\sqrt{3}}x_3\right)^2$$
$$+ 5\left(\frac{1}{\sqrt{6}}x_1 + \frac{2}{\sqrt{6}}x_2 + \frac{1}{\sqrt{6}}x_3\right)^2. \quad ■$$

問 7.15　次の (1)〜(3) の実 2 次形式に対して，それぞれ次の問 (i)〜(iii) に答えよ．

(i)　実 2 次形式を，実対称行列 A を用いて $(A\boldsymbol{x}, \boldsymbol{x})$ という形に表せ．

(ii)　(i) で求めた実対称行列 A を，直交行列を用いて対角化せよ．また，そのときに用いた直交行列を求めよ．

(iii)　実 2 次形式の標準形を求めよ．

(1)　$f_1(x_1, x_2, x_3) = x_1^2 + 2x_2^2 + x_3^2 + 2x_1x_2 + 2x_2x_3$

(2)　$f_2(x_1, x_2, x_3) = x_1^2 + x_2^2 + x_3^2 + 2x_1x_2 + 2x_1x_3 - 2x_2x_3$

実 2 次形式 $f(x_1, \cdots, x_n)$ に対して，その標準形を

$$f(x_1, \cdots, x_n) = \sum_{i=1}^{n} \alpha_i y_i^2$$

とする．ここで，α_i は実対称行列 A とベクトル $\boldsymbol{x}$ を用いて

$$f(x_1, \cdots, x_n) = (A\boldsymbol{x}, \boldsymbol{x})$$

と表したときの A の固有値である．もし，A の固有値が全て非負であるとき，実 2 次形式は

$$f(x_1, \cdots, x_n) = (A\boldsymbol{x}, \boldsymbol{x}) = \sum_{i=1}^{n} \alpha_i y_i^2 \geqq 0$$

これを踏まえて，正値行列の定義をしよう．

定義 7.7　正値行列　n 次正方行列 A を対称行列とする．このとき，$(A\boldsymbol{x}, \boldsymbol{x}) > 0$ が全ての $\boldsymbol{x} \in \mathbf{R}^n$ に対して成り立つとき，A を**正値行列**と呼び，記号で $A > 0$ と表す．また，$(A\boldsymbol{x}, \boldsymbol{x}) \geqq 0$ のときは A を**半正値行列**と呼び，記号で $A \geqq 0$ と表す．

例 7.10　成分が全て実数である 2 次正方行列 $A = \begin{pmatrix} a & b \\ b & c \end{pmatrix}$ に対して，$A \geqq 0$ であるための必要十分条件は $\mathrm{tr}\,(A) = a + c \geqq 0$ かつ $\det A = ac - b^2 \geqq 0$ であることを示そう．A が半正値行列であるためには，定理 7.17 より，A の 2

つの固有値がともに 0 以上であることを示せばよい．

$$f_A(\lambda) = |\lambda E - A| = \begin{vmatrix} \lambda - a & -b \\ -b & \lambda - c \end{vmatrix} = \lambda^2 - (a+c)\lambda + (ac - b^2)$$

よって，A の固有値を α_1, α_2 とすれば，

$$\alpha_1 + \alpha_2 = a + c = \mathrm{tr}\,(A), \qquad \alpha_1\alpha_2 = ac - b^2 = \det A$$

ここで，$A \geqq 0$ であれば，$\alpha_1, \alpha_2 \geqq 0$ なので，$\mathrm{tr}\,(A) = \alpha_1 + \alpha_2 \geqq 0$, $\det A = \alpha_1\alpha_2 \geqq 0$ となる．逆に $\det A = \alpha_1\alpha_2 \geqq 0$ であれば，α_1, α_2 はともに 0 以上か 0 以下になる．また，$\mathrm{tr}\,(A) = \alpha_1 + \alpha_2 \geqq 0$ となるためには，α_1, α_2 はともに 0 以上でなければならない．すなわち $A \geqq 0$.

問 7.16　n 次正方行列 A が $A > 0$ ならば，A は正則であることを示せ．また，$A^{-1} > 0$ であることも示せ．

問 7.17　n 次正方行列 A が $A \geqq 0$ であるとき，任意の n 次正方行列 X に対して，$X^*AX \geqq 0$ であることを示せ．

例 7.11　n 次正方行列 A, B, C において，$A > 0$ とする．$2n$ 次正方行列 $\begin{pmatrix} A & B \\ B^* & C \end{pmatrix}$ に対して

$$\begin{pmatrix} A & B \\ B^* & C \end{pmatrix} \geqq 0 \iff C - B^*A^{-1}B \geqq 0$$

実際，$\begin{pmatrix} A & B \\ B^* & C \end{pmatrix} \geqq 0$ ならば，問 7.17 より，

$$\begin{aligned} 0 &\leqq \begin{pmatrix} E & -A^{-1}B \\ O & E \end{pmatrix}^* \begin{pmatrix} A & B \\ B^* & C \end{pmatrix} \begin{pmatrix} E & -A^{-1}B \\ O & E \end{pmatrix} \\ &= \begin{pmatrix} E & O \\ -B^*A^{-1} & E \end{pmatrix} \begin{pmatrix} A & B \\ B^* & C \end{pmatrix} \begin{pmatrix} E & -A^{-1}B \\ O & E \end{pmatrix} \\ &= \begin{pmatrix} A & O \\ O & C - B^*A^{-1}B \end{pmatrix} \end{aligned}$$

よって，$C - B^*A^{-1}B \geqq 0$. 逆もすぐわかる．

定義 7.8　エルミット形式　n 個の複素変数 $z_1, \cdots, z_n$ $(z_i \in \mathbf{C}^n)$ と複素数 $a_{ij} \in \mathbf{C}$ $(i, j = 1, 2, \cdots, n)$ に対して

$$f(z_1, \cdots, z_n) = \sum_{i,j=1}^{n} a_{ij}\overline{z_i}z_j \quad (a_{ij} = \overline{a_{ji}})$$

$$(= \boldsymbol{z}^* A\boldsymbol{z} = (A\boldsymbol{z}, \boldsymbol{z}) = (\boldsymbol{z}, A^*\boldsymbol{z}) = (\boldsymbol{z}, A\boldsymbol{z}))$$

を**エルミット形式**という (ただし，$\boldsymbol{z} = \begin{pmatrix} z_1 \\ \vdots \\ z_n \end{pmatrix} \in \mathbf{C}^n$ とする).

適当なユニタリ変換 ($\boldsymbol{z} = U\boldsymbol{w}$: $\boldsymbol{w} = \begin{pmatrix} w_1 \\ \vdots \\ w_n \end{pmatrix} \in \mathbf{C}^n$) を施すことによって

$$f(z_1, \cdots, z_n) = \sum_{i=1}^{n} \alpha_i |w_i|^2$$

ここで，$\alpha_1, \cdots, \alpha_n$ はエルミット行列 $A = (a_{ij})$ の固有値で，全て実数である．また，エルミット行列についても，対称行列の場合と同様に，正値行列，半正値行列が定義できる．このとき，固有値のベキ乗が一意的に定まることを踏まえれば，エルミット行列の実数ベキ乗を定義することができる．エルミット行列 A を

$$A = U \begin{pmatrix} \lambda_1 & & O \\ & \ddots & \\ O & & \lambda_n \end{pmatrix} U^*$$

とユニタリ対角化をする．このとき，$Q_k = (q_{ij}^{(k)})$ を $q_{ij}^{(k)} = \begin{cases} 1 & (i = j = k) \\ 0 & (\text{それ以外}) \end{cases}$，$P_i = UQ_iU^*$ とおくと，

$$A = \lambda_1 P_1 + \lambda_2 P_2 + \cdots + \lambda_n P_n = \sum_{k=1}^{n} \lambda_k P_k$$

また，簡単な計算から $P_i^2 = P_i$, $P_iP_j = P_jP_i = O$ $(i \neq j)$ を得る．これよ

り，任意の自然数 m に対して

$$A^m = \left(\sum_{k=1}^{n} \lambda_k P_k\right)^m = \sum_{k=1}^{n} \lambda_k^m P_k = U \begin{pmatrix} \lambda_1^m & & O \\ & \ddots & \\ O & & \lambda_n^m \end{pmatrix} U^*$$

特に任意の多項式 $f(x)$ に対して

$$f(A) = \sum_{k=1}^{n} f(\lambda_k) P_k = U \begin{pmatrix} f(\lambda_1) & & O \\ & \ddots & \\ O & & f(\lambda_n) \end{pmatrix} U^*.$$

発展 (行列の有理数乗，無理数乗)　A は n 次のエルミット行列で，固有値 λ_k $(k = 1, 2, \cdots, n)$ を全て非負の実数とする．$\alpha > 0$ となる α と，上で定義した $P_k = UQ_kU^*$ $(k = 1, 2, \cdots, n)$ を用いて A^α を

(7.4)
$$A^\alpha = \sum_{k=1}^{n} \lambda_k^\alpha P_k = U \begin{pmatrix} \lambda_1^\alpha & & O \\ & \ddots & \\ O & & \lambda_n^\alpha \end{pmatrix} U^*$$

によって定義する ($\alpha > 0$ のとき，$0^\alpha = 0$ とする).

エルミット行列 A, B において，$A - B \geqq 0$ が成り立つとき，$A \geqq B$ と表して，エルミット行列の順序関係とする．行列の順序関係については，実数の順序関係とは大きく異なる性質が知られている．

定理 7.18　レウナー・ハインツの不等式　A, B をエルミット行列とする．このとき，$A \geqq B \geqq 0$ ならば，任意の定数 $\alpha \in [0, 1]$ に対して $A^\alpha \geqq B^\alpha$ が成り立つ．

証明は本書のレベルを超えるので，省略する．

a, b が実数であれば，$a \geqq b \geqq 0$ のとき，$a^\alpha \geqq b^\alpha$ は任意の正の実数 α に対して成り立つが，エルミット行列の場合は，たとえ $A \geqq B \geqq 0$ であっても，$\alpha \notin [0, 1]$ ならば $A^\alpha \geqq B^\alpha$ は一般的には成り立たない．

例題 7.11　$A = \begin{pmatrix} 5 & 3 \\ 3 & 5 \end{pmatrix}, B = \begin{pmatrix} 3 & 0 \\ 0 & 0 \end{pmatrix}$ とする．このとき，$A \geqq B \geqq 0$ であるが，$A^2 \ngeqq B^2$ であることを示せ．また，$A^{\frac{1}{2}} \geqq B^{\frac{1}{2}}$ であることを確

認せよ．

解答 $A \geqq B \geqq 0$ であることを示そう．B の固有値は $0, 3$ より $B \geqq 0$ である．よって，$A - B \geqq 0$, $B \geqq 0$ を確認すればよい．

$$A - B = \begin{pmatrix} 2 & 3 \\ 3 & 5 \end{pmatrix}$$

であるから，$\mathrm{tr}\,(A - B) = 7 \geqq 0$, $\det\,(A - B) = 1 \geqq 0$. ゆえに，$A - B \geqq 0$. すなわち $A \geqq B \geqq 0$. $A^2 \ngeqq B^2$ を示そう．

$$A^2 - B^2 = \begin{pmatrix} 25 & 30 \\ 30 & 34 \end{pmatrix}$$

である．ここで，$\mathrm{tr}\,(A^2 - B^2) = 59 \geqq 0$, $\det\,(A^2 - B^2) = -50 < 0$ より，$A^2 \ngeqq B^2$ である．次に，$A^{\frac{1}{2}} \geqq B^{\frac{1}{2}}$ を確認しよう．最初に $A^{\frac{1}{2}}, B^{\frac{1}{2}}$ を求める．(7.4) 式によれば，

$$B^{\frac{1}{2}} = \begin{pmatrix} \sqrt{3} & 0 \\ 0 & 0 \end{pmatrix}$$

次に $A^{\frac{1}{2}}$ を求める．

$$f_A(\lambda) = \begin{vmatrix} \lambda - 5 & -3 \\ -3 & \lambda - 5 \end{vmatrix} = (\lambda - 2)(\lambda - 8)$$

より，A の固有値は $2, 8$ である．ここで，2 に対する固有ベクトルは $c\begin{pmatrix} 1 \\ -1 \end{pmatrix}$ (c は $c \neq 0$ となる任意定数), 8 に対する固有ベクトルは $c\begin{pmatrix} 1 \\ 1 \end{pmatrix}$ (c は $c \neq 0$ となる任意定数). したがって，

$$U = \frac{1}{\sqrt{2}}\begin{pmatrix} 1 & 1 \\ -1 & 1 \end{pmatrix}$$

とおけば，

$$A = U\begin{pmatrix} 2 & 0 \\ 0 & 8 \end{pmatrix}U^*$$

ゆえに，(7.4) 式から

$$A^{\frac{1}{2}} = U\begin{pmatrix} \sqrt{2} & 0 \\ 0 & 2\sqrt{2} \end{pmatrix}U^* = \frac{1}{\sqrt{2}}\begin{pmatrix} 3 & 1 \\ 1 & 3 \end{pmatrix}$$

よって，

$$A^{\frac{1}{2}} - B^{\frac{1}{2}} = \frac{1}{\sqrt{2}}\begin{pmatrix} 3 - \sqrt{6} & 1 \\ 1 & 3 \end{pmatrix}$$

ここで，$\mathrm{tr}\,(A^{\frac{1}{2}} - B^{\frac{1}{2}}) = 3\sqrt{2} - \sqrt{3} > 0$, $\det\,(A^{\frac{1}{2}} - B^{\frac{1}{2}}) = \dfrac{1}{2}(8 - 3\sqrt{6}) = 0.65\cdots > 0$. ゆえに，$A^{\frac{1}{2}} - B^{\frac{1}{2}} \geqq 0$. すなわち，$A^{\frac{1}{2}} \geqq B^{\frac{1}{2}}$. ∎

Point! 例題 7.11 の解答において，$A^{\frac{1}{2}}$ を定義に沿って計算したが，2 次正方行列の場合は定理 7.15 (ケイリー・ハミルトンの定理) を用いて簡単に求めることができる．定理 7.15 より，

$$A^2 - 10A + 16E = O$$

よって，$18A = A^2 + 8A + 16E = (A+4E)^2$ となる．$A \geqq 0$ より，$18A$ と $A+4E$ は，それぞれの固有値を考えれば，ともに正値行列になることがわかる．ゆえに，両辺を $\dfrac{1}{2}$ 乗すれば

$$3\sqrt{2}A^{\frac{1}{2}} = A + 4E$$

すなわち，

$$A^{\frac{1}{2}} = \frac{1}{3\sqrt{2}}(A + 4E) = \frac{1}{\sqrt{2}}\begin{pmatrix} 3 & 1 \\ 1 & 3 \end{pmatrix}.$$

問 7.18　次の 2 次正方行列 A に対して，$A^{\frac{1}{2}}$ を求めよ．

(1) $\begin{pmatrix} 1 & 1 \\ 1 & 1 \end{pmatrix}$　　(2) $\begin{pmatrix} 3 & \sqrt{5} \\ \sqrt{5} & 2 \end{pmatrix}$　　(3) $\begin{pmatrix} 8 & 2 \\ 2 & 1 \end{pmatrix}$

8

ジョルダン標準形

行列論において，特に正方行列を扱う場合，その次数が大きくなるにつれて，理論の展開は勿論のこと，実際，ベキ乗などの計算においてもたいへん面倒である．したがって，できるだけ見やすく扱いやすい形に変形する表現法が求められる．三角行列や対角行列は，正方行列のなかでもっとも単純で見やすく，たいへん使いやすい行列である．したがって，与えられた行列の，これらの形の行列への変形は理にも叶(かな)っており，そのような変形法を習得することは非常に重要なことである．行列を三角行列に変形することを三角化するといい，対角行列に変形することを対角化するという．前章では，任意の正方行列がユニタリ行列を用いることによって三角化することができることを学んだ．たとえば，ケーリー・ハミルトンの定理など，固有値に関する重要な定理を説明するのに，行列の三角化を利用するとたいへん便利である．応用の観点からすれば，三角行列より対角行列の方が圧倒的に便利である．しかしながら，定理 6.10 によれば，任意の正方行列は必ずしも対角化できるとは限らない．

本節では，与えられた正方行列に対して，最終的に対角化ができないまでも，三角行列よりさらに単純で，対角行列に近いジョルダン標準形と呼ばれる行列による表現法について学ぶ．ジョルダン標準形による表現は，以上のような方向においてもっとも理想的な定式化といえるものである．また，その応用として，級数を用いた行列関数についても言及する．

8.1 広義固有空間

本節では，正則行列による対角化ができない正方行列を対象に，それらをジョルダン標準形を用いて表すことを学習の目標とする．正則行列を用いた対角化が可能であるための条件については，定理 6.12 で行列の固有値がすべて異なる場合は対角化できることが示されている．よって，行列が対角化できないとすれば，固有値に重複がある．また，行列 A を $P^{-1}AP = D$ と対角化したとき，

正則行列 P は A の固有ベクトル $\{\boldsymbol{p}_1, \cdots, \boldsymbol{p}_n\}$ を用いて $P = (\boldsymbol{p}_1 \ \cdots \ \boldsymbol{p}_n)$ とした．この場合，A に n 個の 1 次独立な固有ベクトルが存在しなければならない．しかしながら，一般には A に n 個の 1 次独立な固有ベクトルが存在するとは限らないのである．つまり，次数 n に対して，1 次独立な固有ベクトルの数が n より小さくなる場合が起こり得る．このことが，(A について) 対角化ができない理由であり，ジョルダン標準形を考える理由の根本でもある．

例 8.1 3 次正方行列 $A = \begin{pmatrix} 0 & 1 & 0 \\ 0 & 0 & 1 \\ 0 & 0 & 0 \end{pmatrix}$ の固有ベクトルは $c\begin{pmatrix} 1 \\ 0 \\ 0 \end{pmatrix}$ (c は $c \neq 0$ となる任意定数) の形のものに限る (すなわち，1 次独立な固有ベクトルは 1 つしか存在しない)．実際，A の固有方程式は $\lambda^3 = 0$ なので，A の固有値は 0 (3 重解) だけをもつ．固有値 0 に対する固有ベクトルは

$$A\boldsymbol{x} = 0\boldsymbol{x}, \quad \boldsymbol{x} \neq \boldsymbol{o} \quad (3 \text{ 元連立 } 1 \text{ 次方程式と同じ})$$

より，基本となる固有ベクトルは $\begin{pmatrix} 1 \\ 0 \\ 0 \end{pmatrix}$ となる．そこで，3 元連立 1 次方程式で，$\operatorname{rank} A = \operatorname{rank} \widetilde{A} = 2$ であるから，一般解は定理 3.8 によって，任意定数を 1 つだけ含む．ゆえに，求める固有ベクトルは $c\begin{pmatrix} 1 \\ 0 \\ 0 \end{pmatrix}$ (c は $c \neq 0$ となる任意定数) の形に限る．

以下の議論では，従来の固有ベクトルや固有空間の代わりに，次の定義を用いる．n 次正方行列 A の固有多項式 $f_A(\lambda)$ を

$$f_A(\lambda) = (\lambda - \alpha_1)^{k_1}(\lambda - \alpha_2)^{k_2} \cdots (\lambda - \alpha_m)^{k_m}$$

とする．ただし，$k_1 + k_2 + \cdots + k_m = n$ ($k_i \geqq 1$, $i = 1, 2, \cdots, m$) (k_i についてのただし書きは重複を避けるため，以後省略する)．このとき，α_i を A の k_i **重の固有値**，k_i を固有値 α_i の**重複度**と呼ぶ．k_i 重の固有値は必ず固有値でもあることに注意しよう．

定義 8.1 n 次正方行列 A に対して，α を A の k 重の固有値であるとす

る．このとき，

$$\widetilde{W}_\alpha = \{\boldsymbol{x} \in \mathbf{C}^n;\ (A-\alpha E)^k \boldsymbol{x} = \boldsymbol{o}\}$$

を A の α に対する**広義固有空間**(または**一般固有空間**) という．

上の定義によれば，$k=1$ のとき，$\widetilde{W}_\alpha = W_\alpha$ は広義固有空間であるが，この場合は固有空間として扱い，広義固有空間と区別して扱うことが多い (もちろん固有空間を広義固有空間として扱うこともある)．本書では，$\widetilde{W}_\alpha$ に属する $\boldsymbol{o}$ でないベクトルを**広義固有ベクトル**と呼ぶ．

Point! A の固有値 α に対する固有空間を W_α とすれば，明らかに $W_\alpha \subset \widetilde{W}_\alpha$ である．つまり，固有ベクトルは必然的に広義固有ベクトルであるが，逆は一般にいえない (次の例題 8.1 を見よ)．

例題 8.1 $A = \begin{pmatrix} 2 & 1 & 1 \\ 1 & 2 & 1 \\ 0 & 2 & 2 \end{pmatrix}$ の固有値，固有空間，広義固有空間を求めよ．

解答 A の固有多項式は

$$f_A(\lambda) = |\lambda E - A| = \begin{vmatrix} \lambda-2 & -1 & -1 \\ -1 & \lambda-2 & -1 \\ 0 & -2 & \lambda-2 \end{vmatrix} = (\lambda-1)^2(\lambda-4)$$

よって，A の固有値は $1, 4$ である．特に，1 は 2 重の固有値であるから，広義固有空間が存在する．まず，固有値 4 に対する固有ベクトルは $c\begin{pmatrix} 1 \\ 1 \\ 1 \end{pmatrix}$ (c は $c \neq 0$ となる任意定数) である．また，固有値 4 に対する固有空間は

$$W_4 = \left\{ c\begin{pmatrix} 1 \\ 1 \\ 1 \end{pmatrix};\ c \in \mathbf{R} \right\}$$

明らかに $\dim W_4 = 1$ である．次に，固有値 1 に対する固有ベクトルが $c\begin{pmatrix} 1 \\ 1 \\ -2 \end{pmatrix}$ (c は $c \neq 0$ となる任意定数) であることは簡単にわかる．そこで，広義固有ベクトルを $\boldsymbol{x}$ とすると，

$$(A-E)^2\boldsymbol{x} = \begin{pmatrix} 2 & 4 & 3 \\ 2 & 4 & 3 \\ 2 & 4 & 3 \end{pmatrix}\begin{pmatrix} x \\ y \\ z \end{pmatrix} = \begin{pmatrix} 0 \\ 0 \\ 0 \end{pmatrix}$$

したがって，$2x+4y+3z=0$. $\mathrm{rank}\,(A-E)^2 = \mathrm{rank}\,(\widetilde{A-E})^2 = 1$ であるから，定理 3.8 より任意定数は 2 種類．これより，広義固有ベクトルは

$$\boldsymbol{x} = s\begin{pmatrix} -2 \\ 1 \\ 0 \end{pmatrix} + t\begin{pmatrix} -3 \\ 0 \\ 2 \end{pmatrix} \quad (s, t \text{ は } (s,t) \neq (0,0) \text{ となる任意定数})$$

(ここで，$s = c(\neq 0)$, $t = -c(\neq 0)$ にとると，$\boldsymbol{x}$ は明らかに固有値 1 に対する固有ベクトルである．つまり，固有ベクトルは広義固有ベクトルでもある．しかし，$s=1$, $t=0$ にとると，$\boldsymbol{x}$ はもはや固有値 1 に対する固有ベクトルではない．) ゆえに，

$$W_1 = \left\{ c\begin{pmatrix} 1 \\ 1 \\ -2 \end{pmatrix};\ c \in \mathbf{R} \right\}, \quad \text{明らかに } \dim W_1 = 1,$$

$$\widetilde{W_1} = \left\{ s\begin{pmatrix} -2 \\ 1 \\ 0 \end{pmatrix} + t\begin{pmatrix} -3 \\ 0 \\ 2 \end{pmatrix};\ s, t \in \mathbf{R} \right\}, \quad \text{明らかに } \dim \widetilde{W_1} = 2.$$ ■

ちなみに，$W_1 \subset \widetilde{W_1}$, $\dim W_1 < \dim \widetilde{W_1}$ であり，$\dim \widetilde{W_1} = 2$ は固有値 1 の重複度と一致していることに注意しよう．

問 8.1　次の行列 A の固有値，固有空間，広義固有空間を求めよ．

$$(1)\ \begin{pmatrix} 1 & 0 & 1 \\ -1 & 1 & 1 \\ 1 & 2 & 1 \end{pmatrix} \qquad (2)\ \begin{pmatrix} 1 & 2 & 1 \\ 1 & 1 & 1 \\ 0 & -1 & 0 \end{pmatrix} \qquad (3)\ \begin{pmatrix} 1 & 1 & 2 \\ 6 & 3 & 8 \\ -5 & -3 & -7 \end{pmatrix}.$$

定義 8.2　n 次正方行列 A，$\mathbf{C}^n$ の部分集合 M に対して，

$$\boldsymbol{x} \in M \text{ ならば } A\boldsymbol{x} \in M$$

が成り立つとき，M を A–**不変**であるという．

例 8.2　n 次正方行列 A の 1 つの固有値を α とする．α に対する A の固有空間は A–不変である．実際，A の α に対する固有空間を W_α とする．このとき，$\boldsymbol{x} \in W_\alpha$ ならば $A\boldsymbol{x} = \alpha\boldsymbol{x}$ であるので，$A(A\boldsymbol{x}) = \alpha A\boldsymbol{x}$. よって，$A\boldsymbol{x} \in W_\alpha$. すなわち W_α は A–不変である．

A の固有空間は，A–不変な $\mathbf{C}^n$ の部分空間の代表的な例であるが，広義固有空間に対しても同様のことがいえる．

定理 8.1 n 次正方行列 A に対して，α を A の k 重の固有値とする．このとき，α に対する A の広義固有空間 $\widetilde{W}_\alpha$ は A–不変 (部分空間) である．

証明 $\boldsymbol{x} \in \widetilde{W}_\alpha$ とする．このとき A と $(A-\alpha E)^k$ は可換なので，

$$(A-\alpha E)^k A\boldsymbol{x} = A(A-\alpha E)^k \boldsymbol{x} = \boldsymbol{o}$$

よって，$A\boldsymbol{x} \in \widetilde{W}_\alpha$, すなわち，$\widetilde{W}_\alpha$ は A–不変． ∎

問 8.2 n 次正方行列 A に対して，A の核 $A^{-1}(\boldsymbol{o})$ は A– 不変部分空間となっていることを示せ．

問 8.3 A を n 次正方行列とする．$\boldsymbol{x} \in \mathbf{C}^n$ に対して，

$$M = \{\boldsymbol{x}, A\boldsymbol{x}, A^2\boldsymbol{x}, \cdots, A^n\boldsymbol{x}, \cdots\}$$

が A–不変であることを示せ．

8.2 線形部分空間の直和

本節では，ベクトル空間に対して，その線形部分空間の直和について説明をしよう．直和のイメージは，たとえば，3 次元空間 $\mathbf{R}^3$ は 3 個の 1 次元線形部分空間

(8.1)
$$M_1 = \left\{ x \begin{pmatrix} 1 \\ 0 \\ 0 \end{pmatrix} ; x \in \mathbf{R} \right\}$$
$$M_2 = \left\{ y \begin{pmatrix} 0 \\ 1 \\ 0 \end{pmatrix} ; y \in \mathbf{R} \right\}$$
$$M_3 = \left\{ z \begin{pmatrix} 0 \\ 0 \\ 1 \end{pmatrix} ; z \in \mathbf{R} \right\}$$

の和，すなわち，$\mathbf{R}^3 = M_1 + M_2 + M_3$ となっている．このイメージを一般化したものが，次の定義となる．

定義 8.3 $\mathbf{K}$ 上のベクトル空間 V の線形部分空間 $M_1, \cdots, M_n$ が与えられているとする．任意のベクトル $\boldsymbol{v} \in V$ に対して

(8.2)
$$\boldsymbol{v} = \boldsymbol{x}_1 + \cdots + \boldsymbol{x}_n \quad (\boldsymbol{x}_i \in M_i,\ i = 1, 2, \cdots, n)$$

となるような $\boldsymbol{x}_1, \cdots, \boldsymbol{x}_n$ の組がただ1組存在するとき，V はこれらの部分空間 $M_1, \cdots, M_n$ の**直和**であるといい，次のように表す．

$$V = M_1 \oplus M_2 \oplus \cdots \oplus M_n$$

定理 8.2　$\mathbf{K}$ 上のベクトル空間 V とその線形部分空間 $M_1, \cdots, M_n$ に対して，$V = M_1 \oplus M_2 \oplus \cdots \oplus M_n$ であるための必要十分条件は，次の2つの条件が成り立つことである．

(1)　$V = M_1 + \cdots + M_n$

(2)　$M_i \cap (M_1 + \cdots + M_{i-1} + M_{i+1} + \cdots + M_n) = \{\boldsymbol{o}\}$

証明　最初に，$V = M_1 \oplus M_2 \oplus \cdots \oplus M_n$ が成り立つことを仮定する．(8.2) より (1) が成り立つことは自明である．また，(2) を示すためには，$\boldsymbol{x} \in M_i \cap (M_1 + \cdots + M_{i-1} + M_{i+1} + \cdots + M_n)$ としたとき，$\boldsymbol{x} = \boldsymbol{o}$ であることを示せばよい．$\boldsymbol{x} \in M_i$ かつ $\boldsymbol{x} \in M_1 + \cdots + M_{i-1} + M_{i+1} + \cdots + M_n$ であることから，

$$\boldsymbol{x} = \boldsymbol{x}_1 + \cdots + \boldsymbol{x}_{i-1} + \boldsymbol{x}_{i+1} + \cdots + \boldsymbol{x}_n$$

となる $\boldsymbol{x}_j \in M_j$ $(j = 1, \cdots, i-1, i+1, \cdots, n)$ が存在する．だから，

$$\boldsymbol{o} = \boldsymbol{x}_1 + \cdots + \boldsymbol{x}_{i-1} - \boldsymbol{x} + \boldsymbol{x}_{i+1} + \cdots + \boldsymbol{x}_n$$

ところで，各部分空間 M_i のベクトル $\boldsymbol{o}$ を用いて，

$$\boldsymbol{o} = \boldsymbol{o} + \cdots + \boldsymbol{o} \quad (\boldsymbol{o} \in M_i,\ i = 1, 2, \cdots, n)$$

である．ここで，直和の定義から V のベクトル $\boldsymbol{o}$ の表し方は一意的なので $\boldsymbol{x} = \boldsymbol{o}$ となり，(2) も示された．次に，2つの条件 (1), (2) が成り立つと仮定する．V が直和であることを示そう．条件 (1) から (8.2) 式を満たすことはすぐにわかる．この表し方が一意的であることを示すために，ベクトル $\boldsymbol{v} \in V$ が

$$\boldsymbol{v} = \boldsymbol{x}_1 + \boldsymbol{x}_2 + \cdots + \boldsymbol{x}_n = \boldsymbol{y}_1 + \boldsymbol{y}_2 + \cdots + \boldsymbol{y}_n$$

のように $\boldsymbol{x}_i, \boldsymbol{y}_i \in M_i$ $(i = 1, 2, \cdots, n)$ を用いて表されたと仮定する．このとき，$i = 1, 2, \cdots, n$ に対して，

$$\boldsymbol{y}_i - \boldsymbol{x}_i = (\boldsymbol{x}_1 - \boldsymbol{y}_1) + \cdots + (\boldsymbol{x}_{i-1} - \boldsymbol{y}_{i-1}) + (\boldsymbol{x}_{i+1} - \boldsymbol{y}_{i+1}) + \cdots + (\boldsymbol{x}_n - \boldsymbol{y}_n)$$

とできる．ここで，左辺のベクトルは M_i の元であるが，右辺のベクトルは $M_1 + \cdots + M_{i-1} + M_{i+1} + \cdots + M_n$ の元である．よって，条件 (2) から両辺は $\boldsymbol{o}$ となる．すなわち，$\boldsymbol{x}_i = \boldsymbol{y}_i$ となり，$\boldsymbol{v}$ の表し方は一意的であることがわかった．　∎

例 8.3　M_1, M_2, M_3 を (8.1) で定義された $\mathbf{R}^3$ の線形部分空間とすれば，

$$\mathbf{R}^3 = M_1 \oplus M_2 \oplus M_3.$$

例題 8.2 $\mathbf{R}^2$ の線形部分空間 M_1, M_2 を $M_1 = \left\{ x \begin{pmatrix} 1 \\ 1 \end{pmatrix} ; x \in \mathbf{R} \right\}$, $M_2 = \left\{ y \begin{pmatrix} 1 \\ -1 \end{pmatrix} ; y \in \mathbf{R} \right\}$ とするとき，$\mathbf{R}^2 = M_1 \oplus M_2$ となることを示せ．

解答 最初に $M_1 \cap M_2 = \{\boldsymbol{o}\}$ を示す．$\boldsymbol{x} = \begin{pmatrix} x \\ y \end{pmatrix} \in M_1 \cap M_2$ とすると，$\boldsymbol{x} \in M_1$ より $x = y$. また，$\boldsymbol{x} \in M_2$ より $x = -y$ よって，$x = y = 0$ となり，$\boldsymbol{x} = \boldsymbol{o}$.
次に，$\mathbf{R}^2 = M_1 + M_2$ を示そう．明らかに $M_1 + M_2 \subseteq \mathbf{R}^2$ であるから，$\mathbf{R}^2 \subseteq M_1 + M_2$ を示せばよい．$\boldsymbol{x} = \begin{pmatrix} x \\ y \end{pmatrix} \in \mathbf{R}^2$ とすると，

$$\begin{pmatrix} x \\ y \end{pmatrix} = \frac{x+y}{2} \begin{pmatrix} 1 \\ 1 \end{pmatrix} + \frac{x-y}{2} \begin{pmatrix} 1 \\ -1 \end{pmatrix} \in M_1 + M_2$$

よって，$\mathbf{R}^2 \subseteq M_1 + M_2$, したがって，$\mathbf{R}^2 = M_1 \oplus M_2$. ∎

問 8.4 3 次正方行列 $\begin{pmatrix} -3 & 2 & -4 \\ 0 & -1 & 0 \\ 2 & -2 & 3 \end{pmatrix}$ の固有空間の直和が $\mathbf{R}^3$ になっていることを確かめよ．

問 8.5 $\mathbf{K}$ 上のベクトル空間 V の基底を $\{\boldsymbol{e}_1, \cdots, \boldsymbol{e}_n\}$ とする．このとき，V の線形部分空間 $W_i = L(\boldsymbol{e}_i)$ $(i = 1, 2, \cdots, n)$ の直和が V になることを示せ．

定理 8.3 V を $\mathbf{K}$ 上のベクトル空間，V の線形部分空間を $M_1, \cdots, M_n$ とする．$V = M_1 \oplus \cdots \oplus M_n$ であれば，$\boldsymbol{o}$ でない任意のベクトル $\boldsymbol{x}_i \in M_i$ $(i = 1, 2, \cdots, n)$ の組 $\{\boldsymbol{x}_1, \cdots, \boldsymbol{x}_n\}$ は 1 次独立である．

証明 $M_i \ni \boldsymbol{x}_i \neq \boldsymbol{o}$ $(i = 1, 2, \cdots, n)$ として，

$$\alpha_1 \boldsymbol{x}_1 + \alpha_2 \boldsymbol{x}_2 + \cdots + \alpha_n \boldsymbol{x}_n = \boldsymbol{o}$$

とする．まず，

$$\alpha_1 \boldsymbol{x}_1 = -(\alpha_2 \boldsymbol{x}_2 + \cdots + \alpha_n \boldsymbol{x}_n) \tag{8.3}$$

と変形しておく．ところで，(8.3) 式の左辺は M_1 のベクトルであるが，右辺は $M_2 + \cdots + M_n$ のベクトルとなる．ここで，直和の条件 (2) から

$$M_1 \cap (M_2 + \cdots + M_n) = \{\boldsymbol{o}\}$$

となり，(8.3) 式の両辺は $\boldsymbol{o}$ となる．これより $\alpha_1 = 0$. 同様に $\alpha_2 = \cdots = \alpha_n = 0$ となることがわかるので，$\{\boldsymbol{x}_1, \cdots, \boldsymbol{x}_n\}$ は 1 次独立となる． ∎

次の定理によれば，任意の n 次正方行列の広義固有空間の直和は $\mathbf{C}^n$ を形成していることがわかる．

定理 8.4　n 次正方行列 A の各固有値 α_i $(i = 1, 2, \cdots, m)$ に対する広義固有空間を $\widetilde{W}_i$ とする．このとき，

$$\mathbf{C}^n = \widetilde{W}_1 \oplus \widetilde{W}_2 \oplus \cdots \oplus \widetilde{W}_m$$

が成り立つ．

定理 8.4 を示す前に，次の補題を示しておこう．

補題 8.1　$f_1(x), \cdots, f_n(x)$ を共通因数をもたない多項式とする．このとき，

$$g_1(x)f_1(x) + \cdots + g_n(x)f_n(x) \equiv 1$$

となる多項式 $g_1(x), \cdots, g_n(x)$ が存在する．

証明　多項式の集合 $M = M(f_1, \cdots, f_n)$ を次のように定義する．

$$M = \{f(x);\ f(x) = g_1(x)f_1(x) + \cdots + g_n(x)f_n(x), \text{各 } g_i(x) \text{ は多項式}\}$$

いま，M に含まれる多項式のうち，次数が最小であるものを $f_0(x)$ とする．このとき，任意の $f(x) \in M$ は $f_0(x)$ で割り切れる．実際，

$$f(x) = p_0(x)f_0(x) + r(x) \quad (r(x) \text{ の次数}) < (f_0(x) \text{ の次数})$$

とすると，$r(x) = f(x) - p_0(x)f_0(x) \in M$ であることから，$f_0(x)$ の次数が最小ではなくなり，矛盾を生じる．よって $r(x) = 0$.

さて，各 i に対して，$f_i(x)$ は

$$f_i(x) = 0 \cdot f_1(x) + \cdots + 0 \cdot f_{i-1}(x) + 1 \cdot f_i(x) + 0 \cdot f_{i+1}(x) + \cdots + 0 \cdot f_n(x) \in M$$

と表すことができるので，$f_i(x) \in M$. これより $f_0(x)$ は全ての $f_i(x)$ を割り切ることができる．すなわち，$f_0(x)$ は $f_1(x), \cdots, f_n(x)$ の共通因数とならなければならないので，$f_0(x) \equiv 1$. ∎

定理 8.4 の証明　A の固有値 α_i $(i = 1, 2, \cdots, m)$ の重複度をそれぞれ k_i $(i = 1, 2, \cdots, m)$ とする．$\mathbf{C}^n$ の k 個の線形部分空間 $M_1, \cdots, M_k$ に対して，$M_1 + \cdots + M_k$ を $\displaystyle\sum_{i=1}^{k} M_i$ と表すことにしよう．最初に直和の条件 (1) を示す．$\widetilde{W}_1 + \widetilde{W}_2 + \cdots + \widetilde{W}_m \subseteq \mathbf{C}^n$ は明らか．ゆえに $\widetilde{W}_1 + \widetilde{W}_2 + \cdots + \widetilde{W}_m \supseteq \mathbf{C}^n$ を示せばよい．そのためには，どんな $\boldsymbol{x} \in \mathbf{C}^n$ に対しても，

$$\boldsymbol{x} = \boldsymbol{x}_1 + \cdots + \boldsymbol{x}_m$$

となるベクトル $\boldsymbol{x}_i \in \widetilde{W}_i$ を具体的につくればよい．A の固有多項式を

$$f_A(\lambda) = (\lambda - \alpha_1)^{k_1} \cdots (\lambda - \alpha_m)^{k_m}$$

とする．このとき，すべての $i=1,2,\cdots,m$ に対して $g_i(\lambda)=\prod_{j\neq i}(\lambda-\alpha_j)^{k_j}$ は共通因数をもたないので，補題 8.1 より

$$h_1(\lambda)g_1(\lambda)+\cdots+h_m(\lambda)g_m(\lambda)\equiv 1 \tag{8.4}$$

となる多項式 $h_1(\lambda),\cdots,h_m(\lambda)$ が存在する．ここで，

$$\boldsymbol{x}_i=h_i(A)g_i(A)\boldsymbol{x}$$

とおくと，定理 7.15 (ケイリー・ハミルトンの定理) より

$$(A-\alpha_iE)^{k_i}\boldsymbol{x}_i=h_i(A)(A-\alpha_iE)^{k_i}g_i(A)\boldsymbol{x}=h_i(A)f_A(A)\boldsymbol{x}=\boldsymbol{o}$$

となることから，$\boldsymbol{x}_i\in\widetilde{W}_i$．また，(8.4) は恒等式なので，

$$h_1(A)g_1(A)+\cdots+h_m(A)g_m(A)=E$$

となり，

$$\boldsymbol{x}_1+\cdots+\boldsymbol{x}_m=h_1(A)g_1(A)\boldsymbol{x}+\cdots+h_m(A)g_m(A)\boldsymbol{x}=\boldsymbol{x}$$

よって，任意の $\boldsymbol{x}\in\mathbf{C}^n$ に対して $\boldsymbol{x}=\boldsymbol{x}_1+\cdots+\boldsymbol{x}_m\in\widetilde{W}_1+\cdots+\widetilde{W}_m$ となることがわかった．次に，直和の条件 (2) を示す．$\boldsymbol{x}\in\widetilde{W}_i\cap(\sum_{j\neq i}\widetilde{W}_j)$ としたとき，$\boldsymbol{x}=\boldsymbol{o}$ となることを示せばよい．$\boldsymbol{x}\in\widetilde{W}_i\cap(\sum_{j\neq i}\widetilde{W}_j)$ ならば $\boldsymbol{x}\in\widetilde{W}_i$ かつ $\boldsymbol{x}\in\sum_{j\neq i}\widetilde{W}_j$ である．ここで，

$$\boldsymbol{x}\in\widetilde{W}_i \text{ ならば } (A-\alpha_iE)^{k_i}\boldsymbol{x}=\boldsymbol{o} \tag{8.5}$$

また，$\boldsymbol{x}\in\sum_{j\neq i}\widetilde{W}_j$ ならば $\boldsymbol{x}=\boldsymbol{x}_1+\cdots+\boldsymbol{x}_{i-1}+\boldsymbol{x}_{i+1}+\cdots+\boldsymbol{x}_m$ となる $\boldsymbol{x}_j\in\widetilde{W}_j$ $(j\neq i)$ が存在する．ここで，各 $l\neq i$ に対して，

$$\prod_{j\neq i}(A-\alpha_jE)^{k_j}\boldsymbol{x}_l=\prod_{j\neq i,l}(A-\alpha_jE)^{k_j}(A-\alpha_lE)^{k_l}\boldsymbol{x}_l=\boldsymbol{o}$$

となることより，

$$\begin{aligned}&\prod_{j\neq i}(A-\alpha_jE)^{k_j}\boldsymbol{x}\\&=\prod_{j\neq i}(A-\alpha_jE)^{k_j}(\boldsymbol{x}_1+\cdots+\boldsymbol{x}_{i-1}+\boldsymbol{x}_{i+1}+\cdots+\boldsymbol{x}_m)=\boldsymbol{o}\end{aligned} \tag{8.6}$$

ここで，$(\lambda-\alpha_i)^{k_i}$ と $\prod_{j\neq i}(\lambda-\alpha_j)^{k_j}$ は共通因数をもたないので，補題 8.1 より

$$h_1(\lambda)(\lambda-\alpha_i)^{k_i}+h_2(\lambda)\prod_{j\neq i}(\lambda-\alpha_j)^{k_j}\equiv 1$$

となる $h_1(\lambda),h_2(\lambda)$ が存在する．よって，

$$h_1(A)(A-\alpha_iE)^{k_i}+h_2(A)\prod_{j\neq i}(A-\alpha_jE)^{k_j}=E$$

このことと，(8.5), (8.6) から

$$\boldsymbol{x}=h_1(A)(A-\alpha_iE)^{k_i}\boldsymbol{x}+h_2(A)\prod_{j\neq i}(A-\alpha_jE)^{k_j}\boldsymbol{x}=\boldsymbol{o}.$$

∎

8.3　広義固有ベクトルと基底

A を n 次正方行列とする．前節において A のすべての広義固有空間の直和が $\mathbf{C}^n$ と一致することを示した．このことは，各広義固有空間の基底を合わせたものが $\mathbf{C}^n$ の基底になっていることを示唆している．本節では，これが正しいことを示す．一般の n 次正方行列においては，固有ベクトルの組が $\mathbf{C}^n$ の基底となるときに限り対角化ができた．これに対して，対角化可能でない行列に対しても，広義固有ベクトルを考えることによって，$\mathbf{C}^n$ の基底を構成することができる．最初に，広義固有ベクトルに対しては，次のことを注意しておこう．

定理 8.5　n 次正方行列 A の固有多項式を

$$f_A(\lambda) = (\lambda - \alpha_1)^{k_1} \cdots (\lambda - \alpha_m)^{k_m}$$

とする．このとき，A の各固有値 α_i に対して k_i 個の 1 次独立な広義固有ベクトルが存在する．すなわち，

$$\dim \widetilde{W}_{\alpha_i} = k_i \quad (i = 1, 2, \cdots, m).$$

定理 8.5 を示すために，次の補題を用意しておこう．

補題 8.2　k 次正方行列 $N = \begin{pmatrix} 0 & & * \\ & \ddots & \\ O & & 0 \end{pmatrix}$ に対して，$N^k = O$ である．

証明　数学的帰納法で示す．$k = 2$ のとき，任意の複素数 a に対して，簡単な計算から

$$N^2 = \begin{pmatrix} 0 & a \\ 0 & 0 \end{pmatrix}^2 = O$$

よって，$k = 2$ のときは示された．k のとき 補題 8.2 が成り立つと仮定して，$k+1$ のときを示す．$k+1$ 次正方行列 N を次のように区分けする．

$$N = \left(\begin{array}{ccc|c} 0 & & * & \\ & \ddots & & * \\ O & & 0 & \\ \hline 0 & \cdots & 0 & 0 \end{array}\right)$$

ここで，左上の区分けは k 次正方行列とする．よって，帰納法の仮定より

$$N^{k+1} = \left(\begin{array}{ccc|c} 0 & & * & \\ & \ddots & & * \\ O & & 0 & \\ \hline 0 & \cdots & 0 & 0 \end{array}\right)^k \left(\begin{array}{ccc|c} 0 & & * & \\ & \ddots & & * \\ O & & 0 & \\ \hline 0 & \cdots & 0 & 0 \end{array}\right)$$

$$= \left(\begin{array}{ccc|c} 0 & & O & \\ & \ddots & & * \\ O & & 0 & \\ \hline 0 & \cdots & 0 & 0 \end{array}\right) \left(\begin{array}{ccc|c} 0 & & * & \\ & \ddots & & * \\ O & & 0 & \\ \hline 0 & \cdots & 0 & 0 \end{array}\right) = O$$

よって，数学的帰納法によりすべての k に対して k 次正方行列 N は $N^k = O$ を満たす． ∎

正方行列 N に対して，$N^k = O$ となる自然数 k $(k \geqq 2)$ が存在するとき，N を**ベキ零行列**と呼ぶ．$N^k = O$ ならば，明らかに，$p \geqq k$ となるすべての自然数 p に対して $N^p = O$．したがって，重要なのは最小自然数 $m = \min\{p : N^p = O\}$ である．補題 8.2 において固有値が 0 だけである上三角行列を例に挙げたが，一般には次のことがわかる．

定理 8.6　n 次正方行列 $A(\neq O)$ をベキ零行列とすれば，A の固有値は 0 だけである．よって，A を三角化すると，対角成分はすべて 0 になる．

証明　A の固有値を $\lambda_1, \cdots, \lambda_n$ とする．$A^k = O$ であるので，定理 6.8 (フロベニウスの定理) から，

$$\lambda_1^k = \cdots = \lambda_n^k = 0$$

よって，$\lambda_1 = \cdots = \lambda_n = 0$ となり，A の固有値は 0 だけとなる． ∎

証明 **定理 8.5 の証明**　A の固有多項式から，A は次のようにユニタリ行列 U を用

いて三角化される．

$$U^*AU = \left(\begin{array}{ccc|ccc|ccc} \alpha_1 & & * & & & & & & \\ & \ddots & & & * & & & * & \\ O & & \alpha_{i-1} & & & & & & \\ \hline & & & \alpha_i & & * & & & \\ & O & & & \ddots & & & * & \\ & & & O & & \alpha_i & & & \\ \hline & & & & & & \alpha_{i+1} & & * \\ & O & & & O & & & \ddots & \\ & & & & & & O & & \alpha_m \end{array}\right)$$

$$= \left(\begin{array}{c|c|c} A_{11} & A_{12} & A_{13} \\ \hline O & A_{22} & A_{23} \\ \hline O & O & A_{33} \end{array}\right).$$

ここで，真ん中の区分け A_{22} は k_i 次正方行列である．よって，

$$U^*(A-\alpha_i E)^l U = \left(\begin{array}{c|c|c} (A_{11}-\alpha_i E)^l & A'_{12} & A'_{13} \\ \hline O & (A_{22}-\alpha_i E)^l & A'_{23} \\ \hline O & O & (A_{33}-\alpha_i E)^l \end{array}\right).$$

また，$A_{22}-\alpha_i E$ は対角成分がすべて 0 である上三角行列なので，補題 8.2 から $(A_{22}-\alpha_i E)^{k_i} = O$．よって，

$$U^*(A-\alpha_i E)^{k_i} U = \left(\begin{array}{c|c|c} (A_{11}-\alpha_i E)^{k_i} & A'_{12} & A'_{13} \\ \hline O & O & A'_{23} \\ \hline O & O & (A_{33}-\alpha_i E)^{k_i} \end{array}\right).$$

ここで，$A_{11}-\alpha_i E$, $A_{33}-\alpha_i E$ の対角成分は 0 にならないので，$\mathrm{rank}\,(A-\alpha_i E)^{k_i} = n-k_i$ となる．よって，定理 3.8 より連立方程式 $(A-\alpha_i E)^{k_i}\boldsymbol{x} = \boldsymbol{o}$ の解は任意定数を k_i 個含む，すなわち，k_i 個のベクトルの 1 次結合で表される．これらのベクトルが 1 次独立であることは，定理 3.8 の証明からすぐにわかる．よって，定理が証明された． ∎

定理 8.7　$\mathbf{C}^n$ は任意の n 次正方行列 A の n 個の広義固有ベクトルからなる基底をもつ．

証明　A の固有多項式を

$$f_A(\lambda) = (\lambda-\alpha_1)^{k_1}\cdots(\lambda-\alpha_m)^{k_m}$$

とする．ここで，$k_1+k_2+\cdots+k_m = n$ であることに注意しよう．そして，n 次正方行列 A の固有値 α_i に対する広義固有空間を $\widetilde{W}_i$ とする．さて，定理 8.3 と定理 8.4

から，異なる固有値に対する広義固有ベクトルは互いに 1 次独立であることが示されている．また，定理 8.5 から，各固有値 α_i に対して，その広義固有空間には，k_i 個の 1 次独立なベクトルが存在することが示されている．よって，すべての固有値に対する 1 次独立な広義固有ベクトルは $k_1 + k_2 + \cdots + k_m = n$ 個の 1 次独立なベクトルの組となる．よって，例題 5.12 と同様に，この n 個の 1 次独立なベクトルの組は $\mathbf{C}^n$ の基底となる． ■

例題 8.3　3 次正方行列 $A = \begin{pmatrix} -3 & -2 & -3 \\ 3 & 3 & 2 \\ 5 & 2 & 5 \end{pmatrix}$ の広義固有ベクトルからなる $\mathbf{R}^3$ の基底を 1 組求めよ．

解答　最初に A の固有値を求めよう．

$$f_A(\lambda) = |\lambda E - A| = \begin{vmatrix} \lambda+3 & 2 & 3 \\ -3 & \lambda-3 & -2 \\ -5 & -2 & \lambda-5 \end{vmatrix} = (\lambda-1)(\lambda-2)^2$$

これより，A の固有値は $1, 2$ である．次に，固有値 1 に対する固有ベクトルは，$A\boldsymbol{x} = \boldsymbol{x}$ より，$\boldsymbol{x} = c\begin{pmatrix} -2 \\ 1 \\ 2 \end{pmatrix}$ (c は $c \neq 0$ となる任意定数)．ゆえに，固有値 1 に対する固有空間は

$$W_1 = \left\{ c\begin{pmatrix} -2 \\ 1 \\ 2 \end{pmatrix} ; c \in \mathbf{R} \right\}$$

また，2 重の固有値 2 に対する広義固有ベクトルは，$(A-2E)^2\boldsymbol{x} = \boldsymbol{o}$ より，$\boldsymbol{x} = s\begin{pmatrix} 1 \\ -2 \\ 0 \end{pmatrix} + t\begin{pmatrix} 1 \\ 0 \\ -2 \end{pmatrix}$ (s, t は $(s,t) \neq (0,0)$ となる任意定数)．ゆえに，固有値 2 に対する広義固有空間は

$$\widetilde{W_2} = \left\{ s\begin{pmatrix} 1 \\ -2 \\ 0 \end{pmatrix} + t\begin{pmatrix} 1 \\ 0 \\ -2 \end{pmatrix} ; s, t \in \mathbf{R} \right\}$$

よって，定理 8.4 より $\mathbf{R}^3 = W_1 \oplus \widetilde{W_2}$ であり，定理 8.3 より W_1 のベクトルと $\widetilde{W_2}$ のベクトルは 1 次独立となるので，たとえば，

$$\left\{ \begin{pmatrix} -2 \\ 1 \\ 2 \end{pmatrix}, \begin{pmatrix} 1 \\ -2 \\ 0 \end{pmatrix}, \begin{pmatrix} 1 \\ 0 \\ -2 \end{pmatrix} \right\}$$

は $\mathbf{R}^3$ の基底となる.

問 8.6　次の行列の広義固有ベクトルからなる $\mathbf{R}^3$ の基底を 1 組求めよ.

(1) $\begin{pmatrix} -1 & 2 & -8 \\ 2 & -2 & 10 \\ 1 & -1 & 5 \end{pmatrix}$　　(2) $\begin{pmatrix} -1 & 1 & 3 \\ 2 & 0 & -2 \\ -1 & 0 & 1 \end{pmatrix}$

8.4　ジョルダン標準形

与えられた正方行列は，対角化できれば理想的であるが，理想は叶わないことが多い．対角化ができないまでも，対角行列に近い行列に変形できれば，それでよしとしなければならない．この節では，対角化ができない行列に対しても，理想に近い定式化として，行列のジョルダン標準形を求める方法を紹介する．最初に求めるのはベキ零行列のジョルダン標準形である．これを用いて一般のジョルダン標準形を求める．また，ジョルダン標準形を用いて行列のベキ乗の計算例を紹介する．さらに，これを用いて行列の指数関数を定義する．

ベキ零行列のジョルダン標準形を求める前に，ジョルダン細胞と呼ばれる行列を定義しておこう．

定義 8.4　$\alpha \in \mathbf{C}$ に対して，m 次正方行列

$$J(\alpha, m) = \begin{pmatrix} \alpha & 1 & & & O \\ & \alpha & 1 & & \\ & & \ddots & \ddots & \\ & O & & \alpha & 1 \\ & & & & \alpha \end{pmatrix}$$

を固有値 α に対する m 次の**ジョルダン細胞**と呼ぶ.

定理 8.8　ベキ零行列のジョルダン標準形 1　n 次正方行列 A が $A^n = O$, $A^{n-1} \neq O$ を満たすとする．このとき，ある正則行列 P を用いて $P^{-1}AP = J(0; n)$ とできる.

証明　$A^{n-1} \neq O$ であることから，$A^{n-1}\boldsymbol{x} \neq \boldsymbol{o}$ となる $\mathbf{C}^n$ のベクトル $\boldsymbol{x}$ が存在する．このとき，n 個のベクトルの組

$$\{A^{n-1}\boldsymbol{x}, A^{n-2}\boldsymbol{x}, \cdots, A\boldsymbol{x}, \boldsymbol{x}\}$$

が 1 次独立であることを示そう.

$$\alpha_{n-1}A^{n-1}\boldsymbol{x} + \alpha_{n-2}A^{n-2}\boldsymbol{x} + \cdots + \alpha_1 A\boldsymbol{x} + \alpha_0\boldsymbol{x} = \boldsymbol{o} \tag{8.7}$$

とおく．ここで，両辺に A^{n-1} を掛けると，$A^n = O$ であることから $\alpha_0 A^{n-1}\boldsymbol{x} = \boldsymbol{o}$ を得る．よって，$\alpha_0 = 0$. 次に，(8.7) の両辺に A^{n-2} を掛けると，$\alpha_1 A^{n-1}\boldsymbol{x} = \boldsymbol{o}$ を得る．よって，$\alpha_1 = 0$. 同様に $A^{n-3}, \cdots, A$ を (8.7) の両辺に掛けることによって，$\alpha_0 = \alpha_1 = \cdots = \alpha_{n-1} = 0$ を得る．すなわち，

$$\{A^{n-1}\boldsymbol{x}, A^{n-2}\boldsymbol{x}, \cdots, A\boldsymbol{x}, \boldsymbol{x}\}$$

が1次独立であることがわかった．そこで n 次正方行列 P を $P = (A^{n-1}\boldsymbol{x}\ A^{n-2}\boldsymbol{x}\ \cdots\ A\boldsymbol{x}\ \boldsymbol{x})$ とおく．このとき，P は1次独立なベクトルの組で構成されているので正則であり，

$$\begin{aligned}
AP &= (A^n\boldsymbol{x}\ A^{n-1}\boldsymbol{x}\ \cdots\ A^2\boldsymbol{x}\ A\boldsymbol{x}) \\
&= (\boldsymbol{o}\ A^{n-1}\boldsymbol{x}\ \cdots\ A^2\boldsymbol{x}\ A\boldsymbol{x}) \\
&= (A^{n-1}\boldsymbol{x}\ A^{n-2}\boldsymbol{x}\ \cdots\ A\boldsymbol{x}\ \boldsymbol{x}) \begin{pmatrix} 0 & 1 & & & & \\ & 0 & 1 & & & \\ & & 0 & 1 & & \\ & & & \ddots & \ddots & \\ & & & & \ddots & 1 \\ & & & & & 0 \end{pmatrix} = PJ(0\,;n)
\end{aligned}$$

ゆえに，$P^{-1}AP = J(0\,;n)$. ■

Point! 定理 8.8 の証明において，$A^{n-1}\boldsymbol{x} \neq \boldsymbol{o}$ となるベクトルを求めているが，このベクトルは $\mathbf{C}^n$ の基本ベクトルから選べる．

問 8.7　n 次正方行列 A が $A^n = O$, $A^{n-1} \neq O$ のとき，$A^{n-1}\boldsymbol{x} \neq \boldsymbol{o}$ となるベクトルを，$\mathbf{C}^n$ の基本ベクトルから選べることを示せ．

例題 8.4　行列 $A = \begin{pmatrix} 0 & 1 & 1 \\ 0 & 0 & 1 \\ 0 & 0 & 0 \end{pmatrix}$ がベキ零行列であることを確認して，ジョルダン標準形を求めよ．

解答　最初に，$A^3 = O$ であることに注意しよう．すなわち，A はベキ零行列である．また，$A^2 \neq O$ であることにも注意しよう．まず，$A^2\boldsymbol{x} \neq \boldsymbol{o}$ となるベクトル $\boldsymbol{x}$ として $\mathbf{C}^3$ の基本ベクトル $\boldsymbol{e}_3$ を選ぼう．$A^2 = \begin{pmatrix} 0 & 0 & 1 \\ 0 & 0 & 0 \\ 0 & 0 & 0 \end{pmatrix}$ なので，$A^2\boldsymbol{e}_3 \neq \boldsymbol{o}$ である．よって，定理 8.8 の証明と同様に

$$P = (A^2\boldsymbol{e}_3\ A\boldsymbol{e}_3\ \boldsymbol{e}_3) = \begin{pmatrix} 1 & 1 & 0 \\ 0 & 1 & 0 \\ 0 & 0 & 1 \end{pmatrix}$$

とおけば，P は正則で，

$$AP = (A^3\boldsymbol{e}_3\ A^2\boldsymbol{e}_3\ A\boldsymbol{e}_3) = (\boldsymbol{o}\ A^2\boldsymbol{e}_3\ A\boldsymbol{e}_3)$$

$$= (A^2\boldsymbol{e}_3\ A\boldsymbol{e}_3\ \boldsymbol{e}_3)\begin{pmatrix} 0 & 1 & 0 \\ 0 & 0 & 1 \\ 0 & 0 & 0 \end{pmatrix} = PJ(0;3)$$

よって，$P^{-1}AP = J(0;3)$. ∎

問 8.8 次の行列がベキ零行列であることを確かめ，そのジョルダン標準形を求めよ．また，そのときに用いた正則行列とその逆行列も求めよ．

(1) $\begin{pmatrix} 1 & -1 \\ 1 & -1 \end{pmatrix}$ (2) $\begin{pmatrix} 1 & 0 & -1 \\ 1 & 0 & -1 \\ 0 & 1 & -1 \end{pmatrix}$ (3) $\begin{pmatrix} 0 & -1 & -1 \\ 0 & -1 & -1 \\ -1 & 2 & 1 \end{pmatrix}$

定理 8.8 において，特別な場合のベキ零行列のジョルダン標準形を求めた．しかしながら，一般のベキ零行列においては，そのジョルダン標準形はもう少し複雑である．

m 次正方行列 B_m と n 次正方行列 B_n に対して，$m+n$ 次正方行列 $\begin{pmatrix} B_m & O \\ O & B_n \end{pmatrix}$ を B_m と B_n の**直和**といい，$B_m \oplus B_n$ で表す:

$$B_m \oplus B_n = \begin{pmatrix} B_m & O \\ O & B_n \end{pmatrix}.$$

定理 8.9 n 次正方行列 $A(\neq O)$ をベキ零行列とする．$A^k = O$ となる最小の自然数 k は $k \leqq n$ を満たす．

証明 定理 8.6 からベキ零行列 A の固有値は 0 しかないので，A をユニタリ行列を用いて三角化すると

$$U^*AU = \begin{pmatrix} 0 & & * \\ & \ddots & \\ O & & 0 \end{pmatrix}$$

よって，補題 8.2 から

$$A^n = U\begin{pmatrix} 0 & & * \\ & \ddots & \\ O & & 0 \end{pmatrix}^n U^* = O$$

ゆえに，$k \leqq n$ である． ∎

定理 8.10 ベキ零行列のジョルダン標準形 2 n 次正方行列 $A\,(\neq O)$ をベキ零行列とする．このとき，ある正則行列 P を用いて，

$$P^{-1}AP = J(0,k_1) \oplus J(0,k_2) \oplus \cdots \oplus J(0,k_m)$$

と表すことができる．ただし，$k_1 + \cdots + k_m = n$ である．

証明 $A^{k_1} = O$, $A^{k_1-1} \neq O$ としよう．ここで，定理 8.8 と定理 8.9 により $k_1 < n$ としてよい．最初に，$A^{k_1-1}\boldsymbol{x}_1 \neq \boldsymbol{o}$ となるベクトル $\boldsymbol{x}_1$ に対して，

$$\{A^{k_1-1}\boldsymbol{x}_1, A^{k_1-2}\boldsymbol{x}_1, \cdots, A\boldsymbol{x}_1, \boldsymbol{x}_1\}$$

が 1 次独立であることを示す．

$$\alpha_{k_1-1}A^{k_1-1}\boldsymbol{x}_1 + \alpha_{k_1-2}A^{k_1-2}\boldsymbol{x}_1 + \cdots + \alpha_1 A\boldsymbol{x}_1 + \alpha_0\boldsymbol{x}_1 = \boldsymbol{o}$$

とおく．この両辺に A^{k_1-1} を掛ければ，$A^{k_1} = O$ より $\alpha_0 A^{k_1-1}\boldsymbol{x}_1 = \boldsymbol{o}$. よって，$\alpha_0 = 0$. そして，順に $A^{k_1-2}, A^{k_1-3}, \cdots, A$ を掛けることで $\alpha_0 = \cdots = \alpha_{k_1-1} = 0$ を得る．したがって，

$$\{A^{k_1-1}\boldsymbol{x}_1, A^{k_1-2}\boldsymbol{x}_1, \cdots, A\boldsymbol{x}_1, \boldsymbol{x}_1\}$$

は 1 次独立である．ここで，$n \times k_1$ 行列 P_1 を

$$P_1 = (A^{k_1-1}\boldsymbol{x}_1 \ A^{k_1-2}\boldsymbol{x}_1 \ \cdots \ A\boldsymbol{x}_1 \ \boldsymbol{x}_1)$$

とおく．このとき，

$$\begin{aligned} AP_1 &= (A^{k_1}\boldsymbol{x}_1 \ A^{k_1-1}\boldsymbol{x}_1 \ \cdots \ A^2\boldsymbol{x}_1 \ A\boldsymbol{x}_1) \\ &= (\boldsymbol{o} \ A^{k_1-1}\boldsymbol{x}_1 \ \cdots \ A^2\boldsymbol{x}_1 \ A\boldsymbol{x}_1) = P_1 J(0;k_1). \end{aligned}$$

次に，k_1 以下のできるだけ大きな自然数 k_2 に対して，$A^{k_2}\boldsymbol{x}_2 = \boldsymbol{o}$, $A^{k_2-1}\boldsymbol{x}_2 \neq \boldsymbol{o}$ となるようなベクトル $\boldsymbol{x}_2$ を求める．ただし，$\{A^{k_1-1}\boldsymbol{x}_1, A^{k_2-1}\boldsymbol{x}_2\}$ が 1 次独立であるとする．このとき，ベクトルの組

$$\{A^{k_1-1}\boldsymbol{x}_1, \cdots, A\boldsymbol{x}_1, \boldsymbol{x}_1, A^{k_2-1}\boldsymbol{x}_2, \cdots, A\boldsymbol{x}_2, \boldsymbol{x}_2\}$$

が 1 次独立となることを示そう．

$$\alpha_{k_1-1}A^{k_1-1}\boldsymbol{x}_1 + \cdots + \alpha_1 A\boldsymbol{x}_1 + \alpha_0\boldsymbol{x}_1 + \beta_{k_2-1}A^{k_2-1}\boldsymbol{x}_2 + \cdots + \beta_1 A\boldsymbol{x}_2 + \beta_0\boldsymbol{x}_2 = \boldsymbol{0}$$

とし，両辺に $A^{k_1-1}, A^{k_1-2}, \cdots, A^{k_2}$ を順に掛けると，$A^{k_2}\boldsymbol{x}_2 = O$ であることから

$$\alpha_0 = \alpha_1 = \cdots = \alpha_{k_1-k_2-1} = 0$$

また，A^{k_2-1} を両辺に掛けると，

$$\alpha_{k_1-k_2}A^{k_1-1}\boldsymbol{x}_1 + \beta_0 A^{k_2-1}\boldsymbol{x}_2 = \boldsymbol{o}$$

よって，$\{A^{k_1-1}\boldsymbol{x}_1, A^{k_2-1}\boldsymbol{x}_2\}$ が 1 次独立であることから $\alpha_{k_1-k_2} = \beta_0 = 0$. 同様に $A^{k_2-2}, A^{k_2-3}, \cdots, A$ を掛けることによって，$\alpha_0 = \cdots = \alpha_{k_1-1} = \beta_0 = \cdots = \beta_{k_2-1} = 0$ となる．ここで，$n \times k_2$ 行列 P_2 を

$$P_2 = (A^{k_2-1}\boldsymbol{x}_2 \ A^{k_2-2}\boldsymbol{x}_2 \ \cdots \ A\boldsymbol{x}_2 \ \boldsymbol{x}_2)$$

とおく．このとき，

$$AP_2 = (A^{k_2}\boldsymbol{x}_2\ A^{k_2-1}\boldsymbol{x}_2\ \cdots\ A^2\boldsymbol{x}_2\ A\boldsymbol{x}_2)$$
$$= (\boldsymbol{o}\ A^{k_2-1}\boldsymbol{x}_2\ \cdots\ A^2\boldsymbol{x}_2\ A\boldsymbol{x}_2) = P_2J(0\,;k_2).$$

同様に，m 個の 1 次独立なベクトルの組 $\{A^{k_i-1}\boldsymbol{x}_i, \cdots, A\boldsymbol{x}_i, \boldsymbol{x}_i\}$ $(i=1,2,\cdots,m)$ を得る．これらのベクトルに対して，$n \times k_i$ 行列 P_i を

$$P_i = (A^{k_i-1}\boldsymbol{x}_i\ A^{k_i-2}\boldsymbol{x}_i\ \cdots\ A\boldsymbol{x}_i\ \boldsymbol{x}_i)$$

とおけば，

$$AP_i = (A^{k_i}\boldsymbol{x}_i\ A^{k_i-1}\boldsymbol{x}_i\ \cdots\ A^2\boldsymbol{x}_i\ A\boldsymbol{x}_i)$$
$$= (\boldsymbol{o}\ A^{k_i-1}\boldsymbol{x}_i\ \cdots\ A^2\boldsymbol{x}_i\ A\boldsymbol{x}_i) = P_iJ(0\,;k_i)$$

また，これらすべてのベクトルは 1 次独立なので，n 次正方行列 P を

$$P = (P_1\ P_2\ \cdots\ P_m)$$

とおけば，P は正則で

$$AP = (AP_1\ AP_2\ \cdots\ AP_m)$$
$$= (P_1J(0\,;k_1)\ P_2J(0\,;k_2)\ \cdots\ P_mJ(0\,;k_m))$$
$$= P(J(0\,;k_1) \oplus J(0\,;k_2) \oplus \cdots \oplus J(0\,;k_m))$$

ゆえに，$P^{-1}AP = J(0\,;k_1) \oplus J(0\,;k_2) \oplus \cdots \oplus J(0\,;k_m)$. ■

例題 8.5　行列 $A = \begin{pmatrix} 0 & 1 & 0 & 1 \\ 0 & 0 & 0 & 0 \\ 0 & 0 & 0 & 0 \\ 0 & 0 & 0 & 0 \end{pmatrix}$ のジョルダン標準形を求めよ．

解答　$A^2 = O$ であることから，A はベキ零行列である．最初に $A\boldsymbol{x} \neq \boldsymbol{o}$ となる $\boldsymbol{x}$ として $\mathbf{C}^4$ の基本ベクトル $\boldsymbol{e}_2$ を選ぶと，$A\boldsymbol{e}_2 \neq \boldsymbol{o}$ である．また，定理 8.10 の証明と同様に考えれば $\{A\boldsymbol{e}_2, \boldsymbol{e}_2\}$ は 1 次独立である．
次に $A\boldsymbol{x} \neq \boldsymbol{o}$ であり，$\{A\boldsymbol{e}_2, A\boldsymbol{x}\}$ が 1 次独立となるベクトル $\boldsymbol{x}$ を求めよう．

$\boldsymbol{x} = \begin{pmatrix} x_1 \\ x_2 \\ x_3 \\ x_4 \end{pmatrix}$ とおくと，

$$A\boldsymbol{x} = \begin{pmatrix} x_2 + x_4 \\ 0 \\ 0 \\ 0 \end{pmatrix} \tag{8.8}$$

これから，$A\boldsymbol{e}_2 = \boldsymbol{e}_1$ となり，このベクトルと 1 次独立な $A\boldsymbol{x}$ は存在しない．
そこで，$A\boldsymbol{x} = \boldsymbol{o}$ であり，$A\boldsymbol{e}_2$ と 1 次独立なベクトル $\boldsymbol{x}$ $(\neq \boldsymbol{o})$ を求めよう．(8.8) 式より，$A\boldsymbol{x} = \boldsymbol{o}$ となるベクトルの集合 M_0 は

$$M_0 = \left\{ \begin{pmatrix} x_1 \\ x_2 \\ x_3 \\ x_4 \end{pmatrix} ; x_2 + x_4 = 0 \right\}$$

よって，

$$M_0 = \left\{ a\begin{pmatrix} 1 \\ 0 \\ 0 \\ 0 \end{pmatrix} + b\begin{pmatrix} 0 \\ 1 \\ 0 \\ -1 \end{pmatrix} + c\begin{pmatrix} 0 \\ 0 \\ 1 \\ 0 \end{pmatrix} ; a, b, c \in \mathbf{C} \right\}$$

なので，$A\boldsymbol{e}_2 = \boldsymbol{e}_1$ と 1 次独立なベクトルは $\boldsymbol{x}_2 = \begin{pmatrix} 0 \\ 1 \\ 0 \\ -1 \end{pmatrix}$，$\boldsymbol{x}_3 = \begin{pmatrix} 0 \\ 0 \\ 1 \\ 0 \end{pmatrix}$ である．したがって，

$$P = (A\boldsymbol{e}_2\ \boldsymbol{e}_2\ \boldsymbol{x}_2\ \boldsymbol{x}_3) = \begin{pmatrix} 1 & 0 & 0 & 0 \\ 0 & 1 & 1 & 0 \\ 0 & 0 & 0 & 1 \\ 0 & 0 & -1 & 0 \end{pmatrix}$$

とおけば，P は正則で，

$$\begin{aligned} AP &= (A^2\boldsymbol{e}_2\ A\boldsymbol{e}_2\ A\boldsymbol{x}_2\ A\boldsymbol{x}_3) = (\boldsymbol{o}\ A\boldsymbol{e}_2\ \boldsymbol{o}\ \boldsymbol{o}) \\ &= P(J(0\,;2) \oplus J(0\,;1) \oplus J(0\,;1)) \end{aligned}$$

すなわち，

$$P^{-1}AP = J(0\,;2) \oplus J(0\,;1) \oplus J(0\,;1) = \begin{pmatrix} 0 & 1 & 0 & 0 \\ 0 & 0 & 0 & 0 \\ 0 & 0 & 0 & 0 \\ 0 & 0 & 0 & 0 \end{pmatrix}.$$ ■

問 8.9 次の行列がベキ零行列であることを確認し，ジョルダン標準形を求めよ．また，そのときに用いた正則行列とその逆行列も求めよ．

(1) $\begin{pmatrix} 0 & 0 & 0 \\ 1 & 1 & -1 \\ 1 & 1 & -1 \end{pmatrix}$　(2) $\begin{pmatrix} -1 & 0 & 1 \\ -1 & 0 & 1 \\ -1 & 0 & 1 \end{pmatrix}$　(3) $\begin{pmatrix} 3 & 0 & -1 & -2 \\ 2 & 0 & -1 & -1 \\ 3 & 0 & -1 & -2 \\ 3 & 0 & -1 & -2 \end{pmatrix}$

ベキ零行列のジョルダン標準形が求まったので，次に，一般の行列のジョルダン標準形を求めよう．

定理 8.11　n 次正方行列 A の固有多項式を

$$f_A(\lambda) = (\lambda - \alpha_1)^{k_1} \cdots (\lambda - \alpha_m)^{k_m}$$

とする．このとき，

$$P^{-1}AP = A_1 \oplus A_2 \oplus \cdots \oplus A_m$$

となる正則行列 P が存在する．ただし，各 A_i は k_i 次正方行列で，$A_i - \alpha_i E$ はベキ零行列である (より詳しく $(A_i - \alpha_i E)^{k_i} = O$).

証明　定理 8.5 により A の固有値 α_l に対する広義固有空間 $\widetilde{W_l}$ の基底を $\{\boldsymbol{f}_{l1}, \cdots, \boldsymbol{f}_{lk_l}\}$ とできる．ここで，$n \times k_l$ 行列 P を $P_l = (\boldsymbol{f}_{l1} \ \cdots \ \boldsymbol{f}_{lk_l})$ とする．定理 8.1 から，広義固有空間は A–不変であることから，各 $A\boldsymbol{f}_{li}$ $(i = 1, 2, \cdots, k_l)$ は $\widetilde{W_l}$ の基底の 1 次結合で表すことができる．すなわち

$$\begin{cases} A\boldsymbol{f}_{l1} = a_{11}^{(l)}\boldsymbol{f}_{l1} + a_{21}^{(l)}\boldsymbol{f}_{l2} + \cdots + a_{k_l 1}^{(l)}\boldsymbol{f}_{lk_l} \\ \cdots \qquad \cdots\cdots \qquad \cdots\cdots \\ A\boldsymbol{f}_{lk_l} = a_{1k_l}^{(l)}\boldsymbol{f}_{l1} + a_{2k_l}^{(l)}\boldsymbol{f}_{l2} + \cdots + a_{k_l k_l}^{(l)}\boldsymbol{f}_{lk_l} \end{cases}$$

ここで，k_l 次正方行列 A_l を $A_l = (a_{ij}^{(l)})$ とすると，$AP_l = P_l A_l$ となる．このとき，

$$(A - \alpha_l E)P_l = AP_l - \alpha_l P_l = P_l A_l - \alpha_l P_l = P_l(A_l - \alpha_l E)$$

となることに注意しよう．P_l は α_l に対する広義固有ベクトルからなっているので，

$$P_l(A_l - \alpha_l E)^{k_l} = (A - \alpha_l E)^{k_l} P_l = O \tag{8.9}$$

ここで，$\widetilde{W_l}$ の基底に 1 次独立なベクトルを加えて $\mathbf{C}^n$ の基底をつくる．これを $\{\boldsymbol{f}_{l1}, \cdots, \boldsymbol{f}_{lk_l}, \boldsymbol{f}_{k_l+1}, \cdots, \boldsymbol{f}_n\}$ とする．そして，n 次正方行列 Q を

$$Q = (\boldsymbol{f}_{l1} \ \cdots \ \boldsymbol{f}_{lk_l} \ \boldsymbol{f}_{k_l+1} \ \cdots \ \boldsymbol{f}_n) = (P_l \ Q')$$

とする．Q は正則なので Q^{-1} が存在し，$E = Q^{-1}Q = (Q^{-1}P_l \ Q^{-1}Q')$ より，$n \times k_l$ 行列 $Q^{-1}P_l$ は

$$Q^{-1}P_l = (\boldsymbol{e}_1 \ \cdots \ \boldsymbol{e}_{k_l})$$

となる．ここで，$\boldsymbol{e}_i$ は $\mathbf{C}^n$ の基本ベクトルとする．これより ${}^t(Q^{-1}P_l)Q^{-1}P_l = E$ は k_l 次の単位行列となる．よって，(8.9) の両辺の左側に ${}^t(Q^{-1}P_l)Q^{-1}$ を掛ければ，

$$O = {}^t(Q^{-1}P_l)Q^{-1}P_l(A_l - \alpha_l E)^{k_l} = (A_l - \alpha_l E)^{k_l}$$

すなわち，$A_l - \alpha_l E$ はベキ零行列となる．

さて，$l = 1, 2, \cdots, m$ に対して，

$$P = (\boldsymbol{f}_{11} \ \cdots \ \boldsymbol{f}_{1k_1} \ \boldsymbol{f}_{21} \ \cdots \ \boldsymbol{f}_{m-1\,k_{m-1}} \ \boldsymbol{f}_{m1} \ \cdots \ \boldsymbol{f}_{mk_m}) = (P_1 \ \cdots \ P_m)$$

とおく．このとき，定理 8.7 から $\{\boldsymbol{f}_{11},\cdots,\boldsymbol{f}_{1k_1};\boldsymbol{f}_{21},\cdots,\boldsymbol{f}_{m-1k_{m-1}};\boldsymbol{f}_{m1},\cdots\boldsymbol{f}_{mk_m}\}$ は $\mathbf{C}^n$ の基底となるので，P は正則行列となり，

$$AP = P\begin{pmatrix} A_1 & & O \\ & \ddots & \\ O & & A_m \end{pmatrix}$$

よって，

$$P^{-1}AP = \begin{pmatrix} A_1 & & O \\ & \ddots & \\ O & & A_m \end{pmatrix} = A_1 \oplus A_2 \oplus \cdots \oplus A_m$$

となり，各 A_i に対して $A_i - \alpha_i E$ はベキ零行列となる． ■

定理 8.12　ジョルダン標準形　A を n 次正方行列とする．

$$f_A(\lambda) = (\lambda-\alpha_1)^{k_1}(\lambda-\alpha_2)^{k_2}\cdots(\lambda-\alpha_m)^{k_m}$$

を A の固有多項式とする．このとき，ある正則行列 P を用いて

$$P^{-1}AP = J_1 \oplus J_2 \oplus \cdots \oplus J_m = \begin{pmatrix} J_1 & & & O \\ & J_2 & & \\ & & \ddots & \\ O & & & J_m \end{pmatrix}$$

と表すことができる．ただし，$i = 1, 2, \cdots, m$ に対して，

$$J_i = J(\alpha_i, k_{i1}) \oplus J(\alpha_i, k_{i2}) \oplus \cdots \oplus J(\alpha_i, k_{ij}),$$

$k_{i1} + k_{i2} + \cdots + k_{ij} = k_i$ とする．これを A の**ジョルダン標準形**と呼ぶ．

証明　定理 8.11 により，A はある正則行列 R を用いて

$$R^{-1}AR = A_1 \oplus A_2 \oplus \cdots \oplus A_m$$

とかける．ここで，各 i に対して $A_i - \alpha_i E$ がベキ零行列である．$B_i = A_i - \alpha_i E$ とおくと，B_i はベキ零行列となり，

$$R^{-1}AR = (B_1 \oplus \cdots \oplus B_m) + (\alpha_1 E \oplus \cdots \oplus \alpha_m E)$$

ここで，定理 8.10 により，ベキ零行列 B_i は正則行列 Q_i を用いて

$$Q_i^{-1}B_iQ_i = J(0;k_{i1}) \oplus J(0;k_{i2}) \oplus \cdots \oplus J(0;k_{ij}) = J_i - \alpha_i E$$

とできるので，$Q = Q_1 \oplus \cdots \oplus Q_m$ とすれば，

$$\begin{aligned} Q^{-1}R^{-1}ARQ &= (Q_1^{-1}B_1Q_1 \oplus \cdots \oplus Q_m^{-1}B_mQ_m) + (\alpha_1 E \oplus \cdots \oplus \alpha_m E) \\ &= ((J_1 - \alpha_1 E) \oplus \cdots \oplus (J_m - \alpha_m E)) + (\alpha_1 E \oplus \cdots \oplus \alpha_m E) \end{aligned}$$

$$= J_1 \oplus \cdots \oplus J_m$$

最後に，正則行列 P を $P = RQ$ とすれば，定理の証明が終わる． ∎

Point! この標準形はジョルダン細胞の順序を除いて一意的であることが知られている．

例題 8.6 次の行列 A のジョルダン標準形を求めよ．

(1) $A = \begin{pmatrix} 1 & 1 & 0 \\ 0 & 1 & -1 \\ 0 & 0 & 2 \end{pmatrix}$ (2) $A = \begin{pmatrix} 0 & 1 & -1 & 0 & -1 \\ -1 & 0 & 0 & 0 & -1 \\ -1 & 1 & 0 & 1 & -1 \\ 1 & 0 & 0 & 0 & 1 \\ 1 & -1 & 1 & 0 & 2 \end{pmatrix}$

解答 (1) 最初に，A の固有値を求める．

$$f_A(\lambda) = |\lambda E - A| = \begin{vmatrix} \lambda - 1 & -1 & 0 \\ 0 & \lambda - 1 & 1 \\ 0 & 0 & \lambda - 2 \end{vmatrix} = (\lambda - 1)^2(\lambda - 2)$$

よって，A の固有値は $1, 2$ である．固有値 2 に対する固有ベクトルは，$(A-2E)\boldsymbol{x} = \boldsymbol{o}$ より，$\boldsymbol{x} = c\begin{pmatrix} 1 \\ 1 \\ -1 \end{pmatrix}$ (c は $c \neq 0$ となる任意定数)．ゆえに，固有値 2 に対する固有空間は

$$W_2 = \left\{ c\begin{pmatrix} 1 \\ 1 \\ -1 \end{pmatrix} ; c \in \mathbf{R} \right\}$$

ここで，$\boldsymbol{x}_2 = \begin{pmatrix} 1 \\ 1 \\ -1 \end{pmatrix} \in W_2$ とおく．次に 2 重の固有値 1 に対する広義固有ベクトルは，$(A - E)^2\boldsymbol{x} = \boldsymbol{o}$ より，$\boldsymbol{x} = s\begin{pmatrix} 1 \\ 0 \\ 0 \end{pmatrix} + t\begin{pmatrix} 0 \\ 1 \\ 0 \end{pmatrix}$ (s, t は $(s, t) \neq (0, 0)$ となる任意定数)．ゆえに，固有値 1 に対する広義固有空間は

$$\widetilde{W_1} = \left\{ s\begin{pmatrix} 1 \\ 0 \\ 0 \end{pmatrix} + t\begin{pmatrix} 0 \\ 1 \\ 0 \end{pmatrix} ; s, t \in \mathbf{R} \right\}$$

ここで，$\widetilde{W_1}$ のベクトルで，$(A - E)\boldsymbol{x} \neq \boldsymbol{o}$ となる $\boldsymbol{x}$ を求めよう．$\widetilde{W_1}$ のベクトル

$\boldsymbol{x} = \begin{pmatrix} x \\ y \\ 0 \end{pmatrix}$ のうち，$(A-E)\boldsymbol{x} \neq \boldsymbol{o}$ を満たすベクトルは $\begin{pmatrix} 0 \\ y \\ 0 \end{pmatrix}$ となる．ここで，

$\boldsymbol{x}_1 = \begin{pmatrix} 0 \\ 1 \\ 0 \end{pmatrix}$ とおく．$(A-E)\boldsymbol{x}_1 \in \widetilde{W}_1$ であることに注意して，

$$P = ((A-E)\boldsymbol{x}_1\ \boldsymbol{x}_1\ \boldsymbol{x}_2) = \begin{pmatrix} 1 & 0 & 1 \\ 0 & 1 & 1 \\ 0 & 0 & -1 \end{pmatrix}$$

とおく．$\{(A-E)\boldsymbol{x}_1, \boldsymbol{x}_1, \boldsymbol{x}_2\}$ は $\mathbf{R}^3$ の基底となるので，P は正則行列となる．ここで，$\boldsymbol{x}_1 \in \widetilde{W}_1$, $\boldsymbol{x}_2 \in W_2$ であるから

$$A(A-E)\boldsymbol{x}_1 = (A-E)^2\boldsymbol{x}_1 + (A-E)\boldsymbol{x}_1 = (A-E)\boldsymbol{x}_1$$

$$A\boldsymbol{x}_1 = (A-E)\boldsymbol{x}_1 + \boldsymbol{x}_1$$

$$A\boldsymbol{x}_2 = 2\boldsymbol{x}_2$$

よって，

$$\begin{aligned} AP &= (A(A-E)\boldsymbol{x}_1\ A\boldsymbol{x}_1\ A\boldsymbol{x}_2) \\ &= ((A-E)\boldsymbol{x}_1\ (A-E)\boldsymbol{x}_1 + \boldsymbol{x}_1\ 2\boldsymbol{x}_2) = P\begin{pmatrix} 1 & 1 & 0 \\ 0 & 1 & 0 \\ 0 & 0 & 2 \end{pmatrix} \end{aligned}$$

ゆえに，A のジョルダン標準形は

$$P^{-1}AP = \begin{pmatrix} 1 & 1 & 0 \\ 0 & 1 & 0 \\ 0 & 0 & 2 \end{pmatrix}.$$

(2) 最初に，A の固有値を求める．

$$f_A(\lambda) = |\lambda E - A| = \lambda^3(\lambda-1)^2$$

よって，A の固有値は $0, 1$ である．3 重の固有値 0 に対する広義固有空間 $\widetilde{W}_0$ を求めよう．(1) と同様に $A^3\boldsymbol{x} = \boldsymbol{o}$ を満たす $\boldsymbol{x}(\neq \boldsymbol{o})$ を求めることによって，

$$\widetilde{W}_0 = \left\{ c_1\begin{pmatrix} 0 \\ 1 \\ 0 \\ 0 \\ 0 \end{pmatrix} + c_2\begin{pmatrix} 0 \\ 0 \\ -1 \\ 1 \\ 0 \end{pmatrix} + c_3\begin{pmatrix} -1 \\ 0 \\ -1 \\ 0 \\ 1 \end{pmatrix} ;\ c_1, c_2, c_3 \in \mathbf{R} \right\}$$

ここで,

$$\boldsymbol{x}_1 = \begin{pmatrix} 0 \\ 1 \\ 0 \\ 0 \\ 0 \end{pmatrix}, \quad \boldsymbol{x}_2 = \begin{pmatrix} 0 \\ 0 \\ -1 \\ 1 \\ 0 \end{pmatrix}, \quad \boldsymbol{x}_3 = \begin{pmatrix} -1 \\ 0 \\ -1 \\ 0 \\ 1 \end{pmatrix}$$

としよう. $\{\boldsymbol{x}_1, \boldsymbol{x}_2, \boldsymbol{x}_3\}$ は $\widetilde{W}_0$ の基底になっていることに注意しよう. さて, $\widetilde{W}_0$ のベクトルで, $A^2\boldsymbol{x} \neq \boldsymbol{o}$ となる $\boldsymbol{x}$ を求める. ところが, $A^2\boldsymbol{x}_1 = A^2\boldsymbol{x}_2 = A^2\boldsymbol{x}_3 = \boldsymbol{o}$ となるので, $\widetilde{W}_0$ のベクトルで $A^2\boldsymbol{x} \neq \boldsymbol{o}$ となる $\boldsymbol{x}$ は存在しないことがわかる. 次に, $\widetilde{W}_0$ のベクトルで, $A\boldsymbol{x} \neq \boldsymbol{o}$ となるベクトル $\boldsymbol{x}$ を求めよう.

$$A\boldsymbol{x}_1 = A\boldsymbol{x}_2 = -\boldsymbol{x}_3 \neq \boldsymbol{o}, \quad A\boldsymbol{x}_3 = \boldsymbol{o}$$

である. これより, $\{A\boldsymbol{x}_1, A\boldsymbol{x}\}$ が 1 次独立になるような $\widetilde{W}_0$ のベクトル $\boldsymbol{x}$ が存在しないことがわかる. そこで, $A\boldsymbol{x} = \boldsymbol{o}$ であり, $\{A\boldsymbol{x}_1, \boldsymbol{x}\}$ が 1 次独立になるベクトル $\boldsymbol{x}$ を求めることにする. $A\boldsymbol{x} = \boldsymbol{o}$ を満たすベクトル $\boldsymbol{x}(\neq \boldsymbol{o})$ を求めると,

$$\boldsymbol{x} = d_1 \begin{pmatrix} -1 \\ 0 \\ -1 \\ 0 \\ 1 \end{pmatrix} + d_2 \begin{pmatrix} 0 \\ -1 \\ -1 \\ 1 \\ 0 \end{pmatrix}$$

(d_1, d_2 は $(d_1, d_2) \neq (0, 0)$ となる任意定数) であるので, $\boldsymbol{x}_4 = \begin{pmatrix} 0 \\ -1 \\ -1 \\ 1 \\ 0 \end{pmatrix}$ とすれば,

$\{A\boldsymbol{x}_1, \boldsymbol{x}_1, \boldsymbol{x}_4\}$ は 1 次独立となる. 次に, 2 重の固有値 1 に対する広義固有ベクトルは, $(A - E)^2\boldsymbol{x} = \boldsymbol{o}$ より,

$$\boldsymbol{x} = s \begin{pmatrix} 1 \\ -1 \\ -1 \\ 1 \\ 0 \end{pmatrix} + t \begin{pmatrix} -1 \\ 0 \\ 0 \\ 0 \\ 1 \end{pmatrix} \quad (s, t \text{ は } (s, t) \neq (0, 0) \text{ となる任意定数})$$

ゆえに, 固有値 1 に対する広義固有空間は

$$\widetilde{W}_1 = \left\{ s \begin{pmatrix} 1 \\ -1 \\ -1 \\ 1 \\ 0 \end{pmatrix} + t \begin{pmatrix} -1 \\ 0 \\ 0 \\ 0 \\ 1 \end{pmatrix} ; s, t \in \mathbf{R} \right\}$$

ここで，

$$\boldsymbol{y}_1 = \begin{pmatrix} 1 \\ -1 \\ -1 \\ 1 \\ 0 \end{pmatrix}, \quad \boldsymbol{y}_2 = \begin{pmatrix} -1 \\ 0 \\ 0 \\ 0 \\ 1 \end{pmatrix}$$

とおくと，$(A-E)\boldsymbol{y}_1 \neq \boldsymbol{o}$ となる．よって，$\{(A-E)\boldsymbol{y}_1, \boldsymbol{y}_1\}$ は 1 次独立となる．ゆえに，正則行列 P を

$$P = (A\boldsymbol{x}_1\ \boldsymbol{x}_1\ \boldsymbol{x}_4\ (A-E)\boldsymbol{y}_1\ \boldsymbol{y}_1) = \begin{pmatrix} 1 & 0 & 0 & -1 & 1 \\ 0 & 1 & -1 & 0 & -1 \\ 1 & 0 & -1 & 0 & -1 \\ 0 & 0 & 1 & 0 & 1 \\ -1 & 0 & 0 & 1 & 0 \end{pmatrix}$$

とおくと，

$$\begin{aligned} AP &= (A^2\boldsymbol{x}_1\ A\boldsymbol{x}_1\ A\boldsymbol{x}_4\ A(A-E)\boldsymbol{y}_1\ A\boldsymbol{y}_1) \\ &= (\boldsymbol{o}\ A\boldsymbol{x}_1\ \boldsymbol{o}\ (A-E)^2\boldsymbol{y}_1 + (A-E)\boldsymbol{y}_1\ (A-E)\boldsymbol{y}_1 + \boldsymbol{y}_1) \\ &= (\boldsymbol{o}\ A\boldsymbol{x}_1\ \boldsymbol{o}\ (A-E)\boldsymbol{y}_1\ (A-E)\boldsymbol{y}_1 + \boldsymbol{y}_1) \\ &= P\begin{pmatrix} 0 & 1 & 0 & 0 & 0 \\ 0 & 0 & 0 & 0 & 0 \\ 0 & 0 & 0 & 0 & 0 \\ 0 & 0 & 0 & 1 & 1 \\ 0 & 0 & 0 & 0 & 1 \end{pmatrix} \end{aligned}$$

したがって，A のジョルダン標準形は

$$P^{-1}AP = \begin{pmatrix} 0 & 1 & 0 & 0 & 0 \\ 0 & 0 & 0 & 0 & 0 \\ 0 & 0 & 0 & 0 & 0 \\ 0 & 0 & 0 & 1 & 1 \\ 0 & 0 & 0 & 0 & 1 \end{pmatrix} = J(0;2) \oplus J(0;1) \oplus J(1;2).$$

▮

問 8.10 次の行列のジョルダン標準形を求めよ．また，その際に用いた正則行列とその逆行列も求めよ．

(1) $\begin{pmatrix} 1 & 0 & 1 \\ -1 & 0 & 1 \\ 1 & 0 & 1 \end{pmatrix}$ (2) $\begin{pmatrix} 0 & -1 & 1 \\ -1 & 1 & 1 \\ 1 & -1 & 0 \end{pmatrix}$ (3) $\begin{pmatrix} 1 & 2 & 2 & 4 \\ 0 & 0 & -1 & -2 \\ 0 & -1 & -1 & -3 \\ 0 & 1 & 1 & 3 \end{pmatrix}$

さて，行列のジョルダン標準形が求まると，行列のベキ乗の計算ができるよ

うになる．それによって，行列の指数関数をはじめとする，行列関数の定義をすることができる．

例題 8.7　行列 $A=\begin{pmatrix}1&1&0\\0&1&-1\\0&0&2\end{pmatrix}$ とする．このとき，A^n を計算せよ．

解答　例題 8.6, (1) によって，正則行列 $P=\begin{pmatrix}1&0&1\\0&1&1\\0&0&-1\end{pmatrix}$ を用いて

$$P^{-1}AP=\begin{pmatrix}1&1&0\\0&1&0\\0&0&2\end{pmatrix}$$

とできる．ここで，$D=\begin{pmatrix}1&0&0\\0&1&0\\0&0&2\end{pmatrix}$, $N=\begin{pmatrix}0&1&0\\0&0&0\\0&0&0\end{pmatrix}$ とすると，$P^{-1}AP=D+N$. また，$N^2=O$, $ND=DN$ から 2 項定理より，

$$\begin{aligned}P^{-1}A^nP&=(D+N)^n=D^n+nD^{n-1}N+\frac{n(n-1)}{2}D^{n-2}N^2+\cdots\\&=D^n+nD^{n-1}N=\begin{pmatrix}1&n&0\\0&1&0\\0&0&2^n\end{pmatrix}\end{aligned}$$

よって，

$$A^n=P\begin{pmatrix}1&n&0\\0&1&0\\0&0&2^n\end{pmatrix}P^{-1}=\begin{pmatrix}1&n&-2^n+n+1\\0&1&-2^n+1\\0&0&2^n\end{pmatrix}.$$

∎

正方行列 A に対して，e^{tA} を

$$e^{tA}=E+tA+\frac{1}{2!}t^2A^2+\cdots+\frac{1}{n!}t^nA^n+\cdots$$

と定義する．

Point!　e^{tA} の定義は関数 e^x のマクローリン級数をそのまま行列に対してあてはめている．たとえば，A を n 次正方行列とし，便宜上 A のノルムは $\|A\|_2\leqq 1$ とすると

$$\left\|\sum_{k=m}^{n}\frac{(tA)^k\boldsymbol{x}}{k!}\right\|_2\leqq\sum_{k=m}^{n}\frac{|t|^k}{k!}\|\boldsymbol{x}\|_2\to 0\quad(n,m\to\infty)$$

したがって，$\sum_{n=0}^{\infty} \frac{(tA)^n \boldsymbol{x}}{n!}$ は ($\|\cdot\|_2$ の意味で) 収束し，写像 $\boldsymbol{x} \to \sum_{n=0}^{\infty} \frac{(tA)^n \boldsymbol{x}}{n!}$ は線形作用素を定義する．この線形作用素を e^{tA} で表す．すなわち，

$$e^{tA} = \sum_{n=0}^{\infty} \frac{t^n A^n}{n!}$$

一般に，行列のすべての固有値がマクローリン級数の収束半径内に入っていれば，e^{tA} と同様に行列の無限級数を用いて行列関数を定義することができる．

例題 8.8 行列 $A = \begin{pmatrix} 1 & 1 & 0 \\ 0 & 1 & -1 \\ 0 & 0 & 2 \end{pmatrix}$ とする．このとき，e^{tA} を計算せよ．

解答 例題 8.7 により，正則行列 $P = \begin{pmatrix} 1 & 1 & 1 \\ 0 & 1 & 1 \\ 0 & 0 & -1 \end{pmatrix}$ を用いると，

$$A^n = \begin{pmatrix} 1 & n & -2^n + n + 1 \\ 0 & 1 & -2^n + 1 \\ 0 & 0 & 2^n \end{pmatrix}$$

よって，

$$e^{tA} = \sum \frac{t^n}{n!} A^n = \sum \frac{t^n}{n!} \begin{pmatrix} 1 & n & -2^n + n + 1 \\ 0 & 1 & -2^n + 1 \\ 0 & 0 & 2^n \end{pmatrix}$$

$$= \begin{pmatrix} e^t & te^t & -e^{2t} + (t+1)e^t \\ 0 & e^t & -e^{2t} + e^t \\ 0 & 0 & e^{2t} \end{pmatrix}.$$

■

問 8.11 次の行列 A に対して A^n と e^{tA} を求めよ．

(1) $\begin{pmatrix} 0 & 1 & 0 \\ 0 & 0 & 1 \\ 0 & 0 & 0 \end{pmatrix}$ (2) $\begin{pmatrix} 1 & 1 & 0 \\ 0 & 1 & 1 \\ 1 & 1 & 0 \end{pmatrix}$ (3) $\begin{pmatrix} 1 & 1 & 0 \\ -1 & 0 & 1 \\ 0 & 1 & 1 \end{pmatrix}$

9

力学系, 量子力学への応用

固有値と固有ベクトル (固有関数) は，線形空間の分解や行列の対角化，ジョルダン標準形などにおいて欠かせないたいへん重要な概念である．また，これらの事柄による行列の (作用素としての) 特徴づけは，線形作用素論や力学系の理論の基礎をなすものである．さらに，固有値，固有ベクトルの力学系や，特に量子力学への応用はたいへん重要である．実際，力学系においては系の状態の安定性に関係しており，量子力学では量子エネルギーや量子状態の安定性と密接に関係している．本章では，固有値・固有ベクトルの応用として，離散力学系，特にマルコフ連鎖への応用と，1 次元調和振動子への応用について述べる．具体的には，力学系のエルゴード性と，シュレーディンガーの波動方程式から，量子数 0, 1, 2 に対するエネルギー・固有値とエネルギー・固有関数の決定に至る過程を紹介する．

9.1 離散力学系

初期状態を表すベクトル $\boldsymbol{x}^{(0)}$ と作用可能な正方行列 A が与えられているとき，各 k に対して，

$$\boldsymbol{x}^{(k+1)} = A\boldsymbol{x}^{(k)} = A^{k+1}\boldsymbol{x}^{(0)} \quad (k = 0, 1, 2, \cdots)$$

を定義する．このとき，行列 A は**遷移行列**と呼ばれる．このようにして定義されたベクトルのシステム $\{\boldsymbol{x}^{(k)} : k = 0, 1, 2, \cdots\}$ を，A を遷移行列にもつ**離散 (線形) 力学系**という (問 8.3 も参照のこと)．力学系では $k \to \infty$ のときの $\boldsymbol{x}^{(k)}$ の収束性や A の不動点の存在性が主なテーマである．

いま，行列 A を対角化可能な n 次正方行列とする．$\lambda_1, \lambda_2, \cdots, \lambda_n$ を A の n 個の固有値とし，

$$|\lambda_1| \geqq |\lambda_2| \geqq \cdots \geqq |\lambda_n| > 0$$

とする．また，それぞれの固有値に属する固有ベクトルを $\boldsymbol{u}_1, \boldsymbol{u}_2, \cdots, \boldsymbol{u}_n$ と

すると，これらは 1 次独立で，$\{\boldsymbol{u}_1, \boldsymbol{u}_2, \cdots, \boldsymbol{u}_n\}$ は $\mathbf{R}^n$ の基底をなす．いま，

$$\boldsymbol{\alpha} = \begin{pmatrix} \alpha_1 \\ \vdots \\ \alpha_n \end{pmatrix} (\neq \boldsymbol{o}) \in \mathbf{R}^n$$ をとり

$$\begin{aligned}\boldsymbol{x}^{(0)} = (\boldsymbol{u}_1\ \boldsymbol{u}_2\ \cdots\ \boldsymbol{u}_n)\,\boldsymbol{\alpha} &= (\boldsymbol{u}_1\ \boldsymbol{u}_2\ \cdots\ \boldsymbol{u}_n)\begin{pmatrix} \alpha_1 \\ \alpha_2 \\ \vdots \\ \alpha_n \end{pmatrix} \\ &= \alpha_1\boldsymbol{u}_1 + \alpha_2\boldsymbol{u}_2 + \cdots + \alpha_n\boldsymbol{u}_n\end{aligned}$$

となるように $\boldsymbol{x}^{(0)}$ を定める．$\boldsymbol{x}^{(k)}$ の定義により，

$$\begin{aligned}\boldsymbol{x}^{(k)} &= A^k\boldsymbol{x}^{(0)} \\ &= A^{k-1}(\alpha_1A\boldsymbol{u}_1 + \alpha_2A\boldsymbol{u}_2 + \cdots + \alpha_nA\boldsymbol{u}_n) \\ &= A^{k-1}(\alpha_1\lambda_1\boldsymbol{u}_1 + \alpha_2\lambda_2\boldsymbol{u}_2 + \cdots + \alpha_n\lambda_n\boldsymbol{u}_n) \\ &= \cdots \\ &= \alpha_1\lambda_1^k\boldsymbol{u}_1 + \alpha_2\lambda_2^k\boldsymbol{u}_2 + \cdots + \alpha_n\lambda_n^k\boldsymbol{u}_n\end{aligned} \tag{9.1}$$

ちなみに，

$$\rho(A) = \max\{|\lambda_1|, |\lambda_2|, \cdots, |\lambda_n|\}$$

で定義される量 $\rho(A)$ を A の**スペクトル半径**という．

定理 9.1　エルゴード定理　$\{\boldsymbol{x}^{(k)} : k = 0, 1, 2, \cdots\}$ を，A を対角化可能な遷移行列にもつ離散力学系とし，$\lambda_1, \cdots, \lambda_n$ を A の固有値とする．$|\lambda_n| \leqq \cdots \leqq |\lambda_2| < \lambda_1 = 1$ ならば，

$$\lim_{N\to\infty}\frac{1}{N}\sum_{k=0}^{N-1}A^k\boldsymbol{x}^{(0)} = \lim_{k\to\infty}\boldsymbol{x}^{(k)} = \widetilde{\boldsymbol{x}} \text{ かつ } A\widetilde{\boldsymbol{x}} = \widetilde{\boldsymbol{x}} \tag{9.2}$$

となるベクトル $\widetilde{\boldsymbol{x}}$ が存在する．

証明　最初に，$\boldsymbol{u}_1, \boldsymbol{u}_2, \cdots, \boldsymbol{u}_n$ をそれぞれ A の固有値 $\lambda_1(=1), \lambda_2, \cdots, \lambda_n$ に対する固有ベクトルとする．そして，$\boldsymbol{x}^{(0)}$ が

$$\boldsymbol{x}^{(0)} = \alpha_1\boldsymbol{u}_1 + \alpha_2\boldsymbol{u}_2 + \cdots + \alpha_n\boldsymbol{u}_n$$

と表されているとする．仮定により $\lim\limits_{k\to\infty}\lambda_j^k = 0\ (j = 2, 3, \cdots, n)$ なので，(9.1) から

$$\lim_{k\to\infty}\boldsymbol{x}^{(k)} = \lim_{k\to\infty}A^k\boldsymbol{x}^{(0)} = \lim_{k\to\infty}(\alpha_1\boldsymbol{u}_1 + \alpha_2\lambda_2^k\boldsymbol{u}_2 + \cdots + \alpha_n\lambda_n^k\boldsymbol{u}_n) = \alpha_1\boldsymbol{u}_1$$

また，

$$\begin{aligned}\lim_{N\to\infty}\frac{1}{N}\sum_{k=0}^{N-1}A^k\boldsymbol{x}^{(0)} &= \lim_{N\to\infty}\frac{1}{N}\sum_{k=0}^{N-1}(\alpha_1\boldsymbol{u}_1+\alpha_2{\lambda_2}^k\boldsymbol{u}_2+\cdots+\alpha_n{\lambda_n}^k\boldsymbol{u}_n)\\ &= \lim_{N\to\infty}\frac{1}{N}\left(\alpha_1\boldsymbol{u}_1N+\frac{1-{\lambda_2}^N}{1-\lambda_2}\alpha_2\boldsymbol{u}_2+\cdots+\frac{1-{\lambda_n}^N}{1-\lambda_n}\alpha_n\boldsymbol{u}_n\right)\\ &= \alpha_1\boldsymbol{u}_1\end{aligned}$$

よって，$\widetilde{\boldsymbol{x}}=\alpha_1\boldsymbol{u}_1$ とおけば，

$$\lim_{N\to\infty}\frac{1}{N}\sum_{k=0}^{N-1}A^k\boldsymbol{x}^{(0)}=\lim_{k\to\infty}\boldsymbol{x}^{(k)}=\widetilde{\boldsymbol{x}}$$

さらに，$\boldsymbol{u}_1$ は 1 に対する A の固有ベクトルなので，$\widetilde{\boldsymbol{x}}=\alpha_1\boldsymbol{u}_1$ も 1 に対する A の固有ベクトルである．ゆえに，$A\widetilde{\boldsymbol{x}}=\widetilde{\boldsymbol{x}}$. ■

例題 9.1　次の $\boldsymbol{x}^{(0)}$ と遷移行列 A をもつ離散力学系 $\{\boldsymbol{x}^{(k)}:k=0,1,2,\cdots\}$ に対して，(9.2) を満たす $\widetilde{\boldsymbol{x}}$ を求めよ．

(1) $A=\dfrac{1}{4}\begin{pmatrix}3&1\\1&3\end{pmatrix}$, $\boldsymbol{x}^{(0)}=\begin{pmatrix}2\\1\end{pmatrix}$

(2) $A=\dfrac{1}{4}\begin{pmatrix}2&1&1\\1&2&1\\1&1&2\end{pmatrix}$, $\boldsymbol{x}^{(0)}=\begin{pmatrix}1\\0\\2\end{pmatrix}$

解答　(1) 最初に A の固有値を求めよう．

$$f_A(\lambda)=|\lambda E-A|=\begin{vmatrix}\lambda-\dfrac{3}{4}&-\dfrac{1}{4}\\-\dfrac{1}{4}&\lambda-\dfrac{3}{4}\end{vmatrix}=(\lambda-1)\left(\lambda-\frac{1}{2}\right)$$

よって，A の固有値は $1, \dfrac{1}{2}$ である．固有値 1 に対する固有ベクトルを求める．求める固有ベクトルを $\begin{pmatrix}x\\y\end{pmatrix}$ とすれば，

$$\frac{1}{4}\begin{pmatrix}3&1\\1&3\end{pmatrix}\begin{pmatrix}x\\y\end{pmatrix}=\begin{pmatrix}x\\y\end{pmatrix}$$

より，$x=y$ を得る．よって，固有値 1 に対する固有ベクトルは $c\begin{pmatrix}1\\1\end{pmatrix}$ (c は $c\neq 0$ となる任意定数)．固有値 $\dfrac{1}{2}$ に対する固有ベクトルを求める．求める固有ベクトルを

$\begin{pmatrix} x \\ y \end{pmatrix}$ とすれば，

$$\frac{1}{4}\begin{pmatrix} 3 & 1 \\ 1 & 3 \end{pmatrix}\begin{pmatrix} x \\ y \end{pmatrix} = \frac{1}{2}\begin{pmatrix} x \\ y \end{pmatrix}$$

より，$x = -y$ を得る．よって，固有値 1 に対する固有ベクトルは $c\begin{pmatrix} -1 \\ 1 \end{pmatrix}$ $(c \neq 0)$.

ここで，上で求めた固有ベクトルを用いて

$$\begin{pmatrix} 2 \\ 1 \end{pmatrix} = \boldsymbol{x}^{(0)} = \alpha_1\begin{pmatrix} 1 \\ 1 \end{pmatrix} + \alpha_2\begin{pmatrix} -1 \\ 1 \end{pmatrix} = \begin{pmatrix} 1 & -1 \\ 1 & 1 \end{pmatrix}\begin{pmatrix} \alpha_1 \\ \alpha_2 \end{pmatrix}$$

とおくと，

$$\begin{pmatrix} \alpha_1 \\ \alpha_2 \end{pmatrix} = \begin{pmatrix} 1 & -1 \\ 1 & 1 \end{pmatrix}^{-1}\begin{pmatrix} 2 \\ 1 \end{pmatrix} = \frac{1}{2}\begin{pmatrix} 1 & 1 \\ -1 & 1 \end{pmatrix}\begin{pmatrix} 2 \\ 1 \end{pmatrix} = \frac{1}{2}\begin{pmatrix} 3 \\ -1 \end{pmatrix}$$

よって，$\boldsymbol{x}^{(0)} = \frac{3}{2}\begin{pmatrix} 1 \\ 1 \end{pmatrix} - \frac{1}{2}\begin{pmatrix} -1 \\ 1 \end{pmatrix}$. ここで，$\widetilde{\boldsymbol{x}} = \frac{3}{2}\begin{pmatrix} 1 \\ 1 \end{pmatrix}$ とおく．このとき，$\widetilde{\boldsymbol{x}}$ は A の固有値 1 に対する固有ベクトルなので，$A\widetilde{\boldsymbol{x}} = \widetilde{\boldsymbol{x}}$. さらに，(9.1) より

$$\boldsymbol{x}^{(k)} = A^k\boldsymbol{x}^{(0)} = \frac{3}{2}\begin{pmatrix} 1 \\ 1 \end{pmatrix} - \left(\frac{1}{2}\right)^{k+1}\begin{pmatrix} -1 \\ 1 \end{pmatrix}$$

から $\lim_{k\to\infty}\boldsymbol{x}^{(k)} = \widetilde{\boldsymbol{x}}$. そして，

$$\begin{aligned}\lim_{N\to\infty}\frac{1}{N}\sum_{k=0}^{N-1}A^k\boldsymbol{x}^{(0)} &= \lim_{N\to\infty}\frac{1}{N}\sum_{k=0}^{N-1}\left(\frac{3}{2}\begin{pmatrix} 1 \\ 1 \end{pmatrix} - \left(\frac{1}{2}\right)^{k+1}\begin{pmatrix} -1 \\ 1 \end{pmatrix}\right) \\ &= \lim_{N\to\infty}\left(\frac{3}{2}\begin{pmatrix} 1 \\ 1 \end{pmatrix} - \frac{1}{2N}\left\{1 + \frac{1}{2} + \cdots + \left(\frac{1}{2}\right)^{N-1}\right\}\begin{pmatrix} -1 \\ 1 \end{pmatrix}\right) \\ &= \lim_{N\to\infty}\left(\frac{3}{2}\begin{pmatrix} 1 \\ 1 \end{pmatrix} - \frac{1}{N}\left\{1 - \left(\frac{1}{2}\right)^{N}\right\}\begin{pmatrix} -1 \\ 1 \end{pmatrix}\right) = \widetilde{\boldsymbol{x}}.\end{aligned}$$

(2) 最初に A の固有値を求めよう．

$$f_A(\lambda) = |\lambda E - A| = \begin{vmatrix} \lambda - \frac{1}{2} & -\frac{1}{4} & -\frac{1}{4} \\ -\frac{1}{4} & \lambda - \frac{1}{2} & -\frac{1}{4} \\ -\frac{1}{4} & -\frac{1}{4} & \lambda - \frac{1}{2} \end{vmatrix} = (\lambda - 1)\left(\lambda - \frac{1}{4}\right)^2$$

これより，A の固有値は 1, $\frac{1}{4}$ である．固有値 1 に対する固有ベクトルを求める．求める固有ベクトルを $\begin{pmatrix} x \\ y \\ z \end{pmatrix}$ とおくと，

$$\frac{1}{4}\begin{pmatrix} 2 & 1 & 1 \\ 1 & 2 & 1 \\ 1 & 1 & 2 \end{pmatrix}\begin{pmatrix} x \\ y \\ z \end{pmatrix} = \begin{pmatrix} x \\ y \\ z \end{pmatrix}$$

より，$x=y=z$ を得る．よって，1 に対する固有ベクトルは $c\begin{pmatrix}1\\1\\1\end{pmatrix}$ (c は $c\neq 0$ となる任意定数) である．固有値 $\dfrac{1}{4}$ に対する固有ベクトルを求める．求める固有ベクトルを $\begin{pmatrix}x\\y\\z\end{pmatrix}$ とおくと，

$$\frac{1}{4}\begin{pmatrix}2&1&1\\1&2&1\\1&1&2\end{pmatrix}\begin{pmatrix}x\\y\\z\end{pmatrix}=\frac{1}{4}\begin{pmatrix}x\\y\\z\end{pmatrix}$$

より，$x+y+z=0$ を得る．よって，$\dfrac{1}{4}$ に対する固有ベクトルは $s\begin{pmatrix}-1\\1\\0\end{pmatrix}+t\begin{pmatrix}-1\\0\\1\end{pmatrix}$ (s,t は $(s,t)\neq(0,0)$ となる任意定数) である．以上において，求めた固有ベクトルを用いて，

$$\begin{pmatrix}1\\0\\2\end{pmatrix}=\boldsymbol{x}^{(0)}=\alpha_1\begin{pmatrix}1\\1\\1\end{pmatrix}+\alpha_2\begin{pmatrix}-1\\1\\0\end{pmatrix}+\alpha_3\begin{pmatrix}-1\\0\\1\end{pmatrix}=\begin{pmatrix}1&-1&-1\\1&1&0\\1&0&1\end{pmatrix}\begin{pmatrix}\alpha_1\\\alpha_2\\\alpha_3\end{pmatrix}$$

とすれば，

$$\begin{pmatrix}\alpha_1\\\alpha_2\\\alpha_3\end{pmatrix}=\begin{pmatrix}1&-1&-1\\1&1&0\\1&0&1\end{pmatrix}^{-1}\begin{pmatrix}1\\0\\2\end{pmatrix}=\frac{1}{3}\begin{pmatrix}1&1&1\\-1&2&-1\\-1&-1&2\end{pmatrix}\begin{pmatrix}1\\0\\2\end{pmatrix}=\begin{pmatrix}1\\-1\\1\end{pmatrix}$$

よって，

$$\boldsymbol{x}^{(0)}=\begin{pmatrix}1\\1\\1\end{pmatrix}-\begin{pmatrix}-1\\1\\0\end{pmatrix}+\begin{pmatrix}-1\\0\\1\end{pmatrix}$$

ここで，$\widetilde{\boldsymbol{x}}=\begin{pmatrix}1\\1\\1\end{pmatrix}$ とおけば，$\widetilde{\boldsymbol{x}}$ は A の固有値 1 に対する固有ベクトルなので，$A\widetilde{\boldsymbol{x}}=\widetilde{\boldsymbol{x}}$．また，(1) と同様の計算から (9.2) を満たすこともすぐにわかる． ∎

9.2 マルコフ連鎖

離散力学系を生成するときの遷移行列 A が，状態の個数を n として，

$$A=\begin{pmatrix}a_{11}&a_{12}&\cdots&a_{1n}\\a_{21}&a_{22}&\cdots&a_{2n}\\\vdots&\vdots&\ddots&\vdots\\a_{n1}&a_{n2}&\cdots&a_{nn}\end{pmatrix}$$

$a_{ij} \geqq 0 \ (i, j = 1, 2, \cdots, n)$, $\displaystyle\sum_{i=1}^{n} a_{ij} = 1 \ (j = 1, 2, \cdots, n)$ を満たすとき，A を**遷移確率行列** (または推移確率行列) という．遷移確率行列で生成される離散 (線形) 力学系を**マルコフ連鎖**という．

例題 9.2 遷移確率行列 A を $A = \begin{pmatrix} \dfrac{7}{10} & \dfrac{4}{10} \\ \dfrac{3}{10} & \dfrac{6}{10} \end{pmatrix}$ とする．このとき，A で生成されるマルコフ連鎖において (9.2) を満たす $\widetilde{\boldsymbol{x}} \in \mathbf{R}^2$ を求めよ．

解答 A の固有値は $1, \dfrac{3}{10}$ であり，それぞれの固有値に属する固有ベクトルはたとえば $\begin{pmatrix} 4 \\ 3 \end{pmatrix}, \begin{pmatrix} 1 \\ -1 \end{pmatrix}$ で，もちろん 1 次独立である．任意に固定された $\boldsymbol{\alpha} = \begin{pmatrix} \alpha_1 \\ \alpha_2 \end{pmatrix} (\neq \mathbf{0}) \in \mathbf{R}^2$ に対して

$$\boldsymbol{x}^{(0)} = \begin{pmatrix} 4 & 1 \\ 3 & -1 \end{pmatrix} \begin{pmatrix} \alpha_1 \\ \alpha_2 \end{pmatrix} = \begin{pmatrix} 4\alpha_1 + \alpha_2 \\ 3\alpha_1 - \alpha_2 \end{pmatrix} = \alpha_1 \begin{pmatrix} 4 \\ 3 \end{pmatrix} + \alpha_2 \begin{pmatrix} 1 \\ -1 \end{pmatrix}$$

ここで，

$$\boldsymbol{x}^{(k)} = A^k \boldsymbol{x}^{(0)} \quad (k = 0, 1, 2, \cdots) \tag{9.3}$$

と定義すると，離散力学系 $\{\boldsymbol{x}^{(k)} : k = 0, 1, 2, \cdots\}$ が得られる．(9.3) より，

$$\boldsymbol{x}^{(k)} = \alpha_1 \begin{pmatrix} 4 \\ 3 \end{pmatrix} + \alpha_2 \left(\frac{3}{10}\right)^k \begin{pmatrix} 1 \\ -1 \end{pmatrix} \quad (k = 0, 1, 2, \cdots)$$

(ここで，状態空間と初期確率分布が与えられれば $\boldsymbol{\alpha}$ が定まる)．したがって，$\widetilde{\boldsymbol{x}} = \alpha_1 \begin{pmatrix} 4 \\ 3 \end{pmatrix}$ とおけば，定理 9.1 (エルゴード定理) の証明と同様の計算から

$$\lim_{N \to \infty} \frac{1}{N} \sum_{k=0}^{N-1} A^k \boldsymbol{x}^{(0)} = \lim_{k \to \infty} \boldsymbol{x}^{(k)} = \widetilde{\boldsymbol{x}}$$

かつ，$A\widetilde{\boldsymbol{x}} = \widetilde{\boldsymbol{x}}$ を得る． ▮

例題 9.3 ある 2 つの都市 X と Y における人口の変動について調べたところ，毎年 X の人口の $\dfrac{1}{10}$ が Y へ移住し，Y の人口の $\dfrac{2}{10}$ が X へ移住していることがわかった．このとき，2 つの都市 X, Y の人口が最終的にどのように安定していくのかを調べよ．なお，簡単のため，人口の移動は 2 都市間でしか起こらないと仮定する．

解答　ある年における X の人口を x_0, Y の人口を y_0 とする．そして，n 年後の人口をそれぞれ x_n, y_n とする．このとき，仮定から

$$\begin{pmatrix} x_{n+1} \\ y_{n+1} \end{pmatrix} = \begin{pmatrix} \dfrac{9}{10} & \dfrac{2}{10} \\ \dfrac{1}{10} & \dfrac{8}{10} \end{pmatrix} \begin{pmatrix} x_n \\ y_n \end{pmatrix}$$

よって，

$$A = \begin{pmatrix} \dfrac{9}{10} & \dfrac{2}{10} \\ \dfrac{1}{10} & \dfrac{8}{10} \end{pmatrix}, \quad \boldsymbol{x}^{(0)} = \begin{pmatrix} x_0 \\ y_0 \end{pmatrix}, \quad \boldsymbol{x}^{(k)} = A^k \boldsymbol{x}^{(0)}$$

としたとき，遷移確率行列 A で生成されるマルコフ連鎖において (9.2) を満たす $\widetilde{\boldsymbol{x}} \in \mathbf{R}^2$ を求めればよい．最初に A の固有値を求めよう．

$$\begin{vmatrix} \lambda - \dfrac{9}{10} & -\dfrac{2}{10} \\ -\dfrac{1}{10} & \lambda - \dfrac{8}{10} \end{vmatrix} = (\lambda - 1)\left(\lambda - \frac{7}{10}\right)$$

よって，A の固有値は $1, \dfrac{7}{10}$ である．これに対する固有ベクトルは，たとえば，$\begin{pmatrix} 2 \\ 1 \end{pmatrix}$, $\begin{pmatrix} -1 \\ 1 \end{pmatrix}$ である．ここで，上で求めた固有ベクトルを用いて

$$\begin{pmatrix} x_0 \\ y_0 \end{pmatrix} = \boldsymbol{x}^{(0)} = \alpha_1 \begin{pmatrix} 2 \\ 1 \end{pmatrix} + \alpha_2 \begin{pmatrix} -1 \\ 1 \end{pmatrix} = \begin{pmatrix} 2 & -1 \\ 1 & 1 \end{pmatrix} \begin{pmatrix} \alpha_1 \\ \alpha_2 \end{pmatrix}$$

とおくと，

$$\begin{pmatrix} \alpha_1 \\ \alpha_2 \end{pmatrix} = \begin{pmatrix} 2 & -1 \\ 1 & 1 \end{pmatrix}^{-1} \begin{pmatrix} x_0 \\ y_0 \end{pmatrix} = \frac{1}{3} \begin{pmatrix} 1 & 1 \\ -1 & 2 \end{pmatrix} \begin{pmatrix} x_0 \\ y_0 \end{pmatrix} = \frac{1}{3} \begin{pmatrix} x_0 + y_0 \\ -x_0 + 2y_0 \end{pmatrix}$$

よって，

$$\boldsymbol{x}^{(0)} = \frac{x_0 + y_0}{3} \begin{pmatrix} 2 \\ 1 \end{pmatrix} - \frac{x_0 - 2y_0}{3} \begin{pmatrix} -1 \\ 1 \end{pmatrix}$$

ここで，$\widetilde{\boldsymbol{x}} = \dfrac{x_0 + y_0}{3} \begin{pmatrix} 2 \\ 1 \end{pmatrix}$ とおく．このとき，$\widetilde{\boldsymbol{x}}$ は A の固有値 1 に対する固有ベクトルなので，$A\widetilde{\boldsymbol{x}} = \widetilde{\boldsymbol{x}}$. よって定理 9.1 (エルゴード定理) の証明と同様の計算から

$$\lim_{N \to \infty} \frac{1}{N} \sum_{k=0}^{N-1} A^k \boldsymbol{x}^{(0)} = \lim_{k \to \infty} \boldsymbol{x}^{(k)} = \widetilde{\boldsymbol{x}} = \frac{x_0 + y_0}{3} \begin{pmatrix} 2 \\ 1 \end{pmatrix}$$

を得る．ゆえに，X と Y の人口の合計を S とすると，最終的には X の人口は $\dfrac{2}{3}S$, Y の人口は $\dfrac{1}{3}S$ となる．∎

例題 9.3 はエルゴード定理を使わなくても行列の対角化を用いて解くこともできる.

解答 **例題 9.3 の別解** ある年における X の人口を x_0, Y の人口を y_0 とする. そして, n 年後の人口をそれぞれ x_n, y_n とする. このとき, 仮定から

$$\begin{pmatrix} x_{n+1} \\ y_{n+1} \end{pmatrix} = \begin{pmatrix} \dfrac{9}{10} & \dfrac{2}{10} \\ \dfrac{1}{10} & \dfrac{8}{10} \end{pmatrix} \begin{pmatrix} x_n \\ y_n \end{pmatrix}$$

よって, $A = \begin{pmatrix} \dfrac{9}{10} & \dfrac{2}{10} \\ \dfrac{1}{10} & \dfrac{8}{10} \end{pmatrix}$ としたとき, A^n を計算できれば n 年後の人口の分布を調べることができる. これを調べるために, A を対角化しよう. A の固有値は

$$\begin{vmatrix} \lambda - \dfrac{9}{10} & -\dfrac{2}{10} \\ -\dfrac{1}{10} & \lambda - \dfrac{8}{10} \end{vmatrix} = (\lambda - 1)\left(\lambda - \frac{7}{10}\right)$$

よって, A の固有値は $1, \dfrac{7}{10}$ である. これに対する固有ベクトルは, たとえば, $\begin{pmatrix} 2 \\ 1 \end{pmatrix}$, $\begin{pmatrix} -1 \\ 1 \end{pmatrix}$ である. よって, $P = \begin{pmatrix} 2 & -1 \\ 1 & 1 \end{pmatrix}$ とおけば,

$$A = P \begin{pmatrix} 1 & 0 \\ 0 & \dfrac{7}{10} \end{pmatrix} P^{-1}$$

ゆえに, A^n は

$$A^n = P \begin{pmatrix} 1 & 0 \\ 0 & \left(\dfrac{7}{10}\right)^n \end{pmatrix} P^{-1}$$

ここで, $n \to +\infty$ とすれば, 2 都市の人口が最終的にどのように安定するのかがわかる. このとき, X の人口を x_∞, Y の人口を y_∞ とすれば,

$$\begin{pmatrix} x_\infty \\ y_\infty \end{pmatrix} = \lim_{n\to\infty} P \begin{pmatrix} 1 & 0 \\ 0 & \left(\dfrac{7}{10}\right)^n \end{pmatrix} P^{-1} \begin{pmatrix} x_0 \\ y_0 \end{pmatrix} = P \begin{pmatrix} 1 & 0 \\ 0 & 0 \end{pmatrix} P^{-1} \begin{pmatrix} x_0 \\ y_0 \end{pmatrix}$$

$$= \frac{1}{3} \begin{pmatrix} 2 & 2 \\ 1 & 1 \end{pmatrix} \begin{pmatrix} x_0 \\ y_0 \end{pmatrix} = \frac{1}{3} \begin{pmatrix} 2x_0 + 2y_0 \\ x_0 + y_0 \end{pmatrix}$$

X と Y の人口の合計を S とすると, 最終的には X の人口は $\dfrac{2}{3}S$, Y の人口は $\dfrac{1}{3}S$ となる. ∎

問 9.1 ある会社のレンタカーは A 県, B 県で車を借りた場合, A 県, B 県のどち

らの県で返却をしてもよいシステムになっている．毎月このレンタカーの移動状況を調べたところ，A 県に保有しているレンタカーの $\dfrac{1}{5}$ は B 県に返却され，B 県に保有しているレンタカーの $\dfrac{2}{5}$ は A 県に返却されていることがわかった．このとき，最終的に A 県と B 県におけるレンタカーの保有台数はどのようになるのかを調べなさい．

エルゴード定理が成り立つとき，遷移確率行列は**エルゴード的**であるという．一般に，遷移確率行列はエルゴード的とは限らない．

例 9.1　行列 $A = \begin{pmatrix} 0 & 1 \\ 1 & 0 \end{pmatrix}$ は遷移確率行列であるが，エルゴード的ではない．なぜならば，任意のベクトル $\boldsymbol{x}^{(0)} = \begin{pmatrix} x \\ y \end{pmatrix}$ $(\boldsymbol{x} \neq \boldsymbol{y})$ と，遷移確率行列 A で生成されるマルコフ連鎖において，(9.2) を満たす $\tilde{\boldsymbol{x}}$ が存在しないことを確かめればよい．具体的には，$\displaystyle\lim_{k\to\infty} \boldsymbol{x}^{(k)}$ が存在しないことがすぐにわかる．実際，

$$\boldsymbol{x}^{(1)} = A\boldsymbol{x}^{(0)} = \begin{pmatrix} y \\ x \end{pmatrix},\ \boldsymbol{x}^{(2)} = A\boldsymbol{x}^{(1)} = \begin{pmatrix} x \\ y \end{pmatrix} = \boldsymbol{x}^{(0)}, \cdots$$

となるので，$\displaystyle\lim_{k\to\infty} \boldsymbol{x}^{(k)}$ が存在しない．

問 9.2　例 9.1 における遷移確率行列 A が，定理 9.1 のどの条件を満たしていないのかを調べよ．

例題 9.4　実数 a, b, c に対して，数列 $\{a_n\}_{n=0}^{\infty}$, $\{b_n\}_{n=0}^{\infty}$, $\{c_n\}_{n=0}^{\infty}$ を次のように定める．$a_0 = a, b_0 = b, c_0 = c$,

$$a_n = \frac{b_{n-1} + c_{n-1}}{2}, \quad b_n = \frac{c_{n-1} + a_{n-1}}{2}, \quad c_n = \frac{a_{n-1} + b_{n-1}}{2}$$

このとき，

$$\lim_{n\to\infty} a_n = \lim_{n\to\infty} b_n = \lim_{n\to\infty} c_n = \frac{a+b+c}{3}$$

となることを示せ．

解答　数列の定義より,

$$\begin{pmatrix} a_n \\ b_n \\ c_n \end{pmatrix} = \frac{1}{2}\begin{pmatrix} 0 & 1 & 1 \\ 1 & 0 & 1 \\ 1 & 1 & 0 \end{pmatrix}\begin{pmatrix} a_{n-1} \\ b_{n-1} \\ c_{n-1} \end{pmatrix}$$

とできる．ここで，$A = \frac{1}{2}\begin{pmatrix} 0 & 1 & 1 \\ 1 & 0 & 1 \\ 1 & 1 & 0 \end{pmatrix}$, $\boldsymbol{x}^{(0)} = \begin{pmatrix} a \\ b \\ c \end{pmatrix}$ とおくと，A は遷移確率行列であり，$\{\boldsymbol{x}^{(k)} : k = 1, 2, \cdots\}$ はマルコフ連鎖となる．そして，$\lim_{k\to\infty} \boldsymbol{x}^{(k)}$ を求めればよい．最初に A の固有値を求めよう．

$$f_A(\lambda) = |\lambda E - A| = \begin{vmatrix} \lambda & -\frac{1}{2} & -\frac{1}{2} \\ -\frac{1}{2} & \lambda & -\frac{1}{2} \\ -\frac{1}{2} & -\frac{1}{2} & \lambda \end{vmatrix} = (\lambda - 1)\left(\lambda + \frac{1}{2}\right)^2$$

より，A の固有値は $1, -\frac{1}{2}$ である．A の固有値 1 に対する固有ベクトルを求める．求める固有ベクトルを $\begin{pmatrix} x \\ y \\ z \end{pmatrix}$ とおくと,

$$\frac{1}{2}\begin{pmatrix} 0 & 1 & 1 \\ 1 & 0 & 1 \\ 1 & 1 & 0 \end{pmatrix}\begin{pmatrix} x \\ y \\ z \end{pmatrix} = \begin{pmatrix} x \\ y \\ z \end{pmatrix}$$

より，$x = y = z$ を得る．よって，1 に対する固有ベクトルは，$c\begin{pmatrix} 1 \\ 1 \\ 1 \end{pmatrix}$ (c は $c \neq 0$ となる任意定数) である．A の固有値 $-\frac{1}{2}$ に対する固有ベクトルを求める．求める固有ベクトルを $\begin{pmatrix} x \\ y \\ z \end{pmatrix}$ とおくと,

$$\frac{1}{2}\begin{pmatrix} 0 & 1 & 1 \\ 1 & 0 & 1 \\ 1 & 1 & 0 \end{pmatrix}\begin{pmatrix} x \\ y \\ z \end{pmatrix} = -\frac{1}{2}\begin{pmatrix} x \\ y \\ z \end{pmatrix}$$

より, $x+y+z = 0$ を得る．よって, $-\frac{1}{2}$ に対する固有ベクトルは, $s\begin{pmatrix} -1 \\ 1 \\ 0 \end{pmatrix} + t\begin{pmatrix} -1 \\ 0 \\ 1 \end{pmatrix}$ (s, t は $(s, t) \neq (0, 0)$ となる任意定数) である．ここで，A の各固有値に対する固有ベクトルに対して,

$$\begin{pmatrix} a \\ b \\ c \end{pmatrix} = \boldsymbol{x}^{(0)} = \alpha_1 \begin{pmatrix} 1 \\ 1 \\ 1 \end{pmatrix} + \alpha_2 \begin{pmatrix} -1 \\ 1 \\ 0 \end{pmatrix} + \alpha_3 \begin{pmatrix} -1 \\ 0 \\ 1 \end{pmatrix} = \begin{pmatrix} 1 & -1 & -1 \\ 1 & 1 & 0 \\ 1 & 0 & 1 \end{pmatrix} \begin{pmatrix} \alpha_1 \\ \alpha_2 \\ \alpha_3 \end{pmatrix}$$

とおけば，

$$\begin{pmatrix} \alpha_1 \\ \alpha_2 \\ \alpha_3 \end{pmatrix} = \begin{pmatrix} 1 & -1 & -1 \\ 1 & 1 & 0 \\ 1 & 0 & 1 \end{pmatrix}^{-1} \begin{pmatrix} a \\ b \\ c \end{pmatrix}$$

$$= \frac{1}{3} \begin{pmatrix} 1 & 1 & 1 \\ -1 & 2 & -1 \\ -1 & -1 & 2 \end{pmatrix} \begin{pmatrix} a \\ b \\ c \end{pmatrix} = \frac{1}{3} \begin{pmatrix} a+b+c \\ -a+2b-c \\ -a-b+2c \end{pmatrix}$$

よって，

$$\begin{pmatrix} a \\ b \\ c \end{pmatrix} = \boldsymbol{x}^{(0)} = \frac{a+b+c}{3} \begin{pmatrix} 1 \\ 1 \\ 1 \end{pmatrix} + \frac{-a+2b-c}{3} \begin{pmatrix} 1 \\ -1 \\ 0 \end{pmatrix} + \frac{-a-b+2c}{3} \begin{pmatrix} 1 \\ 0 \\ -1 \end{pmatrix}$$

であり，(9.1) から

$$\boldsymbol{x}^{(k)} = A^k \boldsymbol{x}^{(0)} = \frac{a+b+c}{3} \begin{pmatrix} 1 \\ 1 \\ 1 \end{pmatrix} + \frac{-a+2b-c}{3} \left(-\frac{1}{2}\right)^k \begin{pmatrix} 1 \\ -1 \\ 0 \end{pmatrix}$$

$$+ \frac{-a-b+2c}{3} \left(-\frac{1}{2}\right)^k \begin{pmatrix} 1 \\ 0 \\ -1 \end{pmatrix}$$

ゆえに，

$$\lim_{n\to\infty} \begin{pmatrix} a_n \\ b_n \\ c_n \end{pmatrix} = \lim_{n\to\infty} \boldsymbol{x}^{(n)} = \frac{a+b+c}{3} \begin{pmatrix} 1 \\ 1 \\ 1 \end{pmatrix}$$

すなわち，

$$\lim_{n\to\infty} a_n = \lim_{n\to\infty} b_n = \lim_{n\to\infty} c_n = \frac{a+b+c}{3}. \quad ■$$

問 9.3　正数 a, b, c, d に対して，数列 $\{a_n\}_{n=0}^{\infty}$，$\{b_n\}_{n=0}^{\infty}$，$\{c_n\}_{n=0}^{\infty}$，$\{d_n\}_{n=0}^{\infty}$ を次のように定める．$a_0 = a$, $b_0 = b$, $c_0 = c$, $d_0 = d$,

$$a_n = \sqrt[3]{b_{n-1}c_{n-1}d_{n-1}}, \quad b_n = \sqrt[3]{c_{n-1}d_{n-1}a_{n-1}}$$

$$c_n = \sqrt[3]{d_{n-1}a_{n-1}b_{n-1}}, \quad d_n = \sqrt[3]{a_{n-1}b_{n-1}c_{n-1}}$$

このとき，

$$\lim_{n\to\infty} a_n = \lim_{n\to\infty} b_n = \lim_{n\to\infty} c_n = \lim_{n\to\infty} d_n = \sqrt[4]{abcd}$$

となることを示せ．

9.3 量子力学への応用 (1 次元調和振動子とシュレーディンガー方程式)

古典物理学 (ここでは，ニュートン力学，マクスウェルの電磁気学，クラウジウスの熱力学を意味する) で解明できなかった光の正体について，歴史的には光の粒子説 (ニュートン) と波動説 (ホイヘンス (1626–1695)) という 2 つの異なる考え方があった．これらの考え方は，後にどちらも光の二重性として肯定的に認められるようになり，光量子 (または光子) と呼ばれるようになった．光量子は，粒子的な見方から行列力学 (ハイゼンベルク (1901–1976)，ボルン (1882–1970)，ヨルダン (1902–1980)) が，また，波動的な見方から波動力学 (シュレーディンガー (1887–1961)) として，量子力学の 2 つの流れがあり，量子のエネルギーや量子状態の安定性を調べることが重要な課題であった．しかし，考え方の大変革 (変換理論) により，実はこれらは (数学的に) まったく同等であることが判明した[1] (ディラック (1902–1984)，ヨルダン)．

古典力学では，質量 m の粒子が保存力を受けて運動する場合，運動エネルギーとポテンシャル・エネルギーの和 (全エネルギー) を力学的エネルギーといい，この力学的エネルギー演算子 (関数) をハミルトニアンという．これを量子化すると，運動エネルギー演算子が $\left(-\dfrac{\hbar^2}{2m}\text{倍になって}\right) -\dfrac{\hbar^2}{2m}\nabla^2$ (∇^2 はラプラシアン) となり，これにポテンシャル・エネルギーを加えると，量子力学におけるハミルトニアンになる．ちなみに，古典力学における粒子の表し方での質点は質量をもった数学的な点と看做される．しかし，量子力学での粒子は点ではなく，まわりを含めた小さな広がりをもった集合として捉え，確率分布の議論に持ち込む．以下ではシュレーディンガーの方程式を用いて，エネルギーが一定の定常状態での 1 次元調和振動子 — バネにつけた物体の振動 — について考える．

自然の長さが ℓ，バネ定数が k であるつるまきバネの一端を固定し，他端に質量 m の物体をつける．バネを伸ばす向きに x 軸をとり，バネが自然の長さのときの位置を原点にとる．このとき，時刻 t における物体の位置ベクトル $\boldsymbol{r}(t) = (x(t))$ は

$$x(t) = A\sin(\omega t + \alpha)$$

[1] J. フォン・ノイマン (井上健・広重徹・恒藤敏彦訳)『量子力学の数学的基礎』みすず書房．

で与えられる．ただし，A は定数，$\omega = \sqrt{\dfrac{k}{m}}, \alpha$ は初期位相である．このとき

$$\frac{dx(t)}{dt} = A\omega\cos(\omega t + \alpha), \quad \frac{d^2x(t)}{dt^2} = -\omega^2 x(t)$$

この物体の運動方程式は

$$m\frac{d^2x(t)}{dt^2} = -m\omega^2 x(t) = -kx(t)$$

よって，

$$\boldsymbol{F}(t) = m\frac{d^2\boldsymbol{r}(t)}{dt^2} = -k\boldsymbol{r}(t)$$

さらに，位置 x までの変形に必要なポテンシャル・エネルギー $U(x)$ は

$$U(x) = \int_0^x kx\,dx = \frac{k}{2}x^2$$

さて，上の設定で波動関数 Φ は時間 t を含まず，規格化条件は

$$\int_{-\infty}^{\infty} |\Phi(x)|^2 dx = 1 \tag{9.4}$$

となることが知られている (ここで，$|\Phi(x)|^2$ は確率密度を表し，たとえば粒子が微小部分 dx の中に見出される確率は $|\Phi(x)|^2\,dx$ に等しい)．そして，シュレーディンガー方程式は (これは力学的エネルギー保存法則の量子力学による修正)

$$\left(-\frac{\hbar^2}{2m}\nabla^2 + U(x)\right)\Phi(x) = E\Phi(x)$$

すなわち，

$$\left(-\frac{\hbar^2}{2m}\frac{d^2}{dx^2} + \frac{k}{2}x^2\right)\Phi(x) = E\Phi(x) \tag{9.5}$$

である (ラプラシアン ∇^2 は：1 次元では $\dfrac{d^2}{dx^2}$，2 次元では $\dfrac{\partial^2}{\partial x^2} + \dfrac{\partial^2}{\partial y^2}$，3 次元では $\dfrac{\partial^2}{\partial x^2} + \dfrac{\partial^2}{\partial y^2} + \dfrac{\partial^2}{\partial z^2}$ を意味する)．ここで，h はプランク定数，$\hbar = \dfrac{h}{2\pi}$．さらに，変換[1]

$$x = au,\ a = \sqrt[4]{\frac{\hbar^2}{mk}},\ \varepsilon = \frac{2}{\hbar}\sqrt{\frac{m}{k}}E,\ \Phi(au) = \varphi(u) \tag{9.6}$$

[1] 山本邦夫『物理学の基礎』学術図書出版社．

を施すと，

$$\frac{d\varphi(u)}{du} = a\frac{d\Phi(x)}{dx}, \quad \frac{d^2\varphi(u)}{d^2u} = a^2\frac{d^2\Phi(x)}{d^2x} = \sqrt{\frac{\hbar^2}{mk}}\frac{d^2\Phi(x)}{dx^2}$$

これらを (9.5) に代入すると

$$\left(-\frac{d^2}{du^2} + u^2\right)\varphi(u) = \varepsilon\varphi(u) \tag{9.7}$$

これは ε が作用素 $\left(-\dfrac{d^2}{du^2} + u^2\right)$ の固有値で，$\varphi(u)$ が ε に属する固有関数であることを示している．さらに $\varphi(u) = e^{-\frac{u^2}{2}}f(u)$ と変換すると，

$$\frac{d\varphi(u)}{du} = e^{-\frac{u^2}{2}}\left(\frac{df(u)}{du} - uf(u)\right)$$

$$\frac{d^2\varphi(u)}{du^2} = e^{-\frac{u^2}{2}}\left(\frac{d^2f(u)}{du^2} - 2u\frac{df(u)}{du} + (u^2-1)f(u)\right)$$

これらを (9.7) に代入すると

$$\frac{d^2f}{du^2} - 2u\frac{df}{du} + (\varepsilon - 1)f = 0$$

すなわち，

$$\left(\frac{d^2}{du^2} - 2u\frac{d}{du} - 1\right)f = -\varepsilon f \tag{9.8}$$

級数解法を用いて，$f(u) = \displaystyle\sum_{p=0}^{\infty} c_p u^p$ として解く．結果のみをみると，量子数が $n(=0,1,2,\cdots)$ のとき，全エネルギーを E_n とすると

$$\varepsilon = 2n + 1 \quad (n = 0,1,2,\cdots) \tag{9.9}$$

よって，(9.6) から

$$E_n = \frac{\hbar}{2}\sqrt{\frac{k}{m}}\varepsilon = \hbar\sqrt{\frac{k}{m}}\left(n + \frac{1}{2}\right) \quad (n = 0,1,2,\cdots)$$

(E は $E_0, E_1, E_2, \cdots$ という値をとる．) となることが知られている．(9.5) の $E = E_n$ を量子数 n に対する**エネルギー・固有値**といい，$\Phi(x) = \Phi_n(x)$ を量子数 n に対する**エネルギー・固有関数**という．言い換えれば，固有値 E_n は量子数 n に対するエネルギーを意味し，固有関数 $\Phi_n(x)$ は量子数 n に対する状態を表している ($n = 0$ のときが最低エネルギー状態で，基底状態という).

例題 9.5 $f(u)$ を次のようにおいたとき，エネルギー・固有値とエネルギー・固有関数を求めよ．

(1) $f(u) = \alpha_1 u + \alpha_0$ (2) $f(u) = \alpha_2 u^2 + \alpha_1 u + \alpha_0$

解答 (1) $f(u) = \alpha_1 u + \alpha_0$ とおくと，$f'(u) = \alpha_1$, $f''(u) = 0$ である．これを (9.8) に代入すると，$-2\alpha_1 u - (\alpha_1 u + \alpha_0) = (-\varepsilon)(\alpha_1 u + \alpha_0)$ となるので，恒等式の性質から $3\alpha_1 = \varepsilon\alpha_1$, $\alpha_0 = \varepsilon\alpha_0$ すなわち，

$$\begin{pmatrix} 3 & 0 \\ 0 & 1 \end{pmatrix}\begin{pmatrix} \alpha_1 \\ \alpha_0 \end{pmatrix} = \varepsilon\begin{pmatrix} \alpha_1 \\ \alpha_0 \end{pmatrix}$$

ここで，$\begin{pmatrix} 3 & 0 \\ 0 & 1 \end{pmatrix}$ の固有値は $\varepsilon = 1, 3$ である．

(i) $\varepsilon = 1$ のとき．この場合 $\alpha_1 = 0$, $\alpha_0 \neq 0$ となるので，$f(u) = \alpha_0$ (定数関数)．そして，$\varepsilon = 1$ は作用素 $\left(-\dfrac{d^2}{du^2} + u^2\right)$ の固有値にもなっており，固有関数 $\varphi(u)$ は $\varphi(u) = e^{-\frac{u^2}{2}} f(u) = \alpha_0 e^{-\frac{u^2}{2}}$ である．なお，(9.9) から $\varepsilon = 2 \cdot 0 + 1 = 1$ より量子数は 0 である．よって，(9.6) の逆変換によってハミルトニアン $\left(-\dfrac{\hbar^2}{2m}\nabla^2 + U(x)\right) = \left(-\dfrac{\hbar^2}{2m}\dfrac{d^2}{dx^2} + \dfrac{k}{2}x^2\right)$ の，量子数 0 に対する

(a) エネルギー・固有値は $E_0 = \dfrac{\hbar}{2}\sqrt{\dfrac{k}{m}}$,

(b) エネルギー・固有関数は $\Phi_0(x) = \alpha_0 e^{-\frac{\sqrt{mk}}{2\hbar}x^2}$

となる．最後に規格化条件 (9.4) より

$$\alpha_0 = \left(\frac{mk}{\pi^2\hbar^2}\right)^{\frac{1}{8}}$$

を得る．ここで，公式 $\displaystyle\int_{-\infty}^{\infty} e^{-x^2}dx = \sqrt{\pi}$ を用いた．

(ii) $\varepsilon = 3$ のとき．この場合 $\alpha_1 \neq 0$, $\alpha_0 = 0$ となるので，$f(u) = \alpha_1 u$．そして，$\varepsilon = 3$ は作用素 $\left(-\dfrac{d^2}{du^2} + u^2\right)$ の固有値にもなっており，固有関数 $\varphi(u)$ は $\varphi(u) = e^{-\frac{u^2}{2}} f(u) = \alpha_1 u e^{-\frac{u^2}{2}}$ である．なお，(9.9) から $\varepsilon = 2 \cdot 1 + 1 = 3$ より量子数は 1 である．よって，(9.6) の逆変換によってハミルトニアン $\left(-\dfrac{\hbar^2}{2m}\nabla^2 + U(x)\right) = \left(-\dfrac{\hbar^2}{2m}\dfrac{d^2}{dx^2} + \dfrac{k}{2}x^2\right)$ の，量子数 1 に対する

(a)　エネルギー・固有値は $E_1 = \dfrac{3\hbar}{2}\sqrt{\dfrac{k}{m}}$,

(b)　エネルギー・固有関数は $\varPhi_1(x) = \alpha_1 \left(\dfrac{\sqrt{mk}}{\hbar}\right)^{\frac{1}{2}} x e^{-\frac{\sqrt{mk}}{2\hbar}x^2}$

となる．最後に規格化条件 (9.4) より

$$\alpha_1 = \sqrt{2}\left(\frac{mk}{\pi^2\hbar^2}\right)^{\frac{1}{8}}.$$

(2) $f(u) = \alpha_2 u^2 + \alpha_1 u + \alpha_0$ とおくと，$f'(u) = 2\alpha_2 u + \alpha_1$，$f''(u) = 2\alpha_2$ である．これを (9.8) に代入すると，

$$2\alpha_2 - 2u(2\alpha_2 u + \alpha_1) - (\alpha_2 u^2 + \alpha_1 u + \alpha_0) = (-\varepsilon)(\alpha_2 u^2 + \alpha_1 u + \alpha_0)$$

であるので，$-5\alpha_2 = -\varepsilon\alpha_2$，$-3\alpha_1 = -\varepsilon\alpha_1$，$2\alpha_2 - \alpha_0 = -\varepsilon\alpha_0$．すなわち，

$$\begin{pmatrix} 5 & 0 & 0 \\ 0 & 3 & 0 \\ -2 & 0 & 1 \end{pmatrix}\begin{pmatrix} \alpha_2 \\ \alpha_1 \\ \alpha_0 \end{pmatrix} = \varepsilon\begin{pmatrix} \alpha_2 \\ \alpha_1 \\ \alpha_0 \end{pmatrix}$$

ここで，$\begin{pmatrix} 5 & 0 & 0 \\ 0 & 3 & 0 \\ -2 & 0 & 1 \end{pmatrix}$ の固有値は $1, 3, 5$ である．

(i) $\varepsilon = 1$ のとき．この場合 $\alpha_2 = \alpha_1 = 0$, $\alpha_0 \neq 0$ となるので，$f(u) = \alpha_0$ (定数関数)．そして，$\varepsilon = 1$ は作用素 $\left(-\dfrac{d^2}{du^2} + u^2\right)$ の固有値にもなっており，固有関数 $\varphi(u)$ は $\varphi(u) = e^{-\frac{u^2}{2}} f(u) = \alpha_0 e^{-\frac{u^2}{2}}$ である．なお，(9.9) から $\varepsilon = 2\cdot 0 + 1 = 1$ より量子数は 0 である．よって，(9.6) の逆変換によってハミルトニアン $\left(-\dfrac{\hbar^2}{2m}\nabla^2 + U(x)\right) = \left(-\dfrac{\hbar^2}{2m}\dfrac{d^2}{dx^2} + \dfrac{k}{2}x^2\right)$ の，量子数 0 に対する

(a)　エネルギー・固有値は $E_0 = \dfrac{\hbar}{2}\sqrt{\dfrac{k}{m}}$,

(b)　エネルギー・固有関数は $\varPhi_0(x) = \alpha_0 e^{-\frac{\sqrt{mk}}{2\hbar}x^2}$

となる．最後に規格化条件 (9.4) より

$$\alpha_0 = \left(\frac{mk}{\pi^2\hbar^2}\right)^{\frac{1}{8}}.$$

(ii) $\varepsilon = 3$ のとき．この場合 $\alpha_1 \neq 0$, $\alpha_2 = \alpha_0 = 0$ となるので，$f(u) = \alpha_1 u$．そして，$\varepsilon = 3$ は作用素 $\left(-\dfrac{d^2}{du^2} + u^2\right)$ の固有値にもなっており，固有関数 $\varphi(u)$ は

$\varphi(u) = e^{-\frac{u^2}{2}} f(u) = \alpha_1 u e^{-\frac{u^2}{2}}$ である．なお，(9.9) から $\varepsilon = 2\cdot1+1 = 3$ より量子数は 1 である．よって，(9.6) の逆変換によってハミルトニアン $\left(-\frac{\hbar^2}{2m}\nabla^2 + U(x)\right) = \left(-\frac{\hbar^2}{2m}\frac{d^2}{dx^2} + \frac{k}{2}x^2\right)$ の，量子数 1 に対する

(a)　エネルギー・固有値は $E_1 = \frac{3\hbar}{2}\sqrt{\frac{k}{m}}$,

(b)　エネルギー・固有関数は $\Phi_1(x) = \alpha_1 \left(\frac{\sqrt{mk}}{\hbar}\right)^{\frac{1}{2}} x e^{-\frac{\sqrt{mk}}{2\hbar}x^2}$

となる．最後に規格化条件 (9.4) より

$$\alpha_1 = \sqrt{2}\left(\frac{mk}{\pi^2\hbar^2}\right)^{\frac{1}{8}}.$$

(iii) $\varepsilon = 5$ のとき．この場合 $\alpha_2 = -2\alpha_0$, $\alpha_1 = 0$, $\alpha_0 \neq 0$ となるので，$f(u) = -2\alpha_0 u^2 + \alpha_0$. そして，$\varepsilon = 5$ は作用素 $\left(-\frac{d^2}{du^2} + u^2\right)$ の固有値にもなっており，固有関数 $\varphi(u)$ は $\varphi(u) = e^{-\frac{u^2}{2}} f(u) = \alpha_0(-2u^2+1)e^{-\frac{u^2}{2}}$ である．なお，(9.9) から $\varepsilon = 2\cdot2+1 = 5$ より量子数は 2 である．よって，(9.6) の逆変換によってハミルトニアン $\left(-\frac{\hbar^2}{2m}\nabla^2 + U(x)\right) = \left(-\frac{\hbar^2}{2m}\frac{d^2}{dx^2} + \frac{k}{2}x^2\right)$ の，量子数 2 に対する

(a)　エネルギー・固有値は $E_2 = \frac{5\hbar}{2}\sqrt{\frac{k}{m}}$,

(b)　エネルギー・固有関数は $\Phi_2(x) = \alpha_0\left(-2\frac{\sqrt{mk}}{\hbar}x^2 + 1\right)e^{-\frac{\sqrt{mk}}{2\hbar}x^2}$

となる．最後に規格化条件 (9.4) より

$$\alpha_0 = \frac{1}{\sqrt{2}}\left(\frac{mk}{\pi^2\hbar^2}\right)^{\frac{1}{8}}.$$

問 9.4　次の問いに答えよ．

(1) $\int_{-\infty}^{\infty} e^{-x^2}dx = \sqrt{\pi}$ を示せ．（ヒント：重積分を用いる．）

(2) 例 9.5 において，規格条件から $\Phi_0(x), \Phi_1(x), \Phi_2(x)$ が上のように求まることを確かめよ．

問 9.5　1 次元調和振動子のエネルギー・固有関数が，簡単な場合で

$$\Phi_1(x) = Ae^{-\alpha x^2} \quad (A, \alpha > 0 \text{ は定数})$$

で与えられているとき，A およびエネルギー・固有値 E_1 を求めよ．

解答とヒント

Chapter 1

問 1.1 (1) $\boldsymbol{a}+2\boldsymbol{b}=\begin{pmatrix}5\\1\\8\end{pmatrix}$　(2) $\boldsymbol{a}-\boldsymbol{b}+4\boldsymbol{c}=\begin{pmatrix}-1\\-8\\24\end{pmatrix}$

問 1.2 $\alpha\boldsymbol{a}+\beta\boldsymbol{b}=\boldsymbol{c}$ を α, β について解くと, $\alpha=1$, $\beta=-2$.

問 1.3 (1) $\alpha=\dfrac{x+2y}{9}, \beta=\dfrac{4x-y}{9}$ とおけば，$\alpha\boldsymbol{a}+\beta\boldsymbol{b}=\begin{pmatrix}x\\y\end{pmatrix}$ となるから, これらの 1 次結合で表せないベクトルは「存在しない」.

(2) これらの 1 次結合で表せないベクトルは「存在する」. たとえば, $\boldsymbol{d}=\begin{pmatrix}0\\0\\1\end{pmatrix}$.

問 1.4 (1) 1 次独立　(2) 1 次独立　(3) 1 次独立

問 1.5 求める平面上の任意の点を X として, $\overrightarrow{\mathrm{OX}}=\overrightarrow{\mathrm{OA}}+s\overrightarrow{\mathrm{AB}}+t\overrightarrow{\mathrm{AC}}$ $(s,t\in\mathbf{R})$. 以下，$s,t\in\mathbf{R}$ として，平面のベクトル表示と (代数) 方程式は次のようになる.

(1) $\begin{pmatrix}x\\y\\z\end{pmatrix}=\begin{pmatrix}1\\0\\0\end{pmatrix}+s\begin{pmatrix}-1\\0\\1\end{pmatrix}+t\begin{pmatrix}-1\\1\\0\end{pmatrix},\quad x+y+z=1$

(2) $\begin{pmatrix}x\\y\\z\end{pmatrix}=\begin{pmatrix}1\\1\\1\end{pmatrix}+s\begin{pmatrix}-1\\-1\\0\end{pmatrix}+t\begin{pmatrix}-1\\0\\1\end{pmatrix},\quad x-y+z=1$

(3) $\begin{pmatrix}x\\y\\z\end{pmatrix}=\begin{pmatrix}3\\2\\2\end{pmatrix}+s\begin{pmatrix}-1\\-1\\-3\end{pmatrix}+t\begin{pmatrix}-4\\-1\\1\end{pmatrix},\quad 4x-13y+3z=-8$

問 1.6 (1) $\|\boldsymbol{x}\|=\sqrt{35}$, $\|\boldsymbol{y}\|=\sqrt{6}$
(2) $\|\boldsymbol{x}+t\boldsymbol{y}\|$ を最小にする t の値と, $\|\boldsymbol{x}+t\boldsymbol{y}\|^2$ を最小にする t の値が一致することに注意して,

$$\|\boldsymbol{x}+t\boldsymbol{y}\|^2=6t^2+8t+35=6\left(t+\frac{2}{3}\right)^2+\frac{97}{3}$$

よって, $t=-\dfrac{2}{3}$ のとき, $\|\boldsymbol{x}+t\boldsymbol{y}\|$ は最小値 $\sqrt{\dfrac{97}{3}}$ をとる.

問 1.7 $a_1b_1 + a_2b_2 + a_3b_3 = 0$

問 1.8 (1) $3\sqrt{35}$　　(2) $\sqrt{731}$

問 1.9 左辺を内積に置き換えて計算をすればよい．

$$\begin{aligned}\|\boldsymbol{a}+\boldsymbol{b}\|^2 - \|\boldsymbol{a}-\boldsymbol{b}\|^2 &= (\boldsymbol{a}+\boldsymbol{b}, \boldsymbol{a}+\boldsymbol{b}) - (\boldsymbol{a}-\boldsymbol{b}, \boldsymbol{a}-\boldsymbol{b}) \\ &= (\boldsymbol{a},\boldsymbol{a}) + (\boldsymbol{b},\boldsymbol{b}) + 2(\boldsymbol{a},\boldsymbol{b}) - (\boldsymbol{a},\boldsymbol{a}) - (\boldsymbol{b},\boldsymbol{b}) + 2(\boldsymbol{a},\boldsymbol{b}) \\ &= 4(\boldsymbol{a},\boldsymbol{b})\end{aligned}$$

最初の辺と最後の辺を 4 で割ればよい．

問 1.10 各自で直接確かめてみよう．

問 1.11 求めるベクトルを $\boldsymbol{x} = \begin{pmatrix} x \\ y \\ z \end{pmatrix}$ とすると，

$$(\boldsymbol{x},\boldsymbol{a}) = x - y = 0,\ (\boldsymbol{x},\boldsymbol{b}) = 2x + y + 3z = 0,\ \|\boldsymbol{x}\|^2 = x^2 + y^2 + z^2 = 1$$

これより，$\begin{pmatrix} x \\ y \\ z \end{pmatrix} = c\begin{pmatrix} -1 \\ -1 \\ 1 \end{pmatrix}$, $3c^2 = 1$ を得る．よって，$\boldsymbol{x} = \pm\begin{pmatrix} -1 \\ -1 \\ 1 \end{pmatrix}$.

問 1.12 各自でチェックしてみよう．

問 1.13 (1) $\boldsymbol{e}_1 = \begin{pmatrix} 1 \\ 0 \\ 0 \end{pmatrix}$, $\boldsymbol{b}' = \boldsymbol{b} - (\boldsymbol{b},\boldsymbol{e}_1)\boldsymbol{e}_1$, $\boldsymbol{e}_2 = \boldsymbol{b}' = \begin{pmatrix} 0 \\ 1 \\ 0 \end{pmatrix}$,

$$\boldsymbol{c}' = \boldsymbol{c} - (\boldsymbol{c},\boldsymbol{e}_1)\boldsymbol{e}_1 - (\boldsymbol{c},\boldsymbol{e}_2)\boldsymbol{e}_2,\ \boldsymbol{e}_3 = \boldsymbol{c}' = \begin{pmatrix} 0 \\ 0 \\ 1 \end{pmatrix}$$

(2) $\boldsymbol{e}_1 = \dfrac{1}{\sqrt{2}}\begin{pmatrix} 1 \\ 1 \\ 0 \end{pmatrix}$. $\boldsymbol{b}' = \boldsymbol{b} - (\boldsymbol{b},\boldsymbol{e}_1)\boldsymbol{e}_1 = \dfrac{1}{2}\begin{pmatrix} 1 \\ -1 \\ 0 \end{pmatrix}$, $\boldsymbol{e}_2 = \dfrac{1}{\sqrt{2}}\begin{pmatrix} 1 \\ -1 \\ 0 \end{pmatrix}$,

$$\boldsymbol{c}' = \boldsymbol{c} - (\boldsymbol{c},\boldsymbol{e}_1)\boldsymbol{e}_1 - (\boldsymbol{c},\boldsymbol{e}_2)\boldsymbol{e}_2 = \begin{pmatrix} 0 \\ 0 \\ 1 \end{pmatrix},\ \boldsymbol{e}_3 = \boldsymbol{c}' = \begin{pmatrix} 0 \\ 0 \\ 1 \end{pmatrix}$$

問 1.14 (1) $2A - B = \begin{pmatrix} 5 & 2 \\ 2 & -6 \end{pmatrix}$　(2) $AB = \begin{pmatrix} -1 & 14 \\ 2 & -4 \end{pmatrix}$, $BA = \begin{pmatrix} 3 & 0 \\ -6 & -6 \end{pmatrix}$

(3) $C = \begin{pmatrix} -1 & \dfrac{10}{3} \\ 2 & -4 \end{pmatrix}$

問 1.15 ヒント： $X = \begin{pmatrix} a & b \\ c & d \end{pmatrix}$ とおいて，$AX = E$ から矛盾を導く．

問 1.16 (1) 存在する, $\begin{pmatrix} 0 & \dfrac{1}{2} \\ -\dfrac{1}{3} & 0 \end{pmatrix}$ (2) 存在する, $\dfrac{1}{14}\begin{pmatrix} 4 & -1 \\ 2 & 3 \end{pmatrix}$

(3) 存在しない (4) 存在する, $\begin{pmatrix} 2 & -5 \\ -1 & 3 \end{pmatrix}$

問 1.17 A^{-1} が存在すれば, $B = A^{-1}AB = A^{-1}O = O$ となり $B \neq O$ と矛盾する. B^{-1} が存在すれば, $A = ABB^{-1} = OB^{-1} = O$ となり $A \neq O$ と矛盾する. したがって, A, B ともに逆行列をもたない.

問 1.18 たとえば, $B = \begin{pmatrix} 1 & 2 \\ -1 & -2 \end{pmatrix} \neq O$ は $AB = O$ を満たす.

問 1.19 $a_1x + a_2y = b_1$ の方向ベクトルは $\begin{pmatrix} a_2 \\ -a_1 \end{pmatrix}$, $a_3x + a_4y = b_1$ の方向ベクトルは $\begin{pmatrix} a_4 \\ -a_3 \end{pmatrix}$. 「交点をもたない $\Leftrightarrow$ 平行」から, $a_2 : -a_1 = a_4 : -a_3$. ゆえに, $a_1a_4 - a_2a_3 = 0$.

問 1.20 $\alpha\boldsymbol{a} + \beta\boldsymbol{b} = \boldsymbol{o}$ とすると, $\begin{pmatrix} a_1 & b_1 \\ a_2 & b_2 \end{pmatrix}\begin{pmatrix} \alpha \\ \beta \end{pmatrix} = \begin{pmatrix} 0 \\ 0 \end{pmatrix}$. 与えられた条件により, $\begin{pmatrix} \alpha \\ \beta \end{pmatrix} = \begin{pmatrix} a_1 & b_1 \\ a_2 & b_2 \end{pmatrix}^{-1}\begin{pmatrix} 0 \\ 0 \end{pmatrix} = \begin{pmatrix} 0 \\ 0 \end{pmatrix}$, すなわち, $\alpha = \beta = 0$. よって, 1 次独立.

問 1.21 (1) $\begin{pmatrix} -2 \\ -8 \\ -1 \end{pmatrix}$ (2) $\begin{pmatrix} 2 \\ -6 \\ 4 \end{pmatrix}$

問 1.22 (1) 1 (2) 2 (3) 5

問 1.23 (1) $\begin{pmatrix} 2 & 0 \\ 0 & 1 \end{pmatrix}^n = \begin{pmatrix} 2^n & 0 \\ 0 & 1 \end{pmatrix}$ (2) $\begin{pmatrix} 1 & 2 \\ 0 & 1 \end{pmatrix}^n = \begin{pmatrix} 1 & 2n \\ 0 & 1 \end{pmatrix}$

(3) $\begin{pmatrix} 3 & 1 \\ 0 & 1 \end{pmatrix}^n = \begin{pmatrix} 3^n & 3^{n-1} + \cdots + 3 + 1 \\ 0 & 1 \end{pmatrix} = \begin{pmatrix} 3^n & \dfrac{3^n - 1}{2} \\ 0 & 1 \end{pmatrix}$

(4) $\begin{pmatrix} 0 & 1 \\ 1 & 0 \end{pmatrix}^{2n} = \begin{pmatrix} 1 & 0 \\ 0 & 1 \end{pmatrix}$, $\begin{pmatrix} 0 & 1 \\ 1 & 0 \end{pmatrix}^{2n+1} = \begin{pmatrix} 0 & 1 \\ 1 & 0 \end{pmatrix}$

(5) $\begin{pmatrix} a & 1 \\ 0 & b \end{pmatrix}^n = \begin{pmatrix} a^n & a^{n-1} + a^{n-2}b + \cdots + ab^{n-2} + b^{n-1} \\ 0 & b^n \end{pmatrix}$

問 1.24 (1) ～ (4) において, c は 0 でない任意定数とする.

(1) 固有値は 1, 3 で, 固有値 1 に対する固有ベクトルは $c\begin{pmatrix} 1 \\ 0 \end{pmatrix}$, 固有値 3 に対す

る固有ベクトルは $c\begin{pmatrix} 1 \\ 1 \end{pmatrix}$.

(2)　固有値は $\dfrac{3+\sqrt{17}}{2}$, $\dfrac{3-\sqrt{17}}{2}$ で，固有値 $\dfrac{3+\sqrt{17}}{2}$ に対する固有ベクトルは $c\begin{pmatrix} \dfrac{3+\sqrt{17}}{2} \\ 1 \end{pmatrix}$, 固有値 $\dfrac{3-\sqrt{17}}{2}$ に対する固有ベクトルは $c\begin{pmatrix} \dfrac{3-\sqrt{17}}{2} \\ 1 \end{pmatrix}$.

(3)　固有値は -1, 4 で，固有値 -1 に対する固有ベクトルは $c\begin{pmatrix} 1 \\ 1 \end{pmatrix}$, 固有値 4 に対する固有ベクトルは $c\begin{pmatrix} 3 \\ -2 \end{pmatrix}$.

(4)　固有値は 2, 5 で，固有値 2 に対する固有ベクトルは $c\begin{pmatrix} 2 \\ -1 \end{pmatrix}$, 固有値 5 に対する固有ベクトルは $c\begin{pmatrix} 1 \\ 1 \end{pmatrix}$.

問 1.25　(1) $A^3 = \begin{pmatrix} -11 & -2 \\ 2 & -11 \end{pmatrix}$, $A^4 = \begin{pmatrix} -7 & -24 \\ 24 & -7 \end{pmatrix}$

(2) $A^3 = \begin{pmatrix} 15 & -7 \\ 14 & -6 \end{pmatrix}$, $A^4 = \begin{pmatrix} 31 & -15 \\ 30 & -14 \end{pmatrix}$

(3) $A^3 = \begin{pmatrix} 8 & 0 \\ -3 & -1 \end{pmatrix}$, $A^4 = \begin{pmatrix} 16 & 0 \\ -5 & 1 \end{pmatrix}$

問 1.26　(1) $P = \begin{pmatrix} 1 & 1 \\ -1 & 1 \end{pmatrix}$, $P^{-1} = \dfrac{1}{2}\begin{pmatrix} 1 & -1 \\ 1 & 1 \end{pmatrix}$,

$$\begin{pmatrix} 1 & 2 \\ 2 & 1 \end{pmatrix}^n = P\begin{pmatrix} (-1)^n & 0 \\ 0 & 3^n \end{pmatrix}P^{-1} = \frac{1}{2}\begin{pmatrix} (-1)^n+3^n & -(-1)^n+3^n \\ -(-1)^n+3^n & (-1)^n+3^n \end{pmatrix}$$

(2) $P = \begin{pmatrix} 1 & 1 \\ -1 & 1 \end{pmatrix}$, $P^{-1} = \dfrac{1}{2}\begin{pmatrix} 1 & -1 \\ 1 & 1 \end{pmatrix}$,

$$\begin{pmatrix} 3 & 1 \\ 1 & 3 \end{pmatrix}^n = P\begin{pmatrix} 2^n & 0 \\ 0 & 4^n \end{pmatrix}P^{-1} = \frac{1}{2}\begin{pmatrix} 2^n+4^n & -2^n+4^n \\ -2^n+4^n & 2^n+4^n \end{pmatrix}$$

(3) $P = \begin{pmatrix} \sqrt{6} & \sqrt{6} \\ -2 & 3 \end{pmatrix}$, $P^{-1} = \dfrac{1}{5\sqrt{6}}\begin{pmatrix} 3 & -\sqrt{6} \\ 2 & \sqrt{6} \end{pmatrix}$,

$$\begin{pmatrix} 1 & \sqrt{6} \\ \sqrt{6} & 2 \end{pmatrix}^n = P\begin{pmatrix} (-1)^n & 0 \\ 0 & 4^n \end{pmatrix}P^{-1}$$

$$= \frac{1}{5\sqrt{6}}\begin{pmatrix} 3(-1)^n\sqrt{6}+2\cdot 4^n\sqrt{6} & -6(-1)^n+6\cdot 4^n \\ -6(-1)^n+6\cdot 4^n & 2(-1)^n\sqrt{6}+3\cdot 4^n\sqrt{6} \end{pmatrix}$$

(4) $P=\begin{pmatrix}1 & 1\\ -1 & 0\end{pmatrix}$, $P^{-1}=\begin{pmatrix}0 & -1\\ 1 & 1\end{pmatrix}$,

$$\begin{pmatrix}3 & 2\\ 0 & 1\end{pmatrix}^n = P\begin{pmatrix}1 & 0\\ 0 & 3^n\end{pmatrix}P^{-1} = \begin{pmatrix}3^n & 3^n-1\\ 0 & 1\end{pmatrix}$$

Chapter 2

問 2.1 (1) $\begin{pmatrix}\frac{1}{2} & \frac{1}{3} & \frac{1}{4}\\ \frac{1}{3} & \frac{1}{4} & \frac{1}{5}\\ \frac{1}{4} & \frac{1}{5} & \frac{1}{6}\end{pmatrix}$　(2) $\begin{pmatrix}1 & 1 & 1\\ 2 & 4 & 8\\ 3 & 9 & 27\end{pmatrix}$　(3) $\begin{pmatrix}1 & 0 & 0\\ 1 & 1 & 0\\ 1 & 1 & 1\end{pmatrix}$

問 2.2 (1) $AB=\begin{pmatrix}4 & 1\\ 9 & 3\end{pmatrix}$　(2) $BA=\begin{pmatrix}3 & -3 & 2\\ 3 & 0 & 6\\ 0 & 3 & 4\end{pmatrix}$　(3) 定義できない

(4) $CA=\begin{pmatrix}2 & 6 & 12\\ 4 & -9 & -4\end{pmatrix}$　(5) $BC=\begin{pmatrix}7 & 7\\ 12 & 6\\ 5 & -1\end{pmatrix}$　(6) 定義できない

問 2.3 各自で確かめてみよう．

問 2.4 (1) $\begin{pmatrix}0 & 1\\ 1 & 0\end{pmatrix}\begin{pmatrix}x\\ y\end{pmatrix}=\begin{pmatrix}y\\ x\end{pmatrix}$ より，A はベクトルを直線 $y=x$ に関して線対称の位置へ変換する写像の表現行列である．　(2) $\begin{pmatrix}0 & -1\\ -1 & 0\end{pmatrix}$　(3) $c\begin{pmatrix}1\\ 1\end{pmatrix}$ (c は任意定数)

(4) B はベクトルを直線 $y=x$ 上へ変換する写像の表現行列である．

問 2.5 n 次正方行列 $A=(a_{ij})$, $B=(b_{ij})$ を下三角行列とする．すなわち，$i>j$ のとき $a_{ij}=b_{ij}=0$ である．このとき，

$$\sum_{k=1}^{n} a_{ik}b_{kj} = \begin{cases} 0 & (i>j) \\ \displaystyle\sum_{i\leqq k\leqq j} a_{ik}b_{kj} & (i\leqq j) \end{cases}$$

より，$AB=\left(\displaystyle\sum_{k=1}^{n} a_{ik}b_{kj}\right)$ も下三角行列となる．これより，$A^n=A\cdot A^{n-1}$ は下三角行列となる．

問 2.6 $A^2=\begin{pmatrix}0 & 0 & 1 & 0\\ 0 & 0 & 0 & 1\\ 0 & 0 & 0 & 0\\ 0 & 0 & 0 & 0\end{pmatrix}$, $A^3=\begin{pmatrix}0 & 0 & 0 & 1\\ 0 & 0 & 0 & 0\\ 0 & 0 & 0 & 0\\ 0 & 0 & 0 & 0\end{pmatrix}$, $A^4=O$

問 2.7　$A^{n-1} = \begin{pmatrix} 0 & \cdots & 0 & 1 \\ 0 & \cdots & 0 & 0 \\ \vdots & & \vdots & \vdots \\ 0 & \cdots & 0 & 0 \end{pmatrix}$, $A^n = O_n$ (零行列)

問 2.8　(1) ${}^tA + {}^tB = \begin{pmatrix} 3 & 1 & 5 \\ 3 & -3 & 8 \\ 0 & 8 & 4 \end{pmatrix}$, ${}^t(A+B) = \begin{pmatrix} 3 & 1 & 5 \\ 3 & -3 & 8 \\ 0 & 8 & 4 \end{pmatrix}$

(2) ${}^tA{}^tB = \begin{pmatrix} -2 & 9 & 5 \\ -8 & 33 & 15 \\ -2 & 6 & 13 \end{pmatrix}$, ${}^t(AB) = \begin{pmatrix} 11 & 11 & 20 \\ -4 & 6 & -11 \\ 12 & 0 & 27 \end{pmatrix}$

(3) ${}^t(BA) = \begin{pmatrix} -2 & 9 & 5 \\ -8 & 33 & 15 \\ -2 & 6 & 13 \end{pmatrix}$

問 2.9　任意の正方行列 A に対して, $\dfrac{1}{2}(A + {}^tA)$, $\dfrac{1}{2}(A - {}^tA)$ はそれぞれ対称行列, 交代行列で, $A = \dfrac{1}{2}(A + {}^tA) + \dfrac{1}{2}(A - {}^tA)$.

問 2.10　(1) $\mathrm{tr}\,(A^2) = 5$, $(\mathrm{tr}\,(A))^2 = 9$　(2) $\mathrm{tr}\,(A^2) = 4$, $(\mathrm{tr}\,(A))^2 = 16$
(3) $\mathrm{tr}\,(A^2) = 10$, $(\mathrm{tr}\,(A))^2 = 0$

問 2.11　固有値 α, β のそれぞれに対する固有ベクトルを求めて正則行列 P をつくると, $P^{-1}AP = \begin{pmatrix} \alpha & 0 \\ 0 & \beta \end{pmatrix}$ となる.

問 2.12　(1) $49 \times 29 - |\mathrm{tr}\,({}^tBA)|^2 = 1357$　(2) $26 \times 26 - |\mathrm{tr}\,({}^tBA)|^2 = 507$

問 2.13　(1) 各自で確かめてみよう. (2) 定理 1.4 の証明と同様（各自で確かめてみよう）.

問 2.14　$A = \left(\begin{array}{cc|cc} 2 & 3 & 0 & 0 \\ 0 & -1 & 0 & 0 \\ \hline 0 & 0 & 2 & 4 \\ 0 & 0 & 1 & -2 \end{array}\right) = \begin{pmatrix} A_1 & O_2 \\ E_2 & A_2 \end{pmatrix}$, $B = \left(\begin{array}{cc|cc} 3 & 1 & 1 & 0 \\ 5 & 2 & 0 & 1 \\ \hline 0 & 0 & 2 & -2 \\ 0 & 0 & 5 & 1 \end{array}\right)$

$= \begin{pmatrix} B_1 & E_2 \\ O_2 & B_2 \end{pmatrix}$, $C = \left(\begin{array}{cc|cc} 1 & 2 & 4 & 2 \\ 0 & -1 & 0 & 0 \\ \hline 1 & 0 & -1 & 2 \\ 0 & 1 & 1 & 0 \end{array}\right) = \begin{pmatrix} C_1 & C_2 \\ E_2 & C_3 \end{pmatrix}$ と区分けをする.

(1) $AB = \begin{pmatrix} A_1B_1 & A_1 \\ O_2 & A_2B_2 \end{pmatrix} = \begin{pmatrix} 21 & 8 & 2 & 3 \\ -5 & -2 & 0 & -1 \\ 0 & 0 & 24 & 0 \\ 0 & 0 & -8 & -4 \end{pmatrix}$

(2) $AC = \begin{pmatrix} A_1C_1 & A_1C_2 \\ A_2 & A_2C_3 \end{pmatrix} = \begin{pmatrix} 11 & 16 & 8 & 1 \\ -3 & -4 & 0 & 1 \\ 2 & 4 & 2 & 4 \\ 1 & -2 & -3 & 2 \end{pmatrix}$

(3) $BC = \begin{pmatrix} B_1C_1 + E_2 & B_1C_2 + C_3 \\ B_2 & B_2C_3 \end{pmatrix} = \begin{pmatrix} 7 & 10 & 11 & 7 \\ 11 & 19 & 21 & 8 \\ 2 & -2 & -4 & 4 \\ 5 & 1 & -4 & 10 \end{pmatrix}$

(4) $B^2 = \begin{pmatrix} {B_1}^2 & B_1 + B_2 \\ O_2 & {B_2}^2 \end{pmatrix} = \begin{pmatrix} 14 & 5 & 5 & -1 \\ 25 & 9 & 10 & 3 \\ 0 & 0 & -6 & -6 \\ 0 & 0 & 15 & -9 \end{pmatrix}$

問 2.15 (1) 正則で, $\begin{pmatrix} 1 & 3 \\ 2 & 0 \end{pmatrix}^{-1} = \dfrac{1}{5}\begin{pmatrix} 0 & 3 \\ 2 & -1 \end{pmatrix}$ (2) 正則でない

(3) 正則で, $\begin{pmatrix} 2 & 0 & 1 \\ 0 & -1 & 2 \\ 0 & 0 & 3 \end{pmatrix}^{-1} = \dfrac{1}{6}\begin{pmatrix} 3 & 0 & 0 \\ 0 & -6 & 4 \\ 0 & 0 & 2 \end{pmatrix}$ (4) 正則でない

問 2.16 A が正則であると仮定すると, A^{-1} が存在する. このとき, $A^n = O$ の両辺の左側から A^{-1} を $n-1$ 回掛けると $A = O$ を得る. よって, A は正則でなく, 仮定に矛盾する. ゆえに, A は正則でない.

問 2.17 正則な n 次の上三角行列を $A = (a_{ij})$, $A^{-1} = X = (x_{ij})$ とすると, $AX = E$ から, 簡単に

$$x_{n\ 1} = \cdots = x_{n\ n-1} = 0,\ x_{n-1\ 1} = \cdots = x_{n-1\ n-2} = 0, \cdots, x_{21} = 0$$

が導かれる.

問 2.18 以下は 1 つの解答例であり, 他の方法もある.

(1) $H(3,2\,;-1)H(2,1\,;1)A = \begin{pmatrix} 1 & 2 & 3 \\ 0 & 3 & 3 \\ 0 & 0 & -5 \end{pmatrix}$

(2) $H(2,1\,;-2)G(1,2)A = \begin{pmatrix} 1 & -2 & 3 \\ 0 & 3 & -5 \\ 0 & 0 & 2 \end{pmatrix}$

(3) $F(3\,;5)H(3,2\,;\dfrac{9}{5})H(3,1\,;2)H(2,1\,;-2)H(1,2\,;-1)A = \begin{pmatrix} 1 & 2 & 2 \\ 0 & -5 & -2 \\ 0 & 0 & 2 \end{pmatrix}$

(4) $H(4,3\,;-9)F(3\,;\dfrac{1}{5})H(3,4\,;-1)H(4,2\,;2)H(3,2\,;5)$

$$\times H(2,4\,;2)H(3,1\,;1)H(2,1\,;-2)A = \begin{pmatrix} 1 & 3 & 0 & 2 \\ 0 & -1 & 3 & -12 \\ 0 & 0 & 1 & -5 \\ 0 & 0 & 0 & 17 \end{pmatrix}$$

Chapter 3

問 3.1 (1) $x = \dfrac{8}{13},\ y = \dfrac{1}{13}$　(2) $x = \dfrac{5\sqrt{2}}{3},\ y = -\dfrac{1}{3}$
(3) $x = \dfrac{3}{5},\ y = -\dfrac{2}{5},\ z = -\dfrac{3}{5}$　(4) $x = 3,\ y = -7,\ z = -6$

問 3.2 (1) $\left(\begin{array}{cc|c} 1 & 0 & 44 \\ 0 & 1 & -13 \end{array}\right)$. ゆえに, $x = 44,\ y = -13$

(2) $\left(\begin{array}{cc|c} 1 & 0 & 26 \\ 0 & 1 & -17 \end{array}\right)$. ゆえに, $x = 26,\ y = -17$

(3) $\left(\begin{array}{ccc|c} 1 & 0 & 0 & 18 \\ 0 & 1 & 0 & -27 \\ 0 & 0 & 1 & 16 \end{array}\right)$. ゆえに, $x = 18,\ y = -27,\ z = 16$

(4) $\left(\begin{array}{ccc|c} 1 & 0 & 0 & 18 \\ 0 & 1 & 0 & -11 \\ 0 & 0 & 1 & 9 \end{array}\right)$. ゆえに, $x = 18,\ y = -11,\ z = 9$

(5) $\left(\begin{array}{cccc|c} 1 & 0 & 0 & 0 & -9 \\ 0 & 1 & 0 & 0 & -2 \\ 0 & 0 & 1 & 0 & -7 \\ 0 & 0 & 0 & 1 & -14 \end{array}\right)$. ゆえに, $x = -9,\ y = -2,\ z = -7,\ w = -14$

(6) $\left(\begin{array}{cccc|c} 1 & 0 & 0 & 0 & -15 \\ 0 & 1 & 0 & 0 & 20 \\ 0 & 0 & 1 & 0 & 5 \\ 0 & 0 & 0 & 1 & -9 \end{array}\right)$. ゆえに, $x = -15,\ y = 20,\ z = 5,\ w = -9$

問 3.3 (1) $\operatorname{rank} A = 3$　(2) $\operatorname{rank} B = 2$　(3) $\operatorname{rank} C = 4$　(4) $\operatorname{rank} D = 3$

問 3.4 (1)〜(4) において, c, s, t は任意の実数を表す.

(1) 係数行列の階数は 2, $\begin{pmatrix} x \\ y \\ z \end{pmatrix} = \begin{pmatrix} -2 \\ 3 \\ 0 \end{pmatrix} + c\begin{pmatrix} 1 \\ 1 \\ 2 \end{pmatrix}$

(2) 係数行列の階数は 2, $\begin{pmatrix} x \\ y \\ z \end{pmatrix} = \begin{pmatrix} 1 \\ 0 \\ 0 \end{pmatrix} + c\begin{pmatrix} 1 \\ -2 \\ 1 \end{pmatrix}$

(3) 係数行列の階数は 3, $\begin{pmatrix} x \\ y \\ z \\ w \end{pmatrix} = \begin{pmatrix} 6 \\ -3 \\ 0 \\ -1 \end{pmatrix} + c \begin{pmatrix} -3 \\ 1 \\ 1 \\ 0 \end{pmatrix}$

(4) 係数行列の階数は 2, $\begin{pmatrix} x \\ y \\ z \\ w \end{pmatrix} = \begin{pmatrix} 2 \\ 3 \\ 0 \\ 0 \end{pmatrix} + s \begin{pmatrix} 11 \\ -9 \\ 1 \\ 0 \end{pmatrix} + t \begin{pmatrix} 5 \\ -4 \\ 0 \\ 1 \end{pmatrix}$

(5) 係数行列の階数は 4. $x = \dfrac{29}{20}$, $y = -\dfrac{53}{20}$, $z = \dfrac{9}{20}$, $w = -\dfrac{1}{20}$

問 3.5 (1) $a = 3$ のとき，(拡大係数行列の階数) = (係数行列の階数) = 2．このとき，連立 1 次方程式の解は任意定数を 1 つ含む.

$$\begin{pmatrix} x \\ y \\ z \end{pmatrix} = \begin{pmatrix} -7 \\ -5 \\ 0 \end{pmatrix} + c \begin{pmatrix} 5 \\ 3 \\ 1 \end{pmatrix} \quad (c \in \mathbf{R})$$

(2) $a = -1$ のとき，(拡大係数行列の階数) = (係数行列の階数) = 2．このとき，連立 1 次方程式の解は任意定数を 1 つ含む.

$$\begin{pmatrix} x \\ y \\ z \end{pmatrix} = \begin{pmatrix} -4 \\ 7 \\ 0 \end{pmatrix} + c \begin{pmatrix} -4 \\ 5 \\ 1 \end{pmatrix} \quad (c \in \mathbf{R})$$

問 3.6 各自で調べてみよう.

問 3.7 (1) 正則, $\begin{pmatrix} 2 & -1 & 1 \\ 2 & 1 & -2 \\ 1 & -1 & 1 \end{pmatrix}^{-1} = \begin{pmatrix} 1 & 0 & -1 \\ 4 & -1 & -6 \\ 3 & -1 & -4 \end{pmatrix}$

(2) 正則でない

(3) 正則, $\begin{pmatrix} 2 & -2 & 3 \\ 3 & -1 & 3 \\ 5 & 4 & 1 \end{pmatrix}^{-1} = \begin{pmatrix} -13 & 14 & -3 \\ 12 & -13 & 3 \\ 17 & -18 & 4 \end{pmatrix}$

(4) 正則, $\begin{pmatrix} 2 & 0 & -1 & 3 \\ 0 & 1 & -1 & 2 \\ -1 & 1 & 0 & 2 \\ 3 & -2 & 1 & 1 \end{pmatrix}^{-1} = \begin{pmatrix} -5 & 8 & -2 & 3 \\ -9 & 14 & -3 & 5 \\ -5 & 7 & -1 & 3 \\ 2 & -3 & 1 & -1 \end{pmatrix}$

(5) 正則, $\begin{pmatrix} 0 & 2 & 1 & 1 \\ -1 & 1 & 0 & 2 \\ 1 & 0 & 1 & -1 \\ 0 & 2 & 1 & 0 \end{pmatrix}^{-1} = \begin{pmatrix} 3 & -2 & -1 & -2 \\ 1 & -1 & -1 & 0 \\ -2 & 2 & 2 & 1 \\ 1 & 0 & 0 & -1 \end{pmatrix}$

Chapter 4

問 4.1 (1) $\sigma_1 \circ \sigma_2 = \begin{pmatrix} 1 & 2 & 3 & 4 & 5 \\ 5 & 3 & 4 & 1 & 2 \end{pmatrix}$ (2) $\sigma_2 \circ \sigma_3 = \begin{pmatrix} 2 & 5 & 1 & 3 & 4 \\ 4 & 2 & 1 & 3 & 5 \end{pmatrix}$

(3) $\sigma_1 \circ \sigma_2 \circ \sigma_3 = \begin{pmatrix} 2 & 5 & 1 & 3 & 4 \\ 5 & 4 & 3 & 1 & 2 \end{pmatrix}$ (4) $\sigma_1^{-1} = \begin{pmatrix} 1 & 2 & 3 & 4 & 5 \\ 3 & 5 & 1 & 2 & 4 \end{pmatrix}$

問 4.2 ヒント：「$T_n \subseteq S_n$ かつ $T_n \supseteq S_n$」，「$P_n \subseteq S_n$ かつ $P_n \supseteq S_n$」

問 4.3 以下の解答はすべて一例である.

(1) $\begin{pmatrix} 1 & 2 & 3 & 4 \\ 2 & 4 & 1 & 3 \end{pmatrix} = (3,4)(2,3)(1,3)$ 符号は負 (-1).

(2) $\begin{pmatrix} 2 & 4 & 1 & 3 \\ 3 & 2 & 4 & 1 \end{pmatrix} = (1,3)(1,4)(2,4)$ 符号は負 (-1).

(3) $\begin{pmatrix} 1 & 2 & 3 & 4 & 5 \\ 3 & 1 & 5 & 2 & 4 \end{pmatrix} = (4,5)(3,4)(2,4)(1,2)$ 符号は正 $(+1)$.

問 4.4 (1) $|A| = -8$　(2) $|B| = -13$　(3) $|C| = 25$
(4) $|BC| = -325$　(5) $|CB| = -325$

問 4.5 (1) -78　(2) 224　(3) 48　(4) 12

問 4.6 (1) -103　(2) -32　(3) -773　(4) 148

問 4.7 (1) $(a+b+c+d)(a-b+c-d)\{(a-c)^2+(b-d)^2\}$
(2) $(c+a-b)(c-a+b)(c+a+b)(c-a-b)$　(3) $(af-be+cd)^2$

問 4.8 (1) 第 1 行について順次余因子展開を行えばよい.

$$\begin{vmatrix} 0 & & & a_1 \\ & & a_2 & \\ & \iddots & & \\ a_n & & & 0 \end{vmatrix} = (-1)^{1+n} a_1 \begin{vmatrix} 0 & & a_2 \\ & \iddots & \\ a_n & & 0 \end{vmatrix}$$

$$= (-1)^{1+n}(-1)^{1+(n-1)} a_1 a_2 \begin{vmatrix} 0 & & a_3 \\ & \iddots & \\ a_n & & 0 \end{vmatrix}$$

$$= \cdots = (-1)^{\frac{n^2+3n}{2}} a_1 a_2 \cdots a_n.$$

(2) 最初に, 第 1 列に第 2 列以降の各列を加え, 余因子展開を行う.

$$\begin{vmatrix} x & a_1 & a_2 & a_3 & \cdots & a_n \\ a_1 & x & a_2 & a_3 & \cdots & a_n \\ a_1 & a_2 & x & a_3 & \cdots & a_n \\ \vdots & \vdots & \vdots & \vdots & & \vdots \\ a_1 & a_2 & a_3 & a_4 & \cdots & x \end{vmatrix}$$

$$= \left(x + \sum_{k=1}^{n} a_k\right) \begin{vmatrix} 1 & a_1 & a_2 & a_3 & \cdots & a_n \\ 0 & x - a_1 & 0 & 0 & \cdots & 0 \\ 0 & a_2 - a_1 & x - a_2 & 0 & \cdots & 0 \\ \vdots & \vdots & \vdots & \vdots & & \vdots \\ 0 & a_2 - a_1 & a_3 - a_2 & a_4 - a_3 & \cdots & x - a_n \end{vmatrix}$$

$$= \left(x + \sum_{k=1}^{n} a_k\right) \prod_{k=1}^{n} (x - a_k).$$

問 4.9 (1) 正則, $\begin{pmatrix} 2 & 1 & 7 \\ -1 & 0 & 4 \\ 3 & 3 & 1 \end{pmatrix}^{-1} = \dfrac{1}{32} \begin{pmatrix} 12 & -20 & -4 \\ -13 & 19 & 15 \\ 3 & 3 & -1 \end{pmatrix}$

(2) 正則, $\begin{pmatrix} 5 & 3 & -1 \\ 1 & 2 & 3 \\ 2 & 1 & 4 \end{pmatrix}^{-1} = \dfrac{1}{34} \begin{pmatrix} 5 & -13 & 11 \\ 2 & 22 & -16 \\ -3 & 1 & 7 \end{pmatrix}$

(3) 正則, $\begin{pmatrix} 1 & 3 & -1 \\ 0 & 1 & 2 \\ -2 & 1 & 3 \end{pmatrix}^{-1} = \dfrac{1}{13} \begin{pmatrix} -1 & 10 & -7 \\ 4 & -5 & 2 \\ -2 & 7 & -1 \end{pmatrix}$

問 4.10 (1) $\begin{vmatrix} 2 & 1 & -3 \\ 1 & -4 & -1 \\ 3 & 2 & 5 \end{vmatrix} = -86, \quad x = -\dfrac{1}{86} \begin{vmatrix} -1 & 1 & -3 \\ 1 & -4 & -1 \\ 0 & 2 & 5 \end{vmatrix} = -\dfrac{7}{86},$

$y = -\dfrac{1}{86} \begin{vmatrix} 2 & -1 & -3 \\ 1 & 1 & -1 \\ 3 & 0 & 5 \end{vmatrix} = -\dfrac{27}{86}, \quad z = -\dfrac{1}{86} \begin{vmatrix} 2 & 1 & -1 \\ 1 & -4 & 1 \\ 3 & 2 & 0 \end{vmatrix} = \dfrac{15}{86}$

(2) $\begin{vmatrix} 1 & 1 & 2 \\ 2 & 3 & -5 \\ -3 & -1 & 4 \end{vmatrix} = 28, \quad x = \dfrac{1}{28} \begin{vmatrix} 3 & 1 & 2 \\ -2 & 3 & -5 \\ 1 & -1 & 4 \end{vmatrix} = \dfrac{11}{14},$

$y = \dfrac{1}{28} \begin{vmatrix} 1 & 3 & 2 \\ 2 & -2 & -5 \\ -3 & 1 & 4 \end{vmatrix} = \dfrac{5}{14}, \quad z = \dfrac{1}{28} \begin{vmatrix} 1 & 1 & 3 \\ 2 & 3 & -2 \\ -3 & -1 & 1 \end{vmatrix} = \dfrac{13}{14}$

(3) $\begin{vmatrix} 4 & -3 & 1 \\ -1 & 5 & 2 \\ 2 & 2 & 3 \end{vmatrix} = 11, \quad x = \dfrac{1}{11} \begin{vmatrix} 0 & -3 & 1 \\ 1 & 5 & 2 \\ -4 & 2 & 3 \end{vmatrix} = 5,$

$y = \dfrac{1}{11} \begin{vmatrix} 4 & 0 & 1 \\ -1 & 1 & 2 \\ 2 & -4 & 3 \end{vmatrix} = \dfrac{46}{11}, \quad z = \dfrac{1}{11} \begin{vmatrix} 4 & -3 & 0 \\ -1 & 5 & 1 \\ 2 & 2 & -4 \end{vmatrix} = \dfrac{82}{11}$

(4) $\begin{vmatrix} 3 & 1 & 0 \\ 1 & -4 & 1 \\ -2 & 3 & -1 \end{vmatrix} = -28,\quad x = -\dfrac{1}{28}\begin{vmatrix} 2 & 1 & 0 \\ -3 & -4 & 1 \\ 1 & 3 & -1 \end{vmatrix} = 0,$

$$y = -\frac{1}{28}\begin{vmatrix} 3 & 2 & 0 \\ 1 & -3 & 1 \\ -2 & 1 & -1 \end{vmatrix} = -\frac{1}{7},\quad z = -\frac{1}{28}\begin{vmatrix} 3 & 1 & 2 \\ 1 & -4 & -3 \\ -2 & 3 & 1 \end{vmatrix} = \frac{5}{14}$$

問 4.11 3 つの平面直線が平行ならば，例題 1.1 より係数行列の $(1,3)$, $(2,3)$, $(3,3)$ 余因子が 0 になる．よって，定理 4.12 より係数行列式は 0 になる．3 直線が 1 点を共有する場合は例題 4.12 を見よ．逆は，$(c_1, c_2, c_3) = (0,0,0)$ と $(c_1, c_2, c_3) \neq (0,0,0)$ の場合に分けて考えれば，3 直線が 1 点共有または平行になることがわかる (各自で確かめよう).

Chapter 5

問 5.1 (1) 1 次従属 (2) 1 次独立 (3) 1 次従属 (4) 1 次独立

問 5.2 (1) $\alpha(\boldsymbol{a}+\boldsymbol{b}+\boldsymbol{c}) + \beta(\boldsymbol{b}+\boldsymbol{c}+\boldsymbol{d}) + \gamma(\boldsymbol{c}+\boldsymbol{d}+\boldsymbol{a}) + \delta(\boldsymbol{d}+\boldsymbol{a}+\boldsymbol{b}) = \boldsymbol{o}$ とすると, $(\alpha, \beta, \delta, \gamma) = (0,0,0,0)$. よって, 1 次独立.

(2) $(\boldsymbol{a}-\boldsymbol{b}) + (\boldsymbol{b}-\boldsymbol{c}) + (\boldsymbol{c}-\boldsymbol{d}) + (\boldsymbol{d}-\boldsymbol{a}) = \boldsymbol{o}$ より, 1 次従属.

問 5.3 (1) $\alpha\begin{pmatrix} 1 & 0 \\ 0 & 3 \end{pmatrix} + \beta\begin{pmatrix} 0 & -1 \\ 2 & 1 \end{pmatrix} = \begin{pmatrix} 0 & 0 \\ 0 & 0 \end{pmatrix}$ とすると, $\alpha = \beta = 0$. よって, 1 次独立.

(2) $\alpha(x-1) + \beta(x-1)^2 + \gamma(x-1)^3 = 0$ (x についての恒等式) とする．展開して $\gamma x^3 + (\beta - 3\gamma)x^2 + (\alpha - 2\beta + 3\gamma)x - (\alpha - \beta + \gamma) = 0$ (x についての展開式). 係数比較により $\alpha = \beta = \gamma = 0$. よって 1 次独立.

問 5.4 (1) $m \neq m$ ならば, $\displaystyle\int_0^{2\pi} \cos nx \cos mx\, dx = 0$. $n = m$ ならば, $\displaystyle\int_0^{2\pi} \cos^2 nx\, dx = \pi$. $\alpha_1 \cos + \alpha_2 \cos 2x + \cdots + \alpha_n \cos nx = 0$ とすると,

$$0 = \int_0^{2\pi} (\alpha_1 \cos x + \cdots + \alpha_n \cos nx) \cos mx\, dx = \alpha_m \pi \quad (m = 1, 2, \cdots, n)$$

よって, $\alpha_1 = \cdots = \alpha_n = 0$ となり, 1 次独立.

(2) $\displaystyle\int_0^{2\pi} \sin nx \sin mx\, dx = 0$ $(n = 1, 2, \cdots, n\,; m = 1, 2, \cdots, m)$. $\alpha_1 \sin x + \cdots + \alpha_n \sin nx + \beta_1 \cos x + \cdots + \beta_m \cos mx = 0$ とすると,

$$0 = \int_0^{2\pi} (\alpha_1 \sin x + \cdots + \alpha_n \sin nx + \beta_1 \cos x + \cdots + \beta_m \cos mx) \sin px\, dx = a_p \pi$$

$$0 = \int_0^{2\pi} (\alpha_1 \sin x + \cdots + \alpha_n \sin nx + \beta_1 \cos x + \cdots + \beta_m \cos mx) \cos qx\, dx = b_q \pi$$

これより, $\alpha_1 = \cdots = \alpha_n = 0$ かつ $\beta_1 = \cdots = \beta_m = 0$. よって, 1 次独立.

問 5.5 各自で確かめてみよう.

問 5.6 各自で確かめてみよう．

問 5.7 n 元連立 1 次方程式を，係数行列 $A=(a_{ij}), \boldsymbol{x}=\begin{pmatrix} x_1 \\ \vdots \\ x_n \end{pmatrix}, \boldsymbol{b}=\begin{pmatrix} b_1 \\ \vdots \\ b_n \end{pmatrix}$ として，$A\boldsymbol{x}=\boldsymbol{b}$ とおくと，$V=\{\boldsymbol{x}\in\mathbf{R}^n;\ A\boldsymbol{x}=\boldsymbol{b}\}$．これをもとに各自で確かめてみよう．

問 5.8 $\{a_n\},\{b_n\}\in V$, $\alpha,\beta\in\mathbf{R}$ とする．このとき，

$$\begin{aligned}&\{\alpha a_{n+2}+\beta b_{n+2}\}-3\{\alpha a_{n+1}+\beta b_{n+1}\}+2\{\alpha a_n+\beta b_n\}\\=&\alpha\{a_{n+2}-3a_{n+1}+2a_n\}+\beta\{b_{n+2}-3b_{n+1}+2b_n\}=0.\end{aligned}$$

よって，$\alpha\{a_n\}+\beta\{b_n\}\in V$.

問 5.9 $f,g\in C^0([0,1])$, $\alpha,\beta\in\mathbf{R}$ とする．$x\in[0,1]$ に対して

$$I(\alpha f+\beta g)(x)=\int_0^x\{\alpha f(t)+\beta g(t)\}\,dt=\alpha I(f)(x)+\beta I(g)(x).$$

問 5.10 $p,q\in P_2(\mathbf{R})$, $p(x)=ax^2+bx+c$, $q(x)=a'x^2+b'x+c'$, $\alpha,\beta\in\mathbf{R}$ とする．

$$\alpha p(x)=\alpha ax^2+\alpha bx+\alpha c$$

$$\beta q(x)=\beta a'x^2+\beta b'x+\beta c'$$

$$\alpha p(x)+\beta q(x)=(\alpha a+\beta a')x^2+(\alpha b+\beta b')x+(\alpha c+\beta c')$$

$$f(\alpha p+\beta q)=\begin{pmatrix}\alpha a+\beta a'\\ \alpha b+\beta b'\\ \alpha c+\beta c'\end{pmatrix}=\alpha\begin{pmatrix}a\\b\\c\end{pmatrix}+\beta\begin{pmatrix}a'\\b'\\c'\end{pmatrix}=\alpha f(p)+\beta f(q).$$

問 5.11 (1) $M_n(\mathbf{R})$ の元は n 次正方行列であるから，この行列を，たとえば，第 1 列，$\cdots$，第 n 列の順に縦に並べてできた $\mathbf{R}^{n^2}$ のベクトルに移す写像を f とすると，f 全単射，すなわち同型写像であることが簡単にわかる．よって，同型である．

(2) V の元は n 次対称行列であるから，この行列を，たとえば，対角成分の下にある成分で，第 1 列，$\cdots$，第 $n-1$ 列にあるものを順に縦に並べてできた $\mathbf{R}^{\frac{n(n-1)}{2}}$ のベクトルに移す写像を f とすると，対角成分が自由にとれるので，f は単射ではない．よって，同型ではない．

(3) W の元としての行列は対角成分がすべて 0 であり，V の行列の対角成分は自由なので，V から W への写像は単射ではない．よって，同型ではない．

問 5.12 (1) 1 次独立で, $\mathbf{R}^3$ の任意のベクトル $\boldsymbol{x} = \begin{pmatrix} x \\ y \\ z \end{pmatrix}$ は,

$$\boldsymbol{x} = (x-y)\begin{pmatrix} 1 \\ 0 \\ 0 \end{pmatrix} + (y-z)\begin{pmatrix} 1 \\ 1 \\ 0 \end{pmatrix} + z\begin{pmatrix} 1 \\ 1 \\ 1 \end{pmatrix}$$

よって, 基底になる.

(2) 1 次独立で, $\mathbf{R}^3$ の任意のベクトル $\boldsymbol{x} = \begin{pmatrix} x \\ y \\ z \end{pmatrix}$ は,

$$\boldsymbol{x} = \frac{1}{2}(3x+y-z)\begin{pmatrix} 1 \\ -1 \\ 0 \end{pmatrix} + \frac{1}{2}(z-x-y)\begin{pmatrix} 1 \\ 0 \\ 3 \end{pmatrix} + \frac{1}{2}(3x+3y-z)\begin{pmatrix} 0 \\ 1 \\ 1 \end{pmatrix}$$

よって, 基底になる.

(3) 1 次従属なので基底でない.

(4) 1 次独立で, $\mathbf{R}^3$ の任意のベクトル $\boldsymbol{x} = \begin{pmatrix} x \\ y \\ z \end{pmatrix}$ は,

$$\boldsymbol{x} = (7x-5y-z)\begin{pmatrix} 1 \\ 1 \\ 1 \end{pmatrix} + (-3x+y+z)\begin{pmatrix} 1 \\ 1 \\ 2 \end{pmatrix} + (y-z)\begin{pmatrix} 3 \\ 4 \\ 1 \end{pmatrix}$$

よって, 基底になる.

問 5.13 (1) 線形部分空間, 基底は $\left\{\begin{pmatrix} 1 \\ 0 \\ 0 \end{pmatrix}, \begin{pmatrix} 1 \\ 1 \\ 0 \end{pmatrix}\right\}$, $\dim V = 2$.

(2) 線形部分空間, 基底は $\left\{\begin{pmatrix} -2 \\ 1 \\ 0 \end{pmatrix}, \begin{pmatrix} 1 \\ 0 \\ 1 \end{pmatrix}\right\}$, $\dim V = 2$.

(3) 線形部分空間ではない, なぜなら, $\boldsymbol{x} = \begin{pmatrix} 1 \\ 1 \\ -1 \end{pmatrix}, \boldsymbol{y} = \begin{pmatrix} 1 \\ 0 \\ 0 \end{pmatrix} \in V$ とすると,

$\boldsymbol{x} + \boldsymbol{y} = \begin{pmatrix} 2 \\ 1 \\ -1 \end{pmatrix} \notin V$ だから.

(4) 線形部分空間, 基底は $\left\{\begin{pmatrix} 1 \\ -1 \\ 1 \end{pmatrix}\right\}$, $\dim V = 1$.

問 5.14 (1) 解空間は $V = \left\{ c\begin{pmatrix} 4 \\ 1 \\ -3 \end{pmatrix} ;\ c \in \mathbf{R} \right\}$, 基底は $\left\{ \begin{pmatrix} 4 \\ 1 \\ -3 \end{pmatrix} \right\}$, $\dim V = 1$.

(2) 解空間は $V = \left\{ c\begin{pmatrix} 1 \\ -2 \\ 5 \end{pmatrix} ;\ c \in \mathbf{R} \right\}$, 基底は $\left\{ \begin{pmatrix} 1 \\ -2 \\ 5 \end{pmatrix} \right\}$, $\dim V = 1$.

問 5.15 $\{1, x, x^2, x^3, \cdots, x^n\}$ は $P_n(\mathbf{R})$ の基底になることは明らか (各自確かめよ). $\{1, x+1, (x+1)^2, (x+1)^3, \cdots, (x+1)^n\}$ はそれぞれ x^k $(k = 0, 1, 2, \cdots, n)$ を平行移動したものなので, $P_n(\mathbf{R})$ の基底である.

問 5.16 $V = \{\{a_n\};\ a_{n+2} - 2a_{n+1} + a_n = 0\ (n = 1, 2, \cdots)\}$. V の基底は $\{\{u_n\}, \{v_n\}\}$, ただし, $\{u_n\}$ は初項が 1, 第 2 項が 0 の数列 $\{u_n\} = \{1, 0, -1, \cdots\}$, $\{v_n\}$ は初項が 0, 第 2 項が 1 の数列 $\{v_n\} = \{0, 1, 2, \cdots\}$ である. ゆえに, $\dim V = 2$.

問 5.17 (1) $\begin{pmatrix} 1 \\ 2 \\ -1 \end{pmatrix} = \alpha\begin{pmatrix} 1 \\ 0 \\ 0 \end{pmatrix} + \beta\begin{pmatrix} 1 \\ 1 \\ 0 \end{pmatrix} + \gamma\begin{pmatrix} 1 \\ 1 \\ 1 \end{pmatrix}$ とおくと, $\alpha = -1, \beta = 3, \gamma = -1$. よって, $\begin{pmatrix} 1 \\ 2 \\ -1 \end{pmatrix} = \begin{pmatrix} -1 \\ 3 \\ -1 \end{pmatrix}_E$.

(2) $\begin{pmatrix} 1 \\ 2 \\ -1 \end{pmatrix} = \alpha\begin{pmatrix} 1 \\ 1 \\ 0 \end{pmatrix} + \beta\begin{pmatrix} 1 \\ 0 \\ 1 \end{pmatrix} + \gamma\begin{pmatrix} 0 \\ 1 \\ 1 \end{pmatrix}$ とおくと, $\alpha = 2, \beta = -1, \gamma = 0$.

よって, $\begin{pmatrix} 1 \\ 2 \\ -1 \end{pmatrix} = \begin{pmatrix} 2 \\ -1 \\ 0 \end{pmatrix}_F$.

(3) $\begin{pmatrix} 1 \\ 2 \\ -1 \end{pmatrix} = \dfrac{\alpha}{\sqrt{2}}\begin{pmatrix} 1 \\ 1 \\ 0 \end{pmatrix} + \dfrac{\beta}{\sqrt{6}}\begin{pmatrix} 1 \\ -1 \\ 2 \end{pmatrix} + \dfrac{\gamma}{\sqrt{3}}\begin{pmatrix} -1 \\ 1 \\ 1 \end{pmatrix}$ とおくと, $\alpha = \dfrac{3}{\sqrt{2}}, \beta = \dfrac{1}{\sqrt{6}}, \gamma = \dfrac{2}{\sqrt{3}}$. よって, $\begin{pmatrix} 1 \\ 2 \\ -1 \end{pmatrix} = \begin{pmatrix} \frac{3}{\sqrt{2}} \\ \frac{1}{\sqrt{6}} \\ \frac{2}{\sqrt{3}} \end{pmatrix}_G$.

問 5.18 ヒント, f による $\mathbf{R}^3$ の基底の像を $\mathbf{R}^4$ の基底の 1 次結合で表す.

(1) f の表現行列は $\begin{pmatrix} 1 & 1 & 0 \\ 1 & -2 & 1 \\ 0 & 1 & -1 \\ 3 & 0 & 1 \end{pmatrix}$.

(2) f の表現行列は $\dfrac{1}{3}\begin{pmatrix} 2 & -1 & 0 \\ 2 & 8 & 6 \\ 5 & 2 & 6 \\ -4 & -4 & -6 \end{pmatrix}$.

問 5.19 I の表現行列は $\begin{pmatrix} 0 & 0 & 0 \\ 1 & 0 & 0 \\ 0 & \dfrac{1}{2} & 0 \\ 0 & 0 & \dfrac{1}{3} \end{pmatrix}$.

問 5.20 ヒント, 変換前の基底を変換後の基底を用いて表す.

(1) $\begin{pmatrix} 1 & -1 \\ 0 & 1 \end{pmatrix}$ (2) $\begin{pmatrix} 1 & 1 & 1 \\ 0 & 1 & 1 \\ 0 & 1 & 1 \end{pmatrix}$ (3) $\begin{pmatrix} \dfrac{1}{2} & 0 & -\dfrac{1}{6} \\ 0 & 0 & \dfrac{2}{3} \\ \dfrac{1}{2} & 1 & \dfrac{1}{6} \end{pmatrix}$

問 5.21 標準基底から基底 E, F への基底の変換行列 Q, P はそれぞれ

$$Q = \frac{1}{2}\begin{pmatrix} -1 & 1 & 1 \\ 1 & -1 & 1 \\ 1 & 1 & -1 \end{pmatrix}, \qquad P = \begin{pmatrix} 1 & -1 & 0 \\ 0 & 1 & -1 \\ 0 & 0 & 1 \end{pmatrix}$$

これより $Q^{-1} = \begin{pmatrix} 0 & 1 & 1 \\ 1 & 0 & 1 \\ 1 & 1 & 0 \end{pmatrix}$. よって, 求める表現行列は

$$A_f' = PA_fQ^{-1} = \begin{pmatrix} 1 & -1 & 0 \\ 0 & 1 & -1 \\ 0 & 0 & 1 \end{pmatrix}\begin{pmatrix} 0 & 2 & 1 \\ 4 & 1 & 3 \\ 1 & 0 & -1 \end{pmatrix}\begin{pmatrix} 0 & 1 & 1 \\ 1 & 0 & 1 \\ 1 & 1 & 0 \end{pmatrix}$$

$$= \frac{1}{2}\begin{pmatrix} -1 & -3 & -3 \\ 5 & 7 & 4 \\ 7 & 0 & 0 \end{pmatrix}.$$

Chapter 6

問 6.1 (1) 3 つのベクトルが 1 次独立. よって, 階数は 3.
(2) 3 つのベクトルは 1 次従属, はじめの 2 つのベクトルは 1 次独立. よって, 階数は 2.

問 6.2 (1) $\mathrm{rank}\begin{pmatrix} 3 & 1 & -1 \\ 2 & 0 & 5 \\ 1 & -2 & 2 \end{pmatrix} = 3$. よって, 階数は 3.

(2) $\mathrm{rank}\begin{pmatrix} 4 & 2 & 3 & 5 \\ 3 & 1 & 1 & 2 \\ 2 & 3 & 4 & 3 \\ 1 & -1 & 2 & 1 \end{pmatrix} = 4$. よって, 階数は 4.

問 6.3 n 次元列ベクトル m 個を $\boldsymbol{x}_1, \cdots, \boldsymbol{x}_m$ とする.
$n < m$ のとき, $\mathrm{rank}\{\boldsymbol{x}_1, \cdots, \boldsymbol{x}_m\} \leqq n < m$. ゆえに, 1 次従属.

問 6.4 (1) 固有値は $4, -3, 0$ で, 固有値に対応する固有ベクトルはそれぞれ $c_1\begin{pmatrix} 1 \\ 5 \\ 3 \end{pmatrix}$, $c_2\begin{pmatrix} -11 \\ 1 \\ 2 \end{pmatrix}$, $c_3\begin{pmatrix} -1 \\ -1 \\ 1 \end{pmatrix}$ (c_1, c_2, c_3 は 0 でない任意定数).

(2) 固有値は $6, -2, -1$ で, 固有値に対応する固有ベクトルはそれぞれ $c_1\begin{pmatrix} 1 \\ 1 \\ 1 \end{pmatrix}$, $c_2\begin{pmatrix} -1 \\ -1 \\ 7 \end{pmatrix}$, $c_3\begin{pmatrix} 2 \\ -5 \\ 2 \end{pmatrix}$ (c_1, c_2, c_3 は 0 でない任意定数).

(3) 固有値は $4, 1$ で, 固有値に対応する固有ベクトルはそれぞれ $c_1\begin{pmatrix} 1 \\ 1 \\ 1 \end{pmatrix}$, ($c_1$ は 0 でない任意定数). $s\begin{pmatrix} -1 \\ 0 \\ 1 \end{pmatrix} + t\begin{pmatrix} -1 \\ 1 \\ 0 \end{pmatrix}$ ($(s,t) \neq (0,0)$ となる任意定数).

問 6.5 (1) 固有値は $3, 2, -1$ で, それぞれの固有値に対する固有空間の基底はたとえば, $\left\{\begin{pmatrix} 0 \\ 1 \\ 1 \end{pmatrix}\right\}$, $\left\{\begin{pmatrix} -1 \\ 1 \\ 1 \end{pmatrix}\right\}$, $\left\{\begin{pmatrix} 2 \\ 1 \\ 0 \end{pmatrix}\right\}$. それぞれの次元はすべて 1.

(2) 固有値は $-1, 1$ (2 重) で, -1 に対する固有空間の基底は, たとえば $\left\{\begin{pmatrix} -2 \\ -2 \\ 1 \end{pmatrix}\right\}$ で, 次元は 1. 1 に対する固有空間の基底は, たとえば $\left\{\begin{pmatrix} 1 \\ 0 \\ 2 \end{pmatrix}, \begin{pmatrix} 3 \\ 2 \\ 0 \end{pmatrix}\right\}$ で, 次元は 2.

(3) 固有値は $-1, 1$ (2 重) で，-1 に対する固有空間の基底は, たとえば $\left\{\begin{pmatrix}1\\2\\4\end{pmatrix}\right\}$ で, 次元は 1. 1 に対する固有空間の基底は, たとえば $\left\{\begin{pmatrix}-1\\1\\1\end{pmatrix}\right\}$ で, 次元は 1.

問 6.6 A の固有値を λ, μ とする．定理 6.6 より，$\mathrm{tr}\,(A) = \lambda + \mu > 0$，$|A| = \lambda\mu > 0$ なので，$\lambda, \mu > 0$.

問 6.7 「ならない」．反例: $\begin{pmatrix}0 & 1\\0 & 0\end{pmatrix}$ の固有値は 0 で，$\begin{pmatrix}0 & 0\\1 & 0\end{pmatrix}$ の固有値は 0.

$$\begin{pmatrix}0 & 1\\0 & 0\end{pmatrix} + \begin{pmatrix}0 & 0\\1 & 0\end{pmatrix} = \begin{pmatrix}0 & 1\\1 & 0\end{pmatrix}$$

の固有値は $1, -1$.

問 6.8 (1) $A = \begin{pmatrix}1 & 1 & 2\\2 & 3 & 2\\2 & 1 & 1\end{pmatrix}$ とおく．$P = \begin{pmatrix}1 & -1 & 1\\2 & 0 & -2\\1 & 1 & 1\end{pmatrix}$ とすると,

$$P^{-1} = \frac{1}{4}\begin{pmatrix}1 & 1 & 1\\-2 & 0 & 2\\1 & -1 & 1\end{pmatrix},\ P^{-1}AP = \begin{pmatrix}5 & 0 & 0\\0 & -1 & 0\\0 & 0 & 1\end{pmatrix}.$$

(2) $A = \begin{pmatrix}1 & 2 & 1\\1 & 2 & 1\\2 & -1 & 3\end{pmatrix}$ とおく．$P = \begin{pmatrix}1 & -1 & -7\\1 & -1 & 1\\1 & 1 & 5\end{pmatrix}$ とすると,

$$P^{-1} = \frac{1}{6}\begin{pmatrix}-3 & 6 & 3\\-2 & -1 & 3\\1 & -1 & 0\end{pmatrix},\ P^{-1}AP = \begin{pmatrix}4 & 0 & 0\\0 & 2 & 0\\0 & 0 & 0\end{pmatrix}.$$

(3) $A = \begin{pmatrix}1 & 1 & 1\\1 & 1 & 1\\1 & 1 & 1\end{pmatrix}$ とおく．$P = \begin{pmatrix}1 & -1 & -1\\1 & 0 & 1\\1 & 1 & 0\end{pmatrix}$ とすると,

$$P^{-1} = \frac{1}{3}\begin{pmatrix}1 & 1 & 1\\-1 & -1 & 2\\-1 & 2 & -1\end{pmatrix},\ P^{-1}AP = \begin{pmatrix}4 & 0 & 0\\0 & 2 & 0\\0 & 0 & 0\end{pmatrix}.$$

(4) 対角化できない.

問 6.9 (1) 固有値 $0, 3$ のそれぞれに対する固有ベクトル $\begin{pmatrix}1\\-1\end{pmatrix}$, $\begin{pmatrix}1\\2\end{pmatrix}$ を選んで

$P=\begin{pmatrix}1 & 1\\ -1 & 2\end{pmatrix}$, $P^{-1}=\dfrac{1}{3}\begin{pmatrix}2 & -1\\ 1 & 1\end{pmatrix}$. よって,

$$\begin{pmatrix}1 & 1\\ 2 & 2\end{pmatrix}^n=P\begin{pmatrix}0 & 0\\ 0 & 3^n\end{pmatrix}P^{-1}=\begin{pmatrix}3^{n-1} & 3^{n-1}\\ 2\cdot 3^{n-1} & 2\cdot 3^{n-1}\end{pmatrix}$$

(2) 固有値 $-3, 2$ のそれぞれに対する固有ベクトル $\begin{pmatrix}1\\ -2\end{pmatrix}$, $\begin{pmatrix}2\\ 1\end{pmatrix}$ を選んで

$P=\begin{pmatrix}1 & 2\\ -1 & 1\end{pmatrix}$, $P^{-1}=\dfrac{1}{3}\begin{pmatrix}1 & -2\\ 1 & 1\end{pmatrix}$. よって,

$$\begin{pmatrix}1 & 2\\ 2 & -2\end{pmatrix}^n=P\begin{pmatrix}(-3)^n & 0\\ 0 & 2^n\end{pmatrix}P^{-1}=\frac{1}{3}\begin{pmatrix}(-3)^n+2^{n+1} & -2(-3)^n+2^{n+1}\\ -(-3)^n+2^n & 2(-3)^n+2^n\end{pmatrix}$$

(3) $\begin{pmatrix}-3^{n-1}+2 & -2\cdot 3^{n-1} & -3^{n-1}+2\\ \dfrac{3^n}{2}-\dfrac{1}{2} & 3^n & \dfrac{3^n}{2}-\dfrac{1}{2}\\ 3^{n+1}-1 & 2\cdot 3^{n-1} & 3^{n-1}-1\end{pmatrix}$

問 6.10 (1) $A=\begin{pmatrix}2 & 3\\ 1 & 0\end{pmatrix}$ とおくと $\begin{pmatrix}a_{n+2}\\ a_{n+1}\end{pmatrix}=A\begin{pmatrix}a_{n+1}\\ a_n\end{pmatrix}$,

$A^n=\dfrac{1}{4}\begin{pmatrix}3^{n+1}+(-1)^n & 3^{n+1}+3(-1)^{n+1}\\ 3^n+(-1)^{n+1} & 3^n+3(-1)^n\end{pmatrix}$ より, $a_n=\dfrac{1}{4}\left\{5(-1)^{n-1}-3^{n-1}\right\}$ $(n=1,2,\cdots)$.

(2) $A=\dfrac{1}{2}\begin{pmatrix}1 & 1\\ 2 & 0\end{pmatrix}$ とおくと $\begin{pmatrix}a_{n+2}\\ a_{n+1}\end{pmatrix}=A\begin{pmatrix}a_{n+1}\\ a_n\end{pmatrix}$,

$A^n=\begin{pmatrix}2+\left(-\dfrac{1}{2}\right)^n & 1-\left(-\dfrac{1}{2}\right)^n\\ 2+\left(-\dfrac{1}{2}\right)^{n-1} & 1-\left(-\dfrac{1}{2}\right)^{n-1}\end{pmatrix}$ より, $a_n=\dfrac{1}{3}\left\{2+\left(-\dfrac{1}{2}\right)^{n-2}\right\}$ $(n=1,2,\cdots)$.

Chapter 7

問 7.1 各自で確かめてみよう.

問 7.2 (1) 内積にならない　(2) 内積になる　(3) 内積にならない　(4) 内積にならない

問 7.3 各自で確かめてみよう.

問 7.4 各自で確かめてみよう.

問 7.5 各自で確かめてみよう.

問 7.6 (1) $\pm\dfrac{1}{\sqrt{74}}\begin{pmatrix}-1\\ 8\\ 3\end{pmatrix}$　(2) $\boldsymbol{x}=\pm\dfrac{1}{\sqrt{5}}\begin{pmatrix}0\\ 2\sqrt{2}\\ \sqrt{2}\end{pmatrix}$

問 7.7　$\alpha_1\boldsymbol{a}_1+\cdots+\alpha_n\boldsymbol{a}_n=\boldsymbol{o}$ とせよ．これと，$\boldsymbol{a}_1,\cdots,\boldsymbol{a}_n$ のそれぞれとの内積をとると，$\alpha_1=\cdots=\alpha_n=0$．ゆえに，1 次独立である．

問 7.8　各 $i=1,2,\cdots,n$ について，

$$\boldsymbol{e}_i=(\boldsymbol{e}_i,\boldsymbol{e}_1)\boldsymbol{e}_1+(\boldsymbol{e}_i,\boldsymbol{e}_2)\boldsymbol{e}_2+\cdots+(\boldsymbol{e}_i,\boldsymbol{e}_i)\boldsymbol{e}_i+\cdots+(\boldsymbol{e}_i,\boldsymbol{e}_n)\boldsymbol{e}_n.$$

よって，

$$\boldsymbol{o}=\boldsymbol{e}_i-\boldsymbol{e}_i=(\boldsymbol{e}_i,\boldsymbol{e}_1)\boldsymbol{e}_1+(\boldsymbol{e}_i,\boldsymbol{e}_2)\boldsymbol{e}_2+\cdots+\{(\boldsymbol{e}_i,\boldsymbol{e}_i)-1\}\boldsymbol{e}_i+\cdots+(\boldsymbol{e}_i,\boldsymbol{e}_n)\boldsymbol{e}_n.$$

ここで，$\{\boldsymbol{e}_1,\boldsymbol{e}_2,\cdots,\boldsymbol{e}_n\}$ は 1 次独立なので，$(\boldsymbol{e}_i,\boldsymbol{e}_j)=\begin{cases}1 & (i=j)\\ 0 & (i\neq j)\end{cases}$ となり，$\{\boldsymbol{e}_1,\boldsymbol{e}_2,\cdots,\boldsymbol{e}_n\}$ は V の正規直交基底となる．

問 7.9　$\mathbf{R}^3$ の 4 点が四面体をなすならば，これらの 4 点は同一平面上にはなく，$\overrightarrow{\mathrm{AB}}$, $\overrightarrow{\mathrm{AC}}$, $\overrightarrow{\mathrm{AD}}$ で張られる平行六面体の体積は，

$$\begin{aligned}|\det(\overrightarrow{\mathrm{AB}}\ \overrightarrow{\mathrm{AC}}\ \overrightarrow{\mathrm{AD}})|&=|\det(\overrightarrow{\mathrm{OB}}-\overrightarrow{\mathrm{OA}}\ \overrightarrow{\mathrm{OC}}-\overrightarrow{\mathrm{OA}}\ \overrightarrow{\mathrm{OD}}-\overrightarrow{\mathrm{OA}})|\\
&=\left|\det\begin{pmatrix}a_2-a_1 & a_3-a_1 & a_4-a_1\\ b_2-b_1 & b_3-b_1 & b_4-b_1\\ c_2-c_1 & c_3-c_1 & c_4-c_1\end{pmatrix}\right|\\
&=\left|\det\begin{pmatrix}a_1 & b_1 & c_1 & 1\\ a_2 & b_2 & c_2 & 1\\ a_3 & b_3 & c_3 & 1\\ a_4 & b_4 & c_4 & 1\end{pmatrix}\right|.\end{aligned}$$

求める四面体の体積は，この平行六面体の体積の $\dfrac{1}{6}$ になっている．

問 7.10　(1) $\boldsymbol{e}_1=\boldsymbol{a}_1=\begin{pmatrix}1\\0\\0\end{pmatrix}$, $\boldsymbol{a}_2'=\boldsymbol{a}_2-(\boldsymbol{a}_2,\boldsymbol{e}_1)\boldsymbol{e}_1=\begin{pmatrix}0\\1\\0\end{pmatrix}$, $\boldsymbol{e}_2=\boldsymbol{a}_2'$, $(\boldsymbol{e}_1,\boldsymbol{e}_2)=0$. $\boldsymbol{a}_3'=\boldsymbol{a}_3-(\boldsymbol{a}_3,\boldsymbol{e}_1)\boldsymbol{e}_1-(\boldsymbol{a}_3,\boldsymbol{e}_2)\boldsymbol{e}_2=\begin{pmatrix}0\\0\\1\end{pmatrix}$, $\boldsymbol{e}_3=\boldsymbol{a}_3'$, $(\boldsymbol{e}_1,\boldsymbol{e}_3)=(\boldsymbol{e}_2,\boldsymbol{e}_3)=0$. $\|\boldsymbol{e}_1\|=\|\boldsymbol{e}_2\|=\|\boldsymbol{e}_3\|=1$, ゆえに，$\{\boldsymbol{e}_1,\boldsymbol{e}_2,\boldsymbol{e}_3\}$ は正規直交基底である．

(2) $\boldsymbol{e}_1=\dfrac{\boldsymbol{a}_1}{\|\boldsymbol{a}_1\|}=\dfrac{1}{\sqrt{2}}\begin{pmatrix}1\\0\\1\end{pmatrix}$. $\boldsymbol{a}_2'=\boldsymbol{a}_2-(\boldsymbol{a}_2,\boldsymbol{e}_1)\boldsymbol{e}_1=\begin{pmatrix}-2\\1\\2\end{pmatrix}$, $\boldsymbol{e}_2=\dfrac{\boldsymbol{a}_2'}{\|\boldsymbol{a}_2'\|}=\dfrac{1}{3}\begin{pmatrix}-2\\1\\2\end{pmatrix}$. $\boldsymbol{a}_3'=\boldsymbol{a}_3-(\boldsymbol{a}_3,\boldsymbol{e}_1)\boldsymbol{e}_1-(\boldsymbol{a}_3,\boldsymbol{e}_2)\boldsymbol{e}_2=\dfrac{5}{18}\begin{pmatrix}-1\\-4\\1\end{pmatrix}$, $\boldsymbol{e}_3=\dfrac{\boldsymbol{a}_3'}{\|\boldsymbol{a}_3'\|}=\dfrac{\sqrt{2}}{6}\begin{pmatrix}-1\\-4\\1\end{pmatrix}$.

問 7.11 $\dim V = n$ として, 正規直交基底を $\{\boldsymbol{e}_1, \cdots, \boldsymbol{e}_n\}$ とする. このとき, 仮定により $i \neq j$ ならば $(f(\boldsymbol{e}_i), f(\boldsymbol{e}_j))_{V'} = (\boldsymbol{e}_i, \boldsymbol{e}_j) = 0$, $\|f(\boldsymbol{e}_i)\|_{V'}{}^2 = \|\boldsymbol{e}_i\|_V{}^2 = 1$ より, $\|f(\boldsymbol{e}_i)\|_{V'} = 1$. $\{f(\boldsymbol{e}_1), \cdots, f(\boldsymbol{e}_n)\}$ が V' の基底をなすことは明らかである.

問 7.12 (1)

$$\left(f(\begin{pmatrix} x \\ y \end{pmatrix}), f(\begin{pmatrix} x' \\ y' \end{pmatrix})\right) = \frac{1}{2}\left(\begin{pmatrix} x-y \\ x+y \end{pmatrix}, \begin{pmatrix} x'-y' \\ x'+y' \end{pmatrix}\right)$$

$$= \frac{1}{2}(2xx' + 2yy') = \left(\begin{pmatrix} x \\ y \end{pmatrix}, \begin{pmatrix} x' \\ y' \end{pmatrix}\right).$$

(2) $\mathbf{R}^2$ の標準基底は $\boldsymbol{e}_1 = \begin{pmatrix} 1 \\ 0 \end{pmatrix}$, $\boldsymbol{e}_2 = \begin{pmatrix} 0 \\ 1 \end{pmatrix}$ であるから,

$$f(\boldsymbol{e}_1) = \frac{1}{\sqrt{2}}\begin{pmatrix} 1 \\ 1 \end{pmatrix} = \frac{1}{\sqrt{2}}\boldsymbol{e}_1 + \frac{1}{\sqrt{2}}\boldsymbol{e}_2$$

$$f(\boldsymbol{e}_2) = \frac{1}{\sqrt{2}}\begin{pmatrix} -1 \\ 1 \end{pmatrix} = -\frac{1}{\sqrt{2}}\boldsymbol{e}_1 + \frac{1}{\sqrt{2}}\boldsymbol{e}_2$$

ゆえに, f の表現行列は $A_f = \dfrac{1}{\sqrt{2}}\begin{pmatrix} 1 & -1 \\ 1 & 1 \end{pmatrix}$.

(3) (2) と同様に計算すれば, f の表現行列は $A_f = \dfrac{1}{\sqrt{2}}\begin{pmatrix} 1 & -1 \\ 1 & 1 \end{pmatrix}$.

問 7.13 (1) $T = \begin{pmatrix} 1 & -1 \\ 1 & 1 \end{pmatrix}$ とおくと, $T^*T - TT^* = O$ となり, T は正規行列である. ゆえに, ユニタリ対角化可能である.

T の固有値は $1-i, 1+i$ で, それぞれに対する固有ベクトル $\begin{pmatrix} 1 \\ i \end{pmatrix}$, $\begin{pmatrix} 1 \\ -i \end{pmatrix}$ を選んで, $\mathbf{C}^2$ における正規直交基底をつくる. それらはそれぞれ $\dfrac{1}{\sqrt{2}}\begin{pmatrix} 1 \\ i \end{pmatrix}$, $\dfrac{1}{\sqrt{2}}\begin{pmatrix} 1 \\ -i \end{pmatrix}$ となるから, $U = \dfrac{1}{\sqrt{2}}\begin{pmatrix} 1 & 1 \\ i & -i \end{pmatrix}$ とおくと, $U^*U = UU^* = E$ が成り立つ. すなわち, U はユニタリ行列で, $U^*TU = \begin{pmatrix} 1-i & 0 \\ 0 & 1+i \end{pmatrix}$.

(2) T は対称行列なので, ユニタリ対角化可能である.

T の固有値は $3, 1, 0$ で, それぞれに対する固有ベクトル $\begin{pmatrix} -1 \\ -2 \\ 1 \end{pmatrix}$, $\begin{pmatrix} 1 \\ 0 \\ 1 \end{pmatrix}$, $\begin{pmatrix} -1 \\ 1 \\ 1 \end{pmatrix}$ を選んで, $\mathbf{C}^3$ における正規直交基底をつくる. それらはそれぞれ $\dfrac{1}{\sqrt{6}}\begin{pmatrix} -1 \\ -2 \\ 1 \end{pmatrix}$,

$\dfrac{1}{\sqrt{2}}\begin{pmatrix}1\\0\\1\end{pmatrix}$, $\dfrac{1}{\sqrt{3}}\begin{pmatrix}-1\\1\\1\end{pmatrix}$ となるから, $U=\begin{pmatrix}-\dfrac{1}{\sqrt{6}} & \dfrac{1}{\sqrt{2}} & -\dfrac{1}{\sqrt{3}}\\ -\dfrac{2}{\sqrt{6}} & 0 & \dfrac{1}{\sqrt{3}}\\ \dfrac{1}{\sqrt{6}} & \dfrac{1}{\sqrt{2}} & \dfrac{1}{\sqrt{3}}\end{pmatrix}$ とおくと,

$U^*U=UU^*=E$ が成り立つ. すなわち, U はユニタリ行列で

$$U^*TU=\begin{pmatrix}3&0&0\\0&1&0\\0&0&0\end{pmatrix}$$

(3) T は対称行列なので, ユニタリ対角化可能である.

T の固有値は 2(重解), -1 で, それぞれに対する固有ベクトル $\begin{pmatrix}1\\0\\1\end{pmatrix}$, $\begin{pmatrix}1\\1\\0\end{pmatrix}$,

$\begin{pmatrix}-1\\1\\1\end{pmatrix}$ を選んで, シュミットの直交化法を用いて, $\mathbf{C}^3$ における正規直交基底を

つくる. それらはそれぞれ $\dfrac{1}{\sqrt{2}}\begin{pmatrix}1\\0\\1\end{pmatrix}$, $\dfrac{1}{\sqrt{6}}\begin{pmatrix}1\\2\\-1\end{pmatrix}$, $\dfrac{1}{\sqrt{3}}\begin{pmatrix}-1\\1\\1\end{pmatrix}$ となるから,

$U=\begin{pmatrix}\dfrac{1}{\sqrt{2}} & \dfrac{1}{\sqrt{6}} & -\dfrac{1}{\sqrt{3}}\\ 0 & \dfrac{2}{\sqrt{6}} & \dfrac{1}{\sqrt{3}}\\ \dfrac{1}{\sqrt{2}} & -\dfrac{1}{\sqrt{6}} & \dfrac{1}{\sqrt{3}}\end{pmatrix}$ とおくと, $U^*U=UU^*=E$ が成り立つ. すなわ

ち, U はユニタリ行列で, $U^*TU=\begin{pmatrix}2&0&0\\0&2&0\\0&0&-1\end{pmatrix}$.

問 7.14 (1) 固有値は $-2,0,3$ で, それぞれの固有値に対する固有ベクトル $\begin{pmatrix}-1\\0\\1\end{pmatrix}$,

$\begin{pmatrix}1\\-2\\1\end{pmatrix}$, $\begin{pmatrix}1\\1\\1\end{pmatrix}$ を選んで, それらの大きさを 1 にする. P を

$$P = \begin{pmatrix} -\frac{1}{\sqrt{2}} & \frac{1}{\sqrt{6}} & \frac{1}{\sqrt{3}} \\ 0 & -\frac{2}{\sqrt{6}} & \frac{1}{\sqrt{3}} \\ \frac{1}{\sqrt{2}} & \frac{1}{\sqrt{6}} & \frac{1}{\sqrt{3}} \end{pmatrix}$$

とすれば，P は直交行列で，${}^tPAP = \begin{pmatrix} -2 & 0 & 0 \\ 0 & 0 & 0 \\ 0 & 0 & 3 \end{pmatrix}$.

(2) 固有値は $3, 0, 0$ で，それぞれの固有値に対する固有ベクトル $\begin{pmatrix} 1 \\ 1 \\ 1 \end{pmatrix}$, $\begin{pmatrix} -1 \\ 0 \\ 1 \end{pmatrix}$, $\begin{pmatrix} -1 \\ 1 \\ 0 \end{pmatrix}$ を選んで，それらの大きさを 1 にする．$P = \begin{pmatrix} \frac{1}{\sqrt{3}} & -\frac{1}{\sqrt{2}} & -\frac{1}{\sqrt{2}} \\ -\frac{1}{\sqrt{3}} & 0 & \frac{1}{\sqrt{2}} \\ \frac{1}{\sqrt{3}} & \frac{1}{\sqrt{2}} & 0 \end{pmatrix}$

とすれば，P は直交行列で，${}^tPAP = \begin{pmatrix} 3 & 0 & 0 \\ 0 & 0 & 0 \\ 0 & 0 & 0 \end{pmatrix}$.

問 7.15 (1) $A = \begin{pmatrix} 1 & 1 & 0 \\ 1 & 2 & 1 \\ 0 & 1 & 1 \end{pmatrix}$, $\boldsymbol{x} = \begin{pmatrix} x_1 \\ x_2 \\ x_3 \end{pmatrix}$ とおくと，$F(x_1, x_2, x_3) = (A\boldsymbol{x}, \boldsymbol{x})$.

ここで，A は直交行列 $P = \begin{pmatrix} \frac{1}{\sqrt{6}} & -\frac{1}{\sqrt{2}} & \frac{1}{\sqrt{3}} \\ \frac{2}{\sqrt{6}} & 0 & -\frac{1}{\sqrt{3}} \\ \frac{1}{\sqrt{6}} & \frac{1}{\sqrt{2}} & \frac{1}{\sqrt{3}} \end{pmatrix}$ で，${}^tPAP = \begin{pmatrix} 3 & 0 & 0 \\ 0 & 1 & 0 \\ 0 & 0 & 0 \end{pmatrix}$

と対角化できるので，実 2 次形式 $F(x_1, x_2, x_3)$ は次のように標準形に変形できる．

$$F(x_1, x_2, x_3) = (A\boldsymbol{x}, \boldsymbol{x}) = 3\left(\frac{x_1 + 2x_2 + x_3}{\sqrt{6}}\right)^2 + \left(\frac{-x_1 + x_2}{\sqrt{2}}\right)^2$$

(2) $A = \begin{pmatrix} 1 & 1 & 1 \\ 1 & 1 & -1 \\ 1 & -1 & 1 \end{pmatrix}$, $\boldsymbol{x} = \begin{pmatrix} x_1 \\ x_2 \\ x_3 \end{pmatrix}$ とおくと，$F(x_1, x_2, x_3) = (A\boldsymbol{x}, \boldsymbol{x})$. こ

こで, A は直交行列 $P = \begin{pmatrix} \frac{1}{\sqrt{2}} & \frac{1}{\sqrt{6}} & -\frac{1}{\sqrt{3}} \\ 0 & \frac{2}{\sqrt{6}} & \frac{1}{\sqrt{3}} \\ \frac{1}{\sqrt{2}} & -\frac{1}{\sqrt{6}} & \frac{1}{\sqrt{3}} \end{pmatrix}$ で ${}^tPAP = \begin{pmatrix} 2 & 0 & 0 \\ 0 & 2 & 0 \\ 0 & 0 & -1 \end{pmatrix}$ と対角化でき, 実 2 次形式 $F(x_1, x_2, x_3)$ は次のように標準形に変形できる.

$$F(x_1,x_2,x_3) = (A\boldsymbol{x},\boldsymbol{x}) = 2\left(\frac{x_1+x_3}{\sqrt{2}}\right)^2 + 2\left(\frac{x_1+2x_2-x_3}{\sqrt{6}}\right)^2 - \left(\frac{-x_1+x_2+x_3}{\sqrt{3}}\right)^2.$$

問 7.16　A の固有値 λ に対する固有ベクトルを $\boldsymbol{x}$ とする. このとき, $A > 0$ であることから, $0 < (A\boldsymbol{x},\boldsymbol{x}) = \lambda(\boldsymbol{x},\boldsymbol{x})$ となり, $\lambda > 0$. よって, A のすべての固有値が正であることから, $\det A \neq 0$, A は正則. また, A は正則性により全単射であるから, $\boldsymbol{x} = A\boldsymbol{y}$ となるような $\boldsymbol{y}$ がとれて,

$$(A^{-1}\boldsymbol{x},\boldsymbol{x}) = (\boldsymbol{y}, A\boldsymbol{y}) = (A\boldsymbol{y},\boldsymbol{y}) > 0$$

よって, A^{-1} は正値行列.

問 7.17　$\boldsymbol{y} = X\boldsymbol{x}$ とおく.

$$(X^*AX\boldsymbol{x},\boldsymbol{x}) = (AX\boldsymbol{x}, X\boldsymbol{x}) = (A\boldsymbol{y},\boldsymbol{y}) \geqq 0$$

よって, $X^*AX \geqq 0$.

問 7.18　(1) $A = \begin{pmatrix} 1 & 1 \\ 1 & 1 \end{pmatrix}$ とおく. 成分がすべて実数で, $\mathrm{tr}\,(A) = 2 \geqq 0$, $\det A = 0 \geqq 0$ により, $A \geqq 0$. ケーリー・ハミルトンの定理により $A^2 - 2A = O$. よって, $2A = A^2$. 両辺を $\frac{1}{2}$ 乗すると, $\sqrt{2}A^{\frac{1}{2}} = A$. ゆえに,

$$A^{\frac{1}{2}} = \frac{1}{\sqrt{2}}A = \frac{1}{\sqrt{2}}\begin{pmatrix} 1 & 1 \\ 1 & 1 \end{pmatrix}$$

(2) $A = \begin{pmatrix} 3 & \sqrt{5} \\ \sqrt{5} & 4 \end{pmatrix}$ とおく. 成分がすべて実数で, $\mathrm{tr}\,(A-E) = 5 \geqq 0$, $\det\,(A-E) = 1 \geqq 0$ であるから, $A - E \geqq 0$. ケーリー・ハミルトンの定理より $A^2 - 7A + E = 0$. これから $5A = A^2 - 2A + E = (A-E)^2$. したがって, 両辺を $\frac{1}{2}$ 乗すると, $\sqrt{5}A^{\frac{1}{2}} = A - E$. ゆえに, $A^{\frac{1}{2}} = \frac{1}{\sqrt{5}}\begin{pmatrix} 2 & \sqrt{5} \\ \sqrt{5} & 3 \end{pmatrix}$.

(3) $A^{\frac{1}{2}} = \frac{1}{\sqrt{13}}\begin{pmatrix} 10 & 2 \\ 2 & 3 \end{pmatrix}$.

Chapter 8

問 8.1　(1) A の固有値は 2(重解), -1 で, それぞれの固有値に対する固有空間は

$W_2 = \left\{ c \begin{pmatrix} 1 \\ 0 \\ 1 \end{pmatrix} ; c \in \mathbf{R} \right\}$, $W_{-1} = \left\{ c \begin{pmatrix} -2 \\ -3 \\ 4 \end{pmatrix} ; c \in \mathbf{R} \right\}$. また固有値 2 に対する広義固有空間は $\widetilde{W_2} = \left\{ s \begin{pmatrix} 1 \\ 0 \\ 1 \end{pmatrix} + t \begin{pmatrix} -1 \\ 1 \\ 0 \end{pmatrix} ; s, t \in \mathbf{R} \right\}$.

(2) A の固有値は $2, 0$(重解) で，それぞれの固有値に対する固有空間は $W_2 = \left\{ c \begin{pmatrix} -3 \\ -2 \\ 1 \end{pmatrix} ; c \in \mathbf{R} \right\}$, $W_0 = \left\{ c \begin{pmatrix} -1 \\ 0 \\ 1 \end{pmatrix} ; c \in \mathbf{R} \right\}$. また固有値 0 に対する広義固有空間は $\widetilde{W_0} = \left\{ s \begin{pmatrix} -1 \\ 0 \\ 1 \end{pmatrix} + t \begin{pmatrix} -1 \\ 1 \\ 0 \end{pmatrix} ; s, t \in \mathbf{R} \right\}$.

(3) A の固有値は -1(3 重解) で，それぞれの固有値に対する固有空間は $W_{-1} = \left\{ c \begin{pmatrix} 0 \\ -2 \\ 1 \end{pmatrix} ; c \in \mathbf{R} \right\}$. また固有値 -1 に対する広義固有空間は $\widetilde{W_0} = \mathbf{R}^3$.

問 8.2　$A^{-1}(\boldsymbol{o}) = \{\boldsymbol{z} \in \mathbf{C}^n : A\boldsymbol{z} = \boldsymbol{o}\}$ において，$\boldsymbol{z} \in A^{-1}(\boldsymbol{o})$ ならば，$A\boldsymbol{z} = \boldsymbol{o}$ であるから，$A(A\boldsymbol{z}) = \boldsymbol{o}$. ゆえに，$A\boldsymbol{z} \in A^{-1}(\boldsymbol{o})$.

問 8.3　$\boldsymbol{z} \in M$ とせよ．このとき，$\boldsymbol{z} = A^k \boldsymbol{x}$ となる k ($\geqq 0$) が存在する．よって，$A\boldsymbol{z} = A^{k+1}\boldsymbol{x}$, かつ，$k + 1 \geqq 1$ であるから，$A\boldsymbol{z} \in M$.

問 8.4 行列 $\begin{pmatrix} -3 & 2 & -4 \\ 0 & -1 & 0 \\ 2 & -2 & 3 \end{pmatrix}$ の固有値は -1(重解), 1 で，それぞれの固有値に対する固有空間は $W_{-1} = \left\{ s \begin{pmatrix} -2 \\ 0 \\ 1 \end{pmatrix} + t \begin{pmatrix} 1 \\ 1 \\ 0 \end{pmatrix} ; s, t \in \mathbf{R} \right\}$, $W_1 = \left\{ c \begin{pmatrix} -1 \\ 0 \\ 1 \end{pmatrix} ; c \in \mathbf{R} \right\}$ である．$\left\{ \begin{pmatrix} -2 \\ 0 \\ 1 \end{pmatrix}, \begin{pmatrix} 1 \\ 1 \\ 0 \end{pmatrix}, \begin{pmatrix} -1 \\ 0 \\ 1 \end{pmatrix} \right\}$ の 1 次独立性より，$W_{-1} + W_1 = \mathbf{R}^3$ はすぐにわかる．また，$\boldsymbol{x} \in W_{-1} \cap W_1$ とすれば，$\left\{ \begin{pmatrix} -2 \\ 0 \\ 1 \end{pmatrix}, \begin{pmatrix} 1 \\ 1 \\ 0 \end{pmatrix}, \begin{pmatrix} -1 \\ 0 \\ 1 \end{pmatrix} \right\}$ の 1 次独立性より $\boldsymbol{x} = \boldsymbol{o}$ もすぐにわかる．よって，$W_{-1} \oplus W_1 = \mathbf{R}^3$.

問 8.5　任意の $\boldsymbol{v} \in V$ は $\boldsymbol{v} = \alpha_1 \boldsymbol{e}_1 + \cdots + \alpha_n \boldsymbol{e}_n$ と表せる．$\alpha_i \boldsymbol{e}_i \in W_i$ ($i = 1, 2, \cdots, n$) であるから，$V \subseteq W_1 + \cdots + W_n$. 逆は明らかであるから，$V = W_1 +$

$\cdots + W_n$. いま, $\boldsymbol{a} \in W_i \cap \{W_1 + \cdots + W_{i-1} + W_{i+1} + \cdots + W_n\}$ と仮定する. このとき, $\boldsymbol{a} = \alpha_i \boldsymbol{e}_i = \alpha_1 \boldsymbol{e}_1 + \cdots + \alpha_{i-1}\boldsymbol{e}_{i-1} + \alpha_{i+1}\boldsymbol{e}_{i+1} + \cdots + \alpha_n \boldsymbol{e}_n$ と表せる. $\{\boldsymbol{e}_1, \cdots, \boldsymbol{e}_n\}$ は1次独立より $\alpha_i = 0$. すなわち $\boldsymbol{a} = \boldsymbol{o}$. ゆえに, $V = W_1 \oplus \cdots \oplus W_n$.

問 8.6 (1) $\left\{\begin{pmatrix} 0 \\ 2 \\ 1 \end{pmatrix}, \begin{pmatrix} 1 \\ 0 \\ 0 \end{pmatrix}, \begin{pmatrix} -2 \\ 3 \\ 1 \end{pmatrix}\right\}$ (2) $\left\{\begin{pmatrix} 1 \\ 0 \\ 0 \end{pmatrix}, \begin{pmatrix} 0 \\ 1 \\ 0 \end{pmatrix}, \begin{pmatrix} 0 \\ 0 \\ 1 \end{pmatrix}\right\}$

問 8.7 $\mathbf{C}^n$ の基本ベクトルを $\{\boldsymbol{e}_1, \cdots, \boldsymbol{e}_n\}$ とすると, $\boldsymbol{x} \in \mathbf{C}^n$ は $\boldsymbol{x} = \alpha_1 \boldsymbol{e}_1 + \cdots + \alpha_n \boldsymbol{e}_n$ と表せる. したがって, $A^{n-1}\boldsymbol{x} = \alpha_1 A^{n-1}\boldsymbol{e}_1 + \cdots + \alpha_n A^{n-1}\boldsymbol{e}_{n-1} \neq \boldsymbol{o}$. ゆえに, $\alpha_i A^{n-1}\boldsymbol{e}_i \neq \boldsymbol{o}$ となるものが存在する. このことから, $\alpha_i \neq 0$ で, $A^{n-1}\boldsymbol{e}_i \neq \boldsymbol{o}$.

問 8.8 (1) $A = \begin{pmatrix} 1 & -1 \\ 1 & -1 \end{pmatrix}$ とおくと, $A^2 = O_2$. A の固有値は 0 (2 重). $A\boldsymbol{x} \neq \boldsymbol{o}$ となる $\boldsymbol{x}$ を基本ベクトルから選んで $\boldsymbol{x} = \boldsymbol{e}_1 = \begin{pmatrix} 1 \\ 0 \end{pmatrix}$ とする. $P = (A\boldsymbol{e}_1, \boldsymbol{e}_1) = \begin{pmatrix} 1 & 1 \\ 1 & 0 \end{pmatrix}$, $P^{-1} = \begin{pmatrix} 0 & 1 \\ 1 & -1 \end{pmatrix}$. よって, $P^{-1}AP = \begin{pmatrix} 0 & 1 \\ 0 & 0 \end{pmatrix}$.

(2) $A = \begin{pmatrix} 1 & 0 & -1 \\ 1 & 0 & -1 \\ 0 & 1 & -1 \end{pmatrix}$ とおくと, $A^3 = O_3$. A の固有値は 0 (3 重). $A^2\boldsymbol{x} \neq \boldsymbol{o}$ となる $\boldsymbol{x}$ を基本ベクトルから選んで $\boldsymbol{x} = \boldsymbol{e}_1 = \begin{pmatrix} 1 \\ 0 \\ 0 \end{pmatrix}$ とする. $P = (A^2\boldsymbol{e}_1\ A\boldsymbol{e}_1\ \boldsymbol{e}_1) = \begin{pmatrix} 1 & 1 & 1 \\ 1 & 1 & 0 \\ 1 & 0 & 0 \end{pmatrix}$, $P^{-1} = \begin{pmatrix} 0 & 0 & 1 \\ 0 & 1 & -1 \\ 1 & -1 & 0 \end{pmatrix}$. ゆえに, $P^{-1}AP = \begin{pmatrix} 0 & 1 & 0 \\ 0 & 0 & 1 \\ 0 & 0 & 0 \end{pmatrix}$.

(3) $A = \begin{pmatrix} 0 & -1 & -1 \\ 0 & -1 & -1 \\ -1 & 2 & 1 \end{pmatrix}$ とおくと, $A^3 = O_3$. $A^2\boldsymbol{x} \neq \boldsymbol{o}$ となる $\boldsymbol{x}$ を基本ベクトルからえらんで $\boldsymbol{x} = \boldsymbol{e}_1 = \begin{pmatrix} 1 \\ 0 \\ 0 \end{pmatrix}$ とする. $P = (A^2\boldsymbol{e}_1\ A\boldsymbol{e}_1\ \boldsymbol{e}_1) = \begin{pmatrix} 1 & 0 & 1 \\ 1 & 0 & 0 \\ -1 & -1 & 0 \end{pmatrix}$, $P^{-1} = \begin{pmatrix} 0 & 1 & 0 \\ 0 & -1 & -1 \\ 1 & -1 & 0 \end{pmatrix}$. ゆえに, $P^{-1}AP = \begin{pmatrix} 0 & 1 & 0 \\ 0 & 0 & 1 \\ 0 & 0 & 0 \end{pmatrix}$.

問 8.9 (1) $A = \begin{pmatrix} 0 & 0 & 0 \\ 1 & 1 & -1 \\ 1 & 1 & -1 \end{pmatrix}$ とおくと, $A^2 = O_2$. A の固有値は 0 (3 重). まず,

$A\boldsymbol{x} \neq \boldsymbol{o}$ となる $\boldsymbol{x}$ を基本ベクトルから選んで, $\boldsymbol{x} = \begin{pmatrix} 1 \\ 0 \\ 0 \end{pmatrix}$. $A\boldsymbol{x} = \boldsymbol{o}$ より広義固有ベクトル $\begin{pmatrix} -1 \\ 1 \\ 0 \end{pmatrix}$, $\begin{pmatrix} 1 \\ 0 \\ 1 \end{pmatrix}$ から $\begin{pmatrix} 1 \\ 0 \\ 0 \end{pmatrix}$ と 1 次独立なものを 1 つ選んで $\boldsymbol{y} = \begin{pmatrix} 1 \\ 0 \\ 1 \end{pmatrix}$ とする. $P = (A\boldsymbol{x}\ \boldsymbol{x}\ \boldsymbol{y}) = \begin{pmatrix} 0 & 1 & 1 \\ 1 & 0 & 0 \\ 1 & 0 & 1 \end{pmatrix}$ にとると,

$P^{-1} = \begin{pmatrix} 0 & 1 & 0 \\ 1 & 1 & -1 \\ 0 & -1 & 1 \end{pmatrix}$, ゆえに, $P^{-1}AP = \begin{pmatrix} 0 & 1 & 0 \\ 0 & 0 & 0 \\ 0 & 0 & 0 \end{pmatrix}$.

(2) $A^2 = O$, $P = (A\boldsymbol{e}_1\ \boldsymbol{e}_1\ \boldsymbol{e}_2)$ にとると, $P^{-1}AP = \begin{pmatrix} 0 & 1 & 0 \\ 0 & 0 & 0 \\ 0 & 0 & 0 \end{pmatrix}$.

(3) $A^2 = O$, $P = (A\boldsymbol{e}_1\ \boldsymbol{e}_1\ A\boldsymbol{e}_3\ \boldsymbol{e}_3)$ にとると, $P^{-1}AP = \begin{pmatrix} 0 & 1 & 0 & 0 \\ 0 & 0 & 0 & 0 \\ 0 & 0 & 0 & 1 \\ 0 & 0 & 0 & 0 \end{pmatrix}$.

問 8.10　(1) $A = \begin{pmatrix} 1 & 0 & 1 \\ -1 & 0 & 1 \\ 1 & 0 & 1 \end{pmatrix}$ とする. A の固有値は 0 (2 重), 2 で, 固有値 2 に対する固有ベクトル $\boldsymbol{y} = \begin{pmatrix} 1 \\ 0 \\ 1 \end{pmatrix}$ をとる. $A^2 = \begin{pmatrix} 2 & 0 & 2 \\ 0 & 0 & 0 \\ 2 & 0 & 2 \end{pmatrix}$ であるから, $A^2\boldsymbol{x} = \boldsymbol{o}$ の広義固有ベクトルから $A\boldsymbol{x} \neq \boldsymbol{o}$. $\boldsymbol{x}$ を $\boldsymbol{x} = \begin{pmatrix} -1 \\ 0 \\ 1 \end{pmatrix}$ にとり,

$P = (A\boldsymbol{x}\ \boldsymbol{x}\ \boldsymbol{y}) = \begin{pmatrix} 0 & -1 & 1 \\ 2 & 0 & 0 \\ 0 & 1 & 1 \end{pmatrix}$ にとると, $P^{-1} = \dfrac{1}{2}\begin{pmatrix} 0 & 1 & 0 \\ -1 & 0 & 1 \\ 1 & 0 & 1 \end{pmatrix}$. ゆえに,

$P^{-1}AP = \begin{pmatrix} 0 & 1 & 0 \\ 0 & 0 & 0 \\ 0 & 0 & 2 \end{pmatrix}$.

(2) $A = \begin{pmatrix} 0 & -1 & 1 \\ -1 & 1 & 1 \\ 1 & -1 & 0 \end{pmatrix}$ とする．A の固有値は -1, 1 (2 重) で，固有値 -1 に対する固有ベクトルを $\boldsymbol{y} = \begin{pmatrix} 3 \\ 2 \\ -1 \end{pmatrix}$ をとる．$(A-E)^2 = \begin{pmatrix} 3 & 0 & -3 \\ 2 & 0 & -2 \\ -1 & 0 & 1 \end{pmatrix}$ であるから，$(A-E)^2\boldsymbol{x} = \boldsymbol{o}$ より，$(A-E)\boldsymbol{x} \neq \boldsymbol{o}$．$\boldsymbol{x} = \begin{pmatrix} 0 \\ 1 \\ 0 \end{pmatrix}$ にとり，$P = ((A-E)\boldsymbol{x}\ \boldsymbol{x}\ \boldsymbol{y}) = \begin{pmatrix} -1 & 0 & 3 \\ 0 & 1 & 2 \\ -1 & 0 & -1 \end{pmatrix}$ にとると，$P^{-1} = \dfrac{1}{4}\begin{pmatrix} -1 & 0 & -3 \\ -2 & 4 & 2 \\ 1 & 0 & -1 \end{pmatrix}$．ゆえに，$P^{-1}AP = \begin{pmatrix} 1 & 1 & 0 \\ 0 & 1 & 0 \\ 0 & 0 & -1 \end{pmatrix}$.

(3) $P = \begin{pmatrix} 2 & 0 & 2 & 0 \\ -1 & 1 & -1 & 0 \\ -2 & 1 & -1 & -1 \\ 1 & -1 & 1 & 1 \end{pmatrix}$ にとると，$P^{-1}AP = \begin{pmatrix} 0 & 0 & 0 & 0 \\ 0 & 1 & 0 & 0 \\ 0 & 0 & 1 & 1 \\ 0 & 0 & 0 & 1 \end{pmatrix}$.

問 8.11 (1) $A = \begin{pmatrix} 0 & 1 & 0 \\ 0 & 0 & 1 \\ 0 & 0 & 0 \end{pmatrix}$ とすると，$A^2 = \begin{pmatrix} 0 & 0 & 1 \\ 0 & 0 & 0 \\ 0 & 0 & 0 \end{pmatrix}$, $A^n = O_3$ $(n \geqq 3)$

$$e^{tA} = \sum_{n=0}^{\infty} \frac{t^n}{n!}A^n = E_3 + tA + \frac{t^2}{2}A^2 = \begin{pmatrix} 1 & t & \frac{1}{2}t^2 \\ 0 & 1 & t \\ 0 & 0 & 1 \end{pmatrix}$$

(2) $A = \begin{pmatrix} 1 & 1 & 0 \\ 0 & 1 & 1 \\ 1 & 1 & 0 \end{pmatrix}$ とすると，固有値は 0 (2 重) と 2．固有値 2 に対する固有ベクトル $\boldsymbol{y} = \begin{pmatrix} 1 \\ 1 \\ 1 \end{pmatrix}$ をとる 2 重の固有値 0 に対して，$(A-0E)^2\boldsymbol{x} \neq \boldsymbol{o}$ となる $\boldsymbol{x}$ と

して, $\boldsymbol{x} = \begin{pmatrix} 0 \\ 1 \\ -2 \end{pmatrix}$ をとる.

$$P = (A\boldsymbol{x}\ \boldsymbol{x}\ \boldsymbol{y}) = \begin{pmatrix} 1 & 0 & 1 \\ -1 & 1 & 1 \\ 1 & -2 & 1 \end{pmatrix}, \quad P^{-1} = \frac{1}{4}\begin{pmatrix} 3 & -2 & -1 \\ 2 & 0 & -2 \\ 1 & 2 & 1 \end{pmatrix}$$

$$P^{-1}A^nP = \begin{pmatrix} 0 & 1 & 0 \\ 0 & 0 & 0 \\ 0 & 0 & 2 \end{pmatrix}^n = \begin{pmatrix} 0 & 0 & 0 \\ 0 & 0 & 0 \\ 0 & 0 & 2^n \end{pmatrix} = 2^{n-2}\begin{pmatrix} 1 & 2 & 1 \\ 1 & 2 & 1 \\ 1 & 2 & 1 \end{pmatrix}.$$

$A^n = P\begin{pmatrix} 0 & 0 & 0 \\ 0 & 0 & 0 \\ 0 & 0 & 2^n \end{pmatrix}P^{-1}$ より,

$$e^{tA} = \sum_{n=0}^{\infty}\frac{t^n}{n!}A^n = P\begin{pmatrix} 0 & 0 & 0 \\ 0 & 0 & 0 \\ 0 & 0 & \displaystyle\sum_{n=0}^{\infty}\frac{t^n}{n!}2^n \end{pmatrix}P^{-1} = P\begin{pmatrix} 0 & 0 & 0 \\ 0 & 0 & 0 \\ 0 & 0 & e^{2t} \end{pmatrix}P^{-1}$$

$$= \frac{e^{2t}}{4}\begin{pmatrix} 1 & 2 & 1 \\ 1 & 2 & 1 \\ 1 & 2 & 1 \end{pmatrix}.$$

(3) $A = \begin{pmatrix} 1 & 1 & 0 \\ -1 & 0 & 0 \\ 0 & 1 & 1 \end{pmatrix}$ とおく. $P = \begin{pmatrix} 1 & 1 & -1 \\ -1 & 0 & 1 \\ 1 & 1 & 0 \end{pmatrix}$ にとると,

$P^{-1}AP = \begin{pmatrix} 0 & 0 & 0 \\ 0 & 1 & 1 \\ 0 & 0 & 1 \end{pmatrix}$. ゆえに, $A^n = \begin{pmatrix} 2-n & 1 & n-1 \\ -1 & 0 & 1 \\ 1-n & 1 & n \end{pmatrix}$,

$$e^{tA} = \begin{pmatrix} e^{2t} - t\,e^t & e^t & (t-1)\,e^t \\ -e^t & 0 & e^t \\ (1-t)\,e^t & e^t & t\,e^t \end{pmatrix}$$

Chapter 9

問 9.1　遷移確率行列は $P = \begin{pmatrix} \frac{4}{5} & \frac{2}{5} \\ \frac{1}{5} & \frac{3}{5} \end{pmatrix}$. A 県, B 県が保有しているレンタカーの台数をそれぞれ x_0, y_0 とし, $\boldsymbol{x}^{(0)} = \begin{pmatrix} x_0 \\ y_0 \end{pmatrix}$ とする. 車を借り始めてから n ヶ月後にそれぞれ県が保有しているレンタカーの台数を x_n, y_n として, $\boldsymbol{x}^{(n)} = \begin{pmatrix} x_n \\ y_n \end{pmatrix}$

とおくと, $\boldsymbol{x}^{(n)} = A^n \boldsymbol{x}^{(0)}$. P の固有値を求めると 1, $\dfrac{2}{5}$. 固有値 $\dfrac{2}{5}$ に対する固有ベクトル $\begin{pmatrix} 1 \\ -1 \end{pmatrix}$, 固有値 1 に対する固有ベクトル $\begin{pmatrix} 2 \\ 1 \end{pmatrix}$ を選んで, $\boldsymbol{x}^{(0)} = \alpha \begin{pmatrix} 2 \\ 1 \end{pmatrix} + \beta \begin{pmatrix} 1 \\ -1 \end{pmatrix} = \begin{pmatrix} 2 & 1 \\ 1 & -1 \end{pmatrix} \begin{pmatrix} \alpha \\ \beta \end{pmatrix}$ とおくと,

$$\begin{pmatrix} \alpha \\ \beta \end{pmatrix} = \begin{pmatrix} 2 & 1 \\ 1 & -1 \end{pmatrix}^{-1} \begin{pmatrix} x_0 \\ y_0 \end{pmatrix} = \frac{1}{3} \begin{pmatrix} x_0 + y_0 \\ x_0 - 2y_0 \end{pmatrix}$$

エルゴード定理により, $\widetilde{\boldsymbol{x}} = \alpha \begin{pmatrix} 2 \\ 1 \end{pmatrix} = \dfrac{x_0 + y_0}{3} \begin{pmatrix} 2 \\ 1 \end{pmatrix}$. ゆえに, 最終的には A 県が $x_0 + y_0$ 台の $\dfrac{2}{3}$, B 県が $x_0 + y_0$ 台の $\dfrac{1}{3}$ 保有することになる.

問 9.2　$A = \begin{pmatrix} 0 & 1 \\ 1 & 0 \end{pmatrix}$ の固有値は -1, 1 固有値 -1, 1 のそれぞれに対する固有ベクトル $\begin{pmatrix} 1 \\ -1 \end{pmatrix}$, $\begin{pmatrix} 1 \\ 1 \end{pmatrix}$ を選んで, $P = \begin{pmatrix} 1 & 1 \\ -1 & 1 \end{pmatrix}$ とおくと, P は正則で, $P^{-1} = \dfrac{1}{2} \begin{pmatrix} 1 & -1 \\ 1 & 1 \end{pmatrix}$. A は $P^{-1}AP = \begin{pmatrix} -1 & 0 \\ 0 & 1 \end{pmatrix}$ のように対角化できる. しかし, $\lambda_1 = 1$, $\lambda_2 = -1$ で, 条件 $|\lambda_2| < \lambda_1$ が満たされていない.

問 9.3　各自で確かめてみよう.

問 9.4　各自で確かめてみよう.

問 9.5　$\Phi_1(x) = Ae^{\alpha} x^2$ の場合, $\dfrac{d\Phi_1(x)}{dx} = -2A\alpha x e^{-\alpha x^2} = -2\alpha x \Phi_1(x)$,

$$\frac{d^2\Phi_1(x)}{dx^2} = -2A\alpha e^{-\alpha x^2} + 4A\alpha^2 x^2 e^{-\alpha x^2} = (-2\alpha + 4\alpha^2 x^2)\Phi_1(x)$$

これをシュレーディンガー方程式

$$\left(\frac{-\hbar^2}{2m} \frac{d^2}{dx^2} + \frac{1}{2} m\omega^2 x^2 \right) \Phi_1(x) = E_1 \Phi_1(x)$$

に代入すると

$$\left(\frac{m\omega^2}{2} - \frac{2\hbar^2\alpha^2}{m} \right) x^2 + \frac{\alpha\hbar^2}{m} - E_1 = 0$$

この式がすべての x に対して成り立つための条件は $\dfrac{m\omega^2}{2} - \dfrac{2\hbar^2\alpha^2}{m} = 0$, $E_1 = \dfrac{\alpha\hbar^2}{m}$. ゆえに, $E_1 = \dfrac{\alpha\hbar^2}{m} = \dfrac{\omega\hbar}{2}$. また,

$$1 = \int_{-\infty}^{\infty} |\Phi_1(x)|^2 \, dx = A^2 \int_{-\infty}^{\infty} e^{-2\alpha x^2} \, dx$$

より, $A^2 = \left(\dfrac{2\alpha}{\pi} \right)^{\frac{1}{2}} = \left(\dfrac{m\omega}{\pi\hbar} \right)^{\frac{1}{2}}$. ゆえに, $A = \left(\dfrac{m\omega}{\pi\hbar} \right)^{\frac{1}{4}}$.

索　引

著者略歴

吉本 武史(よしもとたけし)

1943 年　大阪市生まれ
1971 年　東京都立大学大学院博士課程 (数学専攻) 修了
現　在　東洋大学名誉教授　理学博士
主要著書　Induced Contraction Semigroups and Random Ergodic Theorems (Dissert. Math. Warszawa 1976)
数理ベクトル解析 (学術図書出版社，1995)
微分積分学－思想･方法･応用－(学術図書出版社，2005)
線形代数入門－基礎と演習 (共著，学術図書出版社，2010)
数学基礎入門－微積分・線形代数に向けて (共著，学術図書出版社，2010)

山崎 丈明(やまざきたけあき)

1973 年　東京都生まれ
2000 年　東京理科大学大学院博士課程 (数学専攻) 修了
現　在　東洋大学理工学教授　博士 (理学)

線形代数学──理論・技法・応用

2011 年 10 月 31 日　第 1 版　第 1 刷　発行
2023 年 9 月 20 日　第 1 版　第 2 刷　発行

著　者　吉本武史
　　　　山崎丈明
発行者　発田和子
発行所　株式会社 学術図書出版社

〒113－0033　東京都文京区本郷 5 丁目 4 の 6
TEL 03－3811－0889　振替 00110－4－28454
印刷　三松堂 (株)

定価はカバーに表示してあります.

ISBN978－4－7806－0258－6　C3041